21世纪高等学校规划教材 | 计算机应用

Office办公应用软件同步实训教程（2010版）

毛应爽 郑永春 任斌 鲍杰 编著

清华大学出版社
北京

内 容 简 介

本书介绍了 Microsoft Office 2010 办公软件中文字处理软件 Word、表格数据处理软件 Excel、文稿演示软件 PowerPoint 常用的基础知识。文字处理软件 Word 部分介绍了文档的基本编辑与设置、常用对象设置、表格设置、邮件合并、长文档编辑等知识，数据处理软件 Excel 部分介绍了数据表的基本编辑与设置、常用函数与公式的使用、数据处理、图表设计及数据保护等知识，文稿演示软件 PowerPoint 部分介绍了幻灯片的模板设计、版式设计、配色方案、动画设计、声音影片的应用等基础知识。

本书重点突出了实践技能的应用，全书共 10 个实训单元，每个实训单元为 6～8 学时（一天）的教学实践工作量，其中教师授课学时为 3 或 4 学时，学生独立完成实训任务为 3 或 4 课时。各单元设置了"学生同步练习"和相应的"独立实训任务"。本书可作为公共基础课程或计算机及相关专业的 Office 办公软件的授课及实训教材，也可作为初级读者或自学者的实践参考书。为了便于教师教学和学生练习，书中所有实训任务的相关实训素材，可从网上（www. tup. tsinghua. edu. cn）下载。

图书在版编目（CIP）数据

Office 办公应用软件同步实训教程：2010 版/毛应爽等编著. —北京：清华大学出版社，2013（2020.8 重印）
（21 世纪高等学校规划教材・计算机应用）
ISBN 978-7-302-34096-6
Ⅰ. ①O…　Ⅱ. ①毛…　Ⅲ. ①办公自动化－应用软件－高等学校－教学参考资料　Ⅳ. ①TP317.1
中国版本图书馆 CIP 数据核字（2013）第 240310 号

责任编辑：闫红梅　薛　阳
封面设计：傅瑞学
责任校对：焦丽丽
责任印制：杨　艳

出版发行：清华大学出版社
网　　址：http://www. tup. com. cn，http://www. wqbook. com
地　　址：北京清华大学学研大厦 A 座　　**邮　　编**：100084
社 总 机：010-62770175　　**邮　　购**：010-62786544
投稿与读者服务：010-62776969，c-service@tup. tsinghua. edu. cn
质量反馈：010-62772015，zhiliang@tup. tsinghua. edu. cn
课件下载：http://www. tup. com. cn，010-83470236
印 装 者：三河市吉祥印务有限公司
经　　销：全国新华书店
开　　本：185mm×260mm　　**印　张**：17　　**字　　数**：410 千字
版　　次：2013 年 12 月第 1 版　　**印　　次**：2020 年 8 月第 9 次印刷
印　　数：10701～12700
定　　价：29.50 元

产品编号：053807-01

出版说明

随着我国改革开放的进一步深化，高等教育也得到了快速发展，各地高校紧密结合地方经济建设发展需要，科学运用市场调节机制，加大了使用信息科学等现代科学技术提升、改造传统学科专业的投入力度，通过教育改革合理调整和配置了教育资源，优化了传统学科专业，积极为地方经济建设输送人才，为我国经济社会的快速、健康和可持续发展以及高等教育自身的改革发展做出了巨大贡献。但是，高等教育质量还需要进一步提高以适应经济社会发展的需要，不少高校的专业设置和结构不尽合理，教师队伍整体素质亟待提高，人才培养模式、教学内容和方法需要进一步转变，学生的实践能力和创新精神亟待加强。

教育部一直十分重视高等教育质量工作。2007 年 1 月，教育部下发了《关于实施高等学校本科教学质量与教学改革工程的意见》，计划实施"高等学校本科教学质量与教学改革工程（简称'质量工程'）"，通过专业结构调整、课程教材建设、实践教学改革、教学团队建设等多项内容，进一步深化高等学校教学改革，提高人才培养的能力和水平，更好地满足经济社会发展对高素质人才的需要。在贯彻和落实教育部"质量工程"的过程中，各地高校发挥师资力量强、办学经验丰富、教学资源充裕等优势，对其特色专业及特色课程（群）加以规划、整理和总结，更新教学内容、改革课程体系，建设了一大批内容新、体系新、方法新、手段新的特色课程。在此基础上，经教育部相关教学指导委员会专家的指导和建议，清华大学出版社在多个领域精选各高校的特色课程，分别规划出版系列教材，以配合"质量工程"的实施，满足各高校教学质量和教学改革的需要。

为了深入贯彻落实教育部《关于加强高等学校本科教学工作，提高教学质量的若干意见》精神，紧密配合教育部已经启动的"高等学校教学质量与教学改革工程精品课程建设工作"，在有关专家、教授的倡议和有关部门的大力支持下，我们组织并成立了"清华大学出版社教材编审委员会"（以下简称"编委会"），旨在配合教育部制定精品课程教材的出版规划，讨论并实施精品课程教材的编写与出版工作。"编委会"成员皆来自全国各类高等学校教学与科研第一线的骨干教师，其中许多教师为各校相关院、系主管教学的院长或系主任。

按照教育部的要求，"编委会"一致认为，精品课程的建设工作从开始就要坚持高标准、严要求，处于一个比较高的起点上；精品课程教材应该能够反映各高校教学改革与课程建设的需要，要有特色风格、有创新性（新体系、新内容、新手段、新思路，教材的内容体系有较高的科学创新、技术创新和理念创新的含量）、先进性（对原有的学科体系有实质性的改革和发展，顺应并符合 21 世纪教学发展的规律，代表并引领课程发展的趋势和方向）、示范性（教材所体现的课程体系具有较广泛的辐射性和示范性）和一定的前瞻性。教材由个人申报或各校推荐（通过所在高校的"编委会"成员推荐），经"编委会"认真评审，最后由清华大学出版社审定出版。

目前，针对计算机类和电子信息类相关专业成立了两个“编委会”，即“清华大学出版社计算机教材编审委员会”和“清华大学出版社电子信息教材编审委员会”。推出的特色精品教材包括：

(1) 21世纪高等学校规划教材·计算机应用——高等学校各类专业，特别是非计算机专业的计算机应用类教材。

(2) 21世纪高等学校规划教材·计算机科学与技术——高等学校计算机相关专业的教材。

(3) 21世纪高等学校规划教材·电子信息——高等学校电子信息相关专业的教材。

(4) 21世纪高等学校规划教材·软件工程——高等学校软件工程相关专业的教材。

(5) 21世纪高等学校规划教材·信息管理与信息系统。

(6) 21世纪高等学校规划教材·财经管理与应用。

(7) 21世纪高等学校规划教材·电子商务。

(8) 21世纪高等学校规划教材·物联网。

清华大学出版社经过三十多年的努力，在教材尤其是计算机和电子信息类专业教材出版方面树立了权威品牌，为我国的高等教育事业做出了重要贡献。清华版教材形成了技术准确、内容严谨的独特风格，这种风格将延续并反映在特色精品教材的建设中。

清华大学出版社教材编审委员会
联系人：魏江江
E-mail：weijj@tup. tsinghua. edu. cn

前言

根据教育部提出的“学校必须把培养学生动手能力、实践能力和可持续发展能力放在突出的地位，促进学生技能培养”的指导精神，本书从应用型人才培养的目标和学生的特点出发，以实际案例为着眼点，认真组织教学内容，精心设计教学案例，力求从浅入深、理论够度、注重实践技能，以“学中做，做中学”的“先模仿，后独立完成”的形式设置适当的实训任务。

Office 办公软件课程是计算机专业及其他各专业的公共基础课程。通过本课程的学习，学生应掌握文字处理、数据处理及演示文稿编辑的基本技巧及应用方法，培养学生基本的办公软件应用的操作能力，为后续课程的进一步学习及将来的就业奠定基础。

1. 本书内容

第 1 部分主要讲解文字处理软件 Word 2010 的基础知识。

实训 1 文档基本编辑及设置，主要讲解 Word 2010 窗口的基本组成，文本的输入与编辑，文档的保存、打开，文字、段落、边框底纹的格式设置，项目符号和编号的使用等知识，配有 6 个学生同步任务和两个独立实训任务。

实训 2 常用对象设置，主要讲解分栏、中文版式设置，图片、图形、艺术字、文本框的应用以及复杂公式的编辑方法。配有 6 个学生同步任务和 3 个图文混排的独立实训任务。

实训 3 表格设置及邮件合并，主要讲解表格的基本设置，计算公式的应用以及邮件合并的适用方法。配有 3 个学生同步任务和 6 个独立实训任务。

实训 4 长文档编辑，主要讲解页面、分页、分节、页眉页脚、脚注和尾注设置，样式的创建、应用与修改，目录的插入、更新等知识，并以项目需求说明书为例，说明长文档编辑的方法。配有一个学生同步任务和一个独立实训任务。

第 2 部分主要讲解数据处理软件 Excel 2010 的基础知识。

实训 5 数据表基本编辑及设置，主要讲解 Excel 2010 窗口的基本组成，工作簿和数据表的基本操作，数据的基本编辑与设置等。配有 3 个学生同步任务和 3 个独立实训任务。

实训 6 应用公式和函数，主要讲解公式的创建、编辑、单元格的引用以及常用函数的应用等知识。配有 3 个学生同步任务和 3 个独立实训任务。

实训 7 数据处理，主要讲解数据的排序、筛选、分类汇总、合并计算、数据透视表的应用等知识。配有 5 个学生同步任务和 3 个独立实训任务

实训 8 图表、数据保护及其他设置，主要讲解图表的创建及编辑、条件格式的设置、数据有效性的设置、数据保护、导入外部数据等知识。配有 5 个学生同步任务和两个独立实训任务。

第 3 部分主要讲解文稿演示软件 PowerPoint 2010 的基础知识。

实训 9 文稿的编辑设计，主要讲解幻灯片的基本编辑及设计方法，包括主题样式的编辑及应用、母版的设计与修改、超链接及动作设置的使用等知识。配有 5 个学生同步任务和一

个独立实训任务。

实训 10 动画设计及放映，主要讲解幻灯片的动画设计及制作方法、声音和影片的应用、幻灯片的放映设计、打包输出等知识。配有 3 个学生同步任务和一个独立实训任务。

2. 本书特色

通过以下特色，体现了本书的编写要求。

(1) 实践案例：本书在各部分精心设计了相关的实践案例，实践案例由【学生同步练习】和【独立实训任务】两部分组成，其中【学生同步练习】可用于“教师演示，学生模仿”的教学过程，或教师在讲解后学生进行同步练习，而【独立实训任务】则可用于学生在掌握教师讲授的全部知识点后的独立完成的任务，教师可做个别指导，以使学生更好地掌握、理解知识。

(2) 配套资料：配套资料中提供了本书相关的实训素材，以方便读者学习使用本书。读者可从 www.tup.com.cn 网站上下载。

本书的作者均为从事计算机应用基础课程教学第一线的教师，其体系结构及教学案例是经过反复教研和多个学期的教学实践逐渐形成的。本书由毛应爽、郑永春、任斌和鲍杰编著。全书由毛应爽统稿及修改，任斌编写实训 1 和实训 2，鲍杰编写实训 3 和实训 4，郑永春编写实训 5 和实训 6，毛应爽编写实训 7～实训 10。

感谢许琳、于萍、付浩海、聂振海等提出的修改意见及建议。虽然我们力求完美，力创精品，但由于水平有限，书中难免有疏漏和不足等不尽如人意之处，恳请阅读本书的老师和同学们提出宝贵意见。

作者联系信箱：maoys0219@163.com。

编　者

2013 年 8 月

第1部分　文字处理软件 Word 的使用

第 2 部分 数据处理软件 Excel 2010 的使用

第 3 部分　文稿演示软件 PowerPoint 的使用

第 1 部分

文字处理软件 Word的使用

本部分将使用Office Word 2010进行文档编辑。Office Word适用于制作各种文档，如报告、信件、传真、公文、报纸、书刊、简历等。这部分内容共分为4个实训完成，在完成本部分实训任务后，学生将能使用Office Word软件进行基本的文字编辑、图文混排、表格设置、文章排版等操作，为今后学习和工作中的文字排版编辑工作奠定基础。

实训 1 文档基本编辑及设置

实训要求

(1) 了解并熟悉 Word 2010 的窗口组成、工具栏的使用、视图方式。

(2) 掌握基本的文本编辑,如输入法的设置、特殊字符的录入、日期时间的插入、文本的查找和替换、撤销与恢复。

(3) 掌握文档的保存、打开、关闭及另存文件操作。

(4) 掌握文本的选定方式,如选择文字、选择单个段落、选择多个段落、选择多行、选择全文等操作,并进行文本的复制和移动操作。

(5) 掌握文本格式和段落格式的设置,主要掌握字体、段落、项目符号和编号、边框和底纹设置。

时间安排

➢ 教师授课: 4 学时,教师采用演练结合方式授课,各部分可以使用“学生同步练习”进行演练。

➢ 学生独立实训任务: 2 学时,学生完成独立实训任务后教师进行检查评分。

教师授课内容

1.1 Office Word 2010 的启动

要使用 Office Word 2010 编辑文档,可以选择用以下任一种方法启动 Word 2010。

(1) 利用“开始”菜单启动: 选择“开始”|“所有程序”| Microsoft Office | Microsoft Office Word 2010 命令。

(2) 使用 Office Word 2010 快捷方式: 如果桌面上有 Office Word 2010 的快捷方式,只需要双击该快捷方式; 如果没有,可以在“开始”|“所有程序”| Microsoft Office | Microsoft Office Word 2010 命令上单击右键,在弹出的快捷菜单中执行“发送到”|“桌面快捷方式”命令,则桌面上将创建一个 Office Word 2010 的桌面快捷方式。

(3) 在创建 Word 文档的文件夹中右击,在快捷菜单中执行“新建”|“Microsoft Word 文档”,为文件命名,将创建一个新文档,然后双击该文档图标则可打开文档进行编辑。

1.2 Office Word 2010 的窗口组成

Office Word 2010 的工作环境主要包括标题栏、功能区、快速访问工具栏、标尺、编辑区、状态栏、视图工具栏等,如图 1-1 所示。

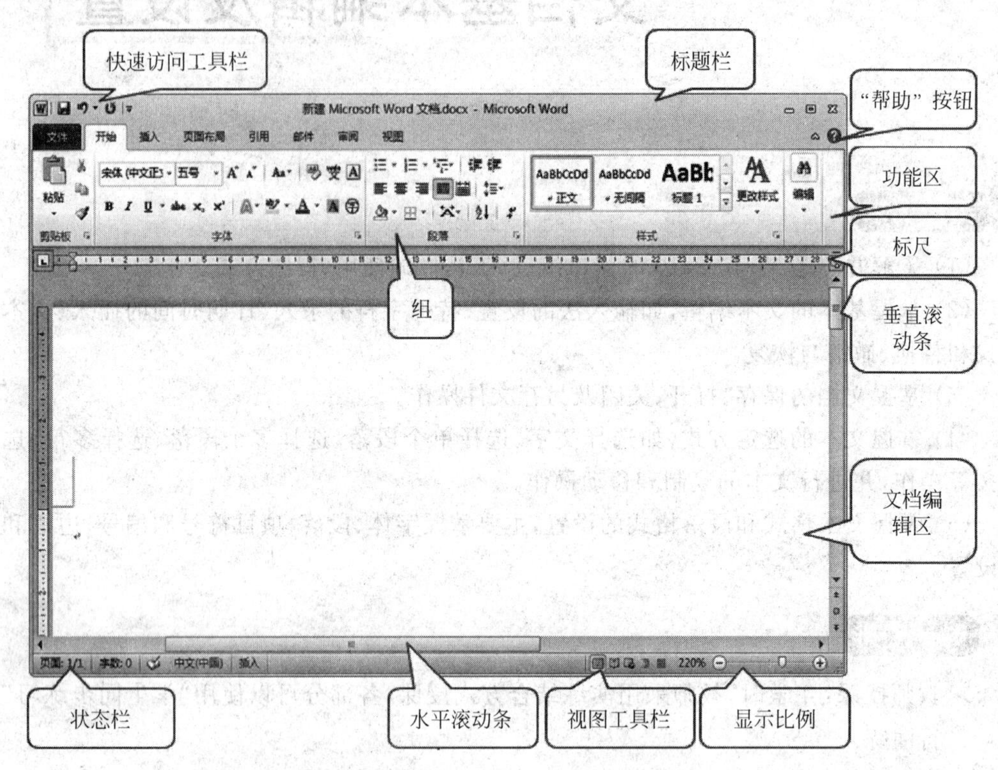

图 1-1 Office Word 2010 的窗口组成

1. 标题栏

标题栏位于窗口的最上方,激活状态时呈亮灰色,未激活状态时呈白色,主要包含快速访问工具栏、所编辑文档的名称、应用程序名、"最小化"按钮、"还原"按钮和"关闭"按钮。

2. 功能区

功能区位于标题栏下方,有"文件"、"开始"、"插入"、"页面布局"、"引用"、"邮件"、"审阅"、"视图"8 个选项卡,各选项卡下都有不同的组,每个组由工具按钮或控件命令构成。各个命令的打开方式可采用以下方法。

(1) **使用鼠标选择**:使用鼠标单击选项卡组中的各项命令,如果在某项命令右侧带有下三角号,则单击下三角号会显示详细列表,列表中显示更为详细的命令操作。

(2) **使用快捷键选择命令**:快捷键可以节省时间,提高工作效率,但需对常用的快捷键进行记忆。

3. 快速访问工具栏

快速访问工具栏位于标题栏左侧，Word 将一些常用的命令制作成按钮放在工具栏中。当用鼠标单击某个按钮时，可以快速执行这个命令。Office Word 2010 提供了多个快速访问工具按钮，默认情况下显示保存、撤销、恢复。也可以自行添加，添加快速访问工具按钮的方法是：单击快速访问工具栏右侧的自定义快速访问工具栏启动器，在弹出的子菜单中列出了可以显示或隐藏的命令，相应的命令名称左侧出现√标记，则表明该命令显示在操作界面中，反之，取消命令左侧的√标记，则表示隐藏该命令。

4. 标尺

标尺由水平标尺和垂直标尺两部分组成。标尺的功能在于显示文档的尺寸、规格并可以利用标尺进行缩进段落、调整页边距、改变栏宽及设置制表位等。

标尺的显示和隐藏可通过单击“视图”选项卡|“显示”组|“标尺”命令完成。在大纲视图和阅读版式视图下是不显示标尺的，在普通视图和 Web 视图下只显示水平标尺而不显示垂直标尺。

标尺的度量单位默认为字符，其度量单位是可以改变的。打开“文件”面板，单击“选项”命令，弹出“Word 选项”对话框，如图 1-2 所示，单击“高级”选项面板。

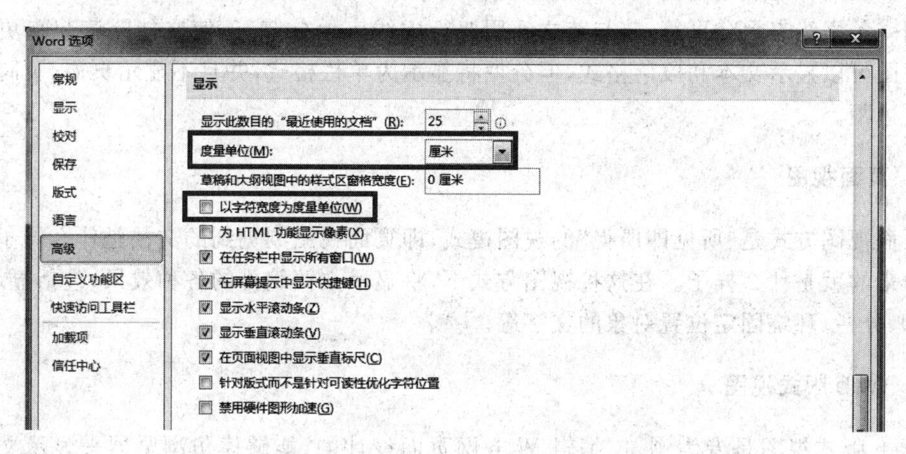

图 1-2 “Word 选项”对话框的“高级”选项面板

在“显示”区域中的“度量单位”列表框中选择所需的单位，如“厘米”或“英寸”等，取消“以字符宽度为度量单位”复选框，单击“确定”按钮。

5. 状态栏

状态栏位于文档的最下方，其中包括页数/总页数、字数、插入/改写状态等信息。

6. 视图工具栏

视图工具栏位于状态栏右侧，由视图快捷方式图标、显示比例按钮、显示比例区域构成。可使用“显示比例”的滑块放大或缩小当前文档的显示比例。

1.3 Office Word 2010 的视图方式

Office Word 2010 提供了不同的视图方式,可以根据不同需要选择合适视图方式来显示文档。如可以用普通视图来输入、编辑和排版文本,使用页面视图来观看与打印效果相同的页,使用大纲视图来查看文档结构。要切换视图方式,可执行"视图"选项卡,然后选择"文档视图"组中的"草稿"、"页面视图"、"Web 版式视图"、"大纲视图"、"阅读版式视图"命令,如图 1-3 所示,也可通过状态栏右侧的视图工具栏进行视图的切换。

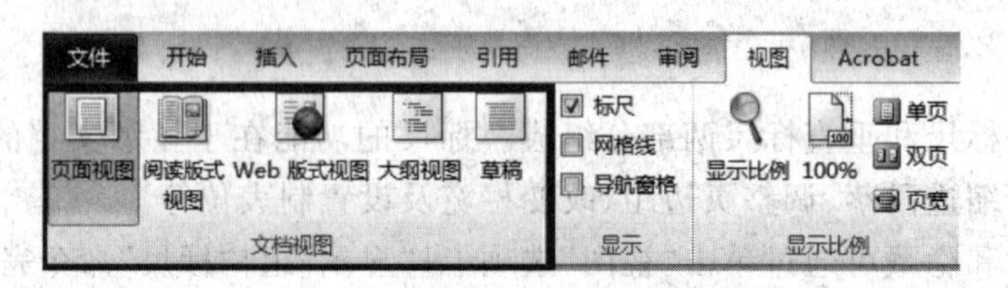

图 1-3 "视图"选项卡的"文档视图"组

1. 草稿视图

草稿视图可完成输入、编辑、设置文本格式等操作,在该视图中,连续显示正文,页与页之间用一条虚线表示分页符,节与节之间用双行虚线表示分节符,使文档阅读起来更连贯。草稿视图可以显示文本和段落格式,但分栏将显示为单栏格式,并且不显示页眉、页脚、页号以及页边距。

2. 页面视图

页面视图方式是"所见即所得"的视图模式,即页面视图浏览到的文档是什么样子,那么打印出来的就是什么样子。在这种视图方式下,将显示文档编排的各种效果,包括显示页眉和页脚、分栏、环绕固定位置对象的文字等。

3. Web 版式视图

Web 版式视图是专为浏览、编辑 Web 网页而设计的,能够模仿浏览器来显示文档,可看到背景和为适应窗口而换行显示的文本,且图形位置与在 Web 浏览器中的位置一致。

4. 大纲视图

大纲视图主要用于显示文档的结构,可以看到文档标题的层次关系。在大纲视图中可以折叠文档或展开文档,这样可以更好地查看整个文档的内容,移动、复制文件和重组文档都比较方便。

5. 阅读版式视图

阅读版式视图可将整篇文档分屏显示,文档中的文本为了适应屏幕自动折行。在该视图中没有页的概念,不会显示页眉和页脚,在屏幕的顶部显示了文档当前的屏数和总屏数。可使用"阅读版式"工具栏进行增大缩减阅读版式的字号,在单屏和多屏间进行转换的操作。

1.4　文本的输入与编辑

默认情况下，启动 Office Word 2010 时会自动生成一个新的文档，并临时命名为“文档1”，继续创建新文档则自动取名为“文档 2”、“文档 3”等。可以在新生成的文档中进行文本的输入及编辑工作。

1. 输入法设置

系统提供了多种输入法，选择输入法主要可以采用鼠标及快捷键方式。

(1) 单击任务栏右端语言栏上的语言图标按钮，会弹出输入法列表，在列表中选择相应输入法即可，如图 1-4 所示。

(2) 可以通过按 Ctrl＋空格键在中文和英文输入法之间进行切换，按 Shift＋Ctrl 键可在已安装的不同输入法之间进行切换。

图 1-4　输入法列表

2. 定位光标

可以在任一插入点插入文本、图形、表格等内容，插入点的光标不断闪烁并呈现为 | 状闪烁。当鼠标在编辑过的文档中自由移动时呈现为 I 状，此时单击鼠标即可将插入点定位到鼠标的位置。

也可以利用键盘在编辑过的文档中定位光标，具体操作步骤如下：

(1) 按上下方向键可以使插入点从当前位置向上一行或向下一行。

(2) 按左右方向键可以使插入点从当前位置向左或向右一个字符。

(3) 按 PgUp 键或 PgDn 键可以使插入点从当前位置向上或向下一屏。

(4) 按 Home 键或 End 键可以使插入点从当前位置移动到本行行首或本行末尾。

(5) 按 Ctrl＋Home 键或 Ctrl＋End 键可以使插入点从当前位置移动到文档首或文档末尾。

3. 文档的修改

1) 插入与改写

文档当前的插入/改写状态在状态栏中显示，默认情况下，在文档中输入文本时处于插入状态。在这种状态下，输入的文字出现在插入点所在的位置，而该位置原有的字符将依次向后移动。

输入文本的另一种状态为改写状态，在这种状态下，输入的文字将依次替代其后面的字符。改写与插入的切换可通过 Insert 键来实现。

2) 删除文本

当文本出现错误或多余文字时，可以使用键盘的 Back Space 键删除光标前的字符或使用 Delete 键删除光标后的字符。删除大段文字需要先选定文本再使用按 Delete 键删除。

4. 特殊文本的输入

1) 插入符号

有些特殊符号是不能从键盘直接输入的，可以使用“插入”选项卡|“符号”命令，在列表

中选择相应符号，如果符号不在列表中，可单击“其他符号…”命令，打开“符号”对话框，如图 1-5 所示。在“符号”选项卡中的“字体”下拉列表框中选择一种字体，如果字体有子集，则在“子集”下拉列表中选择相应子集，选择符号，单击“插入”按钮将其插入到光标所在位置。

图 1-5 “符号”对话框

2) 插入日期和时间

Word 中提供中英文的各种日期和时间格式，执行“插入”选项卡|“文本”组|“日期和时间”命令，可弹出“日期和时间”对话框，如图 1-6 所示。

在“可用格式”列表框中选择不同的日期或时间格式，也可以在“语言”下拉列表框中选择不同语言，单击“确定”按钮，即可以将当前的系统时间或系统日期插入到光标所在位置。

3) 插入编号

数字也有不同格式的表示方法，如罗马数字、中文大写数字等，Word 中提供专门的数字格式插入，可以执行“插入”选项卡|“编号”命令，弹出“编号”对话框，如图 1-7 所示，在“编号类型”列表框中选择一种数字格式，并在“编号”文本框中输入要插入的数字，单击“确定”按钮，即可以将数字插入到光标所在位置。

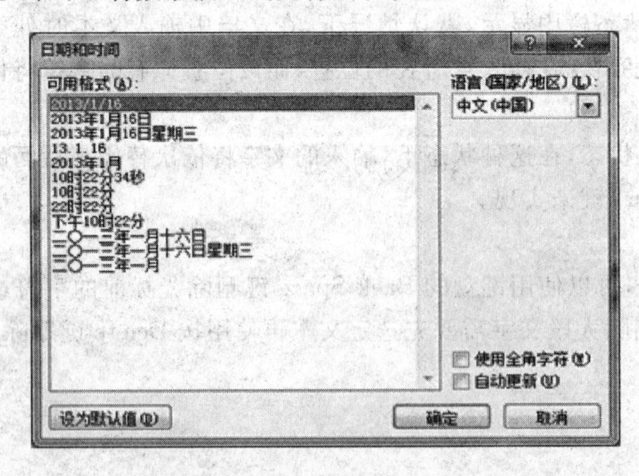

图 1-6 “日期和时间”对话框

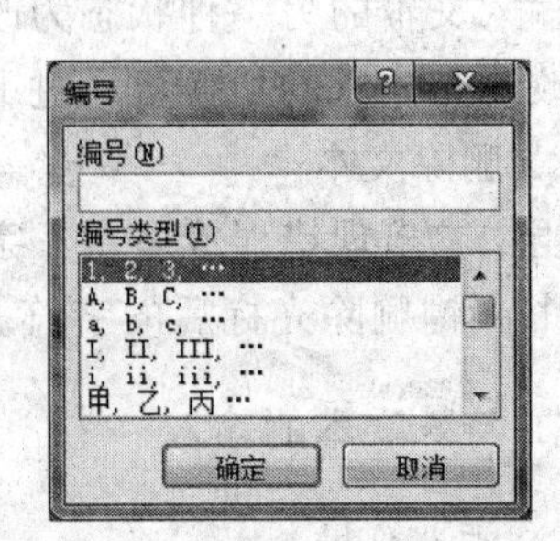

图 1-7 “编号”对话框

4）使用软键盘输入特殊字符

在编辑文档时，对于一般的特殊符号还可以使用中文输入法的“软键盘”进行快速输入，操作步骤如下。

(1) 在需要输入特殊符号的地方，打开中文输入法，如选择微软拼音-简洁2010输入法，单击输入法状态条上的软键盘图标 ，在弹出的快捷菜单中选择特殊符号所在的选项，如图1-8所示，将打开相应的软键盘选项，使用相应的软键盘选项可以输入各种类别的特殊字符。

(2) 本例以输入“二〇〇九”中的“〇”为例，说明软键盘的使用。在软键盘选项中选择“中文数字/单位”选项，打开“中文数字/单位”软键盘，如图1-9所示。在软键盘中单击〇，就可以输入相应的符号。这样，在输入“二〇〇九”时就不需要将〇用数字0或字母O来代替了。

(3) 输入完成后，单击软键盘的“关闭”按钮，可以关闭软键盘，即可以进行后继的中文输入。

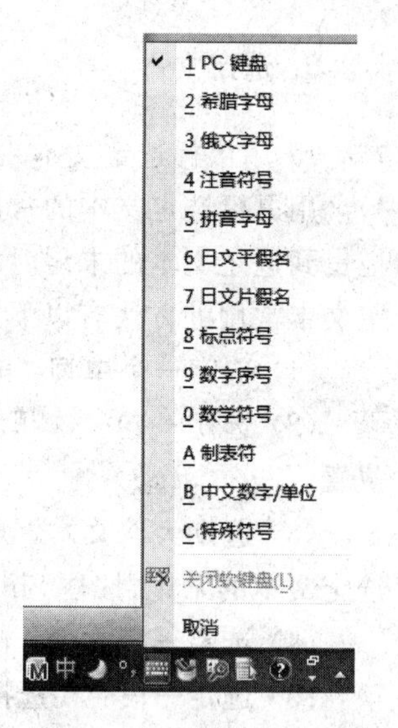

图1-8　使用软键盘输入特殊字符

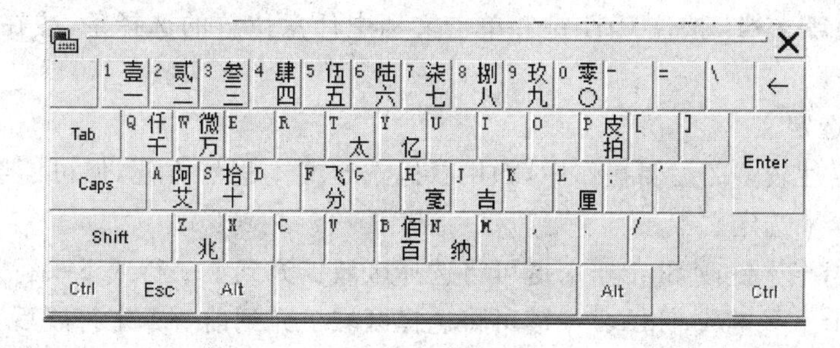

图1-9　“中文数字/单位”软键盘

5. 手动换行符和段落标记

在Word中，段落标记会出现在每一段的段尾，表示在段落标记前后是完整的一段。段落标记的输入方法是直接在段落结尾按Enter键。这样在段落结尾处将显示段落标记符号↵。该段落标记在打印预览或打印时是不显示的。

注意：*在应用段落样式时，是以段落标记为界的。*

Word中还存在着另一种换行符号，即手动换行符，其只起到换行作用，并不能作为两个段落之间的标记。手动换行符的输入方法是在需要换行处按Shift＋Enter键，这样在相应位置将显示换行符↓，该符号在打印预览或打印输出时也是不显示的，但是手动换行符的前后行是视为一个段落的。

通常将网页中的文字复制或粘贴到Word中时，网页中的换行符就转换成Word中的手动换行符。由于在应用段落样式时是以段落标记为界，而不是以手动换行符为界，因此常需要将手动换行符更改为段落标记符，以便对相应段落进行排版，具体的更改方法可采用后边介绍的“查找和替换”文本加以实现。

6. 选定文本

1) 用鼠标选定文本

用鼠标选定文本的常用方法是把I型的鼠标指针指向要选定的文本开始处,按住左键拖曳到选定文本的末尾时,松开鼠标左键,则所选定的文本以蓝色纹填充显示。使用鼠标选定文本常用的方法有以下几种。

(1) **选定一个单词**:鼠标双击该单词。

(2) **选定一句**:这里的一句是以句号为标记的,按住Ctrl键,再单击句中的任意位置。

(3) **选定大块文本**:先把插入点移到要选定文本的开始处单击,然后将光标移动到要选定文本的末尾,按住Shift键单击。这种方法适合于那些跨页内容的选定。

(4) **选定一行文本**:在选定条上单击,箭头所指的行被选中。

(5) **选定一段**:在选择条上双击,箭头所指的段被选中。也可连续三击该段中的任意部分。

(6) **选定多段**:将鼠标移到第一段左侧的选择条中,左键双击选择条并拖曳。

(7) **选定整篇文档**:按住Ctrl键并单击文档中任意位置的选择条,或在选择条处单击三次。

2) 用键盘选定文本

在进行重复性较多的编辑操作中,如用鼠标选定文本固然方便,但可能会浪费时间,此时可以使用键盘来选定文本。

(1) 用Shift+↑键或Shift+↓键可将选择区域扩充到上一行或下一行。

(2) 用Shift+←键或Shift+→键可将选择区域扩充到前一个字符或后一个字符。

(3) 用Shift+Ctrl+←键或Shift+Ctrl+→键可将选择区域扩充到当前词的开头或结尾。

(4) 用Shift+Ctrl+↑键或Shift+Ctrl+↓键可将选择区域扩展至段首或段尾。

(5) 用Shift+Home键或Shift+End键可将选择区域扩展至行首或行末。

(6) 用Shift+PgUp键或Shift+PgDn键可将选择区域向上或向下扩展至整屏。

(7) 用Shift+Ctrl+Home键或Shift+Ctrl+End键可将选择区域扩展至文档开始处或结尾处。

7. 移动文本

1) 用鼠标拖曳移动文本

在文本的编辑过程中,可以用鼠标拖曳的方式来实现文本的移动,操作步骤如下。

(1) 选定要移动的文本,将鼠标指针指向选定文本,当指针呈现箭头状时按住左键,指针将变成箭头下带一个矩形的形状,同时还会出现一条虚线插入点,拖曳鼠标,虚线插入点会随着移动,将虚线插入点移动到要移至的目标位置,松开鼠标左键,被选定的文本就从原来的位置移动到了新的位置。

(2) 还可以通过按住鼠标的右键拖曳来实现,在松开鼠标右键时会弹出一个菜单,可自由选择具体操作。

2）用命令按钮操作来移动文本

使用命令按钮操作移动文本可以采用以下两种方法。

（1）选定要移动的文本，单击“开始”选项卡|“剪贴板”组|“剪切”命令按钮 剪切，选定的文本将被复制到剪贴板中；将光标定位到要插入位置的地方，单击“开始”选项卡|“剪贴板”组|“粘贴”命令按钮即可。

（2）选定要移动的文本，将鼠标指针指向选定文本右击，在弹出的快捷菜单中选择“剪切”命令；将光标定位到要插入位置的地方，右击，在弹出的快捷菜单中选择“粘贴”命令即可。

3）使用快捷键移动文本

使用快捷方式移动文本可以采用以下两种方法。

（1）选定要移动的文本，按快捷键 Ctrl＋X 可将选定的文本送入剪贴板，将光标定位到要插入位置的地方，按快捷键 Ctrl＋V 进行粘贴。

（2）选定要移动文本，按下 F2 键，将光标定位在移动的目标位置后按 Enter 键，即可实现文本的快速移动。

8. 复制文本

复制文本就是把选定的文本复制到文档的其他位置。

1）用鼠标拖曳复制文本

使用鼠标拖曳的方法可以复制文本，这种复制方式适用于短距离的复制文本，具体操作步骤如下。

选定要复制的文本，将鼠标指针指向选定文本，按住 Ctrl 键，然后再按左键，指针将变成箭头上带一个加号矩形的形状，同时还会出现一条虚线插入点，拖曳鼠标时，将虚线插入点移动到粘贴的位置，松开鼠标左键，再松开 Ctrl 键，被选定的文本就复制到了新的位置。

2）用命令按钮操作来复制文本

使用命令按钮操作复制文本可以采用以下两种方法。

（1）选定要复制的文本，单击“开始”选项卡|“剪贴板”组|“复制”命令按钮 复制；将光标定位到要插入位置的地方，单击“开始”选项卡|“剪贴板”组|“粘贴”命令按钮即可。

（2）选定要复制的文本，将鼠标指针指向选定文本右击，在弹出的快捷菜单中选择“复制”命令；将光标定位到要插入位置的地方，右击，在弹出的快捷菜单中选择“粘贴”命令即可。

3）用快捷键复制文本

选定要复制的文本，按 Ctrl＋C 键可将选定的文本送入剪贴板，将光标定位到要插入位置的地方，按 Ctrl＋V 键粘贴。

9. 撤销与恢复操作

在编辑文档中如果出现错误操作，可以使用撤销操作和重复操作来避免。Word 会自动记录最近的一系列操作，这样可以方便地撤销前几步的操作、恢复被撤销的步骤或重复刚做的操作。撤销操作时可以单击“快速访问工具栏”中的“撤销输入”按钮，也可以直接使用 Ctrl+Z 键撤销前一步操作。

10. 查找与替换

有时在文章中需要将某一个词替换为另一个词,如将“软件学院”替换成“软件职业技术学院”,如果“软件学院”这个词在文章中出现多次,一处一处修改比较麻烦,此时可以采用查找和替换操作。

执行“开始”选项卡|“编辑”组|“替换”命令,弹出“查找和替换”对话框,如图 1-10 所示。

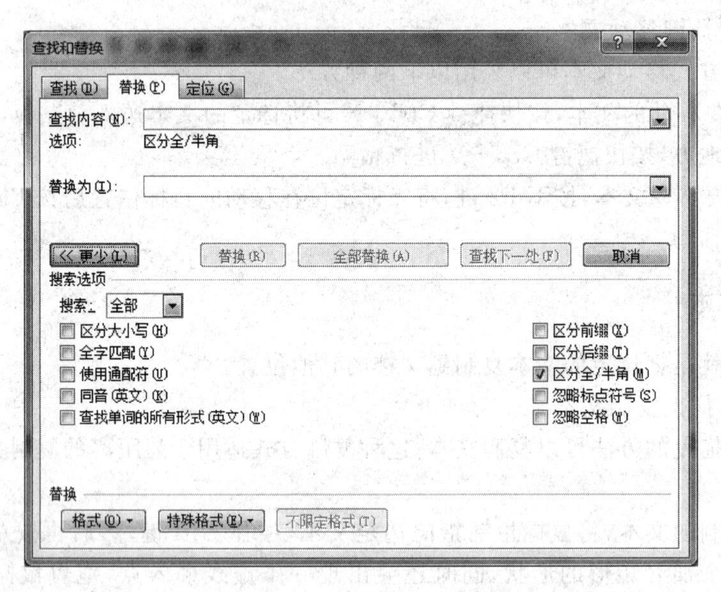

图 1-10 “查找和替换”对话框

在“替换”选项卡的“查找内容”文本框中输入所需查找内容,在“替换为”文本框中输入替换的内容,单击“高级”按钮,将展开搜索选项,在“搜索”列表中可选择“全部”、“向下”、“向上”选项,如需要区分大小写或全字匹配需要将相应的复选框选中,然后单击“查找下一处”按钮进行查找文本。单击“替换”按钮进行文本替换。如想全部进行替换,可单击“全部替换”按钮进行替换。

对于特殊字符的替换也是比较常用的,如将网页中的文字复制粘贴到 Word 中时,网页中的换行符就转换成 Word 中的手动换行符,而段落样式是以段落标记为界,因此需要将手动换行符更改为段落标记符,以便对相应段落进行排版。如想将手动换行符↓替换成段落标记↵,需先将光标置于“查找内容”文本框,单击“特殊格式”按钮选择“手动换行符”,然后再将光标置于“替换为”文本框,单击“特殊格式”按钮选择“段落标记”,然后单击“全部替换”按钮,则可以将所有的手动换行符替换为段落标记符。

【学生同步练习 1-1】

(1) 启动 Office Word 2010,在新建文档中按照样文 1-1 录入文字,特殊字符的录入请参看样文 1-1 说明。

(2) 将本文的第二段复制到文章的末尾。

(3) 将文档中所有的“多媒体”替换成 Multi-media。

【样文 1-1】

🖳 “多媒体”一词译自英文，是由 multiple 和 media 复合而成。与多媒体对应的一词叫单媒体(monomedia)。从字面上看，多媒体是由单媒体复合而成，而事实也是如此。
多媒体❶一词来源于视听工业。它最先用来描述由计算机控制的多投影仪的幻灯片演示，并且配有声音通道。如今，在计算机领域中，多媒体是指文本(text)、图像(image)、声音(audio)、视频(video)等单媒体和计算机程序融合在一起形成的信息传播媒体。
从目前的多媒体系统的开发和应用趋势看，多媒体系统大致可分为三类：
具有编辑和播放功能的开发系统(Multimedia Development System)，这种系统适合于专业人员制作多媒体软件产品。
主要以具备交互播放功能为主的教育/培训系统 (Education/Training System)。
主要用于家庭娱乐和学习的家用多媒体系统。

【样文 1-1 说明】

符号🖳和❶需执行“插入”选项卡|“符号”组|“其他符号”| “字体”选择 Wingdings 字体。

1.5 打开、保存、关闭文档

1. 打开文档

在 Office 2010 中，支持多文档操作，可以在编辑文档状态下，打开另一文档，具体的操作步骤如下。

(1) 执行“文件”选项面板|“打开”命令或单击“快速访问工具栏”中的“打开”按钮，弹出“打开”对话框，如图 1-11 所示。

图 1-11 “打开”对话框

(2) 选择文件所在的驱动器和文件夹位置，在“文件名”列表框中选择所需的文件，或直接在“文件名”框中输入需要打开文件的路径和文件名。

(3) 单击“打开”按钮即可打开所需的文档,也可双击文件名直接打开文档。

另外,在 Office Word 2010 的“开始”选项面板中也可以快速地执行打开已有文档的任务。单击面板中的“最近所用文件”,其中列出了最近使用过的文档,单击其中要打开的文件名即可将其打开。

2. 保存文档

文档在编辑完成后,需要将其保存到硬盘上,以备日后使用。随时保存文档,可以减少死机、断电等意外情况带来的损失。在保存文档时经常会遇到两种情况:保存新建文档或保存已有的文档。

1) 保存新建文档

Word 虽然在建立新文档时赋予它临时的名称,但是没有为它分配在磁盘上的文件名。因此,在要保存新文档时,需要给新文档指定一个文件名。保存新建文档的操作步骤如下。

(1) 执行“文件”选项面板|“保存”命令或单击快速访问工具栏上的“保存”按钮,将会弹出“另存为”对话框,如图 1-12 所示。

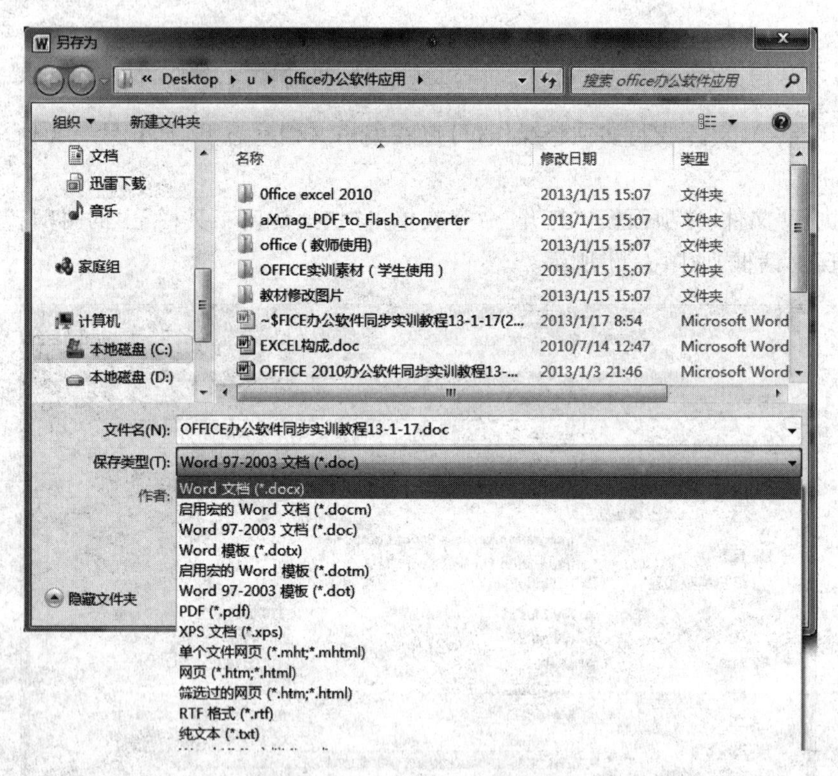

图 1-12　“另存为”对话框

(2) 选择好保存的驱动器及保存路径。

(3) 在“文件名”文本框中,Word 会根据文档第一行的内容,自动给出默认的文件名。如果不想用这个文件名,可以直接输入一个新的文件名。

(4) 默认情况下,Word 会自动将文件保存为“Word 文档(*.docx)”的文件类型,该类型是 Microsoft Office Word 2007/2010 默认的 Word 文档格式,但该类型的文档无法与

Microsoft Office Word 97-2003 相兼容，即不能用 Word 97-2003 读取编辑。而目前还有一部分使用 Word 97-2003 的用户，为了与以前版本的更好地兼容，建议在“保存类型”下拉列表框中选择“Word 97-2003 文档(＊.doc)”，以此种类型保存的文档，在标题栏的文件名称后会显示“[兼容模式]”。

(5) 如果要以其他文件类型保存文件，如 pdf 文件、xps 文档、网页文件、纯文本文件等，单击“保存类型”下拉列表框的下三角按钮并在显示的列表中选择相应的文件类型即可。

(6) 单击“保存”按钮。

2) 保存已有文档

当打开一个已命名的文档并对文档的处理工作完成后也需要将所做的工作保存起来，如要以现有文件的名字、文件类型来保存修改过的文件，可执行“文件”选项卡|“保存”命令或单击快速访问工具栏上的“保存”按钮，也可以直接按 Ctrl＋S 键进行保存。

3) 另存文件

如果要改变现有文件的名字或文件类型，可选择“文件”选项卡|“另存为”命令，弹出“另存为”对话框，在“另存为”对话框中进行设置保存。

4) 修改默认保存类型

通常默认情况下 Microsoft Office Word 2010 将文件保存为“Word 文档(＊.docx)”的文件类型，如希望修改其默认保存格式为“Word 97-2003 文档(＊.doc)”，以便与早期版本相兼容，可以单击“文件”选项卡中的“选项”命令，打开“Word 选项”对话框，单击“保存”面板，在“将文件保存为此格式”列表中选择“Word 97-2003 文档(＊.doc)”，如图 1-13 所示，单击“确定”按钮完成设置。

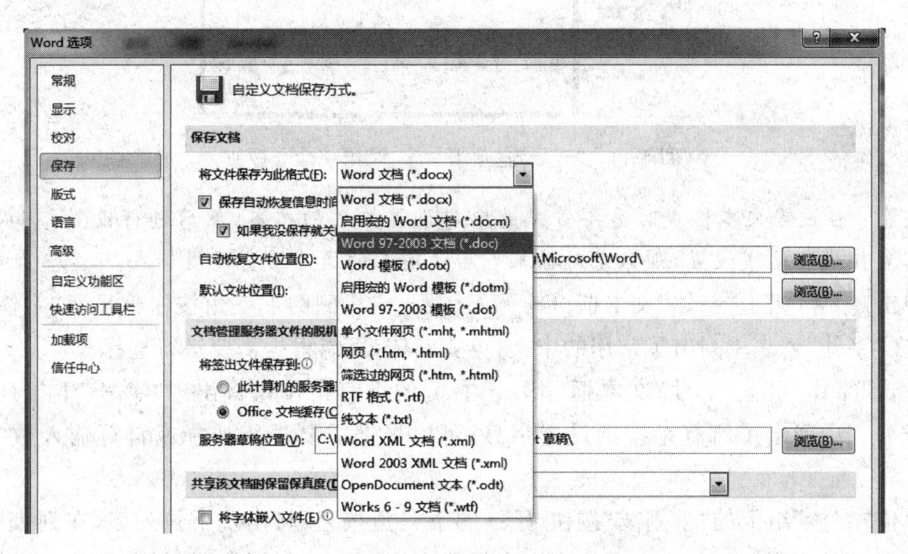

图 1-13　“Word 选项”对话框“保存”面板

3. 关闭文档

当不需要对文档进行编辑和处理时，可以把当前文档窗口关闭，执行“文件”选项卡|“关闭”命令或单击“标题栏”右侧的“关闭”按钮 。如果从上次保存文档之后对文档进行了修改，Microsoft Office Word 2010 会询问是否要保存所做的修改，单击“是”按钮，那么就

保存对文档的修改,如果文件还没有命名,还会弹出“另存为”对话框给文档命名;单击“否”按钮,就放弃对文档所做的修改,如果是新建的文档,没有进行编辑过则直接关闭文档不进行保存;单击“取消”按钮,则取消关闭文档的操作,可以继续文档的编辑工作。

【学生同步练习 1-2】

(1) 将“学生同步练习 1-1”录入的文档进行保存,保存文件名为“1_1. doc”,保存类型为“Word 97-2003 文档(*. doc)”,保存路径为“个人 Office 实训\实训 1”文件夹。

(2) 将该文件另存为文本文件,保存文件名为“1_2. txt”,保存类型为“纯文本(*. txt)”,保存路径为“个人 Office 实训\实训 1”文件夹。

1.6 设置文字格式

文字格式有字体、字形、颜色、大小、字符间距、动态效果等。默认情况下,在新建的文档中输入文本时文字以正文文本、五号字的格式输入。通过设置文字格式可以使文字的效果更加突出。

1. 使用工具栏设置文字格式

可以使用“开始”选项卡中的“字体”组中的命令按钮,快速设置最常用的文字格式,如设置字体、字号、粗体、斜体和下划线、上标、下标等。“字体”组中命令按钮如图 1-14 所示。

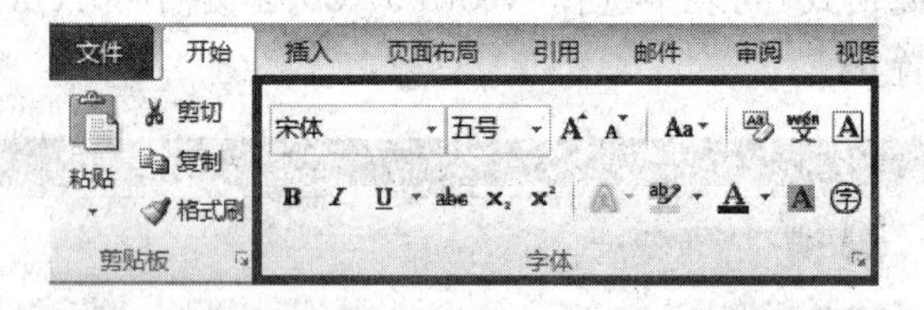

图 1-14 “开始”选项卡|“字体”组中命令按钮

注意:在设置文本格式时需要首先选中要设置格式的文本,然后进行设置。如果不选中文本直接进行格式设置,则只是对插入点后所输入的文字进行设置格式。

单击“字体”组上“字体”文本框 宋体 右侧的下三角按钮将显示“字体”下拉列表,在“字体”列表中列出了常用的中文、英文字体,可以根据需要进行选择。

单击“字体”组上“字号”文本框 五号 右侧的下三角按钮将出现“字号”下拉列表,在“字号”列表中列出了所有系统预设置字号,可以根据需要进行选择或自行输入数字设置字号。

单击“字体”组上的“下划线”按钮 U 的下三角按钮,将出现下拉列表,在列表中可以选择下划线的线型和颜色。在下拉列表中设置完毕,单击“下划线”按钮即可为文本添加下划线。

另外,“开始”选项卡中的“字体”组还提供了下列按钮以便设置字体时使用。

(1) 加粗按钮 B:单击该按钮可以实现字体的加粗效果。

(2) 倾斜按钮 I:单击该按钮可以实现字体的倾斜效果。

(3) 字符边框按钮 A:单击该按钮可以为字体添加单线边框。

（4）字符底纹按钮 A：单击该按钮可以为字体添加底纹。

（5）字体颜色按钮 A：单击该按钮可以改变字体的颜色，单击该按钮的下三角按钮，可以在“颜色”下拉列表中设置要改变的颜色。

（6）下标按钮 $\times_2$：单击该按钮可以将选中的文本设置为下标。

（7）上标按钮 $\times^2$：单击该按钮可以将选中的文本设置为上标。

（8）增大字体按钮 A：单击该按钮可以增大选中文本的字号。该项操作也可以按Ctrl＋＞键实现。

（9）缩小字体按钮 A：单击该按钮可以缩小选中文本的字号。该项操作也可以按Ctrl＋＜键实现。

2. 使用“字体”对话框设置文字格式

使用“开始”选项卡中的“字体”组可以快速设置字体常用格式，但如果要设置比较复杂的字体格式还要在“字体”对话框中进行，操作步骤如下。

选定要设置字体的文本，或将插入点定位在新格式开始的位置，单击“字体”组右下角的“启动器”按钮，弹出“字体”对话框，如图1-15所示。

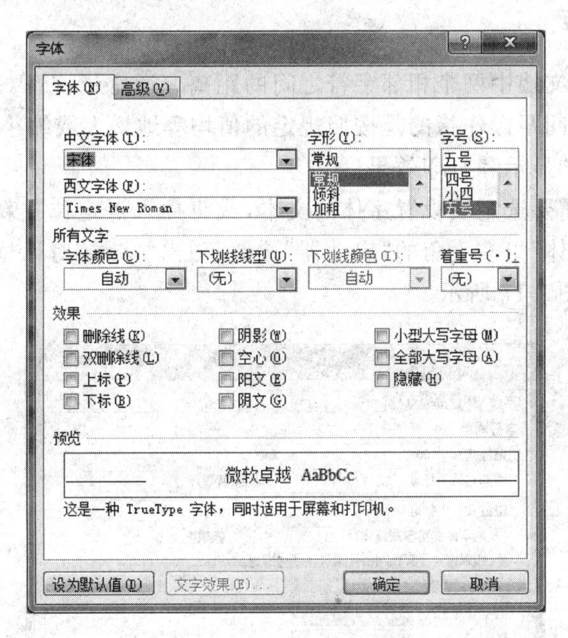

图1-15　“字体”对话框

在“字体”对话框的“字体”选项卡中可以进行下述设置。

（1）可以在“中文字体”或“西文字体”下拉列表框中设置一种字体。

（2）在“字形”列表框中，可以设置文本的字形；在“字号”列表框中，可以设置文本的字号。

（3）在“字体颜色”下拉列表框中，可以设置文本的字符颜色。如果选择下拉列表中的“自动”选项，通常将文字的颜色设置为黑色。

（4）在“着重号”下拉列表框中，可以选择是否在文字下方添加圆点着重号。

(5) 在“下划线线型”下拉列表框中可以选择一种下划线的线型，选择下划线线型后可以在“下划线颜色”下拉列表框中选择下划线的颜色。

(6) 在“效果”设置区域提供了11个复选项，用来设置文档文本的各种显示效果。

设置后的内容会在“预览”区域显示，然后单击“确定”按钮即可。

如果要把在“字体”对话框中所做的设置作为系统默认的设置效果，在做好设置后单击“默认”按钮，弹出系统提示对话框，如图1-16所示。如果同意将所做的设置作为基于Normal模板的新文档的默认设置，选择“所有基于Normal.dotm模板的文档”选项；否则选择“仅此文档”项。建议选择“仅此文档”项，避免此项修改影响所有基于Normal.dotm模板的其他文档。

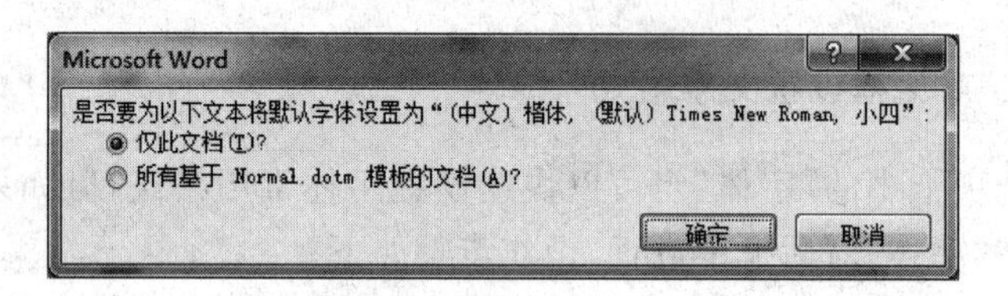

图1-16 系统提示对话框

3. 设置字符间距

字符间距指的是文档中两个相邻字符之间的距离。通常情况下，采用单位“磅”来度量字符间距。调整字符间距操作指的是按照规定的值均等地增大或缩小所选文本中字符之间的距离，以改善文档的显示和打印效果。

设置字符间距，需要选定要设置字体的文本，或将插入点定位在新格式开始的位置，单击“开始”选项卡|“字体”组右下角的“启动器”按钮，弹出“字体”对话框，在字体对话框中选择“高级”选项卡，如图1-17所示。

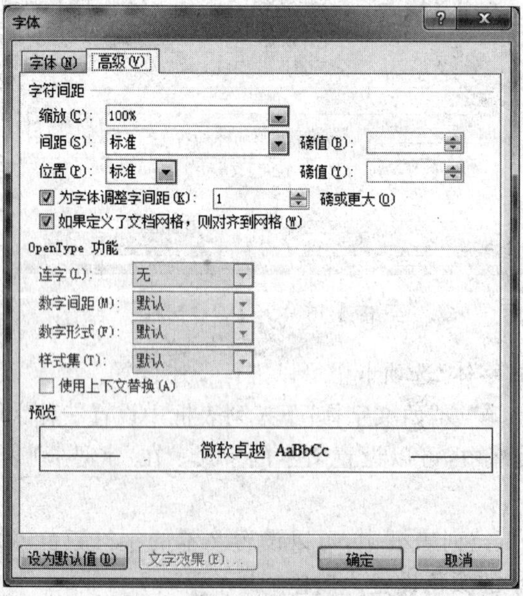

图1-17 “字体”对话框“高级”选项卡

在对话框中可以进行下述设置。

(1) 可以在“缩放”下拉列表框中扩展或压缩所选文本，可以选择列表中已经预定义的比例，也可以通过直接单击文本框输入所需的百分比。

(2) 可以在“间距”下拉列表框中选择字符间距的类型是“标准”、“加宽”或“紧缩”，如果为字符间距设置了“加宽”或“紧缩”选项，还可以在右侧的“磅值”文本框中设置“加宽”或“紧缩”的值。

(3) 可以在“位置”下拉列表框中选择字符位置的类型是“标准”、“提升”或“降低”，如果为字符间距设置了“提升”或“降低”选项，还可以在右侧的“磅值”文本框中设置“提升”或“降低”的值。

(4) 选中“为字体调整字间距”复选框，可以让 Word 自动调整字距或字符组合之间的距离。

(5) 设置完毕后，单击“确定”按钮。

【学生同步练习 1-3】

(1) 将文档 1-1. doc 另存为 1-3. doc，保存路径为“个人 Office 实训\实训 1”文件夹。

(2) 对文档 1-3. doc 进行文字格式设置，设置效果如样文 1-3 所示，具体设置要求请参看样文 1-3 说明。设置完成后将文档进行保存。

【样文 1-3】

“Multi-media”一词译自英文，是由 **multiple** 和 **media** 复合而成。与 **Multi-media** 对应的一词叫*单媒体*(**monomedia**)。从字面上看，**Multi-media** 是由*单媒体*复合而成，而事实也是如此。

Multi-media❶一词来源于视听工业。它最先用来描述由计算机控制的多投影仪的幻灯片演示，并且配有声音通道。如今，在计算机领域中，**Multi-media 是指文本(text)、图像(image)、声音(audio)、视频(video)**等*单媒体*和计算机程序融合在一起形成的信息传播媒体。

从目前的 **Multi-media** 系统的开发和应用趋势看，**Multi-media** 系统大致可分为三类：

具有编辑和播放功能的开发系统(**Multimedia Development System**)，这种系统适合于专业人员制作 **Multi-media** 软件产品。

主要以具备交互播放功能为主的教育/培训系统 (**Education/Training System**)。

主要用于家庭娱乐和学习的家用 **Multi-mediaTimes New Roman** 系统。

~~Multi-media❶一词来源于视听工业。它最先用来描述由计算机控制的多投影仪的幻灯片演示，并且配有声音通道。如今，在计算机领域中，Multi-media 是指文本(text)、图像(image)、声音(audio)、视频(video)等单媒体和计算机程序融合在一起形成的信息传播媒体。~~

【样文 1-3 说明】

(1) 所有的英文单词字体设置为 Times New Roman，字号为“小四”，加粗。

(2) 将文章中的三处“单媒体”设置为“宋体”、“小四”、“倾斜”、“单下划线”、“蓝色”。

(3) 设置❶为上标。

(4) 将“Multi-media 是指文本(text)、图像(image)、声音(audio)、视频(video)”设置为“加粗”，并加“双下划线”。

(5) 对“传播媒体”4 个字分别做字符提升，依次提升的值为 3 磅、6 磅、9 磅、12 磅。

(6) 将“适合于专业人员制作”和“软件产品”加“着重号”。

(7) 设置“主要以具备交互播放功能为主的教育/培训系统”的字符间距加宽 1 磅。

(8) 设置“家庭娱乐”和“学习”为“三号”、“红色”、“空心字”。

(9) 对最后一段的所有文字加“双删除线”。

1.7 设置段落格式

段落就是以输入 Enter 键(段落标记符)结束的一段文字,它是独立的信息单位,前边设置的字符格式表现的是文档中局部文本的格式化效果,而段落格式的设置则将美化设计文档的整体外观。一般一篇文章是由很多段落组成的,每个段落都可以有它的格式,如段落缩进、段落行间距等。

段落格式设置需选中要设置的段落或将光标定位在要设置段落格式的段落中,单击“开始”选项卡|“段落”组右下角的“启动器”按钮,弹出“段落”对话框;也可以单击右键,在弹出的快捷菜单中选择“段落…”命令来打开“段落”对话框,如图 1-18 所示。“段落”对话框中包含“缩进和间距”、“换行和分页”、“中文版式”三个选项卡,其中“缩进和间距”选项卡比较常用。

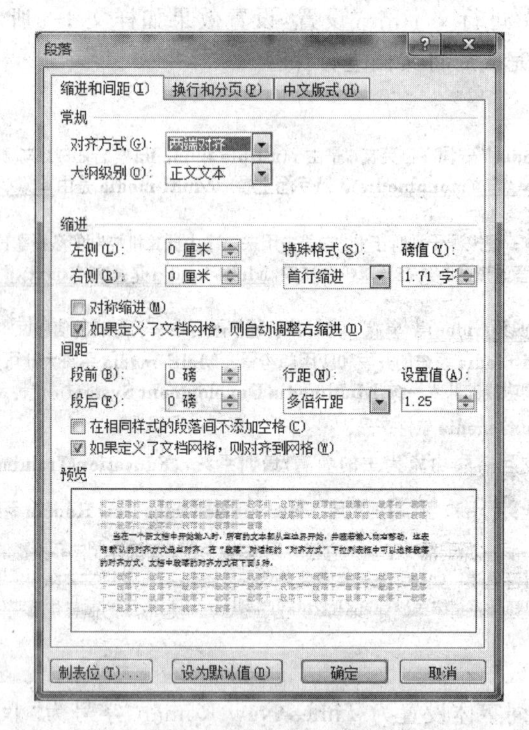

图 1-18 “段落”对话框

1. 段落对齐方式

当在一个新文档中开始输入文本时,所有的文本都从左边界开始,并随着输入向右移动,这表明默认的对齐方式是两端对齐,该对齐方式可将文字左右两端同时对齐,这样可在页面的左右两端形成整齐的外观。在“段落”对话框的“对齐方式”下拉列表框中可以选择段落的对齐方式,文档中段落的对齐方式有下面 5 种。

(1) **文本左对齐**:是把段落中的每行文本一律以文档的左边界为基准向左对齐。对于中文文本来说，左对齐方式和两端对齐方式没有什么区别。但是如果文档中有英文单词，左对齐将会使得英文文本的右边缘参差不齐，此时如果使用“两端对齐”的方式，右边缘就可以对齐了。

(2) **文本右对齐**：是文本以文档右边界为基准向右对齐。

(3) **居中对齐**：是文本位于文档左右边界的中间。

(4) **分散对齐**：是把段落的所有行的文本的左右两端分别沿文档的左右两边界对齐。

(5) **两端对齐**：是把段落中除了最后一行文本外，其余行的文本的左右两端分别以文档的左右边界为基准向两端对齐。这种对齐方式是文档中最常用的，可在页面的左右两端形成整齐的外观，平时看到的书籍的正文都采用该对齐方式。

段落对齐设置还可通过“开始”选项卡|“段落”组上的对齐方式命令按钮来实现。首先将光标定位在需要设置段落对齐格式的段落中，单击“段落”组上的对齐方式按钮，即可设置相应的对齐方式。在“段落”组的工具栏中有5种对齐方式按钮，即“左对齐”按钮 、“居中对齐”按钮 、“右对齐”按钮 、“两端对齐”按钮 、“分散对齐”按钮 ，当工具栏上某一对齐方式按键呈选定的状态时，表示目前的段落编辑状态是相应的对齐方式。

2. 段落缩进方式

段落缩进可以调整一个段落与边距之间的距离，主要分为首行缩进、左缩进、右缩进、悬挂缩进。在“段落”对话框的“缩进”区内有“左侧”、“右侧”和“特殊格式”三个文本框，可以在文本框中分别给定数值。

(1) 在“左侧”文本框中设置段落从文档左边界缩进的距离，正值代表向右缩进，负值代表向左缩进。

(2) 在“右侧”文本框中设置段落从文档右边界缩进的距离，正值代表向左缩进，负值代表向右缩进。

(3) 在“特殊格式”下拉列表框中可以选择“首行缩进”或“悬挂缩进”中的一项，选好后在度量值中输入缩进量。

设置段落缩进还可以通过调整水平标尺上的滑块进行，标尺可通过单击“视图”选项卡，选中“标尺”复选框进行显示，如图1-19所示为水平标尺中的滑块。

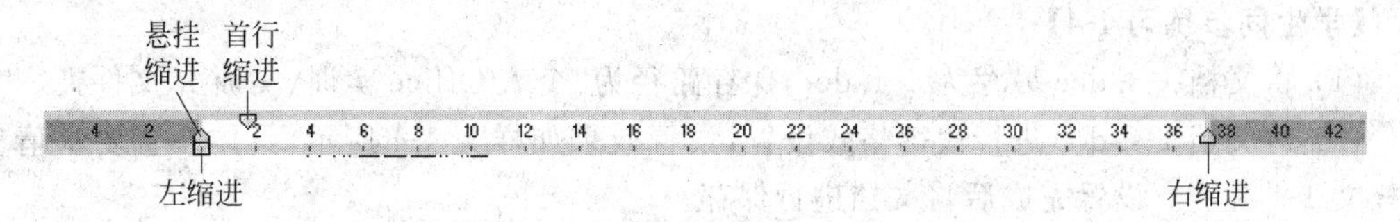

图1-19 水平标尺中的缩进滑块

水平标尺上有4个缩进滑块，拖曳缩进滑块可以快速灵活地设置段落的缩进。把鼠标放在缩进滑块上，鼠标变成箭头状，稍停片刻就会显示该滑块的名称，在使用鼠标拖曳滑块时可以根据标尺上的尺寸确定缩进的位置。

(1) **首行缩进滑块**：拖曳该滑块段落的第一行缩进，其他部分不动。

(2) **悬挂缩进滑块**：拖曳该滑块段落除第一行外的其他各行缩进，而第一行不缩进。

(3) **左缩进滑块**：拖曳该滑块整个段落的左部跟随滑块移动缩进。

(4) **右缩进滑块**：拖曳该滑块整个段落的右部跟随滑块移动缩进。

3. 调整段落间距

段落间距指两个段落之间的间隔，设置合适的段落间距，可以增加文档的可读性。段落的间距包括行间距和段间距，行间距是一个段落中行与行之间的距离，段间距是当前段落与下一个段落或上一个段落之间的距离。行间距和段间距的大小直接影响整个版面的排版效果，其单位是行或是磅。对于 Office Word 2010 来说，默认行间距为 1.15 行，段落间有一个空白行。

可以在“段落”对话框的“间距”区域设置段落间距和行间距。

(1) 在间距区域“段前”文本框中可以输入或选择段前的间距。

(2) 在间距区域“段后”文本框中可以输入或选择段后的间距。

(3) 在间距区域单击“行距”列表框右边的下三角按钮，出现一个下拉列表框，可以从下拉列表框中选择所需要的行距选项。如果选择了“固定值”或“最小值”选项，需要在“设置值”框中输入所需值；如果选择“多倍行距”选项，需要在“设置值”框中输入所需行数。“行距”列表框中的各项值如下。

① **单倍行距**：此选项将行距设置为该行最大字体。额外间距的大小取决于所用的字体。

② **1.5 倍行距**：此选项为单倍行距的 1.5 倍。

③ **双倍行距**：此选项为单倍行距的两倍。

④ **最小值**：此选项设置适应行上最大字体或图形所需的最小行距。

⑤ **固定值**：此选项设置固定行距(以磅为单位)。例如，如果文本采用 10 磅的字体，则可以将行距设置为 12 磅。

⑥ **多倍行距**：此选项设置可以用大于 1 的数字表示的行距。例如，将行距设置为 1.15 会使间距增加 15%，将行距设置为 3 会使间距增加 300%(三倍行距)。

设置行间距或段间距，也可以通过“开始”选项卡|“段落”组上的“行和段落间距”命令按钮来实现。单击该命令按钮右侧的下三角按钮，会显示行距的选择列表值和“增加段前间距”、“删除段后间距”选项，可根据需要选择相应的命令项完成操作。

【学生同步练习 1-4】

(1) 将文档 1-3.doc 另存为 1-4.doc，保存路径为“个人 Office 实训\实训 1”文件夹。

(2) 对文档 1-4.doc 进行段落格式设置，设置效果如样文 1-4 所示，具体设置要求请参看样文 1-4 说明。设置完成后将文档进行保存。

【样文 1-4 说明】

(1) 在文档的开头增加标题“多媒体的含义”，字体“隶书”、“小二”号字、字形“加粗”。标题设置为“居中”对齐。

(2) 设置标题的行距为 1.5 倍行距，段前 0.5 倍行距，段后 0.5 倍行距。

(3) 选中除标题以外的其他所有段落，设置各段首行缩进两个字符。

(4) 设置第一、二段的行距为 1.5 倍行距。

【样文 1-4】

多媒体的含义

“Multi-media”一词译自英文，是由multiple和media复合而成。与Multi-media对应的一词叫单媒体(monomedia)。从字面上看，Multi-media是由单媒体复合而成，而事实也是如此。

Multi-media❶一词来源于视听工业。它最先用来描述由计算机控制的多投影仪的幻灯片演示，并且配有声音通道。如今，在计算机领域中，Multi-media是指文本(text)、图像(image)、声音(audio)、视频(video)等单媒体和计算机程序融合在一起形成的信息传播媒体。

从目前的Multi-media系统的开发和应用趋势看，Multi-media系统大致可分为三类：

具有编辑和播放功能的开发系统(Multimedia Development System)，这种系统适合于专业人员制作Multi-media软件产品。

主要以具备交互播放功能为主的教育/培训系统(Education/Training System)。

主要用于家庭娱乐和学习的家用Multi-mediaTimes New Roman系统。

~~Multi-media❶一词来源于视听工业。它最先用来描述由计算机控制的多投影仪的幻灯片演示，并且配有声音通道。如今，在计算机领域中，Multi-media是指文本(text)、图像(image)、声音(audio)、视频(video)等单媒体和计算机程序融合在一起形成的信息传播媒体。~~

1.8 项目编号与项目符号

Word文档中的列表一般有两种：一种是编号，一种是项目符号。在文档中使用编号或项目符号的作用是把一系列重要的项目或论点与正文分开，或表达段落间的逻辑关系。Word会将添加的项目符号和编号当作段落格式的一部分记录下来，不能对这些符号作为普通字符那样进行剪切、修改等操作，只能在“项目符号和编号”对话框中进行修改，而且修改将影响所有进行编号的段落。

1. 创建项目符号

(1) 选中要创建项目符号的段落或将光标定位在即将输入文本的段落开始处，单击“开始”选项卡|“段落”组中的“项目符号”命令右侧的下三角按钮，或单击鼠标右键，在弹出菜单上单击“项目符号”按钮，都会显示“项目符号”列表，如图1-20所示。

(2) 在列表中的“项目符号库”显示区域有8种不同的项目符号，这些项目符号是Word上次已经默认设置好的。选择除“无”以外的其余7个选项中的一个，就可以用选定的项目符号格式化当前段落，然后单击“确定”按钮即可。

(3) 如需要更改列表级别，可在如图1-20所示的“项目符号”列表中单击“更改列表级别”命令，在展开的列表级别中选择需要的级别即可。

(4) 如果需要重新定义项目符号列表,则在"项目符号"列表中单击"定义新项目符号..."按钮,弹出"定义新项目符号"对话框,如图 1-21 所示。

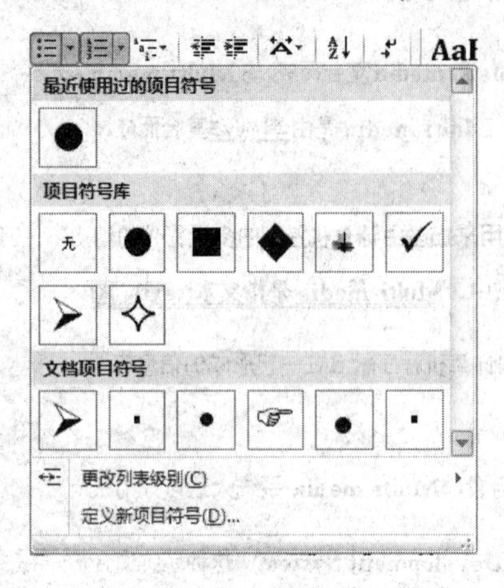

图 1-20 "项目符号"列表

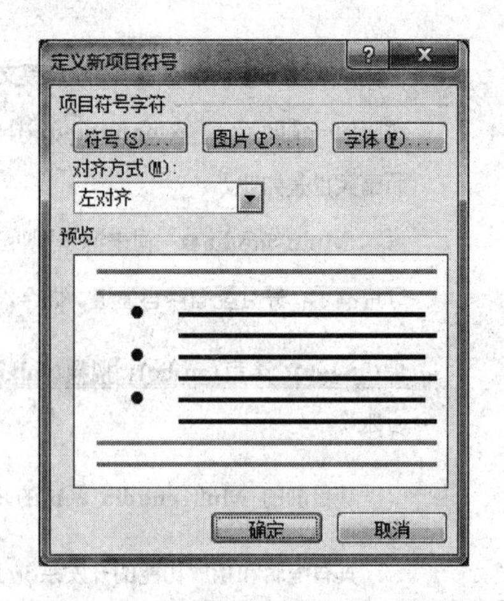

图 1-21 "定义新项目符号"对话框

(5) 在"项目符号字符"区域可以选择是使用"符号"、"图片"还是"字体"作为自定义的项目符号的字符,在"对齐方式"下拉列表框中选择项目符号的对齐方式,在"预览"区域可以预览项目符号的效果。然后单击"确定"按钮。

2. 创建编号

(1) 选中要创建编号的段落或将光标定位在即将输入文本的段落开始处,单击"开始"选项卡|"段落"组中的"编号"命令,或单击鼠标右键,在弹出菜单上单击"项目编号"按钮,显示"编号"列表,如图 1-22 所示。

图 1-22 "编号"列表

(2) 在"编号库"区域选择除"无"以外的其余 7 个选项中的一个,或在"文档编号格式"区域选择需要的编号,就可以用选定的编号对当前段落进行格式化。

(3) 如需要更改列表级别,可在如图 1-22 所示的"编号"列表中单击"更改列表级别"命令,在展开的列表级别中选择需要的级别即可。

(4) 如果需要重新定义编号格式,在列表中单击"定义新编号格式"按钮,弹出"定义新编号格式"对话框,如图 1-23 所示。在对话框中的"编号样式"列表框中选取需要的编号样式,"编号格式"文本框中会显示相应样式,可对编号格式进行修改;在"对齐方式"列表框中选择编号的对齐方式,单击"确定"按钮即可。

(5) 编号默认情况下是从阿拉伯数字 1 开始的,如需要修改编号值,在如图 1-22 所示的"编号"列表中单击"设置编号值"命令,打开"起始编号"对话框,如图 1-24 所示。

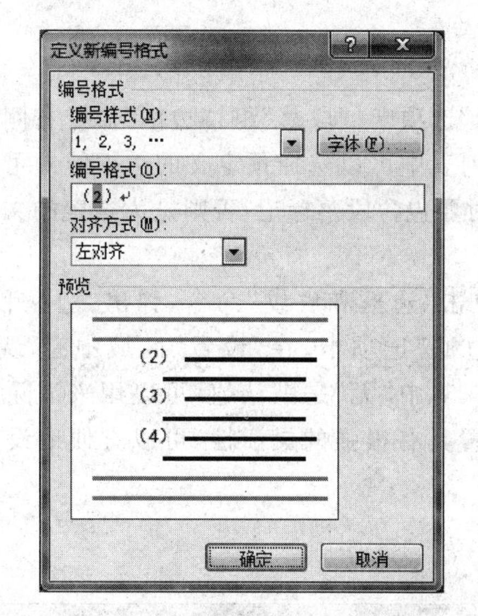

图 1-23　“定义新编号格式”对话框

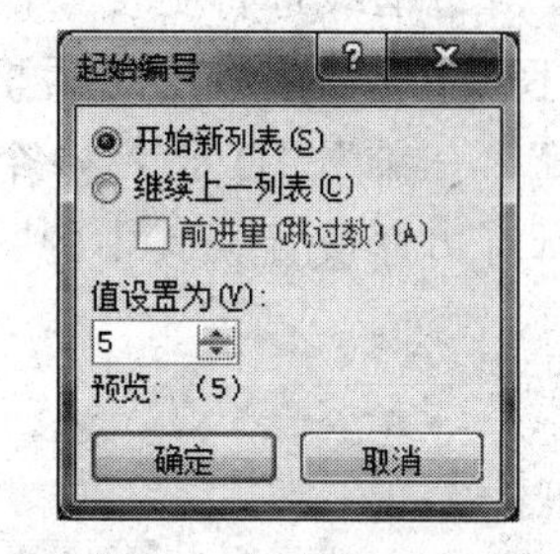

图 1-24　“起始编号”对话框

(6) 在“起始编号”对话框中有“开始新列表”和“继续上一列表”两个单选按钮。如果在文档创建列表格式位置的前面存在已设置的编号列表格式，则这两个单选按钮呈可用状态。此时如选择“继续上一列表”单选按钮，列表编号将继续文档前面部分的列表编号；如果选择“开始新列表”单选按钮，列表编号将重新开始，在“值设置为”文本框中设置重新开始的编号值；单击“确定”按钮即可。

【学生同步练习 1-5】

(1) 将文档 1-4. doc 另存为 1-5. doc，保存路径为“个人 Office 实训\实训 1”文件夹。

(2) 对文档 1-5. doc 的倒数第 2～4 段落设置项目符号为❧，也可尝试设置其他编号。设置效果如样文 1-5 所示，设置完成后将文档进行保存。

【样文 1-5】

从目前的 **Multi-media** 系统的开发和应用趋势看，**Multi-media** 系统大致可分为三类：

❧ 具有编辑和播放功能的开发系统(**Multimedia Development System**)，这种系统适合于专业人员制作 **Multi-media** 软件产品。

❧ 主要以具备交互播放功能为主的教育/培训系统 (**Education/Training System**)。

❧ 主要用于家庭娱乐和学习的家用 **Multi-mediaTimes New Roman** 系统。

1.9　设置边框和底纹

为了突出文档中某些文本、段落、表格、单元格的打印效果，可以添加边框或底纹，还可以为整页或整篇文档添加页面边框，美化文档。

1. 添加边框

选中要添加边框的文本或段落,单击“开始”选项卡|“段落”组|“边框”命令右侧的下三角按钮,显示“边框”列表,如图 1-25 所示。在列表中可以选择预定义的边框线即可。需要注意的是:当为整个段落设置边框时,在选定时要包含段落标记,否则是为选定的文本设置边框线。

如需要对边框线进行更复杂的设置,可单击“边框和底纹”命令,弹出“边框和底纹”对话框,如图 1-26 所示。在对话框中选择“边框”选项卡,在“设置”区域中有“无”、“方框”、“阴影”、“三维”、“自定义”5 个设置选项。其中“无”是默认值,可以用来消除文档当前的其他所有边框设置。其中的“自定义”设置具有很强的灵活性,可以方便地设置适合的边框。

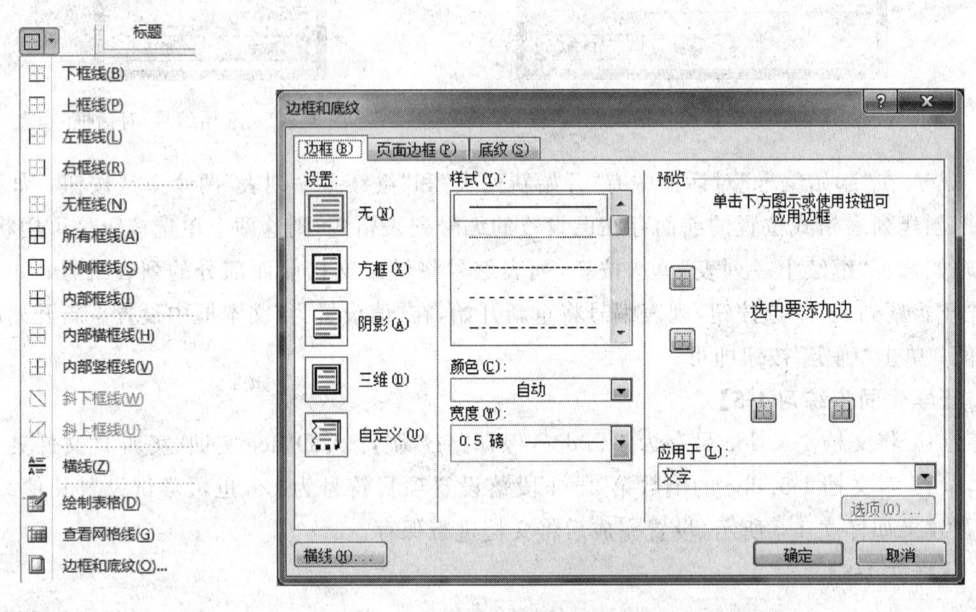

图 1-25 “边框”列表　　图 1-26 “边框和底纹”对话框“边框”选项卡

这里以选择“方框”为例:

(1) 在“样式”列表框中可以选择边框线的线型。

(2) 在“颜色”下拉列表框中可以选择边框线的颜色。

(3) 在“宽度”列表框中可以选择边框线的宽度,选择的线型不同则在宽度文本框中供选择的宽度值也不同。

(4) 在“应用于”文本框中选择边框的应用范围,是应用于“文本”还是“段落”或“其他”,这一点很重要,当选择不同的内容,边框将对选择的相应对象起作用。

(5) 设置后的边框效果会在“预览”区域显示。

(6) 设置完毕后单击“确定”按钮即可。

2. 添加底纹

选中要添加底纹的文本或段落,单击“开始”选项卡|“段落”组|“底纹”命令 右侧的

下三角按钮，显示“底纹颜色设置”列表，如图 1-27 所示。在“主题颜色”区域中可以选择预定义的颜色。需要注意的是：当为整个段落设置底纹时，在选定时要包含段落标记，否则是为选定的文本设置底纹颜色。

如果“主题颜色”中没有需要的色彩，可单击“其他颜色”命令，打开“颜色”对话框，如图 1-28 所示，在“标准”选项卡中选择颜色或在“自定义”选项卡中自定义颜色，单击“确定”按钮。

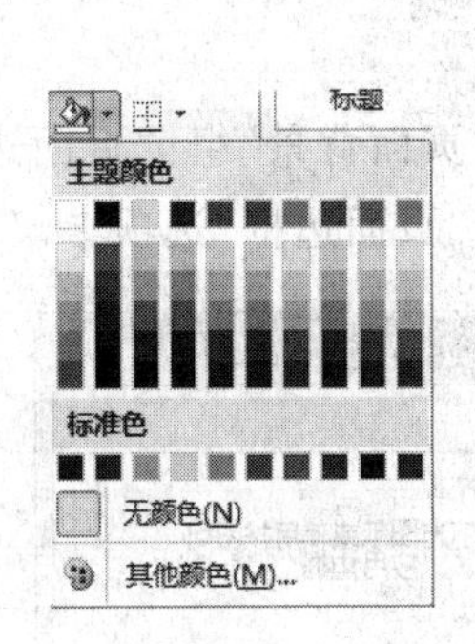

图 1-27 “底纹颜色设置”列表

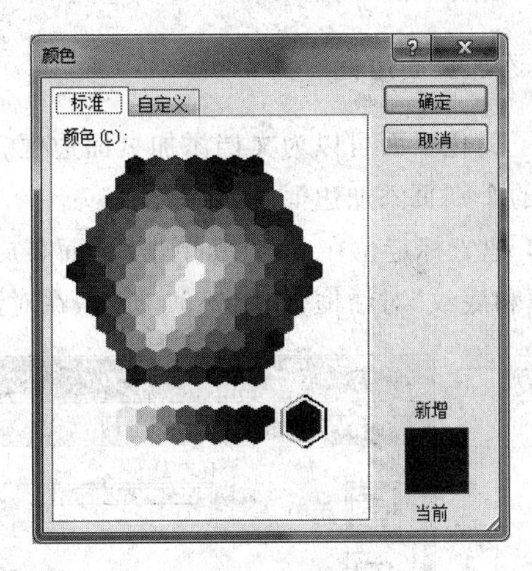

图 1-28 “颜色”对话框

如果需要对底纹做更复杂的设置，需要先打开如图 1-25 所示的“边框和底纹”对话框，选择“底纹”选项卡，如图 1-29 所示。

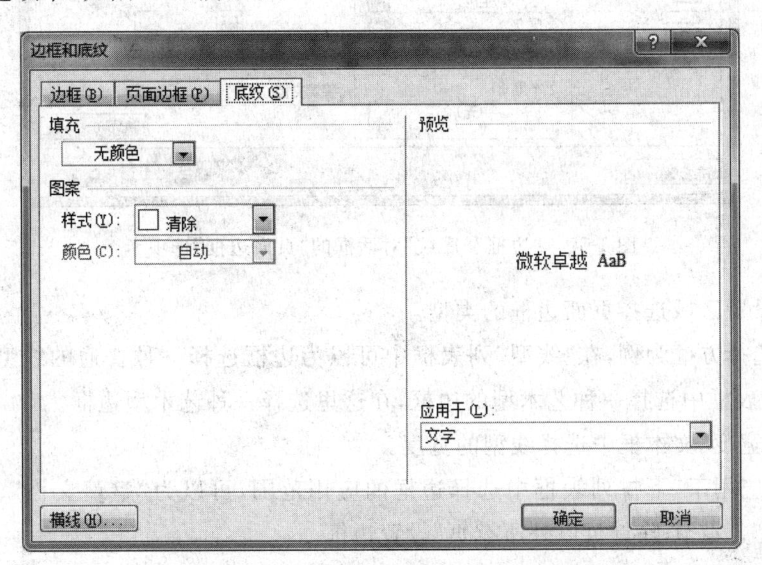

图 1-29 “边框和底纹”对话框的“底纹”选项卡

(1) 在“填充”列表框中，可以选取所需的底纹填充颜色。在 Word 给出的颜色列表中单击选择一种颜色即可，如果选择“无颜色”将取消所有的底纹填充。

(2) 在“图案”区域中，可以设置应用于底纹的图案样式。在“样式”下拉列表中，可以选择一种满意的图案样式。如选择“清除”选项，只在文档中填充前面设置的颜色而不使用任何底纹样式。

(3) 在“应用于”文本框中选择设置底纹应用的范围，当选择不同的内容时，将在选择的相应对象上设置底纹。

(4) 设置后的底纹效果会在“预览”区域显示。

(5) 最后单击“确定”按钮。

3. 添加页面边框

为了美化页面可以为文档添加页面边框。可以为整篇文档的所有页添加边框，也可以为文档的个别页添加边框。

(1) 把光标定位在文档中，单击“页面布局”选项卡|“页面背景”组|“页面边框”命令，弹出“边框和底纹”对话框，如图 1-30 所示，在对话框中选择“页面边框”选项卡。

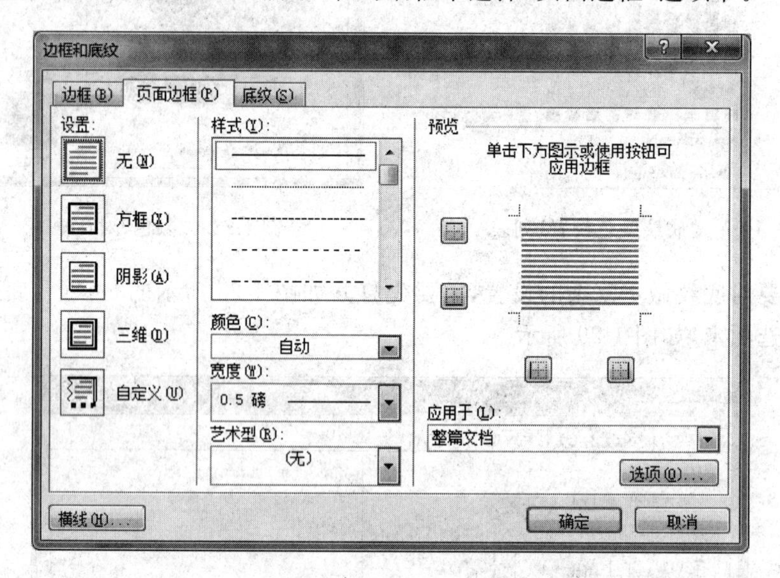

图 1-30 “边框和底纹”对话框的“页面边框”选项卡

(2) 在设置区域选择页面边框的类型。

(3) 以选择方框为例，在“线型”列表框中可以为边框选择一种普通的线型，也可在“艺术型”下拉列表框中选择一种艺术型的边框，在这里选择一种艺术型边框。

(4) 在“宽度”文本框中选择线型的宽度。

(5) 在“应用于”下拉列表框中选择边框的应用范围，可以为“整篇文档”、“本节”、“本节-只有首页”、“本节-除首页以外所有页”设置边框。

(6) 设置完后，单击“确定”按钮即可。

【学生同步练习 1-6】

(1) 将文档 1-5. doc 另存为 1-6. doc，保存路径为“个人 Office 实训\实训 1”文件夹。

(2) 对文档 1-6. doc 的文字和段落设置边框和底纹。设置效果如样文 1-6 所示，设置要求参见样文 1-6 说明，设置完成后将文档进行保存。

【样文 1-6】

多媒体的含义

"Multi-media"一词译自英文，是由 multiple 和 media 复合而成。与 Multi-media 对应的一词叫单媒体(monomedia)。从字面上看，Multi-media 是由单媒体复合而成，而事实也是如此。

Multi-media❶一词来源于视听工业。它最先用来描述由计算机控制的多投影仪的幻灯片演示，并且配有声音通道。如今，在计算机领域中，**Multi-media 是指文本(text)、图像(image)、声音(audio)、视频(video)**等单媒体和计算机程序融合在一起形成的信息传播媒体。

从目前的 Multi-media 系统的开发和应用趋势看，Multi-media 系统大致可分为三类：

- 具有编辑和播放功能的开发系统(Multimedia Development System)，这种系统适合于专业人员制作 Multi-media 软件产品。
- 主要以具备交互播放功能为主的教育/培训系统 (Education/Training System)。
- 主要用于家庭娱乐和学习的家用 Multi-mediaTimes New Roman 系统。

~~Multi-media❶一词来源于视听工业。它最先用来描述由计算机控制的多投影仪的幻灯片演示，并且配有声音通道。如今，在计算机领域中，Multi-media 是指文本(text)、图像(image)、声音(audio)、视频(video)等单媒体和计算机程序融合在一起形成的信息传播媒体。~~

【样文 1-6 说明】

(1) 对第一段的 multiple 和 media 设置底纹，底纹颜色为黄色；并设置边框，选择"方框"，线形为双线，颜色蓝色，宽度 1/2 磅。

(2) 设置倒数第 2～4 段段落的边框为阴影、虚线，颜色为自动，宽度为 1 磅。

(3) 对最后一段设置段落的底纹为灰色－5%，样式 5%。

1.10　使用格式刷

格式刷相当于复制的作用，不过复制的是文本的格式而不是文本的内容。运用格式刷可以复制选定文本或段落的格式，并将其应用到其他文本或段落中，以快速地设置文本段落的格式。格式刷位于"开始"选项卡中的"剪贴板"组中，使用格式刷复制文本或段落格式的操作步骤如下。

选定要复制格式的文本，或把光标定位在要复制格式的段落中，单击"开始"选项卡"剪贴板"组中的"格式刷"命令按钮 格式刷，此时鼠标光标变成刷子状，用刷子刷一下需要应用格式的文本或段落标记，被刷子刷过的文本或段落的格式将变为复制的格式。

注意：单击格式刷时，刷子只能刷一次，即只能做一次格式复制。如果双击格式刷，则格式刷可以被多次应用，要结束使用时可以再次单击"格式刷"按钮即可。

独立实训任务 1

【独立实训任务 Z1-1】

(1) 建立一个新文档，文件名为 Z1-1. doc，保存类型为"Word 97-2003 文档(*. doc)"，保

存路径为“个人 Office 实训\实训 1”文件夹。

(2) 请在此文档中按照样文 Z1-1 输入文章并按样文 Z1-1 和样文 Z1-1 说明进行排版。

【样文 Z1-1】

渡口

让我与你握别
再轻轻抽出我的手
知道思念从此生根
浮云白日山川庄严温柔

让我与你握别
再轻轻抽出我的手
华年从此停顿
热泪在心中汇成河流

是那样万般无奈的凝视
渡口旁找不到一朵可以相送的花
就把祝福别在襟上吧
而明日
明日又隔天涯

【样文 Z1-1 说明】

(1) 设置标题：隶书、二号、居中。

(2) 各段中的各行后使用手动换行符，各段后使用段落标记符。

(3) 设置正文：宋体、小四号字；行距 1.5 倍行距、段前 1 行、段后 1 行；字符间距是加宽 1.5 磅。

【独立实训任务 Z1-2】

(1) 建立一个新文档，文件名为 Z1-2. doc，保存路径为“个人 Office 实训\实训 1”文件夹。

(2) 请在此文档中按照样文 Z1-2 输入文章并按样文 Z1-2 和样文 Z1-2 说明进行排版。

【样文 Z1-2】

文件的概念

“文件 (file)”是存储在某种存储介质（磁盘、磁带等）上，具有名字的一组相关数据代码的有序集合。因此，文件可代表的范围很广，***具有一定功能的程序和数据均可被命名为文件。***

必须指出的是，MS-DOS 把一些标准设备也作为文件一样看待。例如用“PRN ”作为并行打印机的标准设备名或者说是文件名，控制台的设备名为“CON:”、串行通信口的设备名为“AUX:”、空设备的设备名为“NUL:”,等等。引用设备名时，其后面的冒号可以省略。在许多输入、输出操作命令中，都可以使用设备名替代文件名。但是在使用设备名时，除“空设备 ”外，应确保这个设备是实际存在的。~~在许多输入、输出操作命令中，都可以使用设备名替代文件名。~~

【样文 Z1-2 说明】

(1) 设置标题“文件的概念”居中、黑体、二号字；段前段后 0.5 行，行距 1.5 倍行距。

(2) 设置两个段落首行缩进两个字符，行距 1.5 倍行距，段前、段后 0 行。最后一段两端对齐。

(3) 将所有文字设置为“宋体”、“小四”号字。

(4) 将“具有一定功能的程序和数据均可被命名为文件”这句话的字体设置为加粗、倾斜、亮蓝色；在词“文件”下加着重号。

(5) 对“例如……空设备的设备名为‘NUL:’，等等。”这句话设置边框为方框，底纹为浅黄，应用于“文字”。

(6) 将“在许多输入、输出操作命令中，都可以使用设备名替代文件名。”复制到第二段末尾，并将其设置为红色，删除线。

实训2 常用对象设置

(1) 掌握分栏、首字下沉、更改大小写、中文版式的设置方法。

(2) 掌握文档中图片、艺术字、自选图形的插入及设置。

(3) 掌握文本框的使用和设置。

(4) 掌握公式的编辑。

时间安排

教师授课：3 或 4 学时，教师采用演练结合方式授课，可以使用“学生同步练习”进行演练。

学生独立实训任务：3 或 4 学时，学生完成独立实训任务后教师进行检查评分。

2.1 其他格式设置

1. 分栏

分栏排版经常应用于报刊的排版，可以使文本从一栏的底端连续接到下一栏的顶端。

注意：只有在页面视图方式和打印预览方式下才能看到分栏的效果，在草稿视图方式下，只能看到按一栏宽度显示的文本。

对文档进行分栏的操作步骤如下。

(1) 在页面视图下把插入点定位到进行分栏的文档中，或选定需要进行分栏的文字或段落，然后执行“页面布局”选项卡|“页面设置”组|“分栏”命令，在列表中显示了系统预定义的 5 种分栏形式，如符合需要，可再单击相应选项。如需要对分栏做更详细的设置，需单击“更多分栏”命令，弹出“分栏”对话框，如图 2-1 所示。

(2) 可以在“预设”区域选择 Word 给出的 5 种分栏方式中的一种，如果选定了一种方式，则在下面的“栏数”、“宽度和间距”区域自动给出了预设的值。

(3) 在“栏数”文本框中可以自定义要分的栏数。

(4) 在“宽度和间距”区域可以设置第 1 栏的宽度和间距，系统会自动计算出第 2 栏的

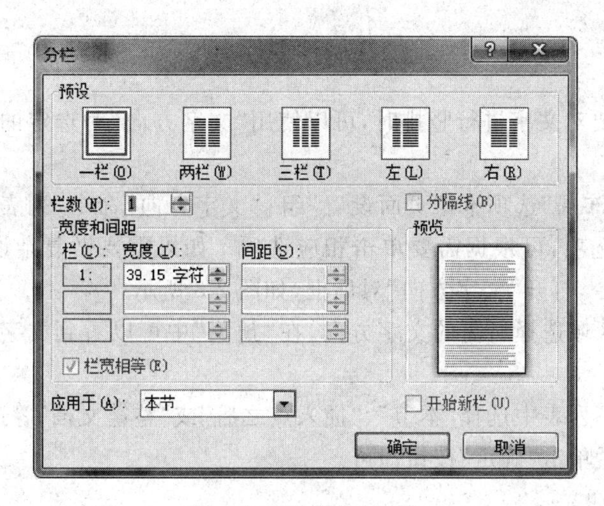

图 2-1 “分栏”对话框

栏宽。

(5) 如果选中“栏宽相等”复选框，则会使所有的栏宽都相等，因此在进行上述设置时应取消该复选框的选中状态。

(6) 在“应用于”下拉列表框中选择应用范围，如选择“文字”、“本节”或“插入点之后”等选项。

(7) 如果选中“分隔线”复选框，则可以在栏间设置分隔线。

(8) 设置完成后单击“确定”按钮即可完成分栏设置。

2. 首字下沉

首字下沉就是可以将段落开头的第一个或若干个字母、文字变为大号字，从而使版面更美观。设置首字下沉，操作步骤如下。

(1) 单击“插入”选项卡|“文本”组|“首字下沉”命令，列表中有“无”、“下沉”、“悬挂”三个预设选项供用户快速选择，如需要做更详细的设置，单击列表中的“首字下沉选项”命令，弹出“首字下沉”对话框，如图 2-2 所示。

(2) 在“位置”区域中，选择首字下沉的方式为“下沉”或“悬挂”。

(3) 在“字体”下拉列表框中可以设定首字的字体。

(4) 在“下沉行数”文本框中设定首字的下沉行数。

(5) 在“距正文”文本框中指定首字与段落中其他文字之间的距离。

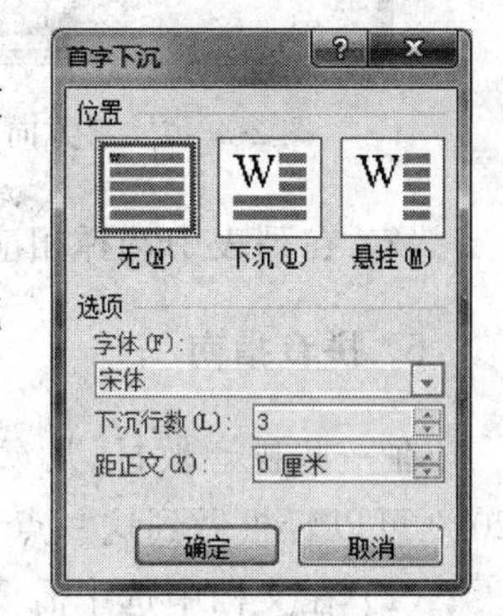

图 2-2 “首字下沉”对话框

(6) 设置完成后单击“确定”按钮。

如果要取消首字下沉，可在“首字下沉”对话框“位置”区域选择“无”。

注意：在设置首字下沉时，段落中的第一个字符不允许为空格，否则“首字下沉”命令将不能被激活使用。

3. 文字方向

当在文档中需要对文字进行竖排时，可以使用“文字方向”对选定的节或整篇文档进行方向上的改变。

(1) 执行“页面布局”选项卡|“页面设置”组|“文字方向”命令，列表中显示了系统预定义的 5 种文字方向选项，可根据需要单击相应选项。如果需要做复杂设置，单击列表中的“文字方向选项”命令，打开“文字方向”对话框，如图 2-3 所示。

(2) 在“方向”区域选择所需的文字方向，在“预览”中可以看到文字方向改变后的预览结果。

(3) 在“应用于”列表中选择“本节”、“插入点之后”或“整篇文档”等选项。

(4) 设置完成后单击“确定”按钮即可。

4. 更改大小写

在文档编辑中，有时需要将文档中小写的英文单词转换成大写，或需要将半角符号转换为全角符号，这时可以用“更改大小写”操作实现这一功能，操作步骤如下。

(1) 选择要进行大小写更改的文本，执行“开始”选项卡|“字体”组|“更改大小写”命令按钮 Aa ，显示列表，如图 2-4 所示。

图 2-3 “文字方向”对话框

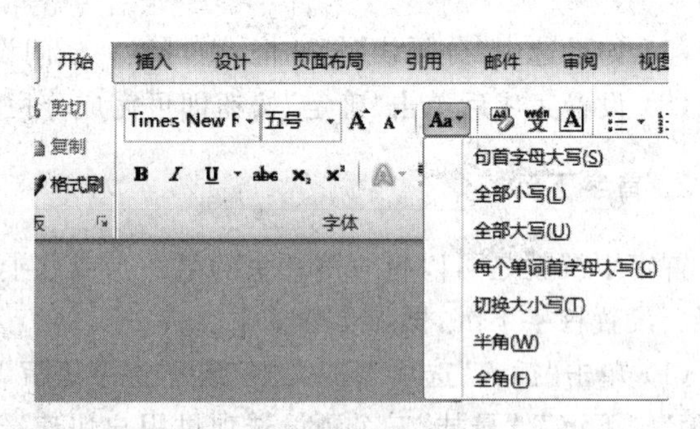

图 2-4 “更改大小写”列表

(2) 在列表中选择相应选项，单击“确定”按钮即可。

5. 拼音指南

在一些拼音教材、儿童读物等文档中，可能需要在每个字的上面标注拼音，Office Word 2010 可以轻松做到这一点，操作步骤如下。

(1) 在文档中选中需要标注拼音的文本，执行“开始”选项卡|“字体”组|“拼音指南”命令按钮 ，弹出“拼音指南”对话框，如图 2-5 所示。

(2) 在“基准文字”下面的表格中列出了刚才选择的要标注注音的文本，在“拼音文字”下面的表格中列出了系统为对应的每个字输入的拼音。

(3) 可以在“拼音文字”表格中单独为每个字加上正确的注音，拼音字母就平均分排在每个字的头上。如果单击“组合”按钮，则把选择的文本组合在一起注音，拼音将平均地排在选定的文本上。

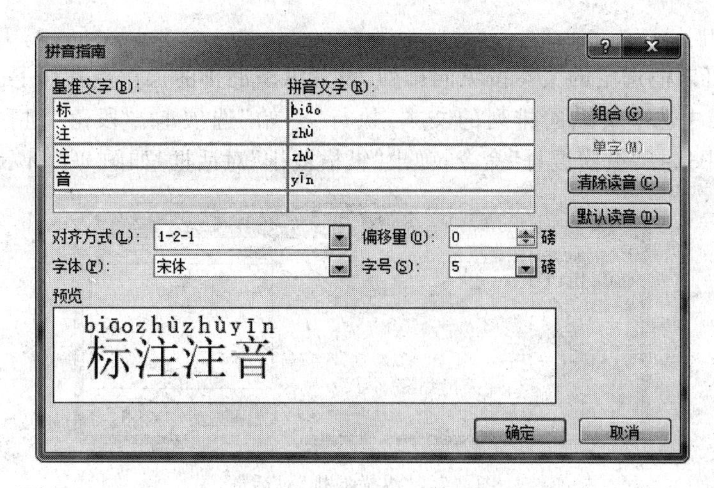

图 2-5 “拼音指南”对话框

(4) 可以在“对齐方式”文本框中选择拼音的对齐方式；在“字体”文本框中选择拼音的字体；在“字号”文本框中选择拼音的字号；在“预览”区域可以看到设置的效果。

(5) 单击“确定”按钮，就可以完成加注拼音的工作。

标注完拼音后，拼音和文字就是一个整体，删除文字会连同拼音一起删除。如果是组合拼音，则在删除时，所有组合的文字和拼音将同时被删除。如果只想删除拼音，可以单击“拼音指南”对话框中的“清除读音”按钮。

6. 带圈字符

在文档中使用带圈的字符可以突出文字的显示效果，提高文字的趣味性。其创建方法如下。

(1) 在文档中选中需要创建带圈字符的文本，注意一次只能选一个文字。

(2) 执行“开始”选项卡|“字体”组|“带圈字符”命令按钮㊫，弹出“带圈字符”对话框，如图 2-6 所示。

(3) 在“样式”区域选择一种样式，其中“缩小文字”是将文字缩小来配合圈的大小，“增大圈号”是将圈放大来配合文字的大小。

(4) 如果没有执行选择文本步骤，则需在“文字”文本框中输入要加圈的字符。

(5) 在“圈号”列表框中选择圈的形式，单击“确定”按钮完成设置。

如果要删除带圈字符的效果，可以在“带圈字符”对话框中的“样式”区域选择“无”即可。

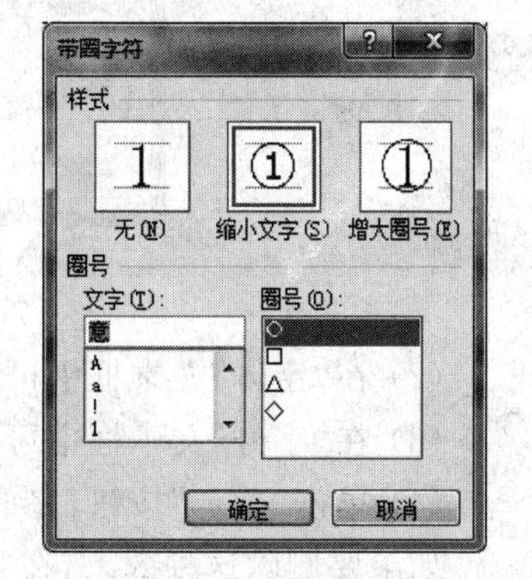

图 2-6 “带圈字符”对话框

7. 中文版式

中文版式也是 Word 中比较重要的特性，主要包括“纵横混排”、“合并字符”和“双行合一”等几种功能。

1）纵横混排

纵横混排可以把选定的文本按纵向排列，设置纵横混排的操作步骤如下。

(1) 在文档中选中要纵向排列的文本，执行“开始”选项卡|“段落”组|“中文版式”命令，在列表中选择“纵横混排”命令，弹出“纵横混排”对话框，如图 2-7 所示。

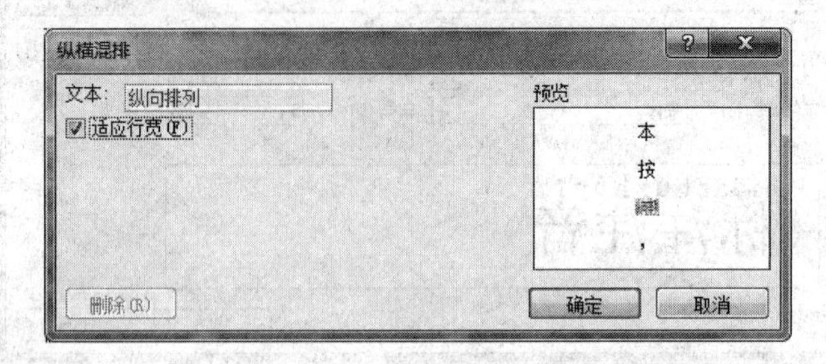

图 2-7 “纵横混排”对话框

(2) 如果在对话框中选中“适应行宽”复选框，那么纵排的文本将与行宽相适应；如果不选“适应行宽”复选框，纵排的字符就会按本身的大小占用版面。

(3) 设置完成后单击“确定”按钮。

如果要删除纵横混排效果，首先选中纵横混排的文字，然后打开“纵横混排”对话框，在对话框中单击“删除”按钮。

2）合并字符

合并字符是把选定的文本合并成一个字符，占用一个字符的空间。合并处理后的字符在文档里就像单个字符一样，用鼠标单击就会选中已合并的字符，按 Delete 键就会把所有合并的字符删除。合并字符的操作步骤如下。

(1) 在文档中选中需要合并字符的文本，注意不要超过 6 个字符。执行“开始”选项卡|“段落”组|“中文版式”命令，在列表中选择“合并字符”命令，弹出“合并字符”对话框，如图 2-8 所示。

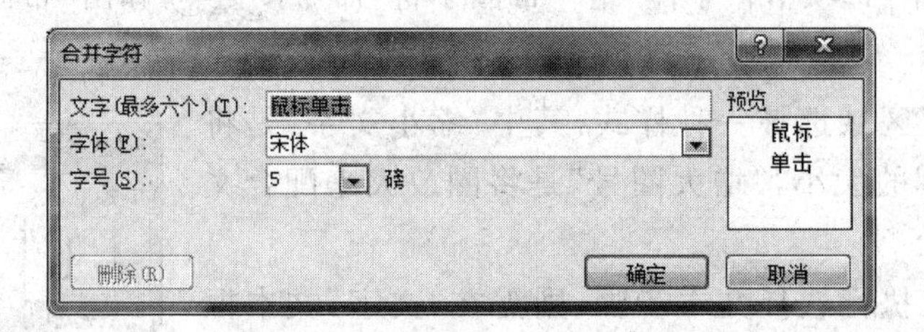

图 2-8 “合并字符”对话框

(2) 在“字体”文本框中可以设置合并字符的字体，该设置只对合并的字符起作用。

(3) 在“字号”文本框中可以设置合并字符的字号，该设置也只对合并的字符起作用。

(4) 单击“确定”按钮，完成设置。

如果要删除这种效果，在“合并字符”对话框中单击“删除”按钮即可。

3）双行合一

“双行合一”命令用来把选择的一段文本分排成两行，双行合一的文字同时与其他文字水平方向保持一致，占用一行空间显示两行文字的效果。双行合一的操作步骤如下。

(1) 在文档中选中需要双行合一的文本，执行“开始”选项卡|“段落”组|“中文版式”命

令 ,在列表中选择“双行合一”命令,弹出“双行合一”对话框,如图 2-9 所示。

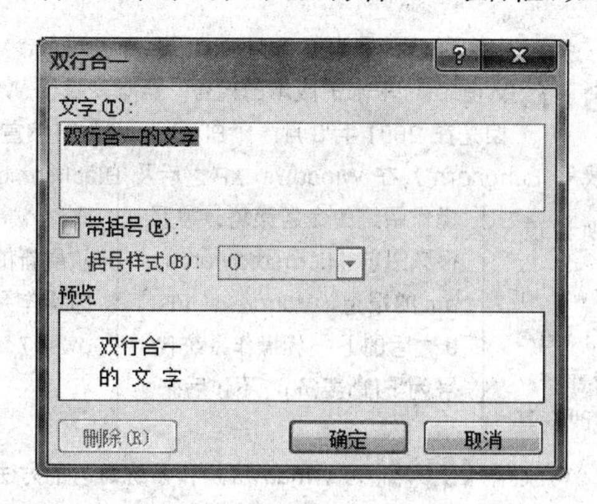

图 2-9 “双行合一”对话框

(2) 如果选中“带括号”复选框,可以在双行合一的文本上添加括号。可以在“括号样式”下拉列表框中选择相应的括号。

(3) 单击“确定”按钮,完成设置。

如果要删除该效果,可在“双行合一”对话框中单击“删除”按钮。

【学生同步练习 2-1】

(1) 打开文档 s2-1. doc,路径为“个人 Office 实训\实训 2\source”文件夹。

(2) 将该文档另存为 2_1. doc,保存路径为“个人 Office 实训\实训 2”文件夹。

(3) 在文档 2-1. doc 中按照样文 2-1 所示进行排版,设置要求参见样文 2-1 说明,设置完成后将文档进行保存。

【样文 2-1 说明】

(1) 设置整篇文档各段落首行缩进两个字符。

(2) 对第二段进行分栏操作,将第二段设置为三栏,且栏宽相等,带分隔线。

(3) 设置第一段开头的 windows 7 为首字下沉,字体“隶书”,下沉三行,距正文 0.3cm。设置完成后选中下沉字体的图文框,设置字的大小为 26 号字,并调整图文框,使其效果如样文所示。

(4) 将文档中的所有 windows 都改为单词首字母大写,即 Windows。

(5) 将最后一段字号设置为“三号”字,然后将第一句话“比尔盖茨就提及了新的操作系统在设计方面的特点”加上拼音。

(6) 将第二段开头的“恐怕”两个字分别设置为带圈字符(增大圈号)。

(7) 将第三段中“Windows 7[1]倒也顺其自然”中的“[1]”设置为上标;将“这是错误的…”这句话的字形设置为“加粗”。

(8) 选择最后一段的“服务包”和“功能包”两个词,分别将其设置为纵横混排(适应行宽)。

(9) 选择最后一段的“更加频繁”一词,将其设置为合并字符形式,字体为“宋体”,字号为 10 号字。

(10) 将第三段的“使用年号或者特殊名词”设置为双行合一的形式,带括号,括号样式为{}。

【样文 2-1】

Windows 7 (以前的代号为 Blackcomb 及 Windows "Vienna")是微软对Windows 未来的版本的代号，原本安排于 Windows XP 后推出。但是在 2001 年 8 月，"Blackcomb"突然宣布延后数年才推出，取而代之由 Vista（代号"Longhorn"）在 Windows XP 之后及 Blackcomb 之前推出。

恐怕很少有人听说过这个名词，当 Windows Vista 刚刚走出微软的大门面对早已迫不及待的消费者时，微软可能已经悄悄地改变其操作系统的命名策略。按照很久以前 Microsoft-watch.com 的报道，Windows Vista 之后的下一代操作系统代号为"Fiji"(斐济)，不过后来改称"Vienna"(维也纳)，然而从最新的消息看，Vista 之后的操作系统将更名为"Windows 7"。

有消息说：微软"将放弃{使用年号或者特殊名词}为 Windows 操作系统命名的方法,而是回归传统，直接采用 Windows 内核版本号。Vista 的核心版本号是 6.0，下一代叫 Windows 7[1]倒也顺其自然。"，**这是错误的。因为根据截止 Beta 7000 版的信息，发布的所有测试版，核心版本号均为 6.1，且 X.0、X.1 已经循环过多次，所以说"Windows 7"="Windows 6.1"。**

比尔盖茨就提及了新的操作系统在设计方面的特点，Windows 7 将更加模块化，更加基于功能。总的来说，下一代的 Windows 将更加先进，服务包和功能包将发布得更加频繁，并且预言只需要 2～4 年的时间将会与世人见面。

2.2 应用图片

在 Office Word 2010 中使用图片，可以使文档内容更加丰富多彩，可以表达其他文档对象所不能充分表达的信息。

1. 插入剪贴画

Office Word 2010 提供一个功能强大的剪辑管理器。在剪辑管理器中的 Office 收藏集中收藏了系统自带的多种剪贴画，收藏集中的剪贴画是以主题为单位进行组织的。在文档中插入剪贴画操作步骤如下。

(1) 把插入点定位到需要插入剪贴画的位置，执行"插入"选项卡|"插图"组|"剪贴画"命令，弹出"剪贴画"任务窗格，如图 2-10 所示。

(2) 在"剪贴画"任务窗格"搜索文字"区域输入要插入剪贴画的主题，如"computer"，在"结果类型"下拉列表中选择单击搜索的类型，然后单击"搜索"按钮，在列表框中将显示搜索到的结果。

图 2-10 "剪贴画"任务窗格

（3）在搜索结果中单击需要的剪贴画，即可将剪贴画插入到文档中。

2．插入图片

如果在文档中使用的图片是已有的图片文件，可以直接将其插入到文档中，其操作步骤如下。

（1）把插入点定位到需要插入图片的位置，执行“插入”选项卡|“插图”组|“图片”命令，弹出“插入图片”对话框，如图 2-11 所示。

图 2-11 “插入图片”对话框

（2）选择好图片文件所在的磁盘及路径的位置。

（3）选定要插入的文件，单击“插入图片”对话框中的“插入”按钮中的下三角按钮，弹出下拉菜单，在下拉菜单中选择一种插入方式。

① **插入**：选择该命令，图片被复制到文档中成为文档的一部分。当保存文档时，插入的图片会随文档一起保存，如果原图片文件发生变化，文档中的图片是不跟随变化的。

② **链接到文件**：选择该命令，图片将被“引用”到文档中，插入的图片仍然保存在原图片文件中，文档只是保存了该图片的位置信息，如果原图片文件发生变化，如移动、重命名或删除，则再次打开文档时，文档中的图片将无法正确显示。

③ **插入和链接**：选择该命令，图片将被复制到文档中，同时还和原图片文件建立了链接关系。在保存文档时插入的图片会随文档一起保存，当原图片文件发生变化时，如移动、重命名或删除，文档中的图片依然会正确显示。

3．编辑图片

编辑图片可通过命令按钮实现，也可通过“设置图片格式”对话框进行详细设置。

要修改一个图片，首先应选中它，单击图片的任意位置，即可选中该图片。图片被选中后，在四周会出现一些控制点。同时会显示“图片工具”选项卡，如图 2-12 所示。单击“图片工具”选项卡上的命令按钮可对图片进行相应设置。

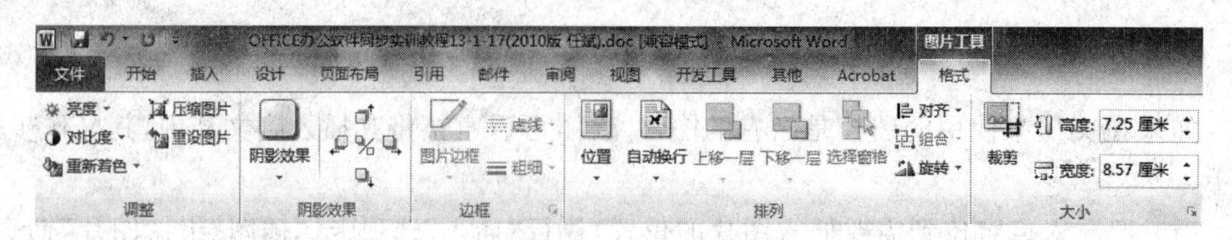

图 2-12 “图片工具”选项卡

1）调整图片尺寸

选定图片，移动鼠标到所选图片的某个控制点上，当鼠标指针变为双向箭头状时拖曳鼠标可以改变图片的形状和大小。也可以直接修改如图 2-12 所示的“图片工具”选项卡的“大小”组中“高度”和“宽度”的值。

如果要精确调整图片大小，其操作步骤如下。

(1) 选定图片，单击“图片工具”选项卡的“大小”组上的“启动器”按钮，或在选定图片上单击右键，在弹出的快捷菜单中单击“设置图片格式”命令，都会打开 “设置图片格式”对话框，在对话框中选择“大小”选项卡，如图 2-13 所示。

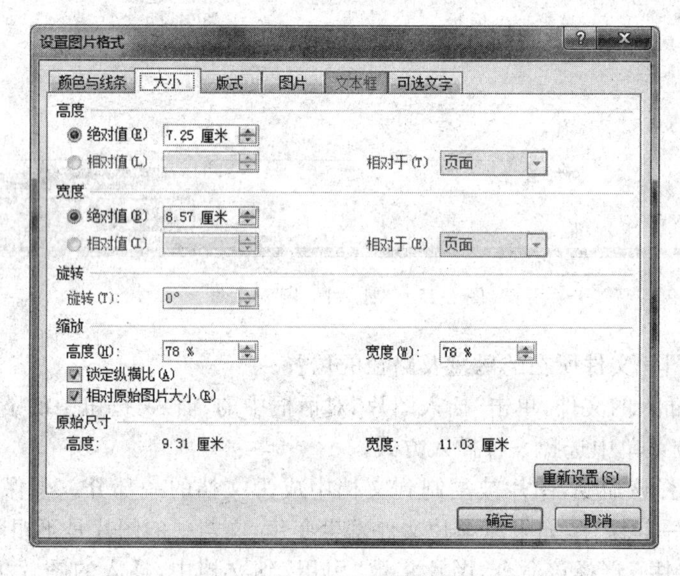

图 2-13 “设置图片格式”对话框的“大小”选项卡

(2) 在“高度”和“宽度”文本框中可分别设置图片的具体尺寸。若选中 “锁定纵横比”复选框，则图片的高度与宽度成比例缩放，即如果改变了“高度”栏中的数值，“宽度”栏中的数值也会相应地按比例改变。如果不选中该复选框则可以分别设置“高度”和“宽度”文本框中的缩放尺寸。

(3) 如果选中了“相对原始图片大小”复选框，则缩放的比例是相对于原始图片的，否则缩放的尺寸是相对于当时的图片的，对话框的下部“原始尺寸”区中列出了图片的原始尺寸。

(4) 在“旋转”文本框中可设置图形的旋转度数。

(5) 在“缩放”区域可设置高度和宽度的缩放比例。

(6) 如果需要恢复原始图片的尺寸，单击“重新设置”按钮，此时图片的“宽度”和“高度”

恢复为原图片的大小。

(7) 单击“确定”按钮完成设置。

2) 设置图片的版式

可以通过使用Office Word 2010的版式设置功能,将图片置于文字中的任何位置,并可以通过设置不同的环绕方式得到各种环绕效果。具体操作步骤如下。

(1) 如果图片不在绘图画布上,则选择图片。如果图片在绘图画布上,则选择画布。单击“图片工具”选项卡|“排列”组|“自动换行”或“位置”命令,在列表中选择需要的环绕方式即可。

(2) 如需要做详细设置,可在列表中单击“其他布局选项”命令,打开“布局”对话框,如图2-14所示。在“文字环绕”选项卡中选择系统提供的版式,各版式的功能如下。

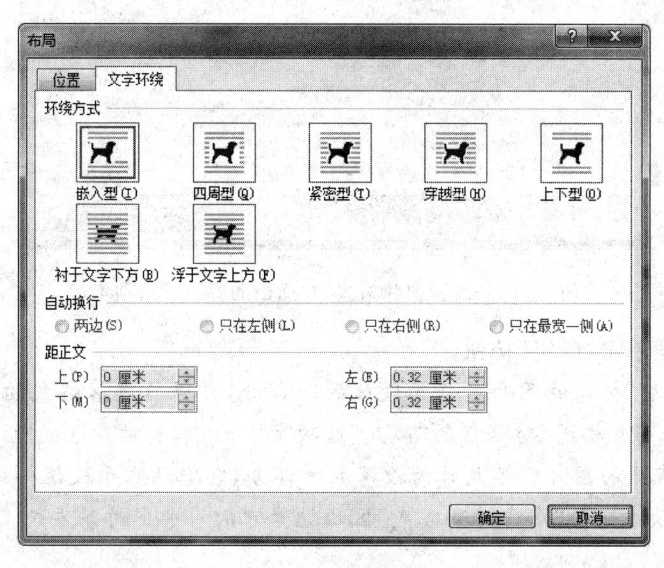

图2-14 “布局”对话框

① **嵌入型**:是图片的默认插入方式,即把图片嵌入在文本当中。当单击嵌入型的图片时,将在图片的四周边缘显示8个黑色的小方块,而单击其他版式的图片时,图片的四周边缘显示的是8个空心的圆圈。注意,当图片设置为嵌入型时,可将图片作为普通文字一样处理,如可设置其左右边距、段落对齐格式等。

② **四周型**:指文本排列在图片的四周。把鼠标放到图片上,鼠标呈现指向4个方向的箭头状,按住鼠标左键,拖曳鼠标可以把图片放到任何位置。

③ **浮于文字上方**:指图片浮在文本上方,被图片覆盖的文字是不可见的,用鼠标拖曳图片可以把图片放在任意位置。

④ **衬于文字下方**:指图片衬于文本的底部,把鼠标放在文本空白处能够显示图片的地方,才可拖曳鼠标移动图片位置。

⑤ **紧密型**:和四周型类似。如果图片的边界是不规则的,则文字会紧密地排列在图片的周围,这种情况下使用四周型时,文字会按一个规则的矩形边界排列在图片的四周。

⑥ **穿越型**:指图片穿过文本,常用于对图形的设置。

⑦ **上下型**:指图片和文本是上下位置。

(3) 对图片做详细设置,也可以在选定的图片上单击右键,在快捷菜单中单击"设置图片格式"按钮,弹出"设置图片格式"对话框,选择"版式"选项卡,如图 2-15 所示。该对话框内容与"布局"对话框内容相似。单击"高级"按钮,弹出如图 2-14 所示的"布局"对话框。

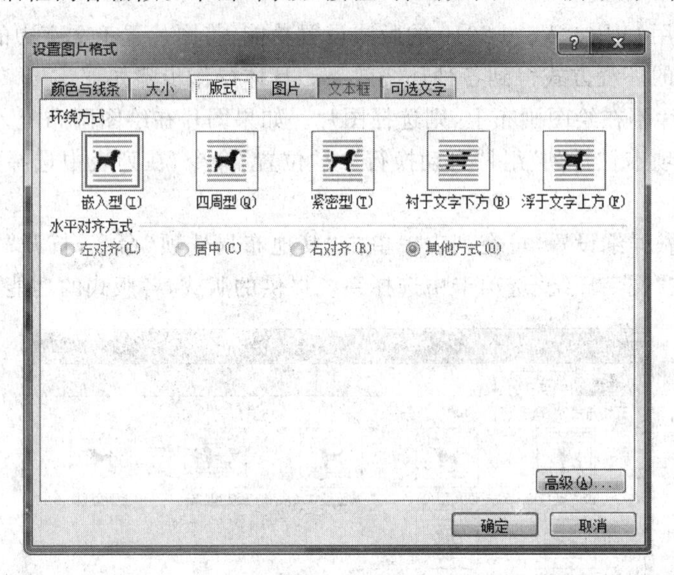

图 2-15 "设置图片格式"对话框的"版式"选项卡

(4) 设置完毕单击"确定"按钮。

注意:"嵌入型"插入的图片是作为段落的一部分,并跟随段落格式的变化而变化。选择该版式则"设置图片格式"对话框的"版式"选项卡中的"水平对齐方式"区域发灰为不可用状态;其他几种版式的图片则不是作为段落的一部分,它们独立于段落格式之外,可以在对话框的"版式"选项卡中的"水平对齐方式"区域设置它们的水平对齐方式。

3) 裁剪图片

首先选中要裁剪修改的图片,单击"图片工具"选项卡|"大小"组|"裁剪"命令按钮,或者在图片上单击右键,在快捷菜单上单击"裁剪"按钮,鼠标单击后将变为形状,将该形状的鼠标指针移到图片上的一个尺寸控制点,当鼠标变为状或状时按住鼠标左键并拖曳鼠标,在合适的位置松开鼠标左键,被鼠标拖过的部分将被裁剪掉。

4) 插入屏幕截图图片

有时在编辑文档时,需要的图片恰好是整个桌面屏幕或是当前活动应用程序的界面屏幕,这时可采用屏幕复制键加以实现。

(1) **复制当前整个桌面屏幕**:按 Print Screen 键(笔记本一般要按 Fn+prtscr 键),这样就可以将当前整个桌面屏幕复制到剪贴板中,然后在文档的相应位置进行粘贴就可以了。

(2) **复制活动应用程序的界面屏幕**:按 Alt+Print Screen 键(笔记本一般要按 Alt+Fn+prtscr 键),这样就可以将活动应用程序的界面屏幕复制到剪贴板中,然后在文档的相应位置进行粘贴就可以了。

Microsoft Office 2010 提供了"屏幕截图"功能,使用此功能也可以捕获在计算机上打开的全部或部分窗口的图片,将其插入到 Office 文件中,以增强可读性或捕获信息,而无须退出正在使用的程序。

单击“插入”选项卡|“插图”组|“屏幕截图”命令时，打开的程序窗口以缩略图的形式显示在“可视窗口”库中，当将指针悬停在缩略图上时，将弹出工具提示，其中显示了程序名称和文档标题；也可以使用“屏幕剪辑”工具选择窗口的一部分，只能捕获没有最小化到任务栏的窗口。

注意：在 Word 中，“屏幕截图”功能只适用于 Word 2007-2010 文档（*.docx），如果编辑的是兼容 Word 97-2003 文档（*.doc），“屏幕截图”工具被禁止使用。若要使用该项功能，单击“文件”选项卡，然后单击“转换”按钮，将兼容格式进行转换后才可使用该功能。

【学生同步练习 2】

（1）将文档 2-1.doc 另存为 2-2.doc，保存路径为“个人 Office 实训\实训 2”文件夹。

（2）在文档 2-2.doc 中的第一段插入图片 windows7.png，路径为“个人 Office 实训\实训 2 \ source” 文件夹，并设置该图片的环绕格式为四周型，图片大小可自行调解，设置结果参照样文 2-2 所示，设置完成后将文档进行保存。

【样文 2-2】

Windows 7（以前的代号为 Blackcomb 及 Windows “Vienna”）是微软对 Windows 未来的版本的代号，原本安排于 Windows XP 后推出。但是在 2001 年 8 月，“Blackcomb”突然宣布延后数年才推出，取而代之由 Vista（代号"Longhorn"）在 Windows XP 之后及 Blackcomb 之前推出。

恐怕很少有人听说过这个名词，当 Windows Vista 刚刚走出微软的大门面对早已迫不及待的消费者时，微软可能已经悄悄地改变其操作系统的命名策略。按照很久以前 Microsoft-watch.com 的报道，Windows Vista 之后的下一代操作系统代号为"Fiji"(斐济)，不过后来改称"Vienna"(维也纳)，然而从最新的消息看，Vista 之后的操作系统将更名为“Windows 7”。

2.3 应用图形

除了在 Word 文档中插入图片外，还可以在文件中添加一个形状，或者合并多个形状以生成一个绘图或一个更为复杂的形状，并可以为绘制的图形设置填充颜色和制作阴影等效果。可用的形状包括：线条、基本几何形状、箭头、公式形状、流程图形状、星、旗帜和标注等。

1. 绘制图形

1）绘制单个图形

单击“插入”选项卡|“插图”组|“形状”命令，如图 2-16 所示，在列表中单击所需形状，接着单击文档中的任意位置，然后拖动鼠标以放置形状。

另一种方法是单击“插入”选项卡|“插图”组|“形状”命令，在列表中单击“新建绘图画布”命令，文档中会显示绘图画布，同时会显示“绘图工具”选项卡，如图 2-17 所示。

单击“绘图工具”选项卡，可以在“插入形状”命令组中选择需插入的图形，当鼠标在图形

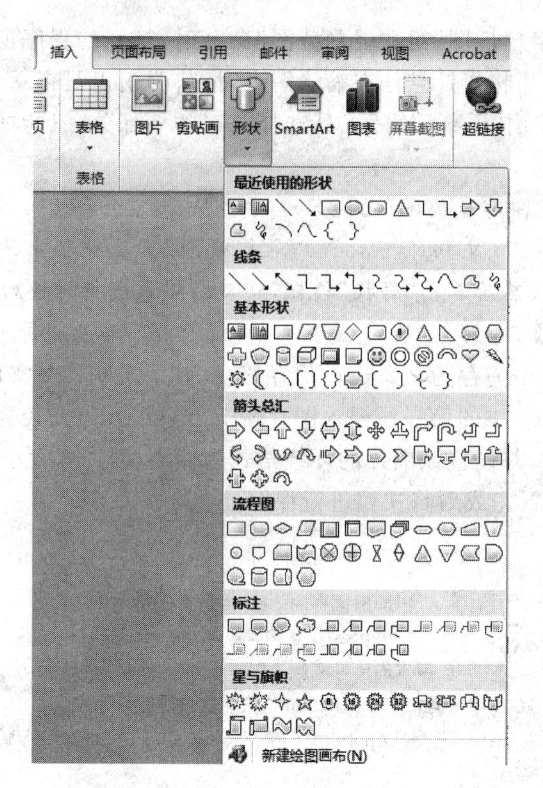

图 2-16 “插入”选项卡|“形状”列表

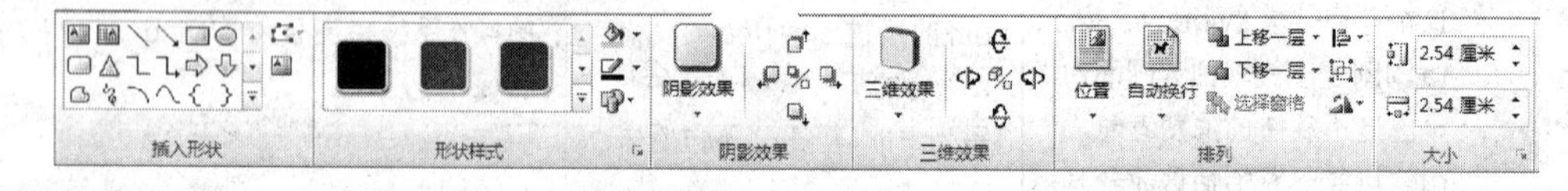

图 2-17 “绘图工具”选项卡

上略作停留时，将在指针右下侧显示该图形的名称及说明。单击要插入的图形，鼠标变为十字形状，在画布上按下左键并拖动，即可绘制出所选的基本图形。

注意：在文档中若需要绘制对称图形如正方形、圆等对称图形，可以在拖曳鼠标绘制图形的同时按住 Shift 键。例如，在绘制矩形时如果按住 Shift 键则绘制出的是正方形。

2）绘制多个形状

如需要绘制多个同样的图形，单击“插入”选项卡|“插图”组|“形状”命令，在列表中右键单击要添加的形状，再单击“锁定绘图模式”，然后单击文档中的任意位置，拖动以放置形状。对要添加的每个形状重复此操作即可，添加完成后单击“绘图工具”选项卡|“插入形状”命令组中的图形以取消继续添加图形操作。

2. 编辑图形

可以对自绘的图形进行编辑，起到美化文档的作用，如可以对它改变大小、设置版式、添加文字、对多个图形进行组合等操作。这些设置可以通过“绘图工具”选项卡中的相应命令实现。

在编辑图形时，必须先选定图形，即单击图形即可。选定多个图形时，可以先按住 Shift 键，然后用鼠标分别单击图形。

1）为图形填充颜色和效果

可以为绘制的图形对象填充各种颜色、图案、纹理和图片等不同填充效果。具体操作步骤如下。

（1）选定需要进行填充的图形对象，如果只需要填充颜色，单击“绘图工具”选项卡中的“形状填充”按钮，在弹出的列表中直接选择需要填充的颜色等。

（2）如果需要将图形设置为透明状态，则单击“形状填充”列表中的“无填充颜色”按钮。

（3）若要填充不同的填充效果，如渐变、纹理等效果，需先选择“形状填充”列表中的“渐变”、“纹理”命令，选择需要的填充效果即可；如需要其他渐变或纹理，可在列表中单击“其他渐变”或“其他纹理”，弹出的“填充效果”对话框，如图 2-18 所示，在“填充效果”对话框中选择相应的选项卡，可以设置相应的填充效果。

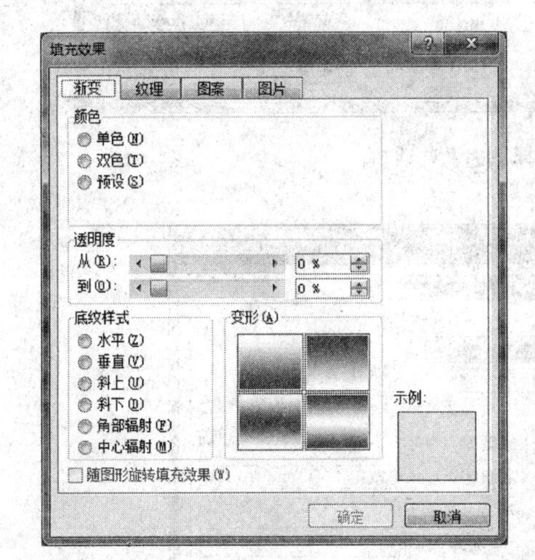

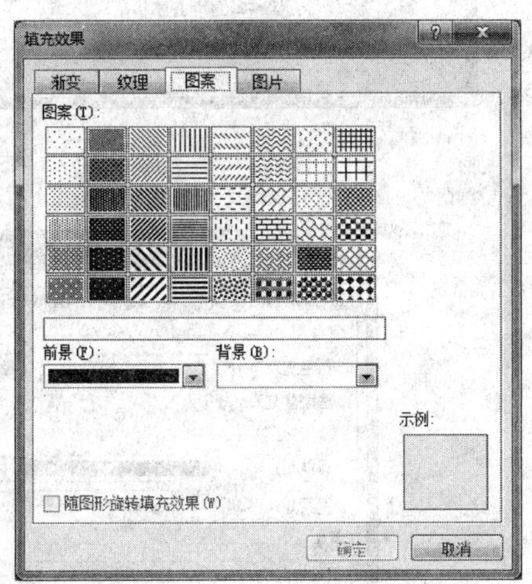

图 2-18 “填充效果”对话框

（4）若要填充图案，则单击“绘图工具”选项卡|“形状填充”按钮，在弹出的列表中选择“图案”命令，同样会打开如图 2-18 所示的“填充效果”对话框，选择相应图案即可。

（5）若要填充图片，则单击“绘图工具”选项卡|“形状填充”按钮，在弹出的列表中选择“图片”命令，弹出“选择图片”对话框，如图 2-19 所示。在对话框中选择文件所在磁盘及路径，选择相应文件，单击“插入”按钮即可。

2）线条颜色和线型

可以为绘制的图形设置线条颜色和线型。在选定需要进行设置的图形对象后单击“绘图工具”选项卡上的“形状轮廓”按钮，在弹出的列表中可以选择图形的线条颜色；单击“粗细”命令，在弹出的列表中可以设置线条的粗细属性；单击“虚线”命令，在弹出的列表中可以设置虚线的属性；单击“箭头”命令，在弹出的列表中可以设置箭头样式。

也可以在选定需要进行设置的图形对象后单击右键，在弹出的快捷菜单中选择“设置自选图形格式”命令，弹出如图 2-20 所示的“设置自选图形格式”对话框，在对话框的“颜色与线条”选项卡中完成以上设置。

图 2-19 “选择图片”对话框

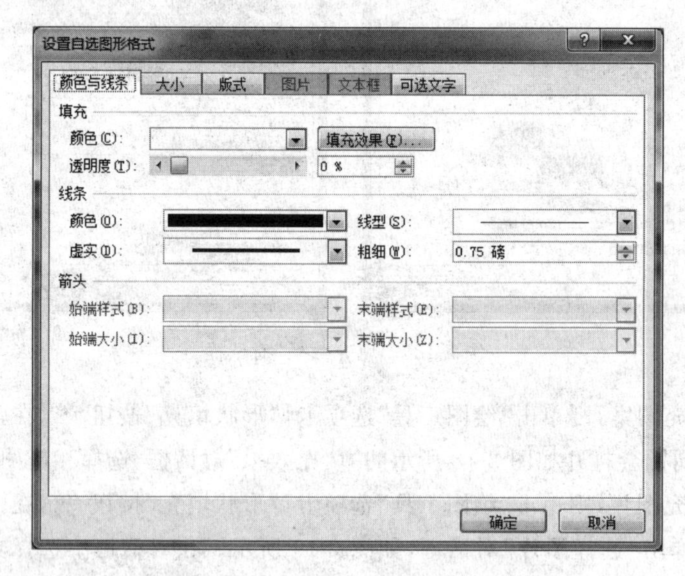

图 2-20 “设置自选图形格式”对话框

3）调整图形

如果对绘制出来的图形不满意，可以对图形做出调整。

(1) 在选中一个图形后，在图形四周会出现许多尺寸句柄，把指针移动到图形对象的某个句柄上，然后拖曳图形句柄改变大小。要按长宽比例改变图形大小时，可以按住 Shift 键的同时拖曳句柄；要以图形对象中心为基点进行缩放，可以在按住 Ctrl 键的同时拖曳句柄。

(2) 在选中图形后，可以发现在图形上会出现一个绿色的小句柄，当把鼠标移到该句柄上时鼠标变为 状，此时按住鼠标左键光标变为 状，拖曳鼠标可以将图形旋转。

(3) 对于某些图形，在选中时在图形的周围会出现一个或多个黄色的菱形块，用鼠标拖曳这些菱形块，可将图形改变成为各种各样的形状。

4) 更换图形

如果对绘制出来的图形形状不满意，想将其更换为其他图形，可以先选中要修改的图形，然后单击“绘图工具”选项卡中的“形状样式”组下的“更改形状”命令，该子菜单包括“基本形状”、“箭头总汇”、“流程图”、“星与旗帜”和“标注”等多种自选图形，选择一个欲使用的图形即可，这样图形将会被改变。

5) 在图形中添加文字

在各类自选图形中，除了直线、箭头等线条图形外，其他的所有图形都允许向其中添加文字。有的自选图形在绘制好后可以直接添加文字，如绘制的标注。有些图形在绘制好后则不能直接添加文字，可以单击右键，在弹出的快捷菜单中选择“添加文字”命令，则在图形的外部出现一个方框，在图形中会出现闪烁的插入点，此时在插入点处就可以编辑文字了。

在该图形加入文字后，即可将该图形当作文本框对待，既可以对图形中的文字进行字体格式和段落格式的设置，还可以进行复制、粘贴等相关操作。

6) 组合图形

组合图形指把绘制的多个图形对象组合在一起，同时当作一个整体使用，如一起进行翻转、调整大小和改变填充颜色等。

组合图形时需先按 Shift 键选中多个图形，在选中图形的任一位置上右击，在弹出的快捷菜单中单击“组合”命令；或者单击“绘图工具”选项卡|“排列”组|“组合”命令。在子菜单中有“组合”、“取消组合”和“重新组合”命令。如果所选图形已组合过，那么“组合”命令将呈灰色，为不可用，“取消组合”命令可用，没有组合的所选图形“组合”命令可用。单击“组合”命令，可将几个图形组合成为一个整体。把多个图形组合在一起后，如果还要对某个图形单独做修改，那么可以取消组合，在快捷菜单中选择“取消组合”命令即可。

【学生同步练习 2-3】

(1) 新建一个文档 2-3. doc，保存路径为“个人 Office 实训\实训 2”文件夹。

(2) 在文档 2-3. doc 中建立样文 2-3 所示的两个图形，具体设置参见样文 2-3 说明，设置完成后将文档进行保存。

【样文 2-3 说明】

(1) 使用“插入”选项卡中的“形状”|“基本形状”|“空心弧”命令，设置其填充效果为：渐变，双色(绿色和白色)，填充的底纹样式为斜上；设置其线条颜色为“浅绿”，线条粗细为 2 磅；调整图形的形状并对图形进行旋转；将该图形进行复制，并对复制后的图形进行水平翻转，并调整位置，将两个图形进行组合。设置后的样式请参看样文 2-3。

(2) 使用“插入”选项卡中的“形状”命令，在文档中添加“基本形状”|“心形”和两条线段，对其进行设置，设置其填充颜色为红色，线条颜色为黄色，并在心形内添加文本“红桃”，设置“红桃”二字为黄色空心字，大小自行设定。最后将心形和两条线段组合成一个图形。

【样文 2-3】

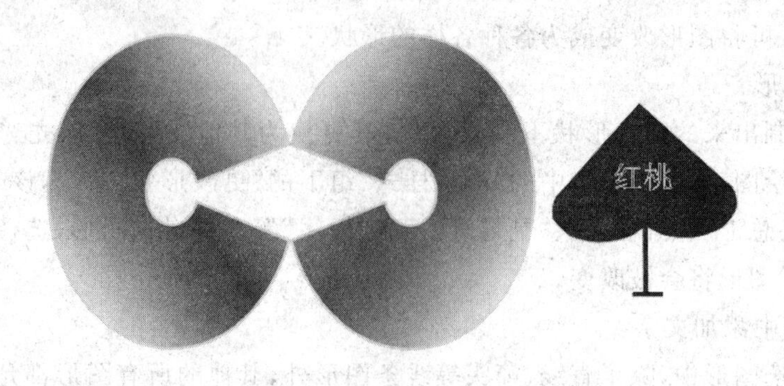

2.4 应用艺术字

在编辑文档时，为了使标题更加醒目、活泼，可以应用 Word 提供的艺术字功能绘制特殊的文字。Word 中的艺术字是一个图形对象，所以可以像编辑图形那样来编辑艺术字，也可以给艺术字加边框、底纹、纹理、填充颜色、阴影和三维效果等。

1. 插入艺术字

在文档中插入艺术字的操作步骤如下。

(1) 把插入点定位到要插入艺术字的位置，执行“插入”选项卡|“文本”组|“艺术字”命令，弹出“艺术字库”列表，如图 2-21 所示。

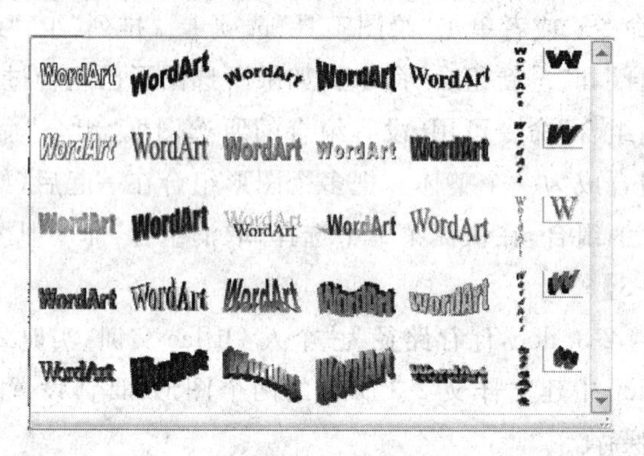

图 2-21 “艺术字库”列表

(2) 在“艺术字库”列表中单击一种艺术字样式，弹出“编辑艺术字文字”对话框，如图 2-22 所示。

(3) 在“文本”文本框中输入要编辑的艺术文字，还可以设置艺术文字的字体、字号、加粗和斜体等属性。

(4) 设置完成后单击“确定”按钮，这样在光标插入点的位置将插入一个艺术字对象。

2. 编辑艺术字

插入艺术字后，还可以对艺术字进行编辑。选择艺术字，单击“艺术字工具”选项卡，如

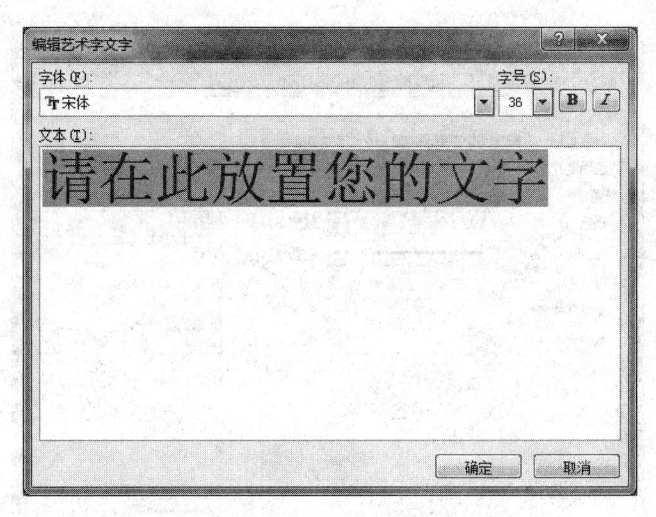

图 2-22 “编辑艺术字文字”对话框

图 2-23 所示。可使用“艺术字工具”选项卡中的各项命令按钮完成相应设置,“艺术字工具”选项卡与“绘图工具”选项卡基本相似。

图 2-23 “艺术字工具”选项卡

也可在艺术字上单击右键,在弹出的快捷菜单上选择“设置艺术字格式”命令,弹出“设置艺术字格式”对话框,如图 2-24 所示,在此对话框中可做如下设置。

1) 艺术字的颜色和线条

可以对艺术字的线条进行设置,也可以对艺术字设置不同的填充效果。设置艺术字颜色和线条的操作步骤如下。

(1) 选定要设置的艺术字,在“艺术字工具”选项卡上单击“形状轮廓”按钮,在弹出列表中线条颜色、粗细、虚线等,在列表中选择相应设置即可。

(2) 或者在艺术字上右击,在弹出的快捷菜单中选择“设置艺术字格式”命令,弹出“设置艺术字格式”对话框,在对话框中选择“颜色与线条”选项卡,如图 2-24 所示。

① 在填充区域,单击“填充效果”按钮,在弹出的“填充效果”对话框中设置不同的填充效果。

② 在线条区域,单击“颜色”文本框中的下三角按钮,可以设置艺术字线条的颜色;单击“虚实”文本框中的下三角按钮,可以设置艺术字线条为实线或是其他虚线;单击“线型”文本框中的下三角按钮,可以设置艺术字的线型;单击“粗细”文本框中的微调按钮,可以设置艺术字线条的粗细值,该值也可以手动填写。

③ 设置完成后单击“确定”按钮。

2) 调整艺术字

若需要修改艺术字形状,可以通过“艺术字工具”选项卡上的相应命令按钮设置艺术字

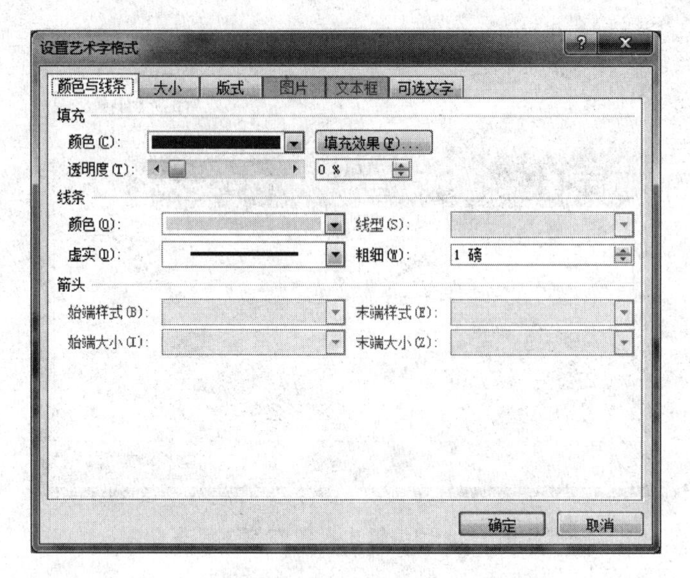

图 2-24　“设置艺术字格式”对话框

形状、调节艺术字字符间距等，操作方法如下。

(1) 在文档中可以为艺术字设置不同的形状达到一些特殊的效果，选定艺术字，单击“艺术字工具”选项卡上的“艺术字样式”组中的“更改形状”按钮，弹出列表，如图 2-25 所示。在列表中可选择需要的艺术字形状即可。

(2) 若要改变艺术字的样式，在“艺术字工具”选项卡上的“艺术字样式”组中的“艺术字样式”列表中选择相应的样式选项即可，如图 2-26 所示。

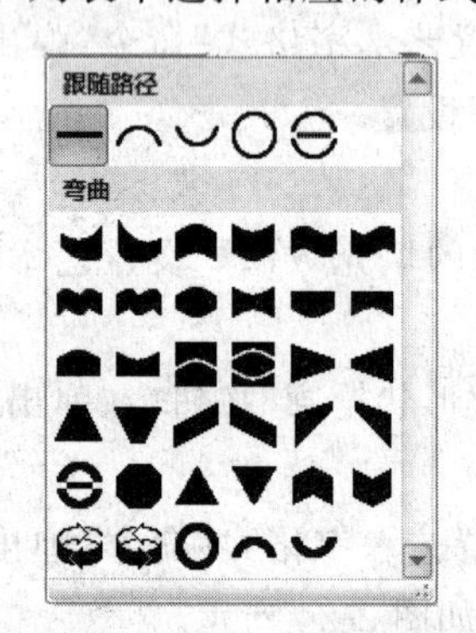

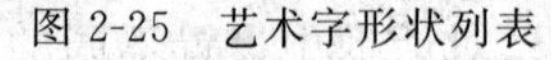

图 2-25　艺术字形状列表

图 2-26　“艺术字样式”列表

(3) 若要修改艺术字的文字内容和字体，单击“艺术字工具”选项卡上的“文字”组中的“编辑文字”按钮 编辑文字(X)... ，将打开“编辑艺术字文字”对话框，如图 2-22 所示，在打开的“编辑艺术字文字”对话框中对艺术字的内容和字体进行修改。

(4) 若要调整艺术字的字符间距，可单击“艺术字工具”选项卡上“文字”组中的“间距”按钮 AV，如图 2-27 所示，可在出现的下拉列表中选择需要的间距即可。

(5) 若要将艺术字改为竖排格式，单击“艺术字工具”选项卡上的“文字”组中的“竖排文字”按钮 Ab，可将艺术字变为竖排文字，再次单击该按钮可将竖排的艺术字恢复为原来的样子。

3）设置艺术字环绕版式

艺术字的环绕版式与图片的环绕版式的设置类似，单击需修改版式的艺术字，单击“艺术字工具”选项卡|“排列”组|“自动换行”命令，如图 2-28 所示，在弹出的列表中设置艺术字的环绕版式即可。需注意：当艺术字的版式为“嵌入型”时是不能对艺术字设置旋转角度的。

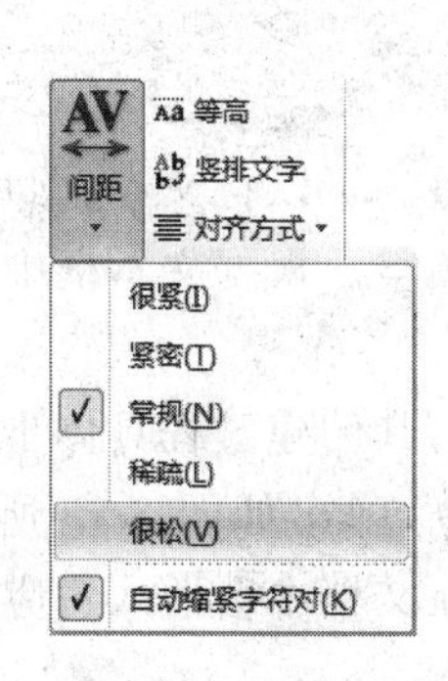

图 2-27 “间距”列表

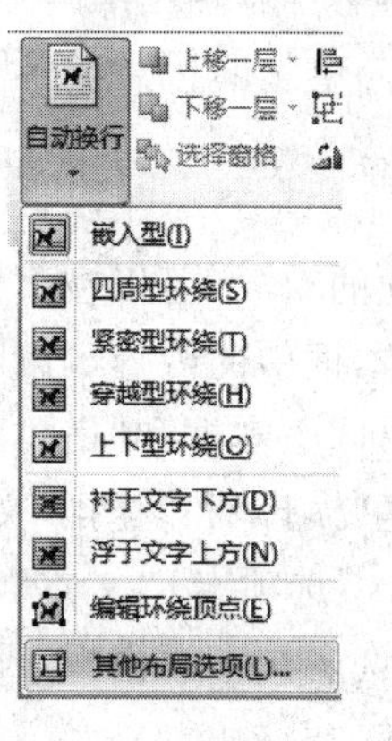

图 2-28 “自动换行”列表

【学生同步练习 2-4】

（1）将文档 2-2.doc 另存为 2-4.doc，保存路径为“个人 Office 实训\实训 2”文件夹。

（2）在文档 2-4.doc 的开头插入艺术字 Windows 7 作为文章标题，插入后的效果如样文 2-4 所示，字体和大小可自行调整。

（3）设置艺术字的环绕格式为“嵌入”类型，段落居中，设置艺术字的形状为“细上弯弧”，设置艺术字的填充颜色为“填充效果|预设‘金乌坠地’|底纹样式‘斜下(2 行 1 列)’”。

（4）设置完成后将文档进行保存。

【样文 2-4】

Windows 7（以前的代号为 Blackcomb 及 Windows “Vienna”）是微软对 Windows 未来的版本的代号，原本安排于 Windows XP 后推出。但是在 2001 年 8 月，“Blackcomb”突然宣布延后数年才推出，取而代之由 Vista（代号"Longhorn"）在 Windows XP 之后及 Blackcomb 之前推出。

恐怕很少有人听说过这个名词，当 Windows Vista 刚刚走出微软的大门面对早已迫不及待的消费者时，微软可能已经悄悄地改变其操作系统的命名策略。按照很久以前 Microsoft-watch.com 的报道，Windows Vista 之后的下一代操作系统代号为"Fiji"(斐济)，不过后来改称"Vienna"(维也纳)，然而从最新的消息看，Vista 之后的操作系统将更名为“windows 7”。

2.5 应用文本框

在文档中灵活地使用文本框对象，可以将文字和其他各种图形、图片、表格等对象在页面中独立于正文放置并方便地定位。如果使用链接的文本框还可以使不同文本框中的内容可以自动衔接上，当改变其中一个文本框大小时，其他内容自动改变适应更改的大小。

1. 创建文本框

文本框是独立的对象，可以在页面上进行任意调整。可以将文本、图片等对象输入或复制到文本框中，文本框中的内容可以在框中进行任意调整。根据文本框中文本的排列方向，文本框可分为"竖排"文本框和"横排"文本框两种。

在文档中创建"横排"和"竖排"文本框的方法相似，其创建过程具体步骤如下。

(1) 单击"插入"选项卡|"文本"组|"文本框"命令，弹出如图 2-29 所示的"文本框"列表，列表中内置了许多文本框模板，可单击这些模板，在文档中会插入对应的文本框，然后在文本框中输入文本。

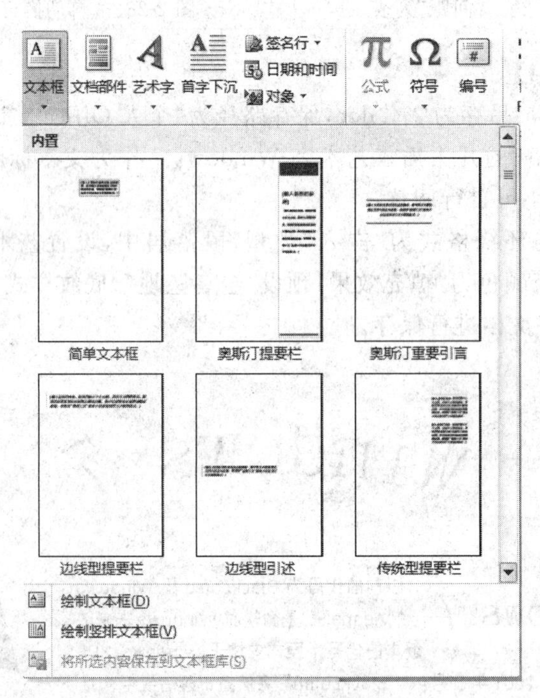

图 2-29 "文本框"列表

(2) 如模板中没有需要的模板，可单击"绘制文本框"命令插入"横排"文本框，或者单击"绘制竖排文本框"命令插入"竖排"文本框，当鼠标变为黑色十字形时，可以在文档的适当位置拖曳鼠标，即可绘制出文本框。

(3) 在文本框中单击，文本框处于编辑状态，可以在其中输入文本或是插入图片、图形、艺术字等对象，并可以利用前文所述的各种方法设置字符格式和图片、图形、艺术字格式，编辑和格式化的方法与文档正文的实现方法相同。

(4) 选定文本框边框后,它的四周会出现 8 个句柄,将鼠标置于句柄上,当鼠标变为双向箭头状时,拖曳即可改变文本框的大小。将鼠标置于文本框边框上,当鼠标变为四向箭头状时拖曳即可将文本框拖曳到文档中的任意位置。

(5) 如果需要为文本框设置其他格式,可以选中文本框单击鼠标右键,在弹出的子菜单中选择"设置文本框格式"命令,弹出"设置文本框格式"对话框,如图 2-30 所示。在此对话框的"颜色与线条"选项卡中可以设置文本框的填充颜色、边线颜色及线条等;在"大小"选项卡中可以设置文本框的高度、宽度、缩放比例等;在"版式"对话框中可以设置文本框的环绕版式;在"文本框"选项卡中可以设置文本框内文字距边框的边距及垂直对齐方式等多种属性,设置方法和前面介绍的"设置图片格式"对话框类似。

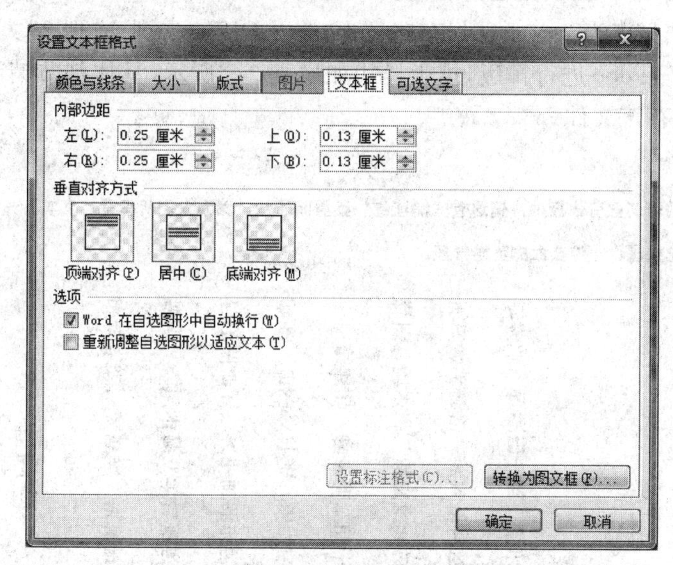

图 2-30 "设置文本框格式"对话框

(6) 设置完毕后单击"确定"按钮。

2. 文本框的链接

可以在多个文本框之间建立链接关系,这样当在前一个文本框中编辑的内容超出范围时会自动加入到下一个文本框中。

注意:在进行文本框链接之前,文档中至少要有两个文本框,且被链接的文本框必须为空的。

(1) 选中要建立链接文本框的第一个文本框,单击"绘制文本框"命令,绘制一个新的文本框,选择"文本框工具"选项卡,如图 2-31 所示。

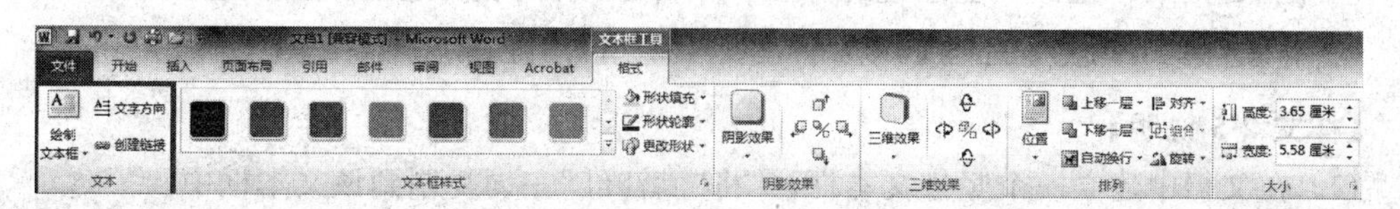

图 2-31 "文本框工具"选项卡

(2) 在“文本框工具”选项卡上单击“创建链接”按钮，或选定第一个文本框，单击右键，在弹出的快捷菜单中选择“创建文本框链接”命令，此时鼠标都会变为状，将鼠标移至下一个文本框时变为状，单击则该形状消失，表示两个文本框已创建了链接关系。此时如果在第一个文本框中输入文本，溢出的部分将自动流到下一个文本框中。

(3) 如果要断开链接，选中第一个文本框，单击“文本框工具”选项卡上的“断开链接”命令，或单击右键，在弹出的快捷菜单中选择“断开向前链接”命令，则第一个文本框和第二个文本框之间的链接被取消，第二个文本框中的内容将会流回第一个文本框。

【学生同步练习 2-5】

(1) 打开文档 s2-2. doc，路径为“个人 Office 实训\实训 2\source”文件夹

(2) 将该文档另存为 2-5. doc，保存路径为“个人 Office 实训\实训 2”文件夹。

(3) 对文档 2-5. doc 进行排版，排版样式如样文 2-5 所示，具体细节请参照样文 2-5 说明，排版完成后保存该文件。

【样文 2-5】

岳飞的诗词虽留传极少，但这首《满江红》英勇而悲壮，深为人们所喜爱，真实、充分地反映了岳飞精忠报国、一腔热血的英雄气概。

满江红

岳飞

怒发冲冠，凭阑处、潇潇雨歇。抬望眼，仰天长啸，壮怀激烈。三十功名尘与土，八千里路云和月。莫等闲、白了少年头，空悲切。

靖康耻，犹未雪；臣子恨，何时灭？驾长车、踏破贺兰山缺。壮志饥餐胡虏肉，笑谈渴饮匈奴血。待从头、收拾旧山河，朝天阙。

这首的上阙表现了岳飞急于立功报国的宏愿：“怒发冲冠，……空悲切”。意思说，我满腔热血，报国之情，再也压不住了，感到怒发冲冠，在庭院的栏杆边，望着潇潇秋雨下到停止。抬头远望，又对天长啸，急切盼望实现自己的志愿。三十多岁的人了，功名还未立，但是我也不在乎，功名好比尘土一样，都是不足所求的。我渴望的是什么东西呢？渴望是八千里路的征战，我要不停地去战斗，只要这征途上的白云和明月作伴侣。不能等了，让少年头轻易地变白了，到那时只空有悲愤。

下阙表现了岳飞对“还我河山”的决心和信心：“靖康耻，……朝天阙。”靖康二年的国耻还没有洗雪，臣子的恨什么时候才能够消除呢？我要驾乘着战车踏破敌人的巢穴，肚子饿了，我要吃敌人的肉；口渴了，我要喝敌人的血。我有雄心壮志，我相信笑谈之间就可以做到这些。等待收复了山河的时候，再向朝庭皇帝报功吧！

【样文 2-5 说明】

(1) 在文档中建立一个竖排文本框，并将“满江红”一词复制到该文本框中。

(2) 设置标题“满江红”为宋体、三号字，段落居中。

(3) 设置作者“岳飞”为宋体、小五号字，段落居中。

(4) 设置全词为宋体、小四号字，首行缩进两个字符。

(5) 在文档最后再增加两个文本框，并设置两个文本框为文本链接形式。将最后两段解释文本复制到文本框中，设置文本的行距为 1.25 倍行距，对两个文本框的大小做适当调整，用以实现分栏效果。

(6) 设置以上三个文本框的线条颜色为无线条颜色。

2.6 公式编辑

有时在使用 Word 进行文档编辑时需要录入数学、化学等复杂的计算公式，这时可以使用“公式编辑器”对象进行公式编辑。

在 Word 2010 中，用户可以使用“公式编辑器”输入分式、根式等复杂的数学公式或化学公式，操作步骤如下。

(1) 打开 Word 2010 文档窗口，依次选择“插入”选项卡|“符号”组|“公式”命令，弹出“公式”列表，如图 2-32 所示。

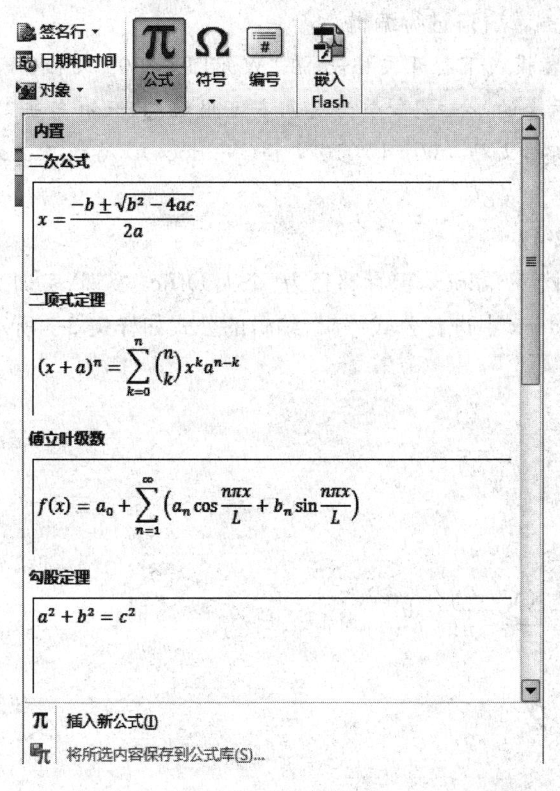

图 2-32 “公式”列表

(2) 在列表中有许多系统内置的公式选项，如需要可单击这些公式，然后对这些公式进行修改即可。

(3) 若内置公式中没有所需选项，可单击“插入新公式”命令，此时会在文档中插入一个公式编辑窗口，同时会显示“公式工具”选项卡，如图 2-33 所示。

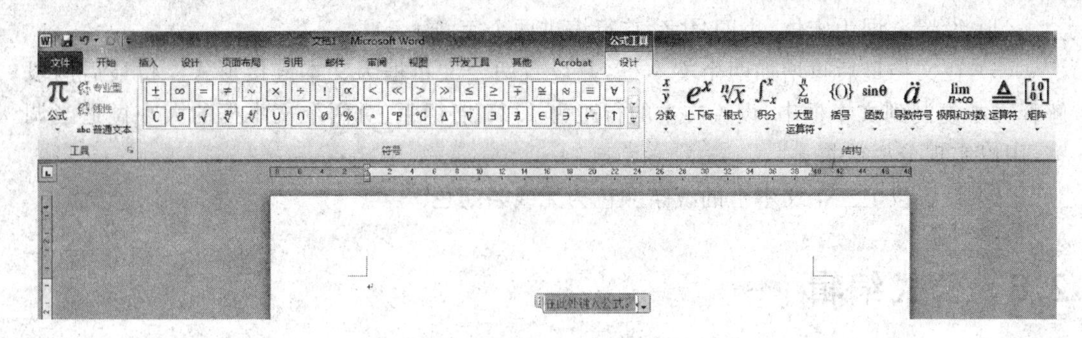

图 2-33 “公式编辑”窗口和“公式”工具栏

(4) 在“公式工具”选项卡的“结构”组中选择编辑公式的结构,在“符号”组中选择需要的公式符号。

(5) 公式中字符大小、字体、颜色等各项设置和文本框中字符的设置相同。

(6) 在公式编辑窗口中单击公式以外的空白区域,会返回 Word 文档窗口。用户可以看到公式是以嵌入对象的方式插入到 Word 文档中的。如果需要再次编辑该公式,则需要单击该公式打开公式编辑窗口进行编辑。

注意:如果在兼容模式下打开文档,如在“Word 97-2003 文档(*.doc)”兼容模式下打开文档,“插入”选项卡上的“公式”命令为灰色不可用状态,只有单击“文件”选项卡|“转换”命令,把文档转换为新的文档“Word 2010 文档(*.docx)”格式,“公式”命令才处于可用状态。

【学生同步练习 2-6】

(1) 新建一个文档 2-6.docx,保存路径为“个人 Office 实训\实训 2”文件夹。

(2) 在文档 2-6.docx 中进行公式编辑,编辑的公式如样文 2-6 所示,编辑完成后将文档进行保存。

【样文 2-6】

1) $\sum_{n-1}^{m} \partial_n^{kp}$

2) $\sqrt[3]{x^2 + y^2} = z$

3) $S_n = \int_{x_0}^{x_1} \frac{\sqrt[3]{\pi^2}}{2} \sum_{j=0}^{n} \frac{(tx_{k_j})^j}{j!} \mathrm{d}t$

独立实训任务 2

【独立实训任务 Z2-1】

(1) 打开“实训 2 \source\s2-3.doc”文件,将其另存为文件 Z2-1.doc,保存路径为“个人 Office 实训\实训 2”文件夹。

(2) 请在此文档中按照样文 Z2-1 和样文 Z2-1 说明进行图文混排。

【样文 Z2-1】

面对失败走向成功

巴西足球队第一次赢得世界杯冠军回国时，专机一进入国境，16 架喷气式战斗机立即为之护航。当飞机降落在机场时，聚集在机场上的欢迎者达 3 万人。从机场到首都广场不到 20 千米的道路上，自动聚集起来的人群超过 100 万。

多么宏大和激动人心的场面！然而前一届的欢迎仪式却是另一番景象。

1964 年，巴西人都认为巴西队能获世界杯赛冠军，然而，天有不测风云，在半决赛中却意外地败给了法国队，结果那个金灿灿的奖杯没有被带回巴西。球员们悲痛至极。他们想，去迎接球迷的辱骂、嘲笑和汽水瓶吧，足球可是巴西的国魂。

飞机进入巴西领空，他们坐立不安，因为他们心里清楚，这次回国凶多吉少。可是，当飞机降落首都机场的时候，映入他们眼帘的却是另一种景象，梅内内姆总统和 两 万多球迷默默地站在机场，他们看到总统和球迷共举一条大横幅，上书：失败了也要昂首挺胸。

队员们见此情景顿时泪流满面。总统和球迷们都没有说话，他们默默地目送球员们离开机场，四年后，他们捧回了世界杯。

善待失败是对失败的最大轻蔑。从个人意义上来讲，失败本身并不可怕，可怕的是世界上存在着对失败者宣泄不满的人，如果去掉这部分人的暴怒和谩骂，剔除失败的副产品，失败也是一件令人神往的事。只要你能勇敢地面对失败，那你才能够获得真正的成功。愿都能正确面对失败。

【样文 Z2-1 说明】

(1) 页面设置：上边距 2.54cm，下边距 2.54cm，左边距 3.17cm，右边距 3.17cm，纸张大小为 B5。

(2) 整篇文档行距：1.5 倍行距；正文文字为宋体、五号。

(3)“面向失败走向成功”：艺术字、28 号字、设置艺术字格式填充效果为双色（黑、蓝）、底纹样式为中心辐射、无线条颜色；设置艺术字形状为“朝鲜鼓”，并调整艺术字形状如样文 Z2-1 所示。

(4)“巴”：首字下沉，下沉两行。

(5)“冠军”：黑体，小二。

(6)“16 架喷气式战斗机立即为之护航”：加下划线（线型为虚线）。

(7)“从机场到首都广场不到 20 千米的道路上”：加删除线效果。

(8)“100 万”：宋体、小四、加下划线（线型虚线）。

(9) 从第二段开始进行分栏设置，分为两栏，栏宽相等。

(10) 插入剪贴画：使用 computer 搜索，选中图片，版式为四周型，大小自行设定。

(11)“意外”：加虚线边框。“法国”：宋体，三号，下标。“悲痛至极”：加粗。“坐立不安”：加删除线效果。

(12)“失败了也要昂首挺胸”：加底纹（图案(5%)-样式（灰色(－5%)））、加边框（单波浪线）。

(13)“队员们”：加边框(双波浪线)。“总统”：加下划线(线型)。“默默”：加边框(单实线)。

(14)“世界杯”：设置文字效果(灰色－25%，阳文)。“善待失败”：改变字符间距(缩放150%)。“意义”：加下划线。“暴怒和漫骂”：加粗，倾斜，双下划线。

【独立实训任务 Z2-2】

(1) 打开“实训 2 \source\s2-4. doc”文件，将其另存为文件 Z2-2. doc，保存路径为“个人Office 实训\实训 2”文件夹。

(2) 请在此文档中按照样文 Z2-2 和样文 Z2-2 说明进行图文混排，完成排版后保存该文档。

【样文 Z2-2 说明】

(1) 设置整篇文章分为两栏，栏宽相等。

(2) 在文章中插入文本框，设置文本框的填充色为无，线条颜色为自动，把文本框的边框修改为：自选图形|标注|矩形标注；设置文本框的版式为“紧密型”，调整文本框位置如样文 Z2-2 所示。

(3) 在文本框中插入艺术字“从我做起，节约每一滴水”，设置艺术字形状为“细上弯弧”，段落居中。

(4) 在文本框内添加文字“——写在全国节水宣传周之际”，并设置文字段落居中，字体：宋体、小四，加粗；在下一行添加文字“本报记者　徐喆”，并设置文字段落居中，字体：宋体、五号，常规。

(5)“5 月 14 日至 20 日”：黑体、五号、加粗、倾斜，设置边框和底纹-填充(灰度－15%)。

(6)“城市”：下标效果(宋体、三号)。

(7)“节约”：使用文本框，并更改图形，设置其为阴影样式。

(8)“水”：格式-首字下沉(两行，宋体，字号 42.5)。

(9)“人类生产”：合并字符，宋体、8 号字。

(10)“生活”：带圈字符(增大圈号)。

(11)“全世界有水资源 14.1 亿 m3”：下划线效果(着重号)，加粗；“m3”中的 3 设置为上标。

(12)“人均淡水储量仅为世界平均水平的四分之一”：下划线效果。

(13)“人均水资源占有量只相当于全国平均水平的 58.5%”：隶书，五号。

(14)“城市供水普及率”：楷体、五号、缩放 90%。

(15)“第二十七八位”：设置边框线为单线。

(16)“在水资源”：设置字体格式为双删除线效果。

(17)“水资源”、“极其”、“有限”：设置其字符间距的位置分别降低 2、4、6 磅。

(18)“如何节约用水，发挥水的最大效能”：设置字体格式为阴影效果。

(19)“就成为摆在我们面前的大课题。”字体为“@宋体”。

(20) 设置最后三行“节水意识……拉动节水”为项目符号(自定义|符号字体 Wingdings|?)，设置这三行的底纹为灰色－5%。

【样文 Z2-2】

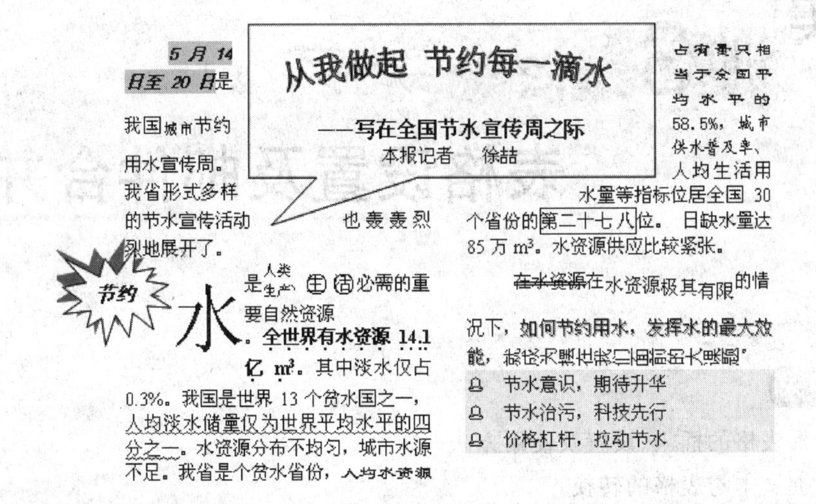

从我做起　节约每一滴水

——写在全国节水宣传周之际

本报记者　徐喆

5月14日至20日是我国城市节约用水宣传周。我省形式多样的节水宣传活动也轰轰烈烈地展开了。

节约

水是人类生产、生活必需的重要自然资源。全世界有水资源14.1亿 m^3。其中淡水仅占0.3%。我国是世界13个贫水国之一，人均淡水储量仅为世界平均水平的四分之一。水资源分布不均匀，城市水源不足。我省是个贫水省份，人均水资源占有量只相当于全国平均水平的58.5%，城市供水普及率、人均生活用水量等指标位居全国30个省份的第二十七八位。日缺水量达85万 m^3。水资源供应比较紧张。

在水资源在水资源极其有限的情况下，如何节约用水，发挥水的最大效能，

- 节水意识，期待升华
- 节水治污，科技先行
- 价格杠杆，拉动节水

【独立实训任务 Z2-3】

(1) 创建一个新文档 Z2-3. doc 文件，保存路径为"个人 Office 实训\实训 2"文件夹。

(2) 请在此文档中按照样文 Z2-3 和样文 Z2-3 说明编辑网络订房卡和奥运条幅。

【样文 Z2-3】

【样文 Z2-3 说明】

(1) 网络订房卡的外围边框为横排文本框，为圆角矩形，线条 1.5 磅，无填充色。

(2) 文字"网络订房卡(全球通)HOTEL NETWORKS RESERVATIONS CARD"和"金色世纪网络服务有限公司 GOLDEN CENTRY INTERNATIONAL"都为双行合一，也可以分别采用文本框实现。

(3) "购卡捐树造福人类"为双行合一，也可以采用文本框实现。

(4) 绿树图片来源于"实训 2\source\tree. bmp"，图片版式为"浮于文字上方"。

(5) "金色世纪绿色希望卡 GOLD CENTRY & GREEN HOPE CARD"为双行合一，段落居中，也可以采用文本框实现。

(6) 艺术字 GC&GH 为宋体，36 号字，设置为底层图片。

(7) "TELL FREE LINE 免费电话："为双行合一。

(8) 奥运条幅：自选图形，无颜色填充，图形添加阴影并调节；条幅内添加文字，并设置文字方向为竖排，文字分散对齐。

实训3 表格设置及邮件合并

实训要求

（1）掌握表格的插入、设置及使用方法。

（2）掌握文本与表格的转换。

（3）掌握用表格进行布局的方法。

（4）了解邮件合并的应用方法。

时间安排

教师授课：3或4学时，教师采用演练结合方式授课，可以使用“学生同步练习”进行演示。

学生独立实训任务：3或4学时，学生完成后教师进行检查评分。

教师授课内容

3.1 表格

表格是文档中的重要组成部分，在文档中使用表格，可以更形象地说明某些问题，表达一些文本所不能充分表达的信息，还可以使得文档结构更加清晰。Word 2010提供了强大、便捷的表格制作和编辑功能，可快速创建表格，方便地修改表格内容、移动表格位置或调整表格大小。在表格中还可以输入文字、数据、图形、公式、艺术字等对象，或将表格和文本进行转换。

1. 创建表格

Word提供了多种创建表格的方法，如使用快速插入表格、使用对话框插入表格或手工创建表格等。

1）快速插入表格

创建表格最简单快速的方法就是单击“插入”选项卡|“表格”组|“表格”命令，然后在插入表格的定义网格区域，按住搜标左键沿网格左上角向右拖曳指定表格的列数，向下拖曳指定表格的行数，松开鼠标，即可在页面上插入相应行列的表格，如图3-1所示。

注意：使用此种方式在插入表格的同时不能设置表格样式及设置列宽等操作，需要在创建后重新调整。

也可以单击“插入”选项卡|“表格”组|“表格”命令，在列表中单击“快速表格”命令，在显示的系统内置表格样式中选择需要的样式单击即可。

2）利用“插入表格”对话框创建表格

快速插入表格虽然很方便，但最多只能插入 8 行 10 列的表格，无法创建行数或列数较大的表格。使用“插入表格”对话框创建表格不受表格行数、列数的限制，并且同时可以设置表格的自动调整选项。其操作步骤如下。

（1）把插入点移动到要插入表格的位置，执行“插入”选项卡|“表格”组|“表格”命令|“插入表格”命令，弹出“插入表格”对话框，如图 3-2 所示。

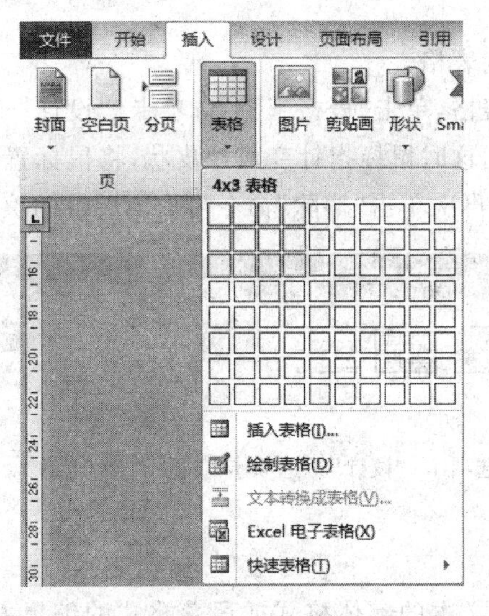

图 3-1　“插入”选项卡|“表格”命令列表

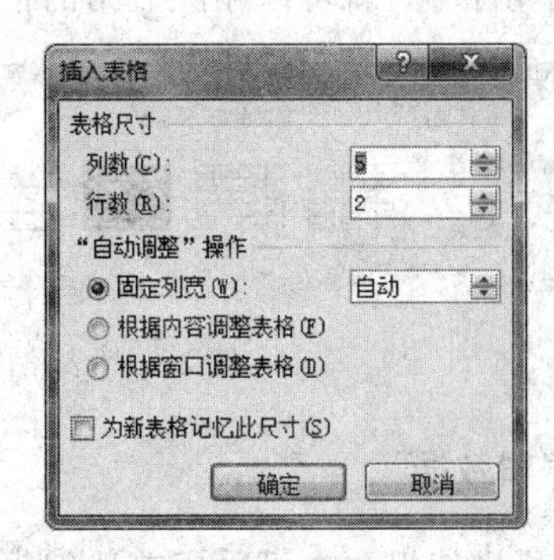

图 3-2　“插入表格”对话框

（2）分别设置表格行列数值，在“列数”文本框中调整或输入表格的列数值，在“行数”文本框中调整或输入行数值。

（3）在“自动调整”操作区域中可以选择以下操作内容。

① **固定列宽**：可以在数值框中输入或选择列的宽度，也可以使用默认的“自动”选项，让列宽等于正文区宽度除以列数。

② **根据内容调整表格**：可以使列宽自动适应在每一列中输入的内容。

④ **根据窗口调整表格**：可以使表格的宽度与窗口的宽度相适应，当窗口的宽度改变时，表格的宽度也跟随变化。

（4）如选中“为新表格记忆此尺寸”复选框，可以把“插入表格”对话框中的设置变成以后创建新表格时的默认值。

（5）设置完成后，单击“确定”按钮，可插入所需表格。

3）手工创建表格

Word 提供了用鼠标绘制任意不规则的自由表格的强大功能。利用“表格工具”选项卡上的按钮可以灵活、方便地绘制或修改表格，它适用于不规则表格的创建和带有斜线表头的复杂表格的创建。

创建任意不规则的自由表格的操作步骤如下。

(1) 单击"插入"选项卡|"表格"组|"表格"命令|"绘制表格"命令,此时鼠标指针变成铅笔形状,在文档窗口内移动鼠标到要绘制表格的位置,按住鼠标左键拖曳鼠标,在整个文档中画出一个矩形的区域,到达需要设定表格大小的地方时,松开鼠标即可形成整个表格的外部轮廓。

(2) 在形成表格外部轮廓的基础上,可以具体地划分表格内部的单元格。拖曳鼠标,在表格中形成一条从左到右,或是从上到下的虚线,放开鼠标左键,一条划分线就形成了。

(3) 按照这样的方法,就可以最终得到一个完整的表格。

(4) 在绘制表格的时候,也可以绘制斜线,但是这样的斜线必须是某个单元格的对角线。

(5) 如绘制完成,双击鼠标即可取消绘制表格。

(6) 如果要擦除单元格框线,需先选定表格,单击"表格工具"选项卡|"设计"子选项卡|"绘图边框"组|"擦除"命令,如图 3-3 所示,这时鼠标指针变成橡皮状,将鼠标置于要删除的线上,单击鼠标,就可以删除表格的框线。再次单击"擦除"命令可取消后继的擦除操作。

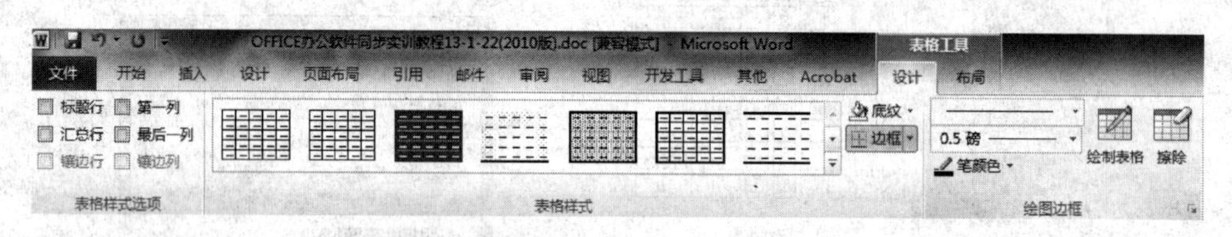

图 3-3　"表格工具"选项卡|"设计"子选项卡

2. 编辑数据

在表格中编辑文本可采用前述编辑普通文本的字体格式或段落格式的编辑方法,输入的内容宽度如果超过了单元格的列宽,则会自动换行并增加行宽。如果按 Enter 键则新起一个段落,可以像对普通文本一样对单元格中的文本进行格式设置。

3. 调整表格

1) 选定单元格

选定单元格是表格编辑的最基本操作之一。要对表格的单元格、行或列进行操作前必须先选定,可以选定表格中相邻的或不相邻的多个单元格,可以选择表格的整行或整列,也可以选定整个表格。

如果需要设置表格的属性,则应选定整个表格,注意,选定整个表格和选定表格中的所有单元格在性质上是不同的。

(1) 利用鼠标选定单元格的操作步骤如下。

① **选定一个单元格**:将鼠标置于单元格的左边缘,当鼠标外观变为右上方向的实箭头↗时,单击可以选中该单元格。

② **选定多个连续单元格**:在表格中按下鼠标左键拖曳鼠标,可以选择任意多个连续的单元格。

③ **选定单行**：将鼠标置于一行的左边缘当鼠标变成空心箭头↗时，单击可以选择该行。

④ **选定单列**：将鼠标置于一列的上边缘，当鼠标外观变为向下的黑色实心箭头↓时，单击可以选择该列。

⑤ **选定连续行或列**：先选定一行或一列，按住 Shift 键单击另外一行或列，可选中两行或两列之间的所有行或列。

⑥ **选定不连续行或列**：先选定一行或一列，按住 Ctrl 键单击其他不连续行或列，可将不连续的行或列选中。

⑦ **选定整个表格**：将光标置于表格中的任意位置，当表格左上角出现十字标志⊞时，用鼠标单击可选择整个表格。

(2) 使用快捷菜单进行选定操作。

① **选定单元格**：将光标置于要选定的单元格中，单击右键，在快捷菜单中单击"选择"|"单元格"命令。

② **选定一行或一列**：将光标置于要选定的行或列中，单击右键，在快捷菜单中单击"选择"|"行"或"列"命令。

③ **选定整个表格**：将光标置于表格中任意位置，单击右键，在快捷菜单中单击行"选择"|"表格"命令。

(3) 使用"表格工具"可以进行选定操作。

① **选定单元格**：将光标置于要选定的单元格中，单击"表格工具"选项卡|"布局"子选项卡|"表"组|"选择"命令，如图 3-4 所示，单击"选择单元格"命令。

② **选定一行或一列**：将光标置于要选定的行或列中，单击"表格工具"选项卡|"布局"子选项卡|"表"组|"选择"命令，如图 3-4 所示，单击"选择行"或"选择列"命令。

③ **选定整个表格**：将光标置于表格中任意位置，单击"表格工具"选项卡|"布局"子选项卡|"表"组|"选择"命令，如图 3-4 所示，单击"选择表格"命令。

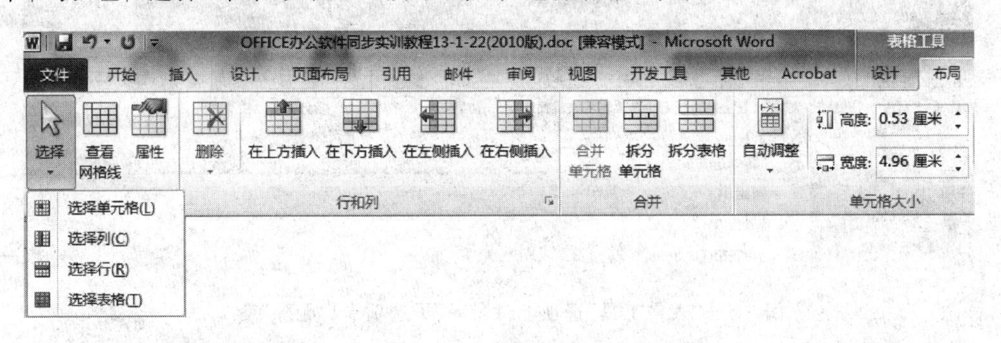

图 3-4　"表格工具"选项卡|"布局"子选项卡

2) 插入单元格、行(或列)

在表格中可以插入单元格、行或列，甚至可以在表格中插入表格。在表格中插入单元格、行(列)的操作步骤如下。

(1) 将插入点定位在表格中，单击如图 3-4 所示的"表格工具"选项卡|"布局"子选项卡，在"行和列"组选择相应操作，也可以单击右键，在快捷菜单中选择"插入"命令下的子项。单击"在上方插入"命令，在插入点所在行的上方插入一行；单击"在下方插入"命令，则在插

入点所在行的下方插入一行。单击“在左侧插入”命令，在插入点所在列的左侧插入一列；选择“在右侧插入”命令，则在插入点所在列的右侧插入一列。

(2) 如需插入单元格，单击“表格工具”选项卡|“布局”子选项卡|“行和列”组中的“启动器”按钮，或单击右键，在快捷菜单中选择“插入”|“插入单元格”命令，弹出“插入单元格”对话框，如图 3-5 所示。

(3)“插入单元格”对话框中单选按钮的功能如下。

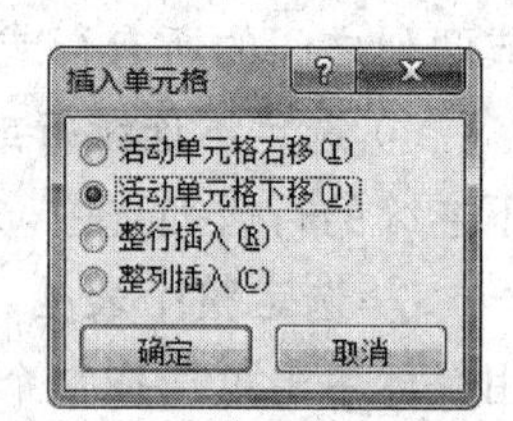

图 3-5 “插入单元格”对话框

① **活动单元格右移**：可以在选定单元格的位置插入新单元格，原单元格向右移动。

② **活动单元格下移**：可以在选定单元格的位置插入新单元格，原单元格向下移动。

③ **整行插入**：可以在选定单元格的位置插入新行，原单元格所在的行下移。

④ **整列插入**：可以在选定单元格的位置插入新列，原单元格所在的列右移。

注意：在插入单元格时，如果单元格右移，整个表格的列宽不会增加；但如果单元格下移，表格将会增加一个行。所以在插入单元格后可能会使表格变得参差不齐。

3) 删除单元格、行(或列)

如果表格中出现多余的行或列，可以根据需要删除多余的行或列。在删除单元格、行或列时，单元格、行或列中的内容也同时被删除。删除单元格、行(列)的方法如下。

(1) 将鼠标定位在表格中相应的行或列，单击“表格工具”选项卡|“布局”子选项卡|“行和列”组|“删除”命令，如图 3-6 所示，在“删除”命令子项中选择相应操作。选择“删除表格”命令可将整个表格删除；选择“删除列”命令可将鼠标所在列删除；选择“删除行”命令可将鼠标所在行删除。

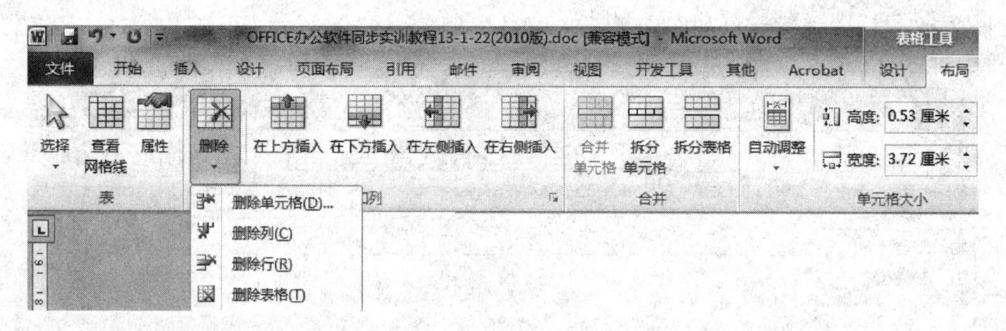

图 3-6 “表格工具”选项卡|“布局”子选项卡|“删除”命令

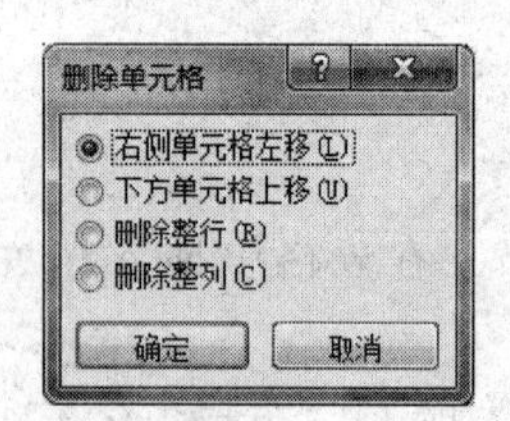

图 3-7 “删除单元格”对话框

(2) 选择“删除单元格”命令，弹出“删除单元格”对话框，如图 3-7 所示。

(3) 对话框中各单选按钮的功能如下。

① **右侧单元格左移**：删除选中的单元格，并且被删除的单元格右侧的单元格将向左移动填充被删除单元格的位置。

② **下方单元格上移**：删除选中的单元格，并且被删除的单元格下方的单元格将向上移动填充被删除单元格的位置。

③ **删除整行**：删除选中单元格所在的行。

④ **删除整列**：删除选中单元格所在的列。

4）调整行高和列宽

改变行高和列宽的工作可以用鼠标来完成，也可以在“表格属性”对话框中为列的宽度和行的高度输入一个实际的数值。

(1) 使用鼠标改变行高

将鼠标指针移到要调整行高的行边框线上，当出现一个改变大小的行尺寸工具鼠标 ≑ 时，拖曳鼠标，此时出现一条水平的虚线，显示行改变后的大小，移到合适位置释放鼠标，行的高度即被改变。这种方法在改变当前行高的同时，整个表格的高度也随之改变。

(2) 使用鼠标改变列宽

改变列宽的方法和改变行高的方法类似，将鼠标指针移到要调整列宽的列边框线上，当出现一个改变大小的列尺寸工具鼠标 ⇹ 时，拖曳鼠标，此时出现一条垂直的虚线，显示列改变后的大小。

当拖曳鼠标时可以采取不同的方法改变列宽。

① 在拖曳鼠标时不按其他任何键：可以改变相邻两个列的大小，且两个列的总宽度不变，整个表格的大小也不变。

② 在拖曳鼠标时按住 Shift 键：将会改变边框左侧一列的宽度，其他各列的宽度不变，整个表格的宽度将发生变化。

③ 在拖曳鼠标时按住 Ctrl 键：边框右侧的各列宽度均匀变化，整个表格宽度不变。

④ 在拖曳鼠标时按住 Alt 键：在对行高和列宽进行改变时可以进行细微调整。

(3) 调整单元格

当需要单独调整某个单元格的宽度时，首先要选定该单元格，将鼠标移动到该单元格右侧的竖线上，拖曳鼠标，放开左键后，此时只有被选中单元格的列边线被移动了。此种方法适合于经常对不规范表格的调整。

(4) 使用“表格工具”命令进行行列调整

使用“表格工具”命令调整行高和列宽的方法相似，以调整行高为例，操作如下。

① 将鼠标定位到要改变行高的单元格中，也可以选定一行或多行。

② 单击“表格工具”选项卡|“布局”子选项卡，在“单元格”组中的“高度”文本框中输入具体的数值即可设置行高

③ 如需要对行高做更详细的设置，则单击“表格工具”选项卡|“布局”子选项卡|“单元格大小”组右下角的“启动器”按钮，打开“表格属性”对话框，选择“行”选项卡，如图 3-8 所示。

④ 选中“指定高度”复选框，输入需要设置的行高值，在“行高值是”下拉框中选择“最小值”或“固定值”；如果选择“最小值”，输入的行高将作为该行的默认高度，如果在该行中输入的内容超过了行高，Word 会自动加大行高适应内容；如果选择了“固定值”，则输入的行高度不会改变，如果内容超过了行高，将不能完整地显示。

⑤ 单击“上一行”或“下一行”按钮可以设置其他行的高度

⑥ 设置完成后单击“确定”按钮。

5）调整表格大小

如果要对整个表格的大小进行调整，可以使用鼠标进行整体缩放。当把鼠标移至表格

的右下角时鼠标会变成↘状，此时拖曳鼠标可以调整表格的大小，调整后表格的行高和列宽将被同比缩放。

也可以使用表格的自动调整功能来调整表格，将光标定位于表格中，单击“表格工具”选项卡|“布局”子选项卡|“单元格大小”组|“自动调整”命令，如图 3-9 所示。

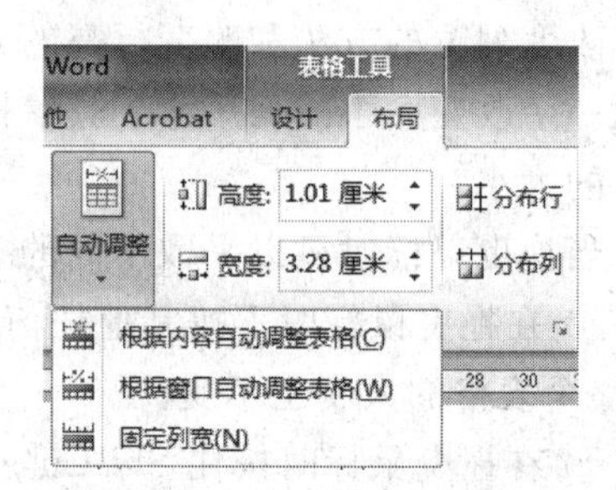

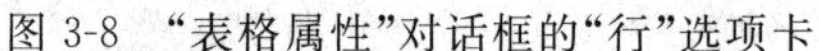

图 3-8 “表格属性”对话框的“行”选项卡

图 3-9 “自动调整”命令

(1) 选择“根据内容自动调整表格”命令，则表格中的列会根据表格中内容的宽度改变。

(2) 选择“根据窗口自动调整表格”命令，则表格的宽度自动变为页面的宽度。

(3) 选择“固定列宽”命令，则列宽不变，如果内容的宽度超过了列宽，会自动换行。

如需要平均分配各行，先选定要设置为等行高的各行，单击如图 3-9 所示“表格工具”选项卡|“布局”子选项卡|“单元格大小”组|“分布行”命令，则所选的各行变为相等行高；如需要平均分配各列，先选定要设置为等列宽的各列，单击如图 3-9 所示“表格工具”选项卡|“布局”子选项卡|“单元格大小”组|“分布列”命令，则所选的各列变为相等列宽。

6）合并、拆分单元格

(1) 合并单元格

合并单元格就是把几个单元格合并成一个大的单元格。

合并单元格需要先选定合并的单元格，单击“表格工具”|“布局”选项卡|“合并”组|“合并单元格”命令；或者在选定合并单元格后，单击右键，在快捷菜单中单击“合并单元格”命令，都可以将选中的多个单元格合并成一个单元格。也可以单击“表格工具”|“设计”选项卡|“绘图边框”组|“擦除”命令，鼠标变成橡皮状，单击要擦除的单元格边，边线被擦除，相邻的单元格变为一个单元格，再次单击“擦除”命令可结束擦除状态。

注意：在合并单元格时至少要选中两个相邻的单元格，否则“合并单元格”命令将处于无效状态。

(2) 拆分单元格

拆分单元格就是将选中的单元格拆分成多个小的单元格。

单击“表格工具”|“设计”选项卡|“绘图边框”组|“绘制表格”命令，在单元格中画出

边线是拆分单元格最简单的方法。当单击“绘制表格”命令时，鼠标变成铅笔状，在单元格中拖曳铅笔状的鼠标，被鼠标拖过的地方出现边线；再次单击“绘制表格”命令，结束画线状态。

也可以使用“拆分单元格”命令对单元格进行比较复杂的拆分。具体操作步骤如下。

① 选中要拆分的单元格，单击“表格工具”|“布局”选项卡|“合并”组|“拆分单元格”命令，或单击右键，在快捷菜单中单击“拆分单元格…”命令，都会弹出“拆分单元格”对话框，如图 3-10 所示。

② 在“列数”文本框中输入要拆分的列数，在“行数”文本框中输入要拆分的行数。

③ 单击“确定”按钮完成拆分单元格的操作。

7）斜线单元格

图 3-10 “拆分单元格”对话框

斜线单元格中的斜线把单元格划分成不同的区域，在不同的区域可以输入不同的文本。可以使用鼠标绘制出比较简单的斜线单元格，也可以使用命令按钮直接创建，可采用如下两种方法。

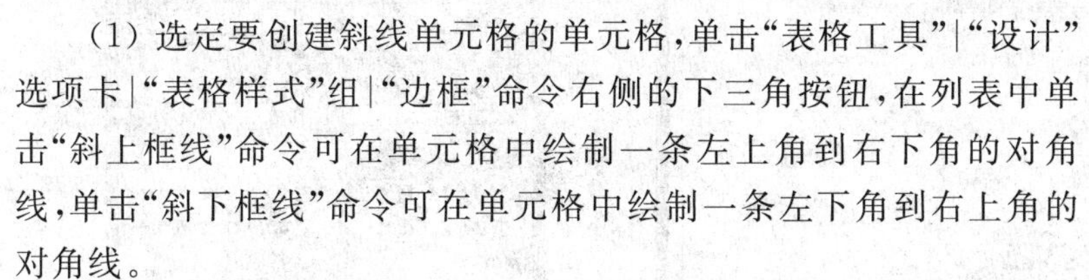

(1) 选定要创建斜线单元格的单元格，单击“表格工具”|“设计”选项卡|“表格样式”组|“边框”命令右侧的下三角按钮，在列表中单击“斜上框线”命令可在单元格中绘制一条左上角到右下角的对角线，单击“斜下框线”命令可在单元格中绘制一条左下角到右上角的对角线。

(2) 选定要创建斜线单元格的单元格，单击“开始”选项卡|“段落”组|“绘制表格”命令的下三角按钮，在列表中单击“斜上框线”命令可在单元格中绘制一条左上角到右下角的对角线，单击“斜下框线”命令可在单元格中绘制一条左下角到右上角的对角线。

更复杂的斜线表头可以用前面学过的直线和文本框进行图形组合加以实现，在此不再赘述。

4. 表格的属性和选项设置

默认情况下，插入或绘制的表格没有文字环绕的特性，在排版中可以设置文字环绕的特性。

1）设置表格的对齐方式和文字环绕

对于整个表格可以设置它的对齐和缩进属性，设置表格对齐方式最简单的方法是在选中整个表格后单击“开始”选项卡|“段落组”|各个对齐方式命令按钮进行设置。但是这种方法不能设置表格的缩进。

可以在“表格属性”对话框中设置表格的对齐和缩进，具体方法如下。

(1) 将插入点定位在表格中的任意位置，单击“表格工具”|“布局”选项卡|“表”组|“属性”命令，或单击右键，在快捷菜单中单击“表格属性”命令，都会弹出“表格属性”对话框，在对话框中选择“表格”选项卡，如图 3-11 所示。

(2) 在“对齐方式”区域可以选择“左对齐”、“居中”或“右对齐”中的一种对齐方式。

(3) 在“左缩进”文本框中可以选择或输入表格左缩进的距离，该项只有设置为左对齐时才被激活，允许设置左缩进距离。

(4) 单击“确定”按钮。

2）设置表格的文字环绕

如果希望文档中的文字环绕在表格周围，可以通过设定表格的文字环绕属性实现，具体的方法如下。

（1）将插入点定位在表格中的任意位置，单击“表格工具”|“布局”选项卡|“表”组|“属性”命令，或单击右键，在快捷菜单中单击“表格属性”命令，都会弹出“表格属性”对话框，在对话框中选择“表格”选项卡，如图 3-11 所示。

（2）在“文字环绕”区域中选择“环绕”样式，单击“定位”按钮，弹出“表格定位”对话框，如图 3-12 所示。

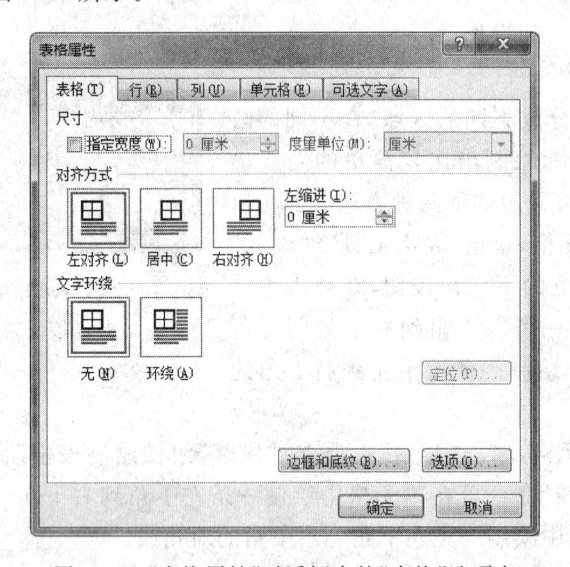

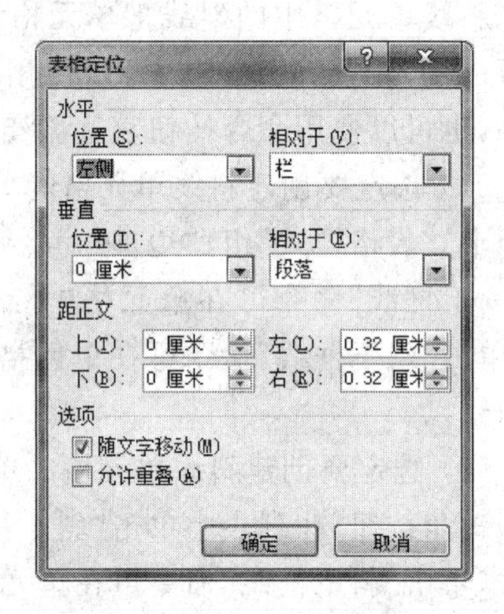

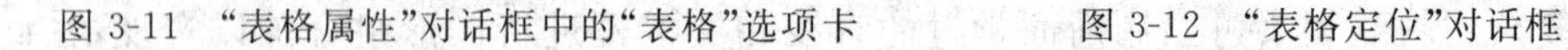

图 3-11 “表格属性”对话框中的“表格”选项卡　　图 3-12 “表格定位”对话框

（3）在该对话框中可以详细地设置表格水平和垂直的相对位置以及距正文的距离。

（4）设置完成后单击“确定”按钮，返回“表格属性”对话框，单击“确定”按钮完成设置。

3）设置单元格边距和间距

单元格边距指的是单元格中正文距离上下左右边框线的距离，如果单元格边距设置为零，则正文会挨着边框线。

单元格间距是指单元格与单元格之间的距离，默认为单元格间距等于零。

设置单元格边距和间距的操作步骤如下。

在“表格属性”对话框中设置表格的对齐和缩进，具体方法如下。

（1）将插入点定位在表格中的任意位置，单击“表格工具”|“布局”选项卡|“对齐方式”组|“单元格边距”命令，或打开“表格属性”对话框，在对话框中选择“表格”选项卡，单击“选项”按钮，都可打开“表格选项”对话框，如图 3-13 所示。

（2）在其中的“上”、“下”、“左”、“右”框中分别输入要设置的单元格边距。

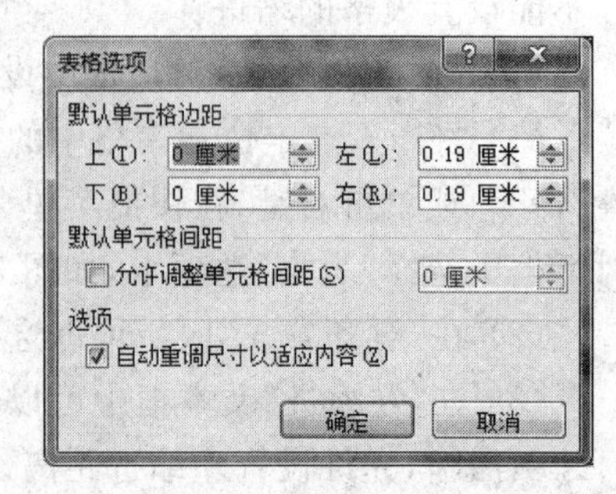

图 3-13 “表格选项”对话框

（3）选中“允许调整单元格间距”复选框，在右边输入要设置的单元格间距，单击“确定”按钮，返回“表格属性”对话框。

5. 美化表格

在表格编辑完成后，可以对它进行美化工作，如为单元格添加边框和底纹、设置单元格对齐方式等。

1) 添加边框和底纹

可以为选中的单元格设置边框和底纹，也可以为整个表格设置边框和底纹，操作步骤如下。

(1) 选定要设置边框的表格或单元格，单击“开始”选项卡|“段落”组|“绘制表格”命令右侧的下三角号，在弹出的列表中单击“边框和底纹”命令，或者单击“表格工具”|“设计”选项卡|“表格样式”组|“边框”右侧的下三角号，在弹出的列表中单击“边框和底纹”命令，或者单击右键，在快捷菜单中单击“边框和底纹”命令，都会弹出“边框和底纹”对话框，在对话框中选择“边框”选项卡，如图 3-14 所示。

图 3-14 “边框和底纹”对话框的“边框”选项卡

(2) 在“设置”选项区域中选择一种方框样式，系统提供了 4 种边框样式供选择。

① **方框**：在表格的四周外框设置一个方框，线型可在线型处自定义。

② **全部**：在表格四周设置一个边框，同时也为表格中行列线条设置栅格线。栅格线的线型与表格边框的线型一致。

③ **虚框**：在表格四周设置一个边框，同时也为表格中行列线条设置栅格线。栅格线的型号是默认的，而边框线型是设置的线型。

④ **自定义**：选择自定义时，可以在预览表格中设置任意的边框线和栅格线。

(3) 在“样式”列表框中选择线型样式，在“宽度”下拉列表框中选择线型的宽度值，在“颜色”下拉列表框中选择线条的颜色。

(4) 在“应用于”下拉列表框中选择设置边框的应用范围。

(5) 单击“确定”按钮，完成添加边框的设置。

表格或单元格的底纹设置与对文本或段落的底纹设置类似，只是应用范围中需要选择是应用于表格还是单元格,在此不再赘述。

2) 单元格中文本的对齐方式

如果单元格的高度较大,但单元格中的内容较少不能填满单元格时,顶端对齐的方式会影响整个表格的美观。可以对单元格中文本的对齐方式进行设置,设置方式如下。

选中要设置文本对齐的单元格,在"表格工具"|"布局"选项卡|"对齐方式"组上单击表格文本对齐方式命令,如图 3-15(a)所示;或选中要设置文本对齐的单元格,右击,在弹出的快捷菜单中选择"单元格对齐方式"子菜单下的一种对齐方式,如图 3-15(b)所示。

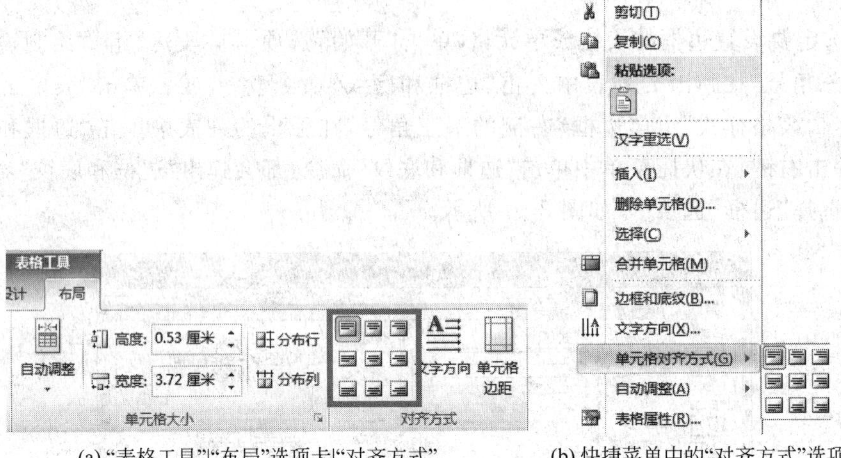

(a) "表格工具"|"布局"选项卡|"对齐方式"　　(b) 快捷菜单中的"对齐方式"选项

图 3-15　单元格对齐方式

6. 表格样式

1) 应用表格样式

选定表格,单击"表格工具"|"设计"选项卡|"表格样式"组中系统内置的表格样式,如图 3-16 所示,选定表格的边框和底纹将按内置的样式显示。

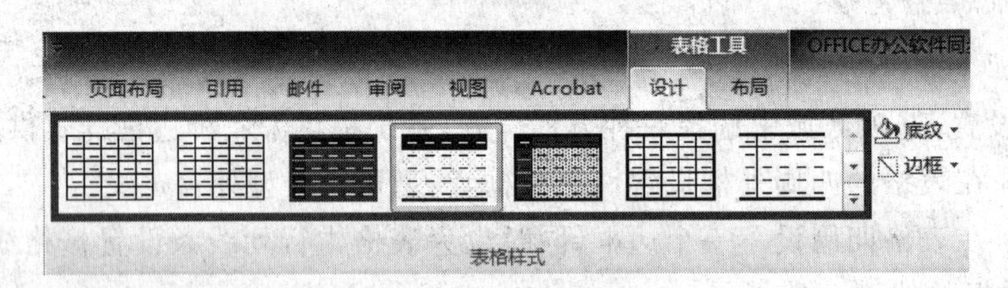

图 3-16　表格样式

2) 修改表格样式

如果需要修改内置的表格样式,先选定表格,单击"表格工具"|"设计"选项卡|"表格样式"组|"表格样式"右下角的"其他"按钮,在弹出的窗口中单击"修改表格样式"命令,打开"修改样式"对话框,如图 3-17 所示。

(1) 在"名称"文本框中显示的是样式名称;在"样式基准"列表框中选择基准样式。

(2) 单击"将格式应用于"列表框按钮,在列表中选择格式应用的范围;在"字体"列表中选择设置的字体,在"字号"列表中选择设置的字号;依次可设置表格的边框、底纹、单元

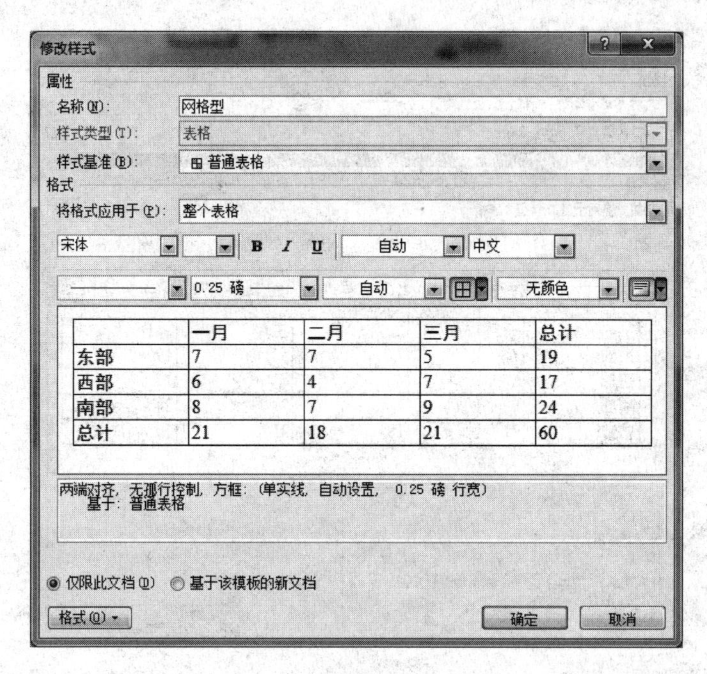

图 3-17　“修改样式”对话框

格对齐方式等。

(3) 选择“仅限此文档”单选按钮,则对表格样式的修改只限于该文档,不会影响其他文档,建议选择此项。如选择“基于该模板的新文档”单选按钮,则对表格样式的修改会影响其他文档,选择此项时要谨慎。

(4) 设置完成后单击“确定”按钮。

3) 清除样式

选定表格,单击“表格工具”|“设计”选项卡,如图 3-16 所示,单击“表格样式”组|“表格样式”右下角的“其他”按钮,在弹出的窗口中单击“清除”命令,会清除对表格的边框和底纹的相关设置,但表格中的内容及文本格式等不会被删除。

4) 新建表格样式

如果需要新建表格样式,先选定表格,单击“表格工具”|“设计”选项卡|“表格样式”组|“表格样式”右下角的“其他”按钮,在弹出的窗口中单击“新建表格样式”命令,打开“根据格式设置创建新样式”对话框,如图 3-18 所示。

该对话框的设置与如图 3-17 所示的“修改样式”对话框基本一致,在此不再赘述。

7. 文本表格的相互转换

1) 文本转换成表格

在编辑文本时可能会编辑一些类似表格的文本,这些文本比较规则,有统一的分隔符(如空格、逗号、制表符等)把它们分开,如果在编辑表格数据时,需要将这些文本信息输入到表格中,可以使用“文本转换成表格”功能将它们直接转换为表格数据,而不需要在表格中重新录入这些数据。

文本转换为表格的操作步骤如下。

图 3-18 “根据格式设置创建新样式”对话框

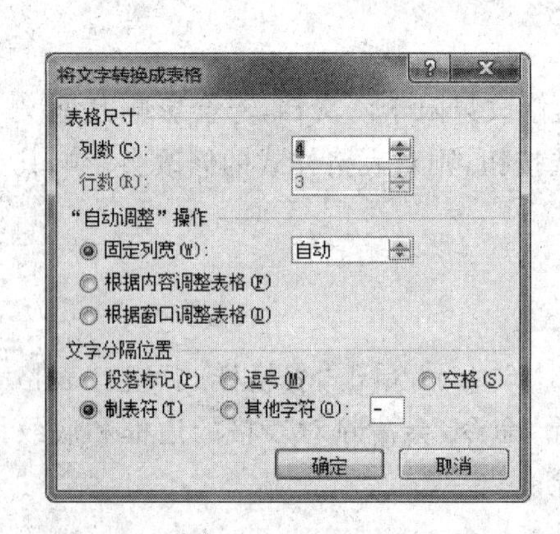

图 3-19 “将文字转换成表格”对话框

(1) 选中要转换成表格的所有文本,单击“插入”选项卡|“表格”组|“表格”命令,在列表中单击“文本转换成表格”命令,弹出“将文字转换成表格”对话框,如图 3-19 所示。

(2) 在“列数”文本框中设置表格的列数。

(3) 系统将自动计算出表格的行数,一般行数为选定的文本行数,所以此项不需要人工输入。

(4) 在“‘自动调整’操作”区域设置合适的选项或值。

(5) 在“文字分隔位置”区域选择相应的分隔符,如果选项中没有,可以选择“其他字符”选项,并在文本框中输入分隔符号。

(6) 单击“确定”按钮,可以将所选文本转换成表格。

注意:在进行文本转换为表格时,选定的文本要有规则,且有统一的分隔符(如空格、逗号、制表符等),这样转换出的表格才比较规范。

2) 表格转换成文本

将表格中的数据转换为文本的操作步骤如下。

(1) 将鼠标定位在表格的任意位置,单击“表格工具”|“布局”选项卡|“数据”组|“转换为文字”命令,弹出“表格转换成文本”对话框,如图 3-20 所示。

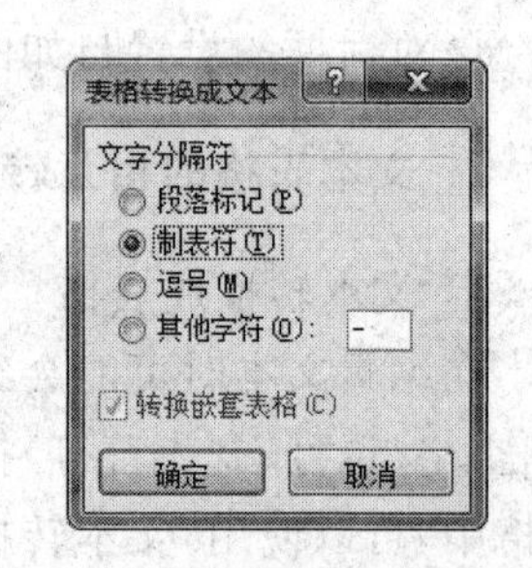

图 3-20 “表格转换成文本”对话框

(2) 在对话框的选项中选择一种分隔符,即在表格数据转换成文本后用来分隔数据的分隔符；如果选项中没有，可以选择“其他字符”选项，并在文本框中填入分隔字符。

(3) 单击“确定”按钮，表格中的内容将转化为普通文本内容，并且各单元格中的内容用所选的分隔符分开。

【学生同步练习 3-1】

(1) 建立一个新文档 3-1. doc，路径为“个人 Office 实训\实训 3”文件夹。

(2) 将文档 3-1. doc 按样文 3-1 进行表格设置，具体细节请参照样文 3-1 说明，表格设置完成后保存该文件。

【样文 3-1】

旅 差 费 报 销 单

<table>
<tr><td>报销单位</td><td></td><td>性别</td><td></td><td>职称</td><td></td><td>级别</td><td></td><td>出差地</td><td></td></tr>
<tr><td>出差事由</td><td></td><td>日期</td><td colspan="7">自　　年　　月　　日到　　年　　月　　日共　　天</td></tr>
<tr><td rowspan="2">项目</td><td colspan="4">交通工具</td><td rowspan="2">住宿费</td><td rowspan="2">伙食补贴</td><td rowspan="2" colspan="3">其他</td></tr>
<tr><td>飞机</td><td>火车</td><td>轮船</td><td>汽车</td></tr>
<tr><td>金额</td><td></td><td></td><td></td><td></td><td></td><td></td><td colspan="3"></td></tr>
<tr><td colspan="10">总计金额(大写)：</td></tr>
<tr><td colspan="10">详细路线及票价</td></tr>
<tr><td>主管人</td><td></td><td>出差人</td><td></td><td>经手人</td><td></td></tr>
</table>

【样文 3-1 说明】

(1) 在文档中输入标题“旅 差 费 报 销 单”，设置为宋体、四号字、加粗，段落居中。

(2) 插入一个 7 行 8 列的表格，然后按照样文 3-1 进行合并、拆分单元格。

(3) 在表格中添入所需文字，表格文字为宋体、五号字。

(4) 设置各单元格的对齐方式为“垂直居中”。倒数第二行对齐方式为“垂直顶端对齐”，“水平左对齐”。倒数第三行对齐方式为“垂直居中”，“水平左对齐”。

(5) 对部分单元格边线进行调整。

(6) 表格外边框设置为双线。

【学生同步练习 3-2】

(1) 打开文档 s3-1. doc，路径为“个人 Office 实训\实训 3\source”文件夹。

(2) 将其另存为 3-2. doc，路径为“个人 Office 实训\实训 3”文件夹。

(3) 将文档 3-2. doc 中的“文件收发详情表”的表格转换成文本，文字分隔符为“制表符”。

(4) 将文档 3-2. doc 中的“教学业绩情况”的文本转换为 5 列 28 行的表格，文字分隔位置符为逗号，并自动套用格式，表格样式“专业型”，完成后按样文 3-2 合并或调整单元格，最后保存该文档。

【样文 3-2】

教学业绩情况

教学成果奖励				
获奖日期	成果名称	颁奖单位	排名	
教研或教改项目				
立项时间	项目名称	立项单位	排名	结题时间
课程建设情况				
完成时间	课程名称	建设等级	排名	
教学基地（质量工程）建设情况				
立项时间	项目名称	建设等级	排名	完成时间
教材建设情况				
出版时间	教材名称	出版单位	排名	编写字数
指导学生课外科技活动情况				
完成时间	项目名称	获奖等级	组织单位	
其他教学业绩情况				
完成时间	项目名称	有关说明		

3.2 邮件合并

在文字信息处理工作中，常会遇到某些文档的主要内容基本相同，但具体数据有所变化的情况，这时如果分别进行编辑或复制修改是很麻烦的事，在 Word 中，可以使用"邮件合并"功能来完成文档编辑，以减少重复工作，提高办公效率。

"邮件合并"即允许将一个文档中的信息插入到另外一个文件中，将可变的数据源和一个标准的文档相结合。邮件合并的思想如下。

(1) 首先建立两个文档：一个主控文档，即创建各文档中共有或不变的内容，如新年发贺卡的贺词；另一个是数据源，主要包括需要变化的信息，如贺卡中使用的姓名、地址等，一般数据源是以标准二维表格或数据库文件形式出现。

(2) 利用 Word 提供的"邮件合并"功能，在主控文档中需要加入变化信息的地方插入称为"合并域"的特殊指令，在执行合并命令后，Word 便能够从数据源中将相应的信息插入到主控文档中，最后生成合并文档。

邮件合并通常包含以下 4 个步骤。

(1) **打开或创建主控文档**：在主控文档中包含要重复出现的固定或不变信息。

(2) **创建或打开数据源**：数据源中包括在各个合并文档中变化的数据。数据源可以是已有的电子表格、数据库或文本文件。

(3) **在主控文档所需的位置插入合并域名字**：合并域是占位符，用于指示 Word 在何处插入数据源中的数据。

(4) **执行合并操作**：将数据源中的可变数据和主控文档的共有文本进行合并，生成一个合并文档。

1. 编辑主控文档

主控文档可以是任何格式或类型的文档，在主控文档中首先需要包括那些固定的信息，然后在相应位置插入一些合并域。这里以编辑学生成绩单通知为例介绍主控文档的编辑过程，具体的操作步骤如下。

(1) 创建一个新文档，并在文档中输入如图 3-21 所示的内容。

同学：

现将本学期成绩通知如下：

政经	党史	数学	语文	程序

XXXXXX 学院

二〇一二年八月

图 3-21　新建主控文档

(2) 选择“邮件”选项卡，如图 3-22 所示。

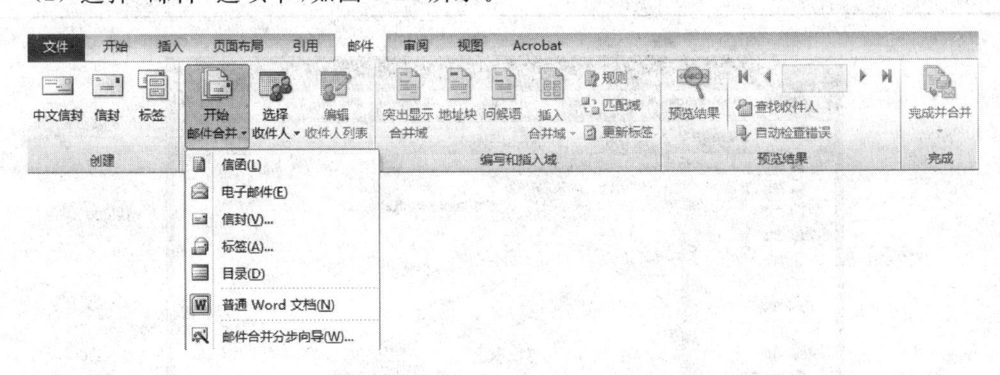

图 3-22　“邮件”选项卡

(3) 在“邮件”选项卡中单击“开始邮件合并”命令，在弹出菜单中选择文档的类型，如图 3-22 所示。文档类型主要包括信函、信封、电子邮件、标签、目录、普通 Word 文档等类型，如果是编辑信函、信封、标签、目录等文档可选择相应项，本例选择“信函”。

在进行邮件合并时也可以用向导完成以上操作，单击如图 3-22 所示的“开始邮件合并”|“邮件合并分步向导”命令，在窗口右侧弹出“邮件合并”任务窗格，如图 3-23 所示。选择相应类型，单击“下一步”按钮则可进入下一步骤，按提示完成操作步骤即可，在此不再细述。

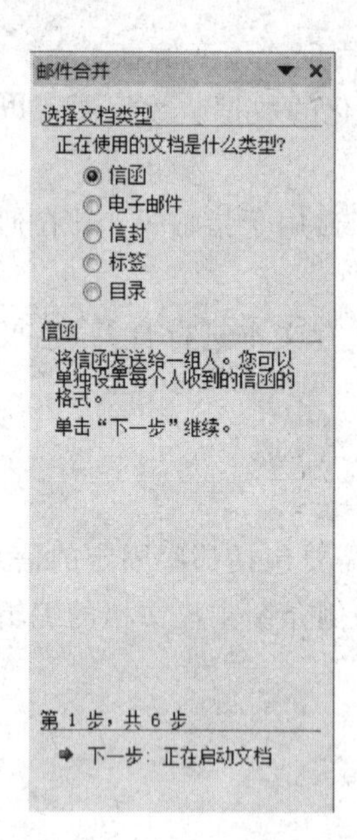

图 3-23 "邮件合并"任务窗格

2. 打开数据源

在邮件合并中可以使用多种类型的数据源：Microsoft Word 表格；Microsoft Outlook 联系人列表；Microsoft Excel 工作表；Microsoft Access 数据库；文本文件。

注意：如果数据源是采用 Word 表格或 Excel 工作表，要求数据源的首行必须为标题行，其他行为各条记录信息。

本例需新建一个 Word 文档作为数据源，文档内容如表 3-1 所示。

打开数据源的操作可以通过单击"邮件"选项卡|"选择收件人"命令|"使用现有列表"命令，打开"选取数据源"对话框，如图 3-24 所示，选择数据源所在的位置后，单击"打开"按钮即可。

注意：可以从"选取数据源"对话框的文件类型列表中更改欲打开的数据源文件种类，如可以选择 Access、Excel 文件类型等。

表 3-1 "学生成绩"数据源

姓名	政经	党史	数学	语文	程序
田红丽	23	67	64	64	57
王俊丽	72	91	91	91	51
郭毅	82	68	68	68	98
李东原	67	93	93	93	93

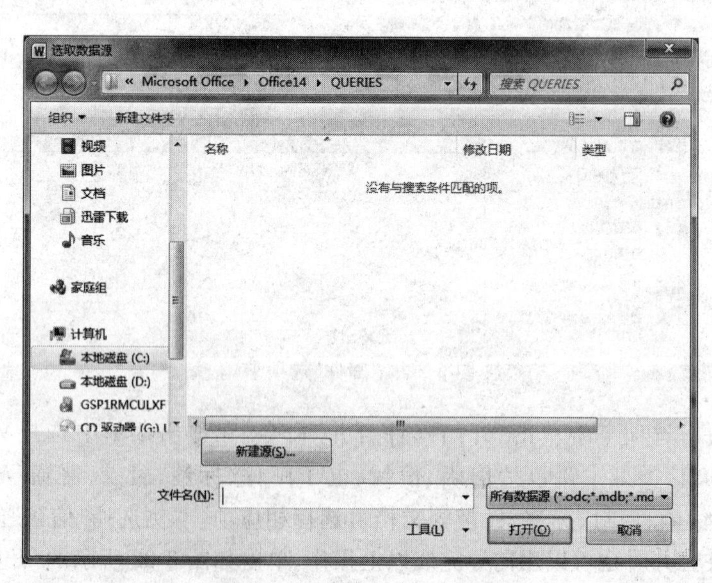

图 3-24 "选取数据源"对话框

如果是采用任务窗格的向导操作，则在向导第 3 步"选取收件人"中选择"使用现有列表"项，然后在"使用现有列表"区域选择"浏览"项，弹出"选取数据源"对话框，在对话框中选择要使用的数据源文件就可以了。

单击“邮件”选项卡|“编辑收件人列表”命令，打开“邮件合并收件人”对话框，如图 3-25 所示。在此对话框中可对收件人的详细信息进行列表的更改、添加或删除等操作，也可对收件人进行排序、筛选等操作，设置完成后单击“确定”按钮。

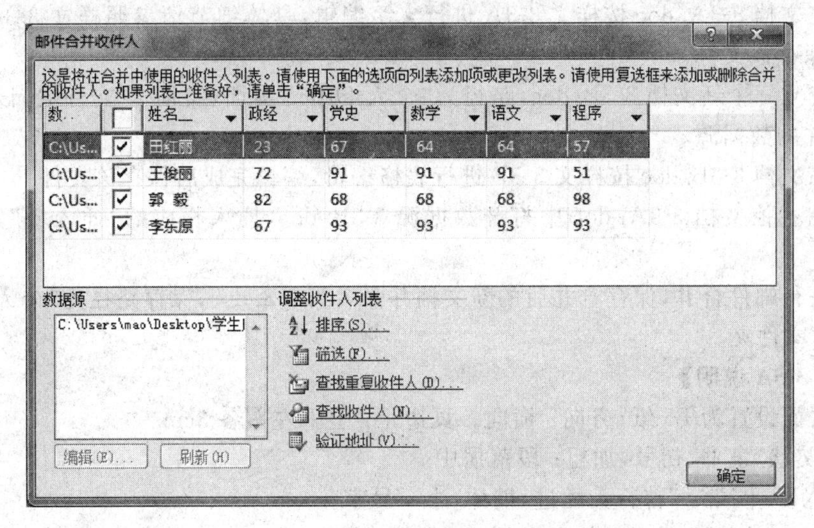

图 3-25 “邮件合并收件人”对话框

3. 插入域字段

在进行主控文档和数据源的合并前应在主控文档中插入合并域字段，将光标定位到主控文档中需要插入域字段的位置，单击“邮件”选项卡|“插入合并域”，在列表中选择相应的域名即可，本例插入合并域后的主控文档如图 3-26 所示。

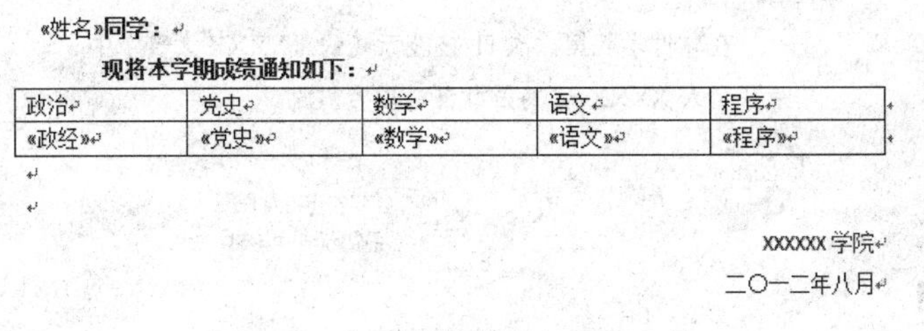

«姓名»同学：

现将本学期成绩通知如下：

政治	党史	数学	语文	程序
«政经»	«党史»	«数学»	«语文»	«程序»

XXXXXX 学院

二〇一二年八月

图 3-26 插入合并域后的主控文档

4. 合并邮件

单击“邮件”选项卡|“完成并合并”命令，在菜单中单击“编辑单个文档”命令，打开“合并到新文档”对话框，如图 3-27 所示。在对话框中选择需要合并的记录，如需全部合并，选择“全部”选项；如只合并当前记录，则选择“当前记录”选项；如需合并 $m \sim n$ 条记录，则选择最后一个选项，并输入 $m \sim n$ 的值。设置完成后单击“确定”按钮，主控文档将与数据源合并，并建立一个新的文档，即合并文档，将此文档保存即可。

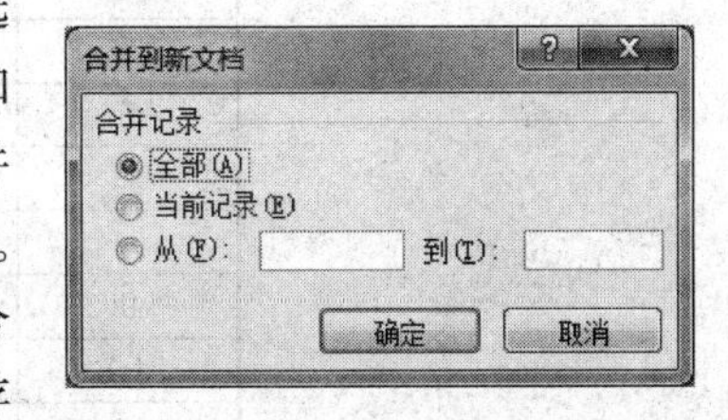

图 3-27 “合并到新文档”对话框

【学生同步练习 3-3】

运用邮件合并，打印 IT 技能竞赛的奖状，要求如下。

(1) 建立一个新文档 3-3A. doc，路径为"个人 Office 实训\实训 3"文件夹，该文档将作为邮件合并的主控文档。

(2) 在文档 3-3A. doc 按样文 3-3A 进行文字编辑，具体细节请参照样文 3-3A 说明，编辑完成后保存该文件。

(3) 建立一个新文档 3-3B. doc，路径为"个人 Office 实训\实训 3"文件夹，该文档将作为邮件合并的数据源。

(4) 在文档 3-3B. doc 按样文 3-3B 进行表格编辑，编辑完成后保存该文件。

(5) 在主控文档 3-3A. doc 中打开数据源 3-3B. doc，插入相应的"插入域"，请参照样文 3-3C。

(6) 进行邮件合并，保存合并后的新文档并命名为 3-3. doc，保存路径为"个人 Office 实训\实训 3"文件夹。

【样文 3-3A 说明】

(1) 页面设置为 B5 纸，方向：横向。页边距：上下左右各 3cm。

(2) "奖状"隶书，初号，加粗；段落居中。

(3) "XXX 同学："首行无缩进，楷体，小一号字。

(4) 正文，首行缩进 4 个字符，楷体，二号字。

(5) "XXXXXX 学院"，楷体，小二号字，右对齐，可做适当调整。

(6) 时间，楷体，四号字，右对齐，可做适当调整。

【样文 3-3A】

奖 状

XXX 同学:

在软件学院第六次 IT 技能竞赛的"XXXX 大赛"中荣获个人 XXXX ，特发此证，以资鼓励。

XXXXXX 学院

二〇〇九年七月六日

【样文 3-3B】

序号	姓名	奖项	参赛项目
1	张朋	一等奖	多媒体设计
2	周海扬	二等奖	多媒体设计
3	张亮	三等奖	多媒体设计
4	李伟	一等奖	壁报设计
5	王宇	二等奖	壁报设计
6	蒋磊	二等奖	壁报设计
7	李东	三等奖	壁报设计
8	孙江	三等奖	壁报设计
9	张洋	一等奖	中英文录入
10	隋欣	二等奖	中英文录入
11	金玲	三等奖	中英文录入

【样文 3-3C】

奖 状

XXX 同学:

在软件学院第六次 IT 技能竞赛的“XXXX 大赛”中荣获个人 XXXX ，特发此证，以资鼓励。

XXXXXX 学院

二〇〇九年七月六日

独立实训任务 3

【独立实训任务 Z3-1】

（1）创建一个新文档 Z3-1. doc 文件，保存路径为“个人 Office 实训\实训 3”文件夹。

（2）请在此文档中按照样文 Z3-1 制作表格，制作完成后保存该文档。

【样文 Z3-1】

年度工作计划统筹图

月份 完成时间		1	2	3	4	5	6	7	8	9	10	11	12	负责人
A项目	工作 1													李明
	工作 2													王朋
	工作 3													张一
	工作 4													张晶
	工作 5													刘月
B项目	工作 1													陈飞
	工作 2													周详
	工作 3													吴起
备注														

【独立实训任务 Z3-2】

(1) 创建一个新文档 Z3-2.doc 文件,保存路径为“个人 Office 实训\实训 3”文件夹。

(2) 请在此文档中按照样文 Z3-2 制作表格,制作完成后保存该文档。

(3) 在文档 Z3-2.doc 中,将“参展意向书”的表格进行复制,并将该表格转换成文本,文字分隔符为“制表符”。

【样文 Z3-2】

参 展 意 向 书 年 月 日

<table>
<tr><td colspan="3">参展单位：</td></tr>
<tr><td colspan="3">企业性质： ○国内企业 ○合资企业 ○独自企业</td></tr>
<tr><td>联系人：</td><td>电话：</td><td>传真：</td></tr>
<tr><td colspan="2">详细通信地址：</td><td>邮编：</td></tr>
<tr><td>申请参展类别：</td><td colspan="2">○电子元器件展 ○电子整机仪器展</td></tr>
<tr><td>申请展位类别：</td><td colspan="2">○普通展位 ○标准展位 ○会外场地 ○外商展位</td></tr>
<tr><td colspan="3">备注：</td></tr>
</table>

【独立实训任务 Z3-3】

(1) 创建一个新文档 Z3-3.doc 文件,保存路径为“个人 Office 实训\实训 3”文件夹。

(2) 请在此文档中按照样文 Z3-3 使用表格进行布局,然后再进行文字排版,排版要求请参见样文 Z3-3 说明,排版完成后保存该文档。

【样文 Z3-3 说明】

(1) Z3-3.doc 文件页面设置为 A4 纸,上下左右边距各为 2cm。

(2) 页首插入的两个图片为系统自带的剪贴画,查找类型为 computer。

(3) “Tag”一栏是由 Word 中的图形和文本框通过叠放组合而成。

(4) “聪明用电脑”为隶书,小二号字。

(5) “办公”为宋体,二号字,单元格底纹填充颜色为灰色－10%。

(6) 标题“页码的技术含量”为宋体,小二号字,加粗。

(7) 文章中各单元标题为宋体,四号字,加粗。

(8) 其他正文内容皆为宋体,小五号字;段落设置为单倍行距。

(9) “公”为文本框中的文字,宋体,小一号字,加粗;文本框版式为四周环绕,无线条颜色。

(10) 文章中所插入的图片可从 Word 中的“页面设置”对话框中进行截取,图片版式为“紧密型”;图片大小可自行调整。

【样文 Z3-3】

聪明用电脑 办公 果果：http://guoguo.blog.com.cn

小丽对小米说："我送你的书签夹在第39和40页之间。"小米说："我不信。"你知道为什么吗？

页码的技术含量

Tag 页码 Office 技巧 软件

■新疆/张迎新

本文可以学到

⑴ 封面、目录、正文使用不同的页码样式。
⑵奇偶页码如何设置不同内容。
⑶ 用 Word 编辑小册子的其他页码技巧

本文相关小提示

★文档的顶部有一条烦人的页眉横线，如何去除呢？可以单击同时按下"Shift+Ctrl+Alt+S"组合键，右击"页眉"选项，选择"修改"命令，单击"格式"按扭，选择"边框"命令，然后在弹出的"边框和底纹"选项卡的"边框"里面选择"无"，横线就清除了。

★如果页码需要放置在页眉或页边距中，就要单击"页码"在"页面顶端"或"页边距"中选择了。

公司的《制度汇编》用 Word 排版完成，页码设置遇到不少问题，如何解决呢？

分节符威力大

第一个问题：封面不设页码，目录使用Ⅰ、Ⅱ、Ⅲ样式，正文使用其他样式？

如果把文档分成三节，每一节相当于一个独立的文档，就可以单独设置页码了。将光标插入目录的末尾，选择"插入"菜单，选择分隔符命令，在分节符类型中选择"下一页"分节符，如果《制度汇编》的正文分为若干章，每一章的页码是独立编排的，则在每章结束后都要按上边进行操作。

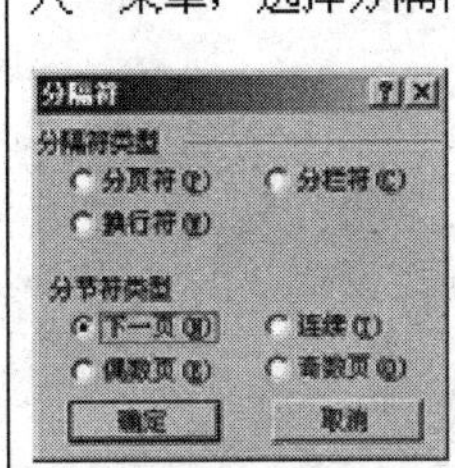

页码样式仔细选

选择"视图"菜单的"页眉和页脚"选项，单击"设置页码格式"按钮，在"编号格式"下拉列表中选择"ⅠⅡ…"，再选中"页码编号"下的"起始页码"，根据需要在右边的选择框你选择"ⅠⅡ"等，确定。

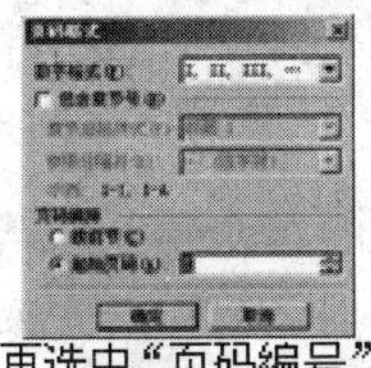

正文页码有特色

如何做一个文字和数字结合的页码呢？

1. 如果正文的第1页是文档的左页，单击"文件"菜单的"页面设置"，选择"版式"选项卡，选中"奇偶页不同"，确定。在"页眉和页脚"选项栏中，单击"设置页码"，选择普通数字"1"。

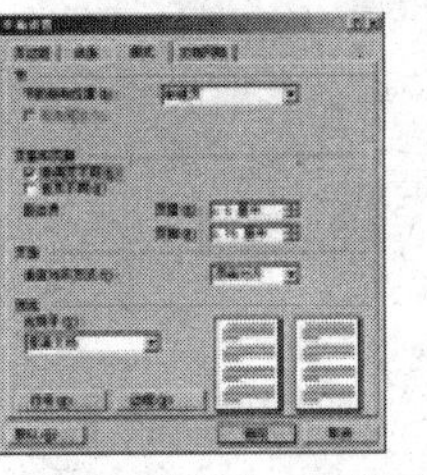

2. 在其右边输入"《制度汇编》"，得到"1《制度汇编》"样式的页码。

3. 按相同方法设置正文第2页页码，设置为"2007年9月2"的样式。

对称页码巧设置

由于《制度汇编》需要双面打印，因此必须像正规印刷品那样设置页码，左页码在左下角，右页码在右下角。

1. 单击"文件"菜单的"页面设置"，选择"页边距"选项卡，在"页码范围"下的"多页"下拉列表中选择"对称页边距"，确定。

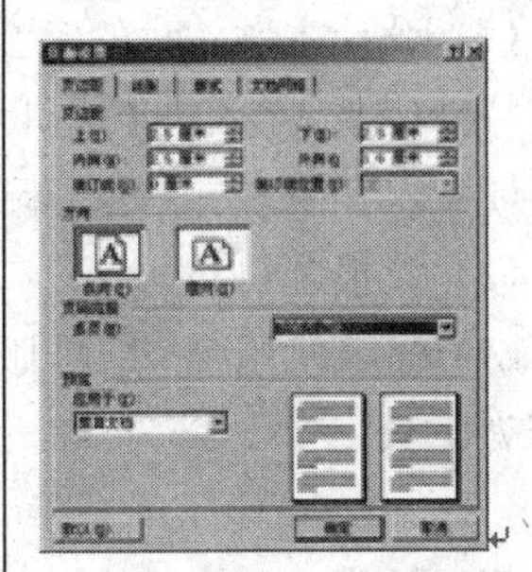

2. 单击"文件"菜单的"页面设置"，选择"版式"选项卡，设置"奇偶页不同"，确定。

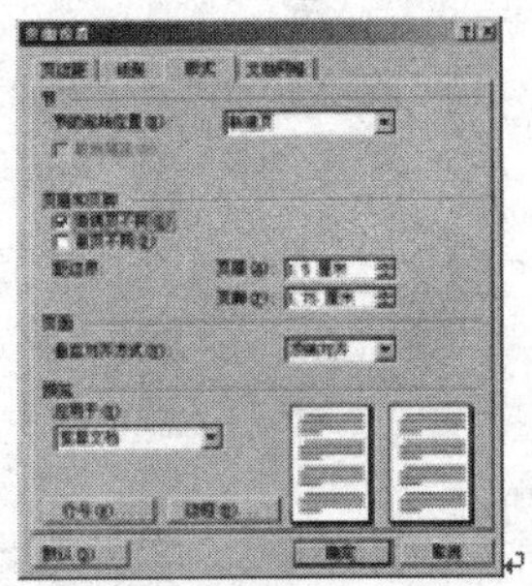

【独立实训任务 Z3-4】

打开"实训 3\source"文件夹中的 S3-3A1. doc 文档，将其作为主控文档，以 S3-3A2. doc 为数据源，进行邮件合并，结果另存为 Z3-4. doc，保存位置为"个人 Office 实训\实训 3"文件夹。邮件合并主控文档格式请参见样文 Z3-4。

【样文 Z3-4】

各直属单位：↵

我们于«年»年«月»月«日»日收到（«文件标题»«收文文号»），请各有关单位认真考虑，并将结果在 5 天内报到值班室。↵

办公厅↵

【独立实训任务 Z3-5】

(1) 设计一个信封作为主控文档，文件名为 Z3-5A. doc，保存位置为"个人 Office 实训\实训 3"文件夹。

(2) 设计一个数据源文档，存放全班同学的地址信息，主要包括收件人地址、收件人姓名、收件人邮政编码等信息。文件名为 Z3-5B. doc，保存位置为"个人 Office 实训\实训 3"文件夹。

(3) 使用"邮件合并"功能为班级的每个学生设置一个打印信封，合并完的文档保存为 Z3-5. doc，保存位置为"个人 Office 实训\实训 3"文件夹。

【独立实训任务 Z3-6】

完成一件壁报设计作品，要求如下。

(1) 设计主题：我的家乡、节约资源、绿色环保、庆祝节日(圣诞、元旦、春节)任选其一；如有特殊需要，也可自拟题目。

(2) 内容要求：丰富、新颖，图文并茂；版面设计美观、大方；主题鲜明，内容积极向上。

(3) 壁报题目自拟。

(4) 要求使用 A3 纸排版，纵向或横向可自定，页面设置可根据需要自行设置，要求设计内容为 1 页。

长文档编辑

实训要求

(1) 掌握文档的版面设置,主要包括页面设置、分页与分节、页眉页脚、页码的设置。

(2) 了解脚注、尾注和题注的用法。

(3) 掌握样式的创建、修改及应用。

(4) 掌握目录的使用。

时间安排

教师授课:3或4学时,教师采用演练结合方式授课,可以使用"学生同步练习"进行演示。

学生独立实训任务:3或4学时,学生完成后教师进行检查评分。

4.1 页面设置

在建立新文档时,Word已经默认了纸张、纸的方向、页边距等选项,但为了避免在打印时文档的纸张和打印机的纸张类型不符,还应该根据打印纸的实际情况对文档的纸张类型进行设置。

1. 选择纸张

在打印文档之前,首先要考虑好用多大的纸来打印文档,Word默认的纸张大小是A4(宽度210mm,高度297mm),页面方向是纵向。假如设置的纸张和实际的打印纸大小不一样,在打印时会出现分页的错误。

设置纸张的具体操作步骤如下。

(1) 单击"页面布局"选项卡,如图4-1所示,在"页面设置"组中进行相关设置。

(2) 单击在"页面设置"组中的"纸张大小"命令,在下拉列表中选择打印纸型,如选择A4、B4、16开等标准纸型。如列表中没有符合的纸型,单击"其他页面大小"命令,打开"页面设置"对话框,如图4-2所示。

图 4-1 “页面布局”选项卡

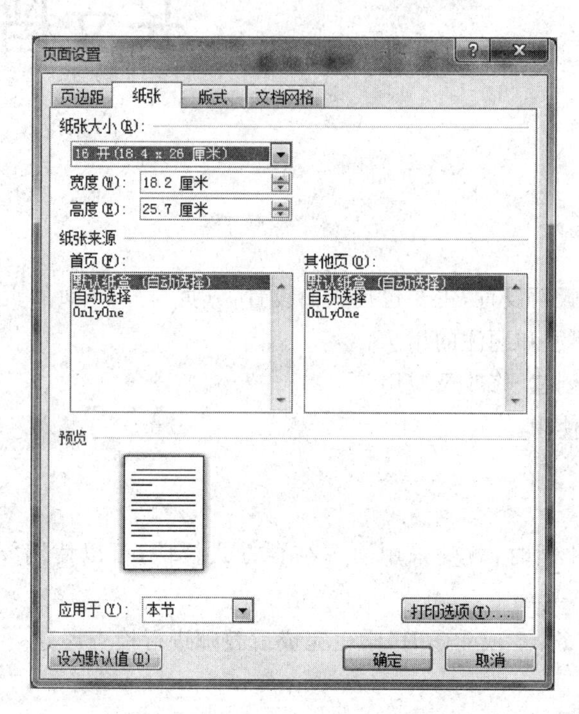

图 4-2 “页面设置”对话框的“纸张”选项卡

(3) 在“纸张”选项卡中的“宽度”和“高度”文本框中会显示所选纸张的大小尺寸。如在“纸张大小”列表框中选择了“自定义大小”,则可以在“宽度”和“高度”文本栏中自定义输入纸张的宽度和高度。

(4) 在“纸张来源”区域内可定制打印机的送纸方式。在“首页”列表框中为第一页选择一种送纸方式;在“其他页”列表框中为其他页设置送纸方式。如第一页打印文档封面,后面打印的是内容,可能需要打印机采取不同的送纸方式。

(5) 在“应用于”列表框中可以设置纸张的应用范围,如应用于整篇文档、插入点之后或本节等,这样页面设置只对在选择范围内的文本起作用。设置完成后单击“确定”按钮。

2. 设置页边距

页边距是正文和页面边缘之间的距离。为文档设置合适的页边距可以使打印出的文档更美观,在页边距中还可以设置页眉、页脚和页码等图形或文字。

注意: 只有在页面视图中才可以见到页边距的效果,因此在设置页边距时应在页面视图中进行。

设置页边距的具体操作步骤如下。

(1) 单击“页面布局”选项卡“页面设置”组中的“页边距”命令,在弹出列表中会显示系统预置的一些边距设置选项，根据需要选择相应的选项即可。如果列表中没有符合的边距设置，可单击“自定义边距”命令，弹出“页面设置”对话框的“页边距”选项卡，如图 4-3 所示。

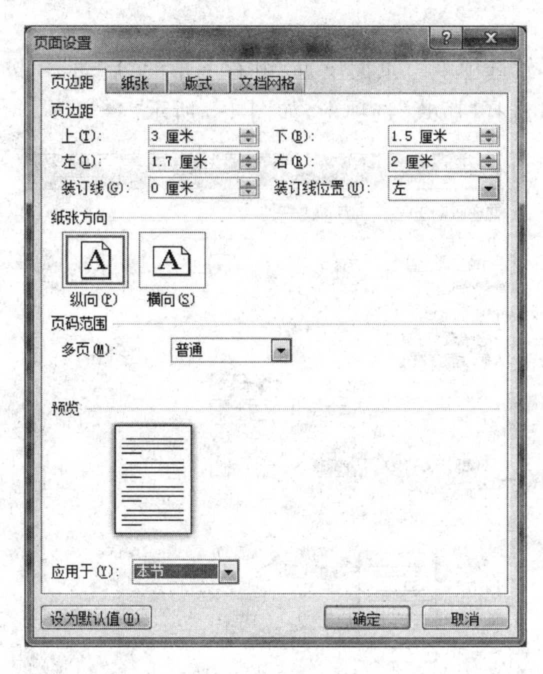

图 4-3　“页面设置”对话框的“页边距”选项卡

(2) 在“页边距”区域的“上”、“下”、“左”、“右”文本框中分别输入页边距的数值，就可以设置文本内容距各边距的距离。

(3) 在“纸张方向”区域可以选择“纵向”或“横向”以决定文档页面的方向；如果打印后需要装订，可以在“装订线”框中输入装订线的宽度，在“装订线位置”列表框中选择装订线所在的位置。

(4) 在“应用于”列表框中可以选择该设置的应用范围，可以选择应用于“整篇文档”或“本节”，或“插入点之后”。

(5) 如果要将当前设置设为默认值，单击“设为默认值”按钮，弹出“是否更改页面的默认设置”提示信息对话框，如图 4-4 所示。注意，当单击“是”按钮时，该更改将会影响所有基于 NORMAL 模板的文档，一般建议不要做此项更改。

(6) 在“页边距”选项卡中完成所有设置后单击“确定”按钮即可完成页边距设置。

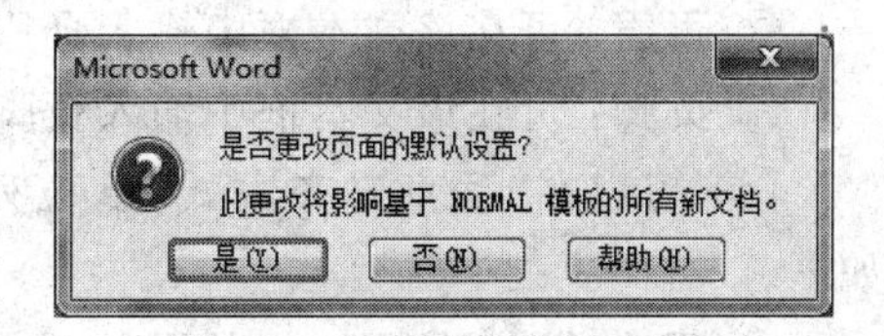

图 4-4　提示信息对话框

另外，使用标尺也可以设置页边距，注意通过标尺设置的页边距会被应用于整篇文档。水平和垂直标尺中的灰色区域宽度就是页边距的宽度，要改变页边距只需将鼠标移动到标尺中页边距的边界上，当鼠标变为双向箭头形状时，按住鼠标左键拖曳即可改变页面边距。若需要精确设定，可以按住 Alt 键再拖曳鼠标。

3. 设置页版式

页面的版式设置包括对页眉与页脚的位置、垂直对齐方式等设置，具体操作步骤如下。

(1) 单击“页面布局”选项卡|“页面设置”组右下角的“启动器”按钮，会弹出“页面设置”对话框，在对话框中选择“版式”选项卡，如图 4-5 所示。

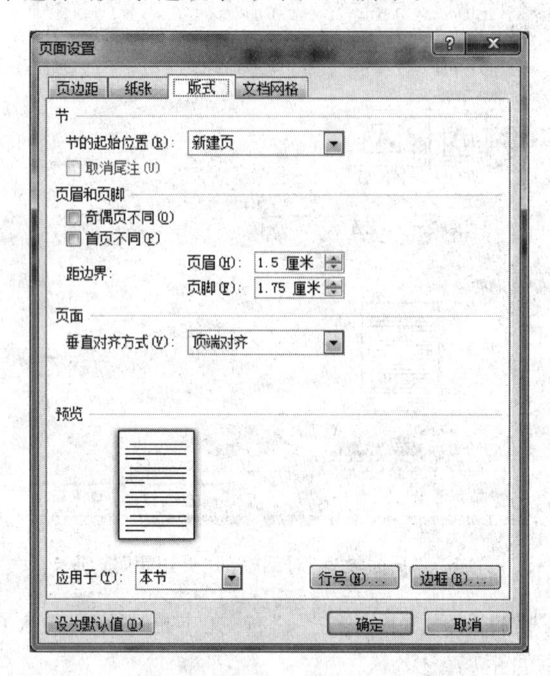

图 4-5 “页面设置”对话框的“版式”选项卡

(2) 文档版式的作用单位是“节”，每一节中的文档都具有相同的页边距、页码格式、页眉和页脚等版式设置。可以在“节的起始位置”下拉列表框中选择当前节的起始位置是“新建页”、“新建栏”、“持续本页”、“偶数页”、“奇数页”等选项中的一项。默认状态下，节的起始位置为“新建页”。

(3) “页眉和页脚”区域各选项的功能如下。

① **奇偶页不同**：指是否在奇数和偶数页上设置不同的页眉或页脚。

② **首页不同**：指是否使节或文档首页的页眉或页脚与其他页的页眉或页脚不同。

③ **页眉**：可在该文本框中输入页眉距页边距的距离。

④ **页脚**：可在该文本框中输入页脚距页边距的距离。

(4) 可以在“垂直对齐方式”下拉列表框中设置页面垂直对齐文本的方式，主要选项如下。

① **顶端对齐**：是 Word 的默认设置，该选项可使文档内容以页的上边距为基准向上对齐。

② **居中**：该选项可使文档内容以页的上边距和页的下边距的中线为基准对齐。

③ **两端对齐**：指第一行与页的上边距对齐，最后一行与页的下边距对齐，文档其他各行平均分布在页面中。

④ **底端对齐**：该选项可使文档内容以页的下边距为基准向下对齐。

(5) 如果需要为文档的每一行添加编号，单击“行号”按钮，弹出“行号”对话框，如图 4-6 所示。在“行号”对话框中选中“添加行号”复选框，可对行号进行如下设置：在“起始编号”文本框中填写起始编号；在“距正文”文本框中填写行号与正文的距离；在“行号间隔”文本框中选择每几行添加一个行号；在“编号”区域选择编号的方式如“每页重新编号”、“每节重新编号”或“连续编号”中的一项。设置完成后单击“确定”按钮返回如图 4-5 所示的“页面设置”对话框。

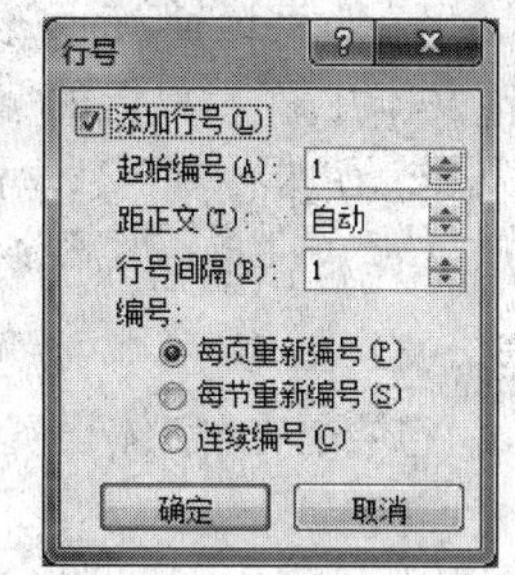

图 4-6 “行号”对话框

(6) 若要为页面添加边框，单击图 4-5 对话框中的“边框”按钮，在弹出的“边框和底纹”对话框进行设置。

(7) 在“应用于”列表框中，选定应用文档的范围，如“本节”、“整篇文档”、“插入点之后”等。

注意：在设置前一定要注意光标的定位位置，文档版式的作用单位是“节”，可以是本节，也可以是整篇文档的各个节，或是插入点之后的各个节。

(8) 设置完成后单击“确定”按钮，可完成页面版式设置。

4. 设置文档网格

如果文档中需要每行固定字符数或每页固定行数，可以使用文档网格实现。可以在文档中设置每页的行网格数和每行的字符网格数，具体操作步骤如下。

(1) 单击“页面布局”选项卡|“页面设置”组右下角的“启动器”按钮，在弹出的“页面设置”对话框中选择“文档网格”选项卡，如图 4-7 所示。

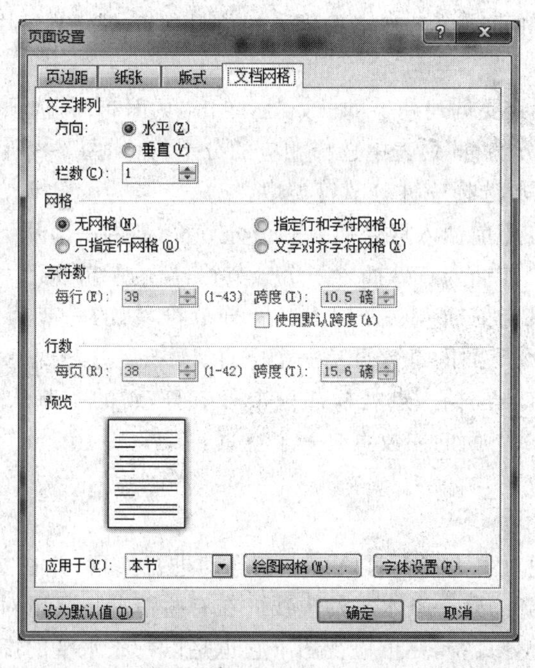

图 4-7 “页面设置”对话框的“文档网格”选项卡

(2) 在“网格”区域可做如下选择。

① 如果选择“只指定行网格”单选按钮，则可以在“每页”文本框中输入行数，或在它右面的“跨度”栏中输入跨度的值，也可以设定每页中的行数。

② 如果选择“指定行和字符网格”单选按钮，那么除了设定每页的行数外，还可以在“每行”文本中输入每行的字符数。

③ 如果选择“文字对齐字符网格”单选按钮，则输入每页的行数和每行的字符数后Word严格按照输入的数值设定页面。

(3) 在“文字排列”区域中可以选择文字的排列方向为“水平”或“垂直”。

(4) 单击“字体设置”按钮，会弹出“字体”对话框，在该对话框中可以对文档的字体进行相关设置。

(5) 设置完成最后单击“确定”按钮可以完成对文档网格的设置。

4.2 分页和分节设置

在处理格式复杂的长文档时，为了方便处理，可以把文档分成若干节，然后对每节做单独设置，这样可实现对当前节的设置不会影响到其他节的效果。

1. 分节符

可以把一篇长文档分成任意多个节，每节都可以按照不同的需要设置为不同的格式。在不同的节中可以对页边距、纸张的方向、页眉(页脚)的位置或格式等进行设置。“节”通常用“分节符”来标识，在草稿视图方式下，分节符是由两段水平的虚线构成。Word会自动把当前节的页边距、页眉和页脚等已被格式化了的信息保存在分节符中。在文档中插入分节符的操作步骤如下。

(1) 把插入点定位到要创建新节的开始处，单击“页面布局”选项卡|“页面设置”组|“分隔符”命令，在弹出的“分隔符”列表中选择相应的分节符，如图4-8所示。

(2) 在“分节符”区域选择一种分节符类型。

① **下一页**：表示在当前插入点处插入一个分节符，新的一节从下一页开始。

② **连续**：表示在当前插入点处插入一个分节符，新的一节从下一行开始。

③ **偶数页**：表示在当前插入点处插入一个分节符，新的一节从偶数页开始，如果分节符已经在偶数页上，那么下面的奇数页是一个空页。

④ **奇数页**：表示在当前插入点处插入一个分节符，新的一节从奇数页开始，如果分节符已经在奇数页上，那么下面的偶数页是一个空页。

2. 分页符

在输入文本或其他对象满一页时，Word会自动进行换页，并在文档中插入一个自动分页符，在草稿视图下看到的是一条水平的虚线。在有些情况下可以对文档进行强行分页，此时也可以手动插入一个分页符，在草稿视图下它也是以一条水平的虚线存在，并在中间标上“分页符”字样。在页面视图方式下，Word将不显示水平虚线的分页符号，而是把分页符前后的内容分别放置在不同的页面中。

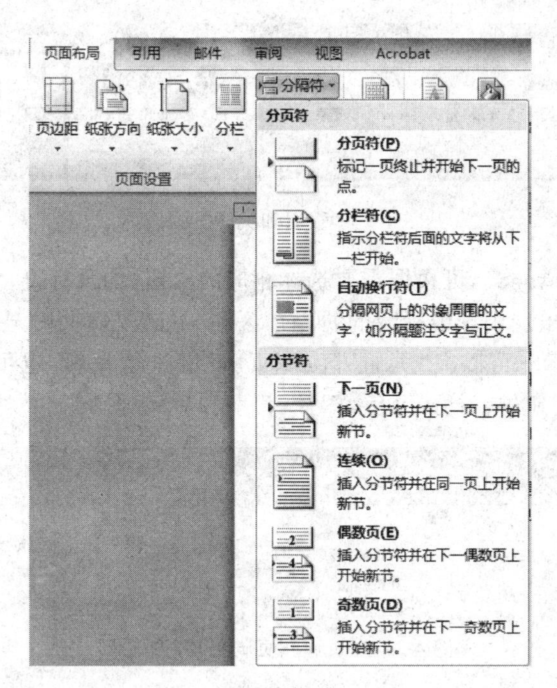

图 4-8　“分隔符”列表

注意：系统自动插入的分页符不能人为地进行删除，而手动插入的分页符是可以被任意删除的。

手动插入分页符的操作步骤如下。

(1) 把插入点定位到要创建分页的开始处，单击“页面布局”选项卡|“页面设置”组|“分隔符”命令，会弹出“分隔符”列表，如图 4-8 所示。

(2) 在“分页符”区域，选择“分页符”命令，即可在插入点处插入分页符。

注意：“分页符”和“分节符”是两个不同的符号，分页符是在文档中插入的表明一页结束而另一页开始的格式符号，“自动分页”和“手动分页”的区别是一条贯穿页面的虚线上有无“分页符”字样；而“分节符”是为在一节中设置相对独立的格式页插入的标记。

4.3　页眉和页脚设置

页眉和页脚指在文档页面的顶端和底端重复出现的文字或图片等信息。在草稿视图方式下无法看到页眉和页脚；在页面视图中看到的页眉和页脚颜色会变淡。在文档中可从始至终使用同一个页眉或页脚，也可在文档的不同节中设置不同的页眉或页脚。

1. 创建页眉/页脚

在文档中创建页眉和页脚的操作步骤如下。

(1) 将鼠标定位在需创建“页眉页脚”的节中的任意位置，选择“插入”选项卡，对页眉、页脚、页码的操作可使用“页眉和页脚”组中的命令完成，如图 4-9 所示。

(2) 当需要插入页眉时，单击“页眉和页脚”组中的“页眉”命令，在弹出的“页眉”列表中

图 4-9 “页眉和页脚”工具栏

有一些系统内置的页眉样式,可根据需要选择相应的页眉,如没有符合的页眉,可单击“编辑页眉”命令,这时屏幕出现用虚线标明的“页眉”区和“页脚”区,同时显示“页眉和页脚工具”选项卡,如图 4-10 所示。可以在“页眉”区或“页脚”区进行编辑,也可利用“页眉和页脚工具”选项卡中的命令按钮进行插入文字、图片、日期和时间等操作,并对页眉进行详细设置。

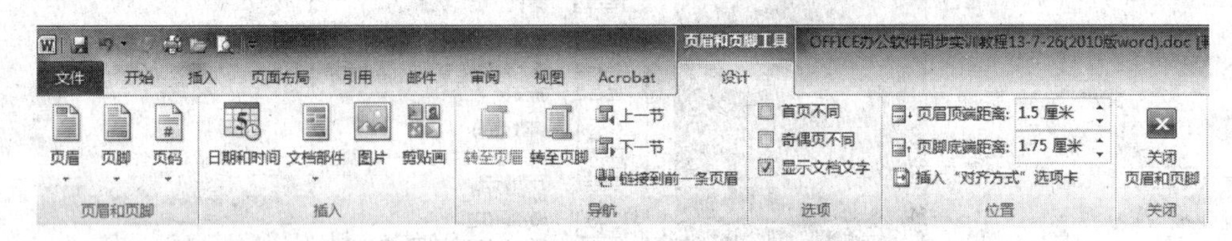

图 4-10 “页眉和页脚工具”选项卡

(3) 插入“页脚”的方法和上述操作基本相同,如没有符合的预置页脚,可单击“编辑页脚”命令,同样会显示如图 4-10 所示的“页眉和页脚工具”选项卡。

2. 在页眉/页脚中创建页码

在编辑一篇较长的文档时,在文档的页眉或页脚上加上页码可以方便文档的浏览和文档的管理。具体操作步骤如下。

(1) 将鼠标定位在文档的页眉或页脚,双击鼠标,进入“页眉和页脚”的编辑状态,同时会显示如图 4-10 所示的“页眉和页脚工具”选项卡。

(2) 当需要插入“页码”时,可单击“页眉和页脚工具”选项卡|“页眉和页脚”组|“页码”命令,在弹出的下拉菜单中有已预置的“页面顶端”、“页面底端”、“页边距”、“当前位置”等页码样式,可根据需要进行选择。

(3) 如果需要设置页码格式,则单击下拉菜单中的“设置页码格式”命令,弹出“页码格式”对话框,如图 4-11 所示。在“编号格式”下拉列表中选择页码的编号格式;在“页码编号”区域如果选择“续前节”单选按钮,则插入的页码续前一节继续编号;如果选择“起始页码”单选按钮,需要在文本框中输入起始页码的值,则本节的页码从设置的页码值开始重新编码。单击“确定”按钮,返回“页眉和页脚”编辑视图,单击“页眉和页脚工具”选项卡|“关闭页眉和页脚”按钮可关闭对页眉页脚的编辑。

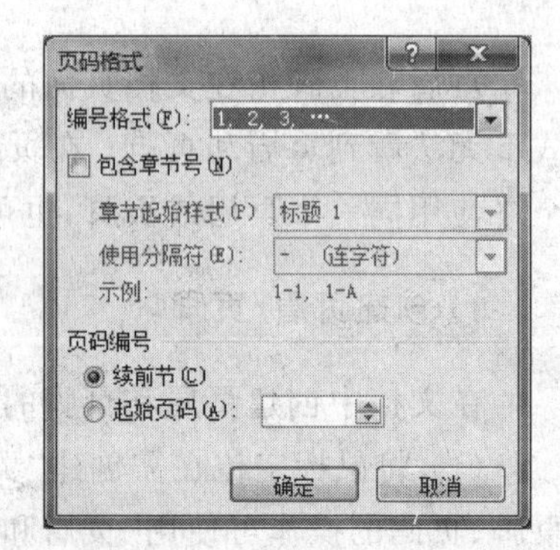

图 4-11 “页码格式”对话框

3. 在同一文档中创建不同的页眉和页脚

可以在一篇文档中创建不相同的页眉和页脚,创建的前提是该文档必须被分为不同的节,如果该文档没有分节,在创建前必须为它分节。

在分节后，创建不相同的页眉和页脚的操作步骤如下。

(1) 将鼠标定位在要设置的节中，双击页眉或页脚所在位置，会显示如图 4-10 所示的“页眉和页脚工具”选项卡，进入“页眉和页脚”的编辑状态，在页眉或页脚编辑区会出现“与上节相同”字样。

(2) 单击“页眉和页脚工具”选项卡中的“链接到前一条页眉”命令，就断开了当前节的页眉或页脚与上一节的连接，此时“与上一节相同”字样将消失，如果再次单击“链接到前一条页眉”命令，则会弹出如图 4-12 所示的提示信息对话框，如单击“是”按钮，本页的页眉/页脚将会与上一节页眉/页脚相同，即重新链接到前一节页眉/页脚。

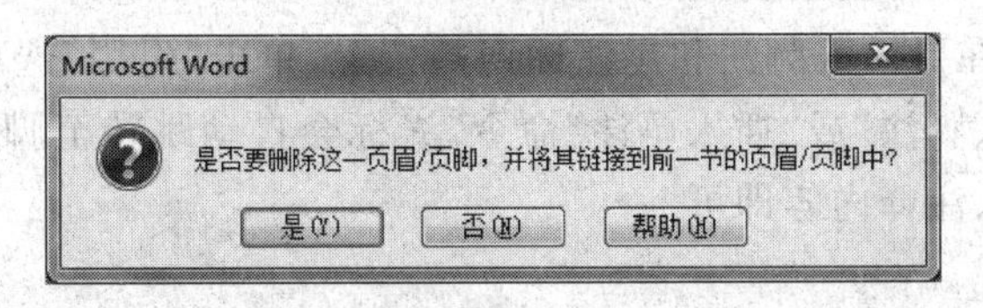

图 4-12　页眉/页脚提示信息对话框

(3) 在“页眉”区或“页脚”区设置好新的页眉或页脚，然后单击“页眉和页脚工具”选项卡中的“关闭页眉和页脚”命令返回文档。

4. 创建首页不同的页眉或页脚

在一篇文章中，首页常常是比较特殊的，它往往是文章的封面或图片简介等，在这种情况下如果出现页眉或页脚会影响到版面的美观，此时可以在首页不显示页眉或页脚。创建首页不同的页眉或页脚的操作步骤如下。

(1) 将鼠标定位在首页，双击页眉或页脚所在位置，进入“页眉和页脚”的编辑状态。

(2) 单击“页眉和页脚工具”选项卡中的“首页不同”复选框，这时在页眉区左上端显示“首页页眉”字样，若不想在首页设置页眉或页脚，把页眉区域、页脚区域的内容删除即可。

(3) 如需要创建其他节的页眉或页脚，单击“页眉和页脚工具”选项卡中的“下一节”或“上一节”命令，即可转到其他节中去创建页眉或页脚。最后单击“页眉和页脚工其”选项卡中的“关闭页眉和页脚”命令返回文档。

注意：“页眉和页脚”区域中的“首页不同”设置是以“节”为基本单位进行设置的。如可以设置本节的首页和节中的其他页的页眉页脚不同，也可以设置整篇文档的各个节首页和各节中的其他页的页眉页脚不同，因此选定应用范围是很重要的。

5. 创建奇偶页不同的页眉或页脚

有时希望在文档的奇数页和偶数页中分别显示不同的页眉或页脚，如在奇数页页眉显示一种图案，在偶数页页眉显示文档的名称。创建这种页眉和页脚的操作步骤如下。

(1) 将鼠标定位在首页，双击页眉或页脚所在位置，进入“页眉和页脚”的编辑状态。

(2) 单击“页眉和页脚工具”选项卡中的“奇偶页不同”复选框，这时在页眉区顶部显示“奇数页页眉”或“偶数页页眉”字样，根据需要在页眉区分别设置奇数页或偶数页的页眉。

(3) 创建完毕单击“页眉和页脚工具”选项卡中的“关闭页眉和页脚”命令返回文档。

4.4　脚注和尾注

脚注和尾注主要用于在打印文档中为文档中的文本提供解释、批注及相关的参考资料。脚注出现在文档中每一页的底端，尾注一般位于整个文档的结尾。在一篇文档中可同时包含脚注和尾注。例如，可用脚注对文档的内容进行注释说明，而用尾注说明引用的文献。

脚注和尾注都由两个相互链接的部分组成：注释引用标记和对应的注释文本。

在文档中插入脚注和尾注的操作步骤如下。

(1) 将鼠标定位在要插入脚注和尾注标记的位置，单击“引用”选项卡，如图 4-13 所示，单击选项卡中的“插入脚注”或“插入尾注”命令，光标会自动跳转至脚注或尾注的注释编辑区，可以在编辑区输入注释内容即可。

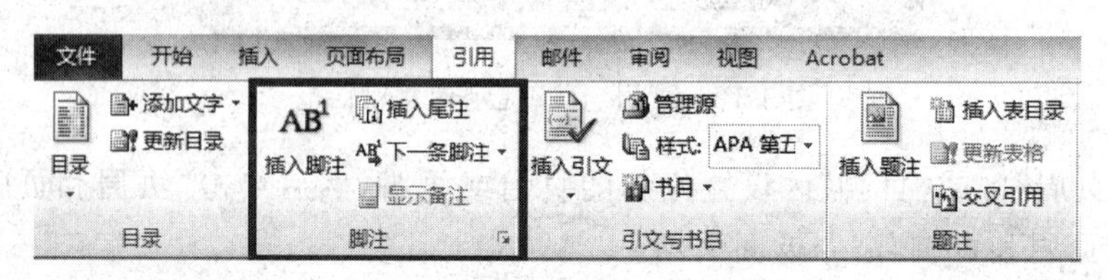

图 4-13　“引用”选项卡

(2) 如需要对脚注和尾注进行更详细的设置，可单击“引用”选项卡|“脚注”组右下角的“启动器”按钮，弹出“脚注和尾注”对话框，如图 4-14 所示。

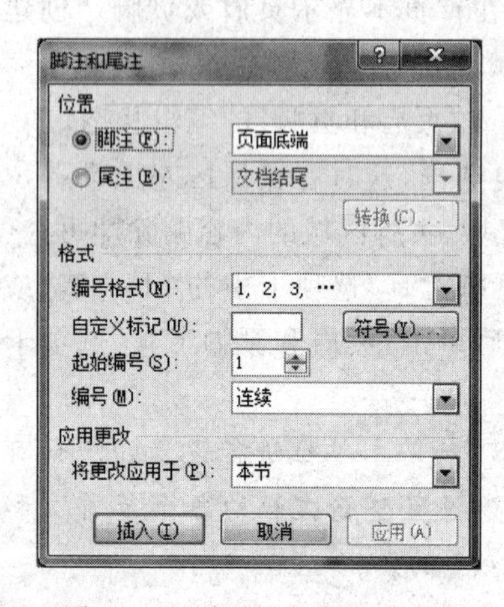

图 4-14　“脚注和尾注”对话框

(3) 在“位置”区域选择是“脚注”或“尾注”，在它们右边的文本框中选择插入脚注或尾注的位置。脚注的插入位置有“页面底端”和“文字下方”两个位置，尾注的插入位置有“文档结尾”和“节的结尾”两个位置。

(4) 在“格式”区域的“编号格式”下拉列表中可选择一种编号的格式，如需要自定义标记，可在“自定义标记”文本框中输入标记符号，或单击“符号”按钮，在弹出的“符号”对话框中选择符号；在“起始编号”文本框中输入起始编号的数值；在“编号”列表框中选择是连续编号还是每页或每节重新编号。

(5) 单击“插入”按钮即可在插入点位置插入注释标记，并且光标会自动跳转至注释编辑区，可以在编辑区输入注释内容。

要查看文档的注释，只需将指针停留在文档中的注释引用标记上即可。这时注释文本会出现在标记上方。双击注释引用标记，可直接跳转到其对应的注释文本；而双击注释文本中的注释编号，也可直接返回正文中相应的注释引用标记处。

如果要删除脚注和尾注，只需要选中要删除的脚注和尾注标记后按 Delete 键，即可将脚注和尾注标记与内容同时删除。

4.5 添加题注

题注就是为图形、表格或其他项目添加的编号标签，而且 Word 还可以自动地调整题注的编号。Office Word 2010 提供两种添加题注的方法，即手工创建题注或自动添加题注。

1. 手工添加题注

可以为图形、表格或其他项目手工创建题注，添加每个题注的格式和内容，具体的操作步骤如下。

(1) 在文档中选中要添加题注的项目，如图片或表格，单击“引用”选项卡|“题注”组|“插入题注”命令，弹出“题注”对话框，如图 4-15 所示。

(2) “题注”文本框中出现了默认的题注“图表 1”，可以在标签列表框中选择其他预置的题注标签。

(3) 如果对系统提供的预置标签不满意，可以单击“新建标签”按钮，弹出“新建标签”对话框，如图 4-16 所示。

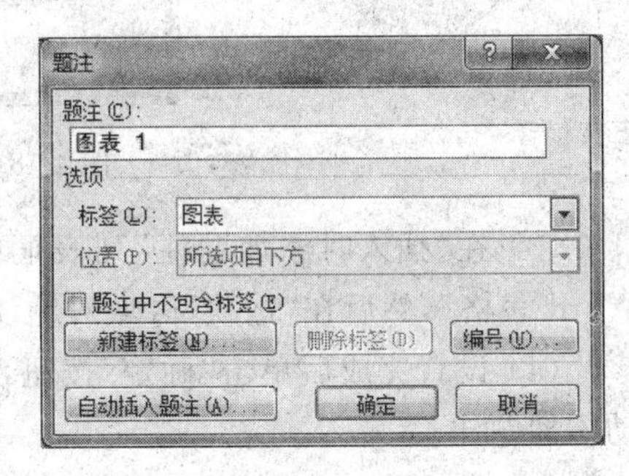

图 4-15 “题注”对话框

(4) 在“新建标签”对话框中输入新的标签内容，单击“确定”按钮，则可以在“题注”对话框中的“标签”列表中显示出来新建的标签。

(5) 单击“编号”按钮，弹出“题注编号”对话框，如图 4-17 所示。在“格式”列表框中选择一种预置的题注编号格式，单击“确定”按钮，该编号也会显示在“题注”对话框的文本框中。

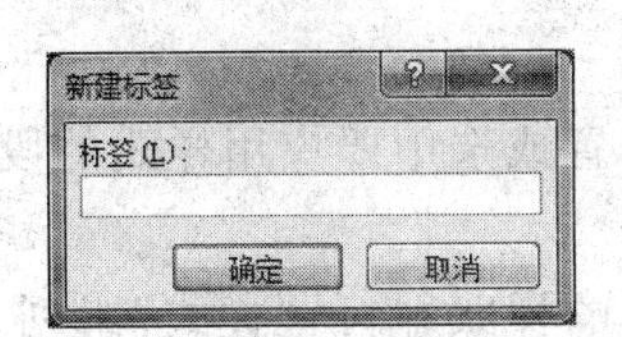

图 4-16 “新建标签”对话框

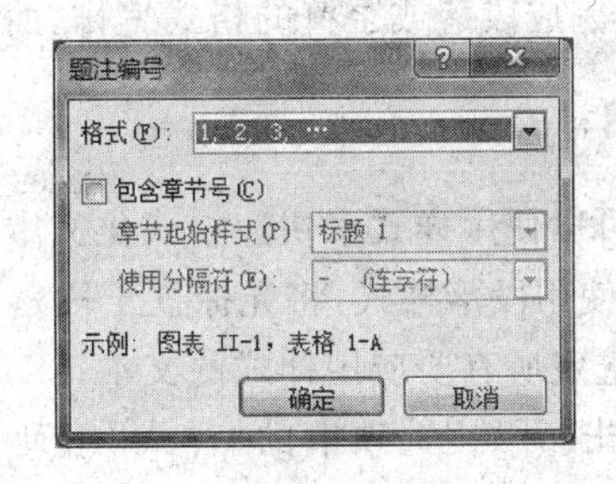

图 4-17 “题注编号”对话框

(6) 在“题注”对话框的“题注”文本框中添加题注正文，单击“确定”按钮则可以返回文档中，就可以看到为图表添加的题注了。

2. 自动添加题注

Word 2010 还提供了自动插入题注的功能，在设置好题注的格式和样式后，Word 可以按照要求自动添加题注，具体的操作步骤如下。

(1) 单击“引用”选项卡|“题注”组|“插入题注”命令，弹出“题注”对话框，如图 4-15 所示。

(2) 单击“自动插入题注”按钮，弹出“自动插入题注”对话框，如图 4-18 所示。

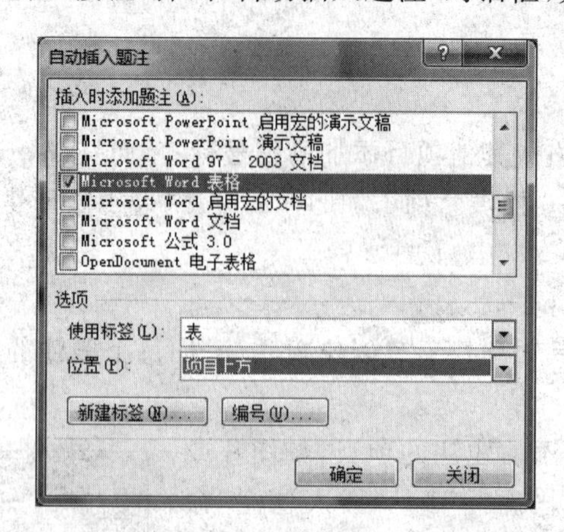

图 4-18　“自动插入题注”对话框

(3) 在“插入时添加题注”列表框中选择自动添加题注的条目类型，如选择“Microsoft Word 表格”，然后在“选项”区域对题注的标签和编号进行设置。

(4) 设置完成后单击“确定”按钮，这样每次在文档中插入 Word 表格时，都会为表格自动添加题注。

4.6　样式设置

样式指一组已经命名的字符、段落、链接等格式。每个样式都有唯一确定的名称，可以将一种样式应用于一个段落或段落中选定的一部分字符之上。按照这种样式定义的格式，能够快速地完成段落或字符的格式编排，而不必逐个选择各种格式指令。

1. 使用样式

通常，可以使用样式来快速格式化文本。

(1) 若使用段落样式，将光标置于段落的任意位置或选中要应用样式的段落；若使用字符样式，选定所有要应用样式的文本。

(2) 单击“开始”选项卡的“样式”组列表中相应的样式即可，“样式”组列表如图 4-19 所示。

图 4-19　“开始”选项卡|“样式”组列表

Word 2010 的“样式”任务窗格也提供了方便使用的样式界面，单击“开始”选项卡|“样式”组右下脚的“启动器”按钮，弹出“样式”任务窗格，如图 4-20 所示。任务窗格中默认显示的是所有样式的样式名称，这些样式主要包括以下几种类型。

（1）**段落样式**：在样式名称的右端以段落标记符号标志。

（2）**字符样式**：在样式名称的右端以字符 a 标志。

（3）**链接段落和字符样式**：在样式名称的右端以符号↵a标志。

在任务窗格中选择"显示预览"复选框，则样式的名称以样式格式的预览形式显示；单击"选项"按钮，弹出"样式窗格选项"对话框，如图 4-21 所示，在"选择要显示的样式"列表中默认选项是"所有样式"，也可以根据需要设置为"当前文档中的样式"、"推荐的样式"、"正使用的格式"等，这些设置将直接影响"样式"任务窗格的显示状态。

图 4-20　"样式"列表

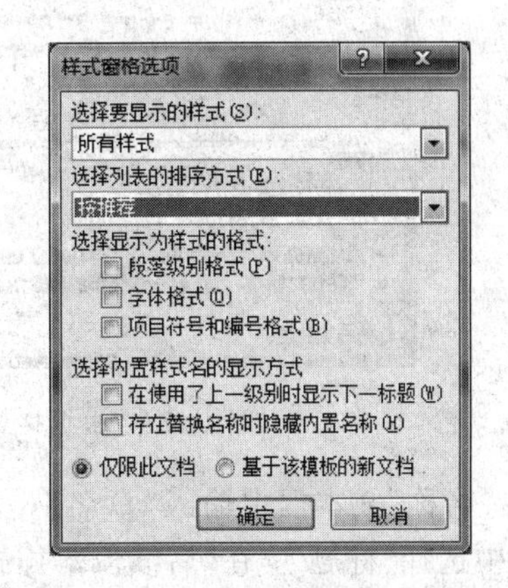

图 4-21　"样式窗格选项"对话框

在"样式"任务窗格中可以完成对于样式的查看、新建、修改、删除等操作，操作步骤如下。

（1）"样式窗格选项"对话框中"选择要显示的样式"列表选择"正使用的格式"，单击"确定"按钮，此时"样式"任务窗格中显示的样式是当前文档正使用的格式。

（2）在"样式"任务窗格中以蓝色边框显示的为当前选中文字的样式，鼠标指向样式的右端，会显示下三角按钮，单击每一样式右端的下三角按钮，弹出快捷菜单，可以选择"更新 XX 以匹配所选内容"、"修改"、"删除 XXX"、"选择所有 XXX 个实例"、"清除 XXX 个实例的格式"、"从快速样式库中删除"等操作。

（3）鼠标指向某样式，单击右键，在弹出的快捷菜单中选择"选择所有 XXX 个实例"命令可以选中所有采用该格式的文本、段落等内容，然后可以对这些实例做统一的格式设置；如果选择"清除 XXX 个实例的格式"命令，则可快速取消这些实例的样式格式；如果选择"从快速样式库中删除"命令，则会从快速样式库中删除该样式。

2. 创建样式

在编辑长文档时，当内置的样式不足以满足需求时，用户可以自己定义新的样式。

下面以创建“章名”段落样式为例介绍一下样式的创建过程,具体操作步骤如下。

(1) 在“样式”任务窗格中单击“新建样式”按钮 ,弹出“根据格式设置创建新样式”对话框,如图 4-22 所示,在该对话框中可基于现有样式创建新的样式,并可将新建样式添加到快速样式列表中。

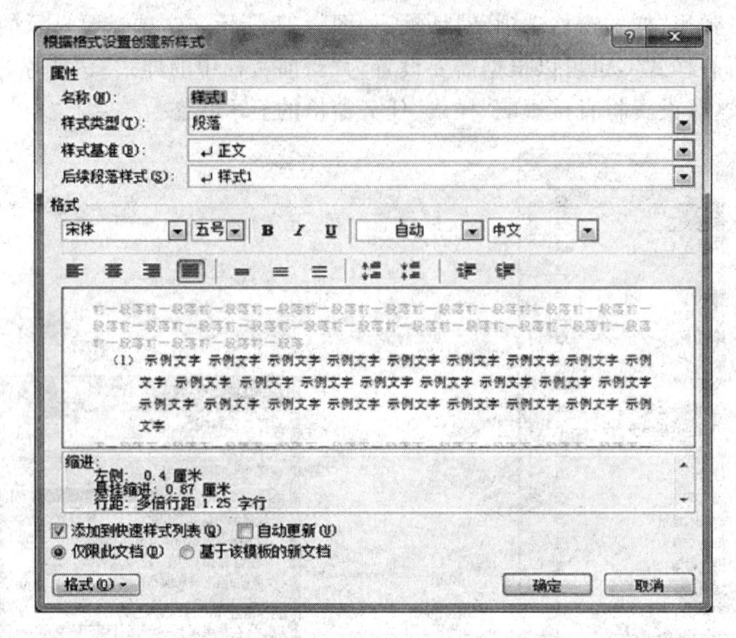

图 4-22 “根据格式设置创建新样式”对话框

(2) 在“名称”文本框中输入“章名”;在“样式类型”文本框中选择“段落”;在“样式基准”列表框中选择“标题”;在“后续段落样式”列表框中选择“正文”。

(3) 单击“格式”按钮,选择“字体”命令,弹出“字体”对话框,在对话框中进行字体格式的设置,设置完成后单击“确定”按钮返回“根据格式设置创建新样式”对话框。对字体的简单设置也可以单击“格式”区域与字体相关的命令按钮进行设置。

(4) 单击“格式”按钮,选择“段落”命令,弹出“段落”对话框,在对话框中进行段落设置,然后单击“确定”按钮返回“根据格式设置创建新样式”对话框。对段落格式的一般设置也可以单击“格式”区域与段落设置相关的命令按钮进行设置。

(5) 如果需要为该样式指定快捷键,则单击“格式”按钮,在菜单中选择“快捷键”命令,弹出“自定义键盘”对话框,如图 4-23 所示,在对话框中为新样式指定快捷键如为 Alt + Z 键,单击“指定”按钮回到“根据格式设置创建新样式”对话框。

(6) 如需要将其保存到快速样式列表中,则选中“添加到快速样式列表”和“自动更新”复选框。

(7) 选择新建的样式应用于“仅限此文档”或“基于该模板的新文档”,单击“确定”按钮。

(8) 通过这些操作,新的段落样式“章名”创建成功且被添加到“样式”任务窗格中,在使用时还可以使用指定的 Alt+Z 键进行设置。

3. 修改样式

对于系统内置样式和自定义样式都可以进行修改,修改样式后,Word 会自动对文档中

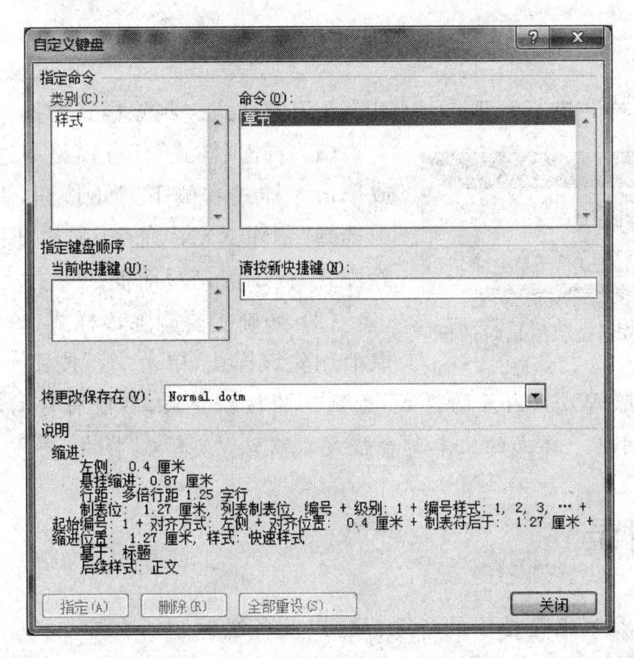

图 4-23　“自定义键盘”对话框

使用这一样式的文本或段落格式都进行相应的改变。修改样式的操作步骤如下。

(1) 右击“样式”任务窗格中选择要修改的样式，或单击该样式右侧下三角按钮，在弹出的菜单列表中选择“修改”命令，弹出“修改样式”对话框，如图 4-24 所示。

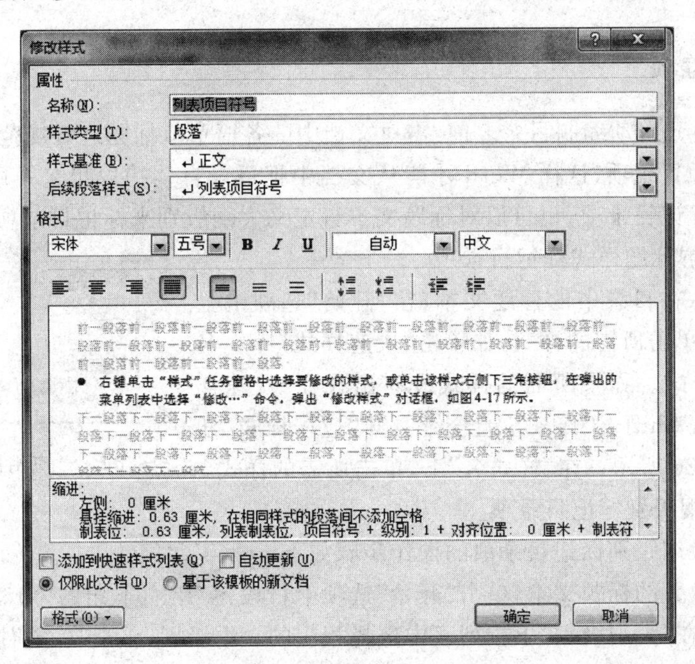

图 4-24　“修改样式”对话框

(2) 在对话框中按照创建样式的方法进行修改即可。

4. 删除样式

为了有效地对样式进行管理，可以删除无用的样式。删除样式的操作步骤如下。

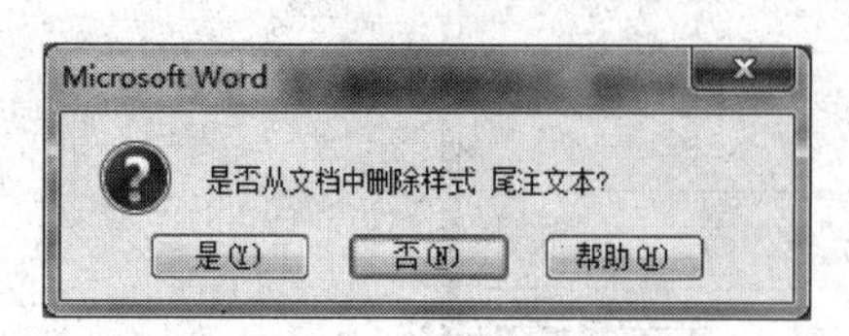

图 4-25 “删除样式”提示信息对话框

(1) 右击“样式”任务窗格中选择要删除的样式，或单击该样式右侧下三角按钮，在弹出的菜单列表中选择“删除 XXX”命令，弹出如图 4-25 所示的“删除样式”提示信息对话框。

(2) 如确实要删除该样式，单击“是”按钮；如想取消删除该样式，单击“否”按钮。

注意：不能删除 Word 内置的样式，否则删除按钮变灰，不能将它们删除。删除某样式后，文档中所有使用这一样式的文本都会恢复成默认的“正文”样式。

4.7 创建目录

目录的功能就是列出文档中的各级标题以及各级标题所在的页码。一般情况下，长文档都有一个目录，目录中包含出版物中的章、节名称及各章节的页码位置等，通过目录可以对文章的大致纲要有所了解。

创建目录最简单的方法是使用系统内置的标题样式(Microsoft Word 有 9 个不同的内置样式：标题 1～标题 9)。也可以创建自定义样式的目录，还可以向各个文本项指定目录的大纲级别。

1. 标记目录项

在使用 Word 自动编制目录之前，需对文档中的各篇章节标题进行规范设置，即应先将标题文本标记为目录项，这样 Word 才能从文档中把目录自动提取出来。可以使用系统的内置标题样式标记目录项，也可以对标题文本自定义大纲级别来标记目录项。

1) 使用内置标题样式标记目录项

选择要显示在目录中的标题文本，在“开始”选项卡上的“样式”组中，单击所需的样式，如单击“快速样式”库中名为“标题 1”的样式。如果所需的样式没有出现在“快速样式”库中，可以按 Shift+Ctrl+S 组合键打开“应用样式”任务窗格，如图 4-26 所示。在“样式名”下，单击所需的样式。

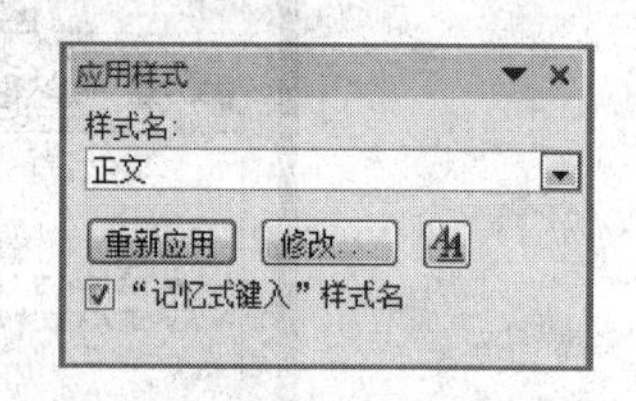

图 4-26 “应用样式”任务窗格

2) 设置大纲级别标记目录项

采用设置大纲级别标记目录项的操作步骤如下。

选择需要设置的标题文本，单击“开始”选项卡|“段落”组右下角的“启动器”按钮，弹出“段落”对话框，在“大纲级别”下拉列表中选择相应的大纲级别，单击“确定”按钮即可。

注意：一般相同层次的标题应具有同一级别的大纲级别，且大纲级别应随着标题层次的加深而逐级递增。

如果设置标题时使用了 Word 中内置的样式如标题 1、标题 2 等标题样式，因其已经设置好了大纲级别,因此不需要重新设置。

2. 从库中创建目录

标记了目录项之后,就可以生成目录了。单击要插入目录的位置,通常在文档的开始处。在"引用"选项卡上的"目录"组中,单击"目录",然后在弹出的目录列表中单击所需的内置目录样式。如果要指定更多选项,如要显示的标题级别数目,可以单击"插入目录"命令,打开"目录"对话框,如图 4-27 所示。

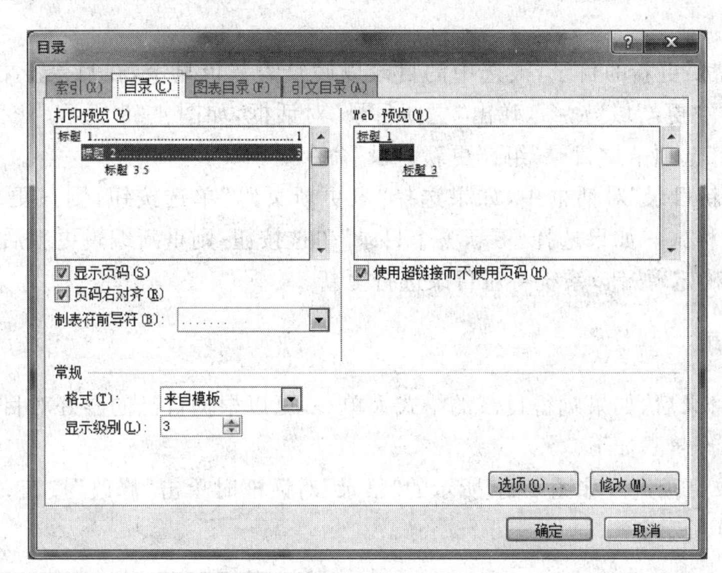

图 4-27 "目录"对话框的"目录"选项卡

(1) 在"格式"下拉列表中选择一种目录的格式,可以在"打印预览"区域看到该格式的目录效果。

(2) 在"显示级别"文本框中可以指定目录中显示的标题层数。

(3) 选中"显示页码"复选框,将在目录每一个标题的后面显示页码。

(4) 选中"页码右对齐"复选框,则目录中的页码右对齐。

(5) 在"制表符前导符"下拉列表框中可以指定标题与页码之间的分隔符。

(6) 单击"确定"按钮,目录将被提取出来并插入到文档中。

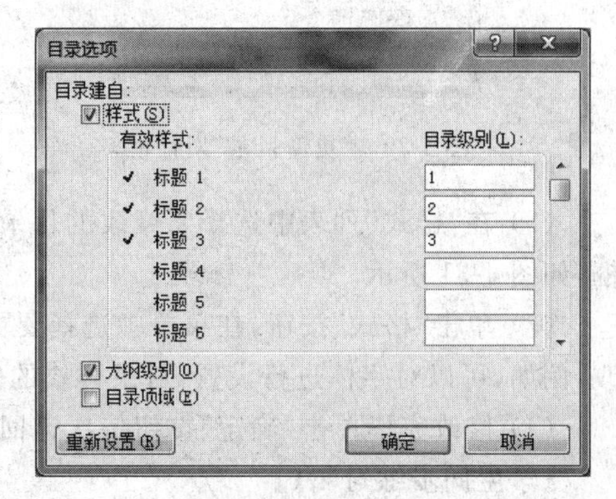

图 4-28 "目录选项"对话框

目录是以域的形式插入到文档中的,目录中的页码与原文档有一定的联系,当把鼠标指向提取出的目录时鼠标会变成小手状。按住 Ctrl 键并且单击目录标题或页码,则会跳转至文档中的相应标题处。

若要在目录中使用自定义样式,可以单击图 4-27 中的"选项"按钮,弹出"目录选项"对话框,如图 4-28 所示。在"有效样式"区域下,查找应用于文档中的标题的样式。在样式名旁边的

“目录级别”下,可以输入1～9中的一个数字,指示希望标题样式代表的级别。如果希望仅使用自定义样式,则请删除内置样式的目录级别数字,如“标题1”。对每个要包括在目录中的标题样式重复上述操作,然后单击“确定”按钮。

3. 更新目录

目录提取出来以后,如果在文档中增加了新的目录项或在文档中进行增加或删除文本操作时将引起页码的变化,此时就需要更新目录以保持目录和页码的一致。更新目录的操作步骤如下。

(1) 选中需要更新的目录,被选中的目录以底纹为灰色显示,在目录上右击,从弹出的快捷菜单中选择“更新域”命令,弹出“更新目录”对话框,如图4-29所示。该对话框也可以通过单击“引用”选项卡|“目录”组|“更新目录”命令显示。

(2) 在“更新目录”对话框中,如果选择“只更新页码”单选按钮,则只更新目录中的页码,保留原目录格式。如果选择“更新整个目录”单选按钮,则重新编辑更新后的目录。

(3) 单击“确定”按钮,系统将对目录进行更新。

4. 修改目录

在提取出目录后,如果觉得目录的格式太单一,可以根据自己的喜好对目录的格式进行修改,具体的操作步骤如下。

(1) 在提取目录进入如图4-27所示的“目录”对话框时单击“修改”按钮,弹出“样式”对话框,如图4-30所示。

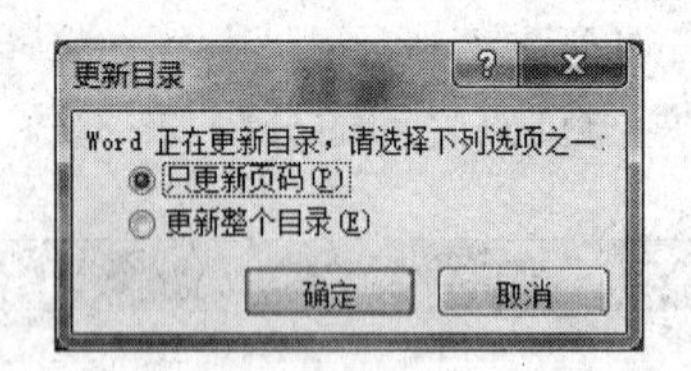

图4-29 “更新目录”对话框

图4-30 “样式”对话框

(2) 在“样式”列表中选择要修改的目录样式,单击“修改”按钮,进入到“修改样式”对话框,如图4-31所示。

(3) 单击“格式”按钮,在菜单中选择要更改的项目,在弹出的对话框中进行各项目的修改,例如,可以对字体进行设置,目录样式的修改与前边叙述的样式修改方法相同。

(4) 修改完毕单击“确定”按钮依次返回上层对话框,最后完成对目录的修改。

【学生同步练习4-1】

打开文档s4-1.doc,打开路径为“个人Office实训\实训4\source”文件夹,将该文档另

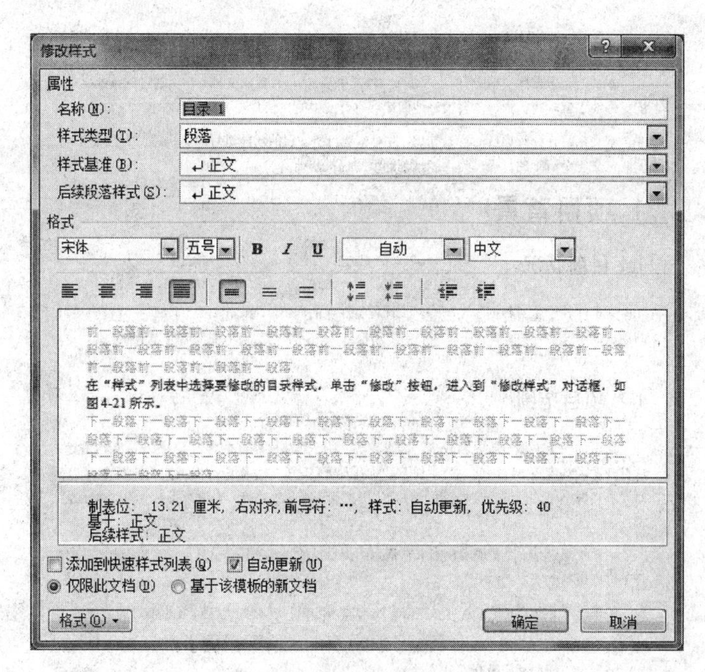

图 4-31　“修改样式”对话框

存为“4-1.doc”，保存路径为“个人 Office 实训\实训 4”文件夹中。对文档 4-1.doc 进行编辑，编辑过程请参见样文 4-1 说明，完成的文档如样文 4-1 所示，详细样例请参见“实训 4\实训 4 样文\实训 4 样文.swf”文件。

【样文 4-1】

网上书城项目需求说明书

目录

姓名: 班级: 学号

本文档是数据库实训中《网上书城——洋洋书店》的项目需求文档，学生通过阅读此文档能更好地了解项目需求，学会很好地阅读项目开发中的文档并深入理项目需求

本文档旨在介绍项目的背景知识，并对本项目所实现的功能进行简单描述，从而为项目团队定义一个清晰的目标，为功能规范的编写提供基础。

1 项目背景

1.1 目前状况

为了能使学生对数据库及动态网页课程有深入的理解，现给出《网上书城——洋洋书店》的项目需求文档，参加数据库实训的学生需根据文档需求开发一个小型的网上书城，进一步掌握所学知识。

1.2 项目范围

真正的网上书城一般内容较多，需求较多。由于学生刚刚开始学习 SQL 及 ASP，进行项目开发，难度较大，因此，为了便于系统开发管理，在本系统中适当减少了书城的功能，只要求实现书城的查询、搜索、用户注册、用户购买等基本功能。本项目将拆分为两个子系统，：

用户子系统，主要实现用户对书籍信息的浏览功能。非注册会员只可以进行浏览、注册会员可以进行购买书籍。

管理员子系统，主要实现对书籍信息的管理、用户订购信息的管理、发货信息的管理等。

其中管理员子系统可在时间不足的情况下可暂时不完成。有关各个系统实现的具体功能，请参见下面的功能简介部分。

1.3 项目要求

对于各系统的实现，必须满足以下要求：

- 系统简单易用、流程清晰
- 系统安全、可靠；用户操作权限依其身份不同而不同
- 界面简洁、美观
- 数据必须完整且无冗余
- 数据库的设计必须规范
- 数据必须安全

2 功能简介

下面简要介绍本项目的各个系统所实现的各功能模块。

-1-

【样文 4-1 说明】

(1) 设置标题“网上书城项目需求说明书”为黑体，二号字；段落居中。

(2) 修改样式“正文”为宋体，五号字；段落格式为首行缩进两个字符，1.25 倍行距，段前、段后各 0.5 行。

(3) 设置标题“1 项目背景”和“2 功能简介”为样式“标题 1”，并修改该样式，将其项目编号修改为“无”，大纲级别设置为 1。

(4) 设置标题“1.1 目前状况”、“1.2 项目范围”、“1.3 项目要求”、“2.1 用户子系统”、“2.2 管理员子系统”为样式“标题 2”，并修改该样式，将其项目编号修改为“无”，大纲级别设置为 2。

(5) 设置标题“2.1.1 用户管理模块”、“2.1.2 图书搜索功能”……“2.2.1 书籍信息管理功能”、“2.2.2 查看用户留言功能”……为样式“标题 3”，并修改该样式，将其项目编号修改为“无”，大纲级别设置为 3。

(6) 建立一个新样式，名称为“样式 1”，样式基于“列表 3”，设置该样式的项目符号为“>”，其他采用默认设置。

(7) 将文章中所有使用项目符号的段落都应用定义的样式“样式 1”。

(8) 在文章标题“网上书城项目需求说明书”下插入“分节符”→“下一页”。

(9) 在文章标题“网上书城项目需求说明书”下一行输入“目录”二字，字体为隶书，字号为二号字；段落居中。

(10) 为目录页设置首页不同，目录页无页码，页眉无文字及横线。

(11) 设置正文页页码从 1 开始，页码居中；页眉为“班级：　姓名：　学号：　”，并将个人信息填入页眉相应位置。

(12) 在“目录”下一行插入目录，显示页码，页码右对齐，页码前导符为“……”，格式为正式，显示级别为 3 级。插入目录后将目录的倾斜取消。

独立实训任务 4

【独立实训任务 Z4-1】

打开文档 Z4-1. doc，打开路径为“个人 Office 实训\实训 4\source”文件夹，将该文档另存为 Z4-1. doc，保存路径为“个人 Office 实训\实训 4”文件夹中。对文档 Z4-1. doc 进行编辑，编辑过程请参见样文 Z4-1 说明，编辑完成的文档如样文 Z4-1 所示，详细样例请参见“实训 4\实训 4 样文\实训 4 样文. swf”文件。

【样文 Z4-1】

网上书城 Web 功能说明书

目录

Web 功能说明书　　简介

1 简介

1.1 背景

为了能使学生对数据库及动态网页课程有深入的理解，现给出《网上书城—洋洋书店》的项目需求文档，参加数据库实训的学生同根据文档需求开发一个小型的网上书城，进一步掌握所学知识。

本系统只要求实现书城的查询、搜索、用户注册、用户购买等基本功能，本项目将拆分为二个子系统，即用户子系统和管理员子系统，其中管理员子系统在时间不足的情况下可暂时不完成。

1.2 目标

该文档描述网上书城的详细功能定义，并对模块划分、业务流程[1]进行了定义。所有设计人员、开发人员、测试人员以及其他团队成员都应该以该文档作为产品的功能定义，并衍生出其他文档。

[1] 业务流程指网上书城中各项功能模块的实施流程。

1

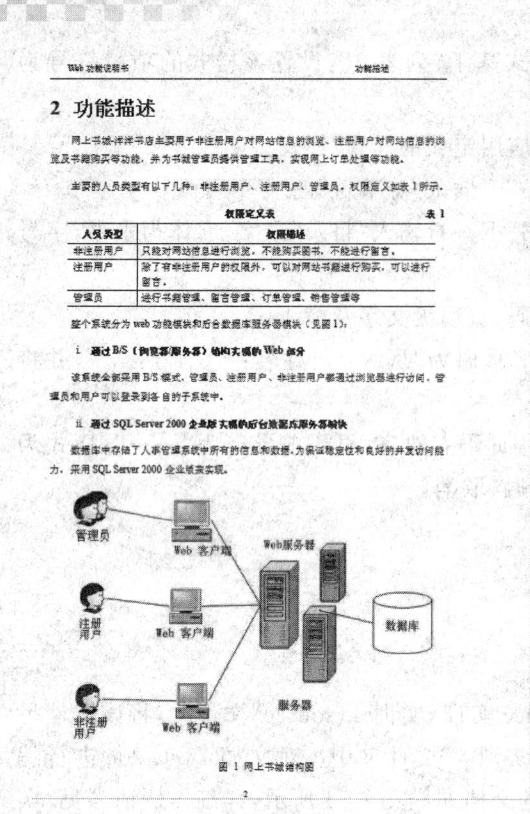

Web 功能说明书　　功能描述

2 功能描述

网上书城-洋洋书店主要用于非注册用户对网站信息的浏览、注册用户对网站信息的浏览及书籍购买等功能，并为书城管理员提供管理工具，实现网上订单处理等功能。

主要的人员类型有以下几种：非注册用户、注册用户、管理员，权限定义如表 1 所示。

权限定义表　　表 1

人员类型	权限描述
非注册用户	只能对网站信息进行浏览，不能购买图书，不能进行留言。
注册用户	除了有非注册用户的权限外，可以对网站书籍进行购买，可以进行留言。
管理员	进行书籍管理、留言管理、订单管理、销售管理等

整个系统分为 web 功能模块和后台数据库服务器模块（见图 1）：

i 通过 B/S（浏览器/服务器）结构实现的 Web 部分

该系统全部采用 B/S 模式，管理员、注册用户、非注册用户都通过浏览器进行访问，管理员和用户可以登录到各自的子系统中。

ii 通过 SQL Server 2000 企业版实现的后台数据库服务器模块

数据库中存储了人事管理系统中所有的信息和数据，为保证稳定性和良好的并发访问能力，采用 SQL Server 2000 企业版来实现。

图 1 网上书城结构图

2

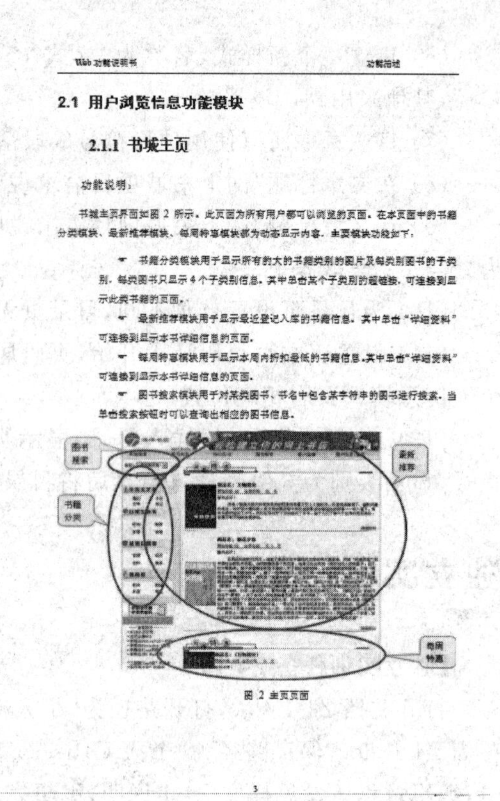

Web 功能说明书　　功能描述

2.1 用户浏览信息功能模块

2.1.1 书城主页

功能说明：

书城主页界面如图 2 所示。此页面为所有用户都可以浏览的页面。在本页面中的书籍分类模块、最新推荐模块、每周特惠模块都为动态显示内容。主要模块功能如下：

- 书籍分类模块用于显示所有的大的书籍类别的图片及每类别图书的子类别，每类图书只显示 4 个子类别信息，其中单击某个子类别的超链接，可连接到显示此类书籍的页面。
- 最新推荐模块用于显示最近登记入库的书籍信息，其中单击“详细资料”可连接到显示本书详细信息的页面。
- 每周特惠模块用于显示本周内折扣最低的书籍信息，其中单击“详细资料”可连接到显示本书详细信息的页面。
- 图书搜索模块用于对某类图书、书名中包含某字符串的图书进行搜索，当单击搜索按钮时可以查询出相应的图书信息。

图 2 主页页面

3

【样文 Z4-1 说明】

(1) 设置标题“网上书城 Web 功能说明书”为黑体，二号字；段落居中，段后 0.5 倍行距。

(2) 修改样式“正文”为宋体，五号字；段落格式为首行缩进两个字符，1.25 倍行距，段前、段后各 0.5 行。

(3) 设置 1 级标题“1 简介”和“2 功能描述”为样式“标题 1”，并修改该样式，将其项目编号修改为“无”；大纲级别设置为 1，首行无缩进，段前段后各为 0 行，1.5 倍行距。

(4) 设置 2 级标题“1.1 背景”、“1.2 目标”、“2.1 用户浏览信息功能模块”……为样式“标题 2”，并修改该样式，将其项目编号修改为“无”；大纲级别设置为 2，首行无缩进，其他选项默认不变。

(5) 设置 3 级标题“2.1.1 书城主页”、“2.1.2 显示某类图书信息的页面”……为样式“标题 3”，并修改该样式，将其项目编号修改为“无”；大纲级别设置为 3，首行缩进两个字符，其他选项默认不变。

(6) 为正文第 1 页中的“业务流程”设置脚注，脚注位于“页面底端”，格式为“1,2,3…”，脚注内容为：“业务流程指网上书城中各项功能模块的实施流程。”

(7) 设置表 1 各单元格的格式为：首行无缩进，段前段后 0 行，单倍行距；宋体，五号字。

(8) 将文档中“ ****** ”位置替换为图片，图片位于：个人 Office 实训\实训 4\source 文件夹中，按照图示插入相应图片，设置段落格式为段落居中，首行无缩进。适当调整图片大小，注意图片要和图示在一页中，不可分离。

(9) 建立一个新样式,名称为“列表样式 1”,样式基于“列表 3”,设置该样式的项目符号为“☞”,其他采用默认设置。

(10) 将文章中所有使用项目符号的段落都应用定义的样式“列表样式 1”。

(11) 在文章标题“网上书城 Web 功能说明书”下插入“分节符”→“下一页”；在标题“2 功能描述”前插入 “分节符”→“下一页”。

(12) 在文章标题“网上书城 Web 功能说明书”下一行输入“目录”二字,字体为隶书,字号为二号字；段落居中。

(13) 设置第 1 节首页不同,应用于本节。目录页无页码,页眉无文字及横线。

(14) 设置各节从正文开始页码连续,全文页码从 1 开始,页码居中。

(15) 设置第 2 节的页眉为“Web 功能说明书　简介”,左对齐；设置第 3 节的页眉为“Web 功能说明书　功能描述”,左对齐。

(16) 在“目录”下一行插入目录,显示页码,页码右对齐,页码前导符为“……”,格式为正式,显示级别为 3 级。插入目录后将目录的倾斜取消。

第2部分 数据处理软件 Excel 2010的使用

Excel 是 Microsoft Office 系统中的电子表格程序。用户可以使用 Excel 创建工作簿(电子表格集合)并设置工作簿格式，以便分析数据和做出更明智的业务决策。特别是，可以使用 Excel 跟踪数据，生成数据分析模型，编写公式以对数据进行计算，以多种方式透视数据，并以各种具有专业外观的图表来显示数据等。

本部分实训内容将使用 Office Excel 2010 进行各种数据处理，如计算、排序、分类汇总、统计图表等操作。这部分共分为 4 个实训完成，在完成本部分实训任务后，学生将能使用 Office Excel 2010 软件进行基本的数据处理操作，为今后学习和工作中的数据处理工作奠定基础。

实训5 数据表基本编辑及设置

实训要求

(1) 了解并熟悉 Excel 2010 的窗口组成、Excel 的基本对象。

(2) 掌握工作表中的数据编辑、填充柄的使用方法。

(3) 掌握在工作表中插入行或列,移动行或列数据的方法。

(4) 掌握单元格格式设置。

(5) 掌握工作表的重命名、复制、移动的方法。

时间安排

教师授课:4 学时,教师采用演练结合方式授课,各部分可以使用"学生同步练习"进行演练。

学生独立实训任务:2 学时,学生完成独立实训任务后教师进行检查评分。

教师授课内容

5.1 Office Excel 2010 的启动

要使用 Office Excel 2010 进行数据处理,可以选择用以下任一种方法启动 Excel 2010。

(1) 利用"开始"菜单启动:单击"开始"按钮,在菜单中执行"所有程序"|Microsoft Office|Microsoft Office Excel 2010 命令。

(2) 使用快捷方式:如果桌面上有 Office Excel 2010 的快捷方式,双击快捷方式。

5.2 Excel 2010 的基本组成

1. Excel 的窗口组成

第一次启动 Office Excel 2010 时,会打开一个空工作簿,如图 5-1 所示。其工作界面主要由标题栏、快速访问工具栏、选项卡标签、编辑栏、状态栏、滚动条、工作表标签等组成。

标题栏、快速访问工具栏、滚动条等基本上与 Word 相似,在此不再说明。

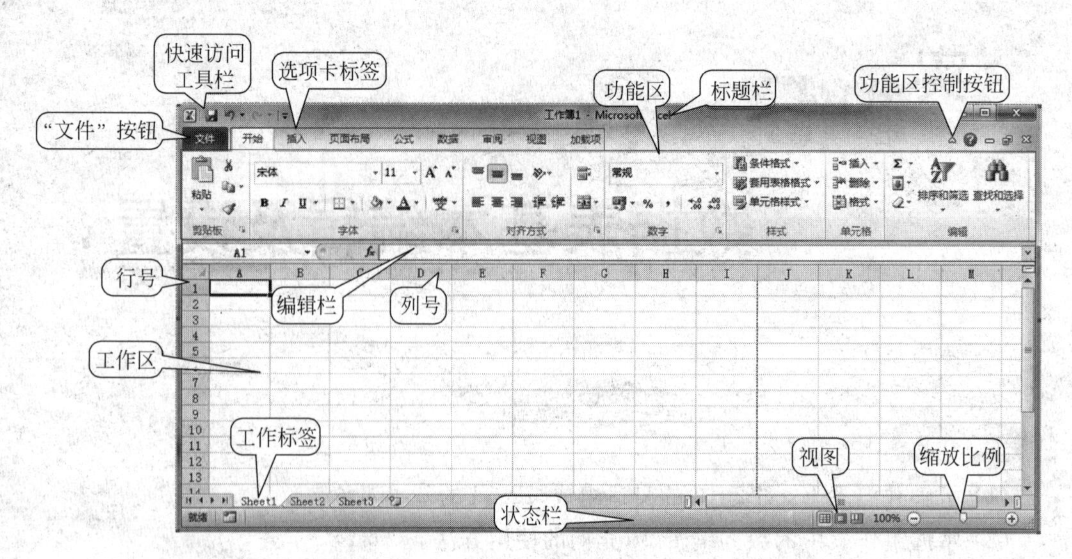

图 5-1 Excel 2010 窗口组成

1）选项卡标签

Office Excel 2010 的工作界面上含有"开始"、"插入"、"页面布局"、"公式"、"数据"、"审阅"、"视图"等选项卡，当单击各选项卡标签时，将显示相应选项卡功能区，选项卡功能区中含有很多组操作命令，便于用户在编辑文档时使用。在选项卡标签的右侧有个功能区控制按钮，单击该按钮或按快捷键 Ctrl＋F1 可在"功能区最小化"和"展开功能区"两种状态间进行切换。

另外，在 Office 2010 中，用户可以自定义功能区，根据需要设置选项卡及功能区的选项命令或组。具体操作步骤如下。

(1) 单击"文件"按钮下的"选项"命令，将弹出"Excel 选项"对话框，切换至"自定义功能区"选项面板，如图 5-2 所示。

(2) 在"自定义功能区"选项面板中，可对主选项卡和工具选项卡分别进行自定义设置，也可以根据需要创建新的选项卡或新的组，并向新建的选项卡或组中添加常用的命令。

2）编辑栏

在默认情况下，在工作区上方会显示编辑栏，用来显示活动单元格的数据或使用的公式。编辑栏的左侧是名称框，用来定义单元格或单元格区域的名称，还可以根据名称查找单元格或单元格区域。如果单元格没有定义名称，在名称框中显示活动单元格的地址名称。如图 5-1 所示，由于光标定位在 A1 单元格，而且对该单元格没有定义名称，因此名称框中显示的名称为 A1。

当在单元格中输入内容时，除了在单元格中显示内容外，还在编辑栏的编辑区中显示。把鼠标指针移到编辑栏的编辑区中，在需要编辑的地方单击，插入点就定位在该处，可以插入新的内容或删除插入点左右的字符，该操作同样反映在单元格中。

当光标定位在编辑区时，在编辑栏上会出现如下几个按钮。

(1)"取消"按钮 ×：取消输入的内容。

(2)"输入"按钮 ✓：确认输入的内容。

图 5-2　“Excel 选项”对话框中的“自定义功能区”选项面板

(3)“插入函数”按钮 f_x：用来插入函数。

编辑栏也可以被隐藏，在“视图”选项卡的“显示”命令组中有“编辑栏”命令复选按钮，如果选择“编辑栏”复选按钮，则“编辑栏”处于显示状态；如果取消复选项，则编辑栏处于隐藏状态。

3）状态栏

在窗口最底部的一行是状态栏，状态栏用来显示与当前工作表相关的状态信息。例如，准备在单元格输入内容时，在状态栏中会显示“就绪”的字样。如果在表格中选中了一些数据，在状态栏中会显示这些数值的平均数、计数、求和等信息，这是 Excel 自动计算功能。当检查数据汇总时，可以不必输入公式或函数，只要选择这些单元格，就会在状态栏的“自动计数”区中显示求和结果。当要计算的是其他统计值时，如最大值、最小值时，只要在状态栏上单击右键，将弹出“自定义状态栏”的快捷菜单，如图 5-3 所示，在快捷菜单中选择所需的命令即可。

在 Office 2010 中，状态栏中还包含“显示比例”和“缩放滑块”区域，当调整缩放滑块时，当前工作表将按调整后的比例进行显示。如想取消状态栏中的“显示比例”和“缩放滑块”，可将如图 5-3 所示的快捷菜单中的“显示比例”和“缩放滑块”取消即可。

4）工作表标签

默认状况下，Excel 工作簿中包含 Sheet1、Sheet2、Sheet3 三个工作表标签，Sheet1 为默认当前工作表，当单击其他工作表标签时，当前工作表将进行切换。在工作表标签上单击右键,在弹出的快捷菜单中选择“工作表标签颜色”命令,如图 5-4 所示,可以为当前工作表设置不同的标签颜色,以便区别于其他工作表。

自定义状态栏
单元格模式(D) 就绪
签名(G) 关
信息管理策略(I) 关
权限(P) 关
大写(K) 关
数字(N) 开
滚动(R) 关
自动设置小数点(F) 关
改写模式(O)
结束模式(E)
宏录制(M) 未录制
选择模式(L)
页码(P)
平均值(A) 1.5
计数(C) 2
数值计数(T) 2
最小值(I) 1
最大值(X) 2
求和(S) 3
上载状态(U)
视图快捷方式(V)
显示比例(Z) 100%
缩放滑块(Z)

图 5-3 “自定义状态栏”快捷菜单

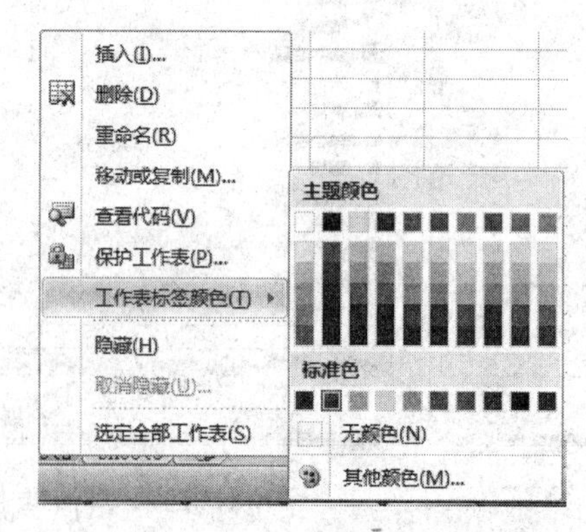

图 5-4 “工作表标签”快捷菜单

2. Excel 的基本对象

Excel 的基本对象包括单元格、工作表、工作簿。工作簿窗口位于 Excel 窗口的中央区域,它由若干个工作表组成,而工作表又由单元格组成。

1) 工作簿

工作簿窗口位于 Excel 窗口的中央区域,由若干个工作表组成。当启动 Excel 时,系统会自动打开名为“工作簿 1”的工作簿窗口。默认情况下,工作簿窗口处于最大化状态,与 Excel 窗口重合。工作簿是计算和储存数据的文件,每个工作簿都可以包含多张工作表,因此可在单个文件中管理各种类型的相关信息。

一个工作簿可由一个或多个工作表组成。在系统默认情况下,由 Sheet1、Sheet2、Sheet3 这三个工作表组成。在工作簿的左下角显示了工作表的标签,用来显示工作表的名字。在工作簿中,要切换到相应的工作表,只需要单击工作表名称标签,相应的工作表就会成为当前工作表,并且可以通过右击工作表名称标签,如图 5-4 所示,在弹出的快捷菜单中选择“插入”、“重命名”、“删除”、“移动或复制”等命令对工作表进行相应操作。

2) 工作表

工作表位于工作簿窗口的中央区域,由行号、列号和网络线构成。工作表是 Excel 完成一项工作的基本单位。在 Office Excel 2010 中,工作表是由 1 048 576 行和 16 384 列构成的一个表格,其中行是由上自下按1、2、3、…、1 048 576等数字进行编号,而列则由左到右采用字母A、B、C …、AA、AB、…、XFD进行编号。使用工作表可以对数据进行组织和分析,同时可以在多张工作表上输入并编辑数据,并且可以对来自不同工作表的数据进行汇总计算。

Excel工作表默认情况下显示的是暗网格线,用以比较直观地显示出各单元格,如果不需要显示暗网格线,可以执行“文件”按钮|“选项”命令,将打开“Excel选项”对话框,选择“高级”选项面板,如图5-5所示。默认情况下,“高级”选项面板的“此工作表的显示选项”区域的“显示网格线”复选框是被选中的,且网格线颜色设置为“自动”,因此才会在工作表中显示暗网格线。如果想将网格线颜色设置为其他颜色,如蓝色,则工作表中显示的网格线将是蓝色;如果不想显示网格线,则只需要将选中的“显示网格线”复选框取消,这样工作表中的各单元格将不显示网格线,除非已为编辑的单元格设置相应的边框。

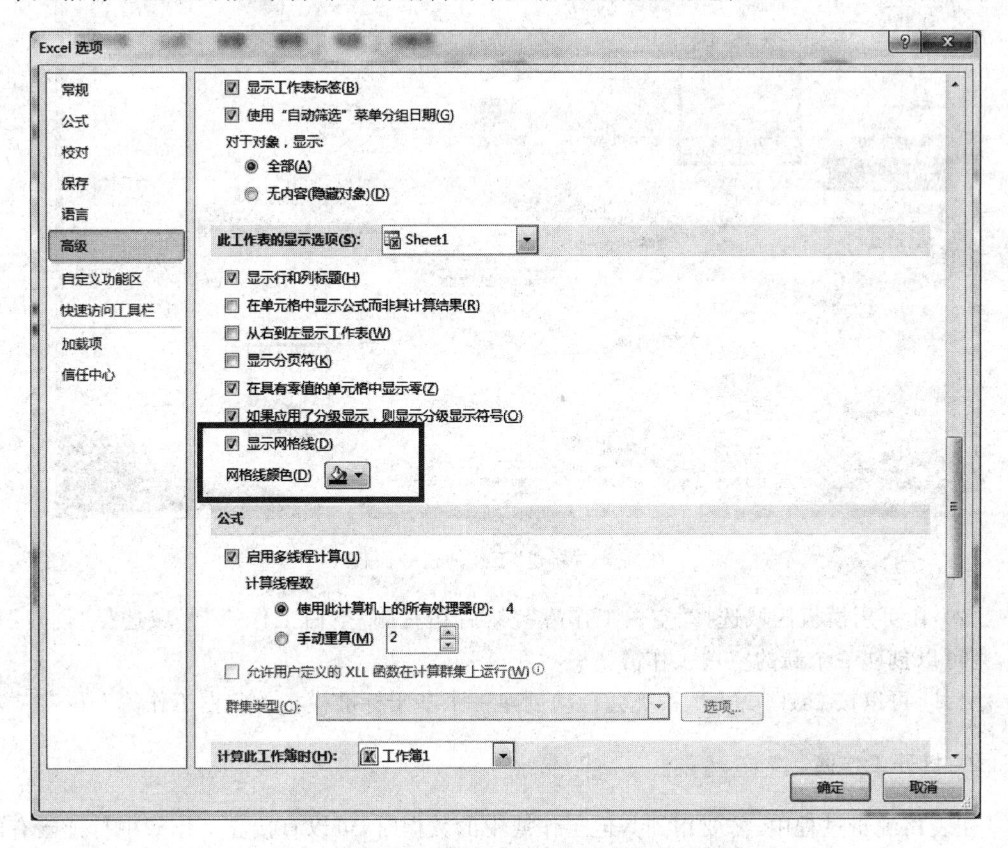

图5-5　“Excel选项”对话框的“高级”选项面板

3) 单元格

在工作表中白色长方格就是单元格,单元格是Excel工作表组成的最小单位。单元格中可以填写数据,是存储数据的基本单位。在工作表中单击某个单元格,该单元格的边框将加粗显示,被称为活动单元格,并且活动单元格的行号和列号以亮黄色突出显示。可以在活动单元格内输入数据,这些数据可以是字符串、数字、公式、图形等。单元格可以通过列号和行号进行标识定位,每一个单元格均有对应的列号和行号。例如,A列第4行的单元格为A4。

5.3 工作簿的基本操作

1. 创建新工作簿

在编辑工作簿时,如果需要创建新的工作簿,可以在Excel应用程序中直接创建而不必再次启动Excel。创建工作簿的具体操作步骤如下。

(1) 执行“文件”按钮|“新建”命令,将显示“新建”任务面板,如图5-6所示。

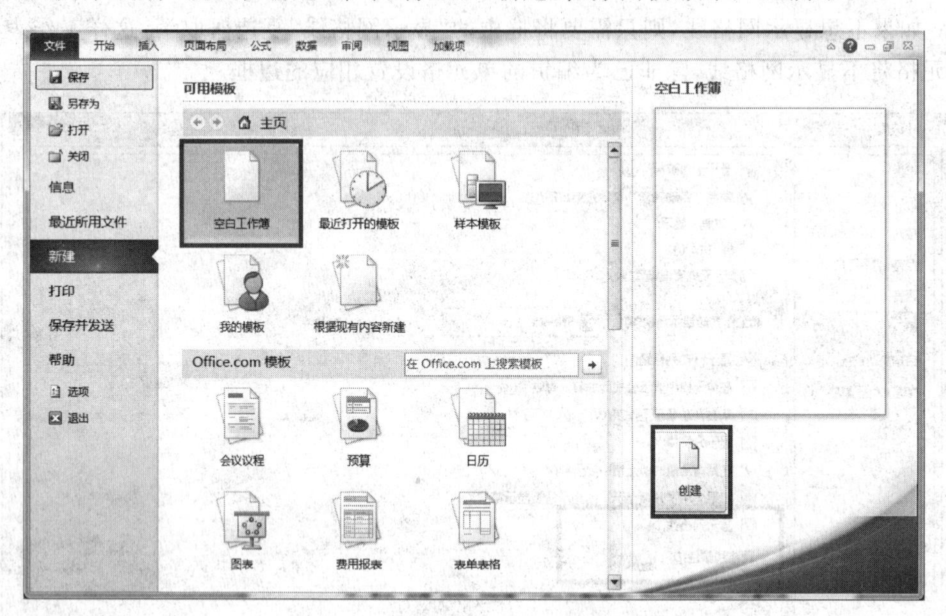

图5-6 “新建”工作簿任务面板

(2) 在可用模板区域选择“空白工作簿”,然后在右侧“空白工作簿”区域选择“创建”命令,则可以创建一个新的空白工作簿。

另外,可以按Ctrl+N键,系统会自动创建一个基于标准模板的空白工作簿。

2. 打开工作簿

在表格编辑过程中,需要用到其他工作簿中的数据时,可以直接在工作簿中打开已有的工作簿。具体的操作步骤如下。

(1) 执行“文件”按钮|“打开”命令,会弹出“打开”对话框,如图5-7所示。

(2) 选择文件所在的位置,在文件名列表框中选择所需的文件,或直接在“文件名”框中输入需要打开文件的路径和文件名。

(3) 单击“打开”按钮即可打开所需的文档,也可双击文件名直接打开文档。

3. 保存工作簿

1) 保存整个工作簿

对于新创建的工作簿的保存,具体操作步骤如下。

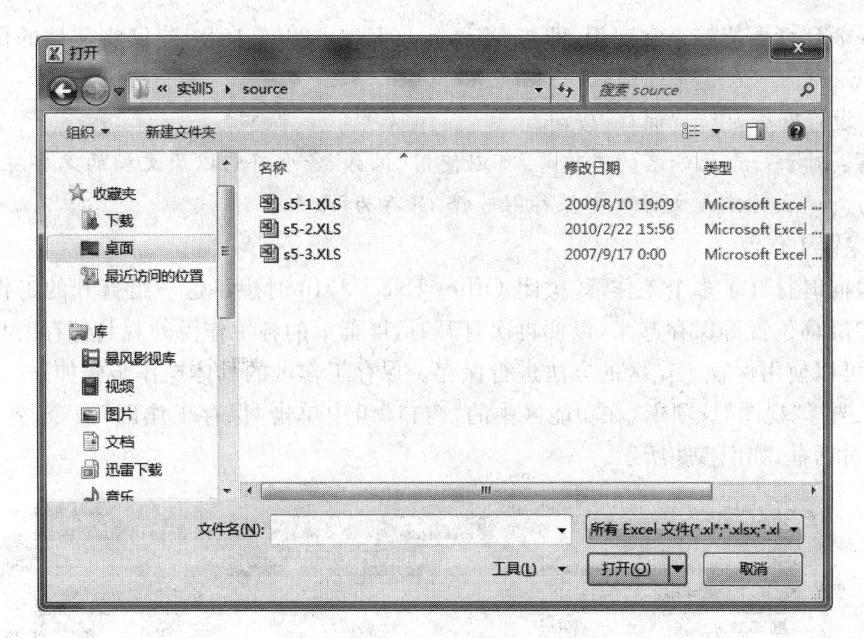

图 5-7 “打开”对话框

(1) 执行“文件”按钮|“保存”命令或单击快速访问工具栏上的“保存”按钮 ，系统弹出“另存为”对话框，如图 5-8 所示。

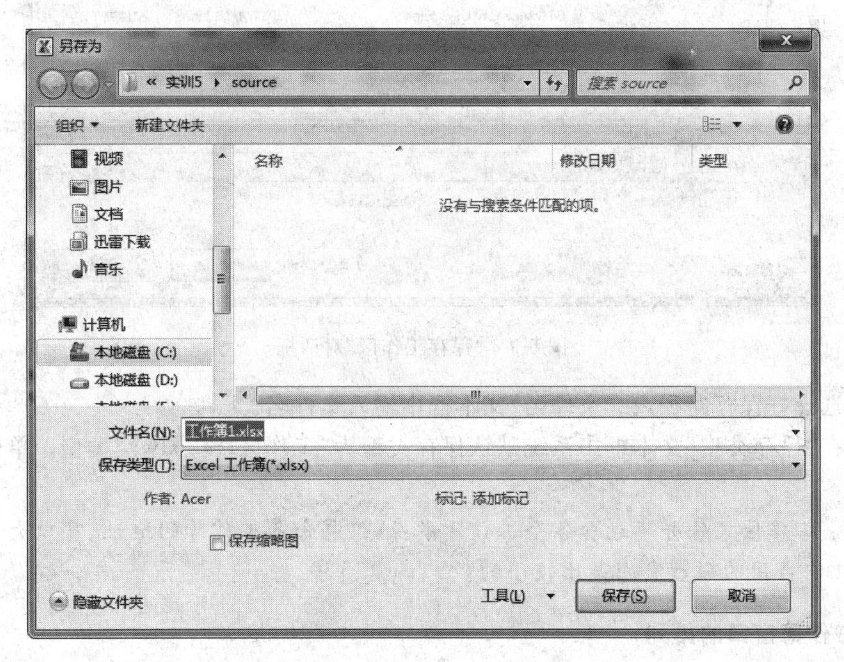

图 5-8 “另存为”对话框

(2) 选择好文件保存的路径，在“文件名”文本框中输入文件名。

(3) 默认情况下，文件的保存类型为“Excel 工作簿(＊.xlsx)”，如果想保存为其他类型的文件，在“保存类型”下拉列表框中选择相应的保存类型即可。由于目前依然有部分用户在使用 Microsoft Excel 2003，为了使 Microsoft Excel 2010 下编辑的文档在 Microsoft

Excel 2003 环境下能够正常使用,即与 Microsoft Excel 2003 兼容,建议将文档的保存类型设置为“Excel 97-2003 工作簿(＊.xls)”。

(4) 设置好后,单击“保存”按钮。

注意:对于一个已命名的工作簿,可以使用“保存”命令将它以原文档的名字保存,如果需要以另外的文件名或文件类型保存则选择“另存为”命令。

2) 保存工作区

如果同时打开了多个工作簿,关闭 Office Excel 2010 时想将这一组打开的工作簿的窗口大小和屏幕位置等保存起来,以便再次打开时,屏幕上的各工作簿外观与保存时显示的外观一样,可以使用保存工作区的方法进行保存。保存工作区的具体操作步骤如下。

(1) 选择“视图”选项卡,在功能区中的“窗口”组中单击“保存工作区”命令,弹出“保存工作区”对话框,如图 5-9 所示。

图 5-9 “保存工作区”对话框

(2) 选择好保存路径,在“文件名”文本框中输入文件名。

(3) 在“保存类型”文本框中系统默认保存类型为“工作区(＊.xlw)”类型。单击“保存”按钮。

注意:工作区文件并不包含各个工作簿本身,仅包含各工作簿的地址、窗口大小和屏幕位置,因此它占用的磁盘空间是比较小的。

4. 工作簿窗口的排列

当同时打开多个工作簿时,为了方便比较不同工作簿中的数据,可以对窗口进行重新排列,工作簿窗口的排列方式有多种,可以根据需要进行选择。

1) 多窗口显示一个工作簿

需要同时观察一个工作簿中的多个工作表时,可以用多窗口显示一个工作簿的方法。执行“视图”选项卡功能区“窗口”组中的“新建窗口”命令,如图 5-10 所示,这时屏幕上就会显示两个窗口，这两个窗口显示的是同一个工作簿，可以根据需要来调整形状、位置等。如果原工作簿的名称为“成绩表.xls”，则在打开一个新的窗口之后原工作簿的名称变为“成绩表.xls:1”，新窗口工作簿的名称为“成绩表.xls:2”。

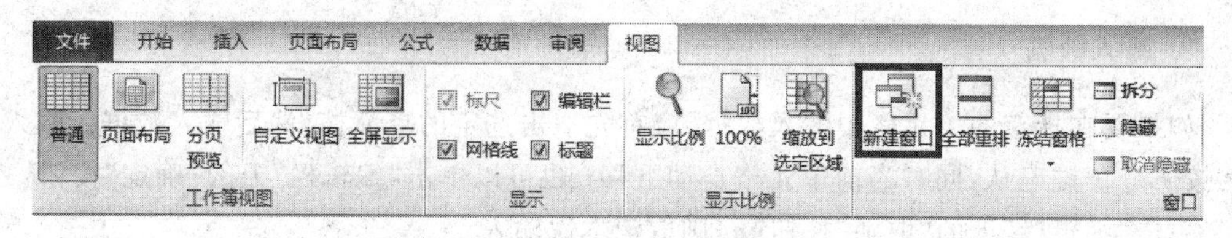

图 5-10　“视图”选项卡|“新建窗口”命令

2）排列工作簿窗口

当同时打开多个工作簿窗口时，可以根据需要排列它们。执行“视图”选项卡功能区“窗口”组中的“全部重排”命令，弹出“重排窗口”对话框，如图 5-11 所示。

在“重排窗口”对话框中可以根据需要选择不同的排列方式。

(1) **平铺**：Excel 根据打开窗口的数目，选择最佳排列方式，所有窗口都将显示在屏幕上。

(2) **水平并排**：按水平方式并排显示所有窗口。

(3) **垂直并排**：按垂直方式并排显示所有窗口。

(4) **层叠**：层叠方式显示全部窗口，可以看到每个窗口的标题。

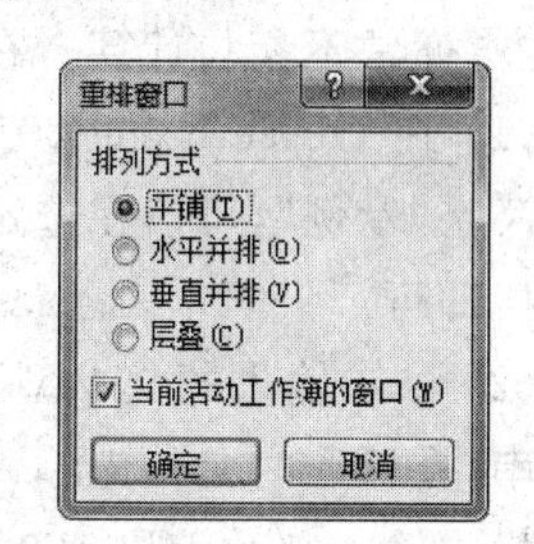

图 5-11　“重排窗口”对话框

(5) **当前活动工作簿的窗口**：如果选中该复选框，则上述的 4 种排列方式只对当前工作簿有效，如果同一个工作簿被创建了多个窗口并且该工作簿是当前工作簿，则所有该工作簿的窗口都被视作当前工作簿。

3）并排比较

可以对两个工作簿进行并排比较。执行“视图”选项卡功能区“窗口”组中的“并排查看”命令，则当前工作簿和在“并排比较”对话框中选定的工作簿将水平并排显示在窗口中，同时功能区“窗口”组中的“并排查看”和“同步滚动”命令按钮以亮黄色突出显示。“并排比较”对话框如图 5-12 所示，当打开的工作簿大于等于三个时，进行并排比较才会显示该对话框，选中一个工作簿的名称，单击“确定”按钮。

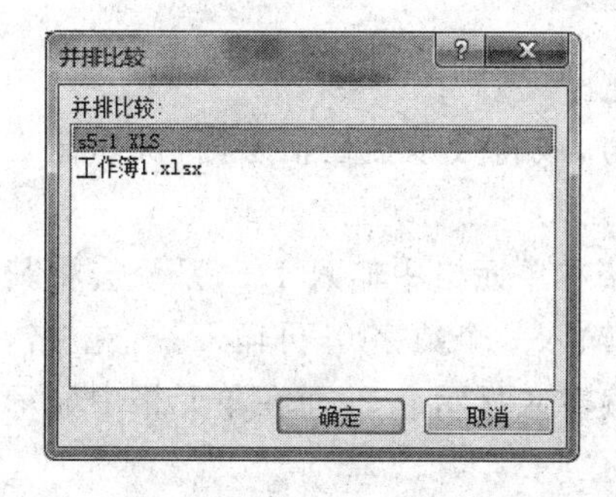

图 5-12　“并排比较”对话框

在功能区“窗口”组中的“同步滚动”命令按钮（同步滚动），如果是亮黄色，则处于被选中状态，两个并排比较的工作簿将同步滚动。即当滚动当前工作簿窗口时另一个窗口也同时跟着滚动，这种方式有利于在不同的工作簿间比较观察数据。如果“同步滚动”按钮没有处于选中状态，则在滚动当前工作簿时，另一个工作簿不会跟着滚动。

如果要关闭并排比较窗口，可以再次单击“并排查看”按钮（并排查看），将取消并排查看，返回当前工作簿。

5.4 编辑数据

1. 输入数据

如果要在指定的单元格中输入数据,应首先双击选定的单元格,然后输入数据。输入完毕,按 Enter 键确认,同时当前单元格自动下移;也可以单击“编辑栏”上的“确定”按钮 ✔;如果单击“编辑栏”上的“取消”按钮 ✖,则取消本次输入。

Office Excel 2010 系统提供了十几种数据类型,在此主要介绍文本型数据、数字型数据、日期型数据的输入。

1) 文本数据输入

在 Excel 中,文本主要包括汉字、英文字母、数字、空格以及其他合法的键盘能输入的符号,文本通常不参与计算。在默认状态下,所有在单元格中的文本均设置为左对齐。

(1) 在 Office Excel 2010 中,汉字或英文字母可直接在单元格中输入,如要在单元格中输入汉字“示例”,可以在选定单元格后直接输入“示例”,然后按 Enter 键确认,或单击其他单元格即可。

(2) 如果输入的文本型数据全部由数字组成,如邮编、电话号码、学号等由数字构成的字符串,在输入时必须先输入单引号“'”,这样系统才能把“数字”看作是“文本”,例如,要在单元格中输入邮政编码 100084,首先选中单元格,然后输入单引号“'”符号,再输入 100084,按 Enter 键确认。

(3) 如果输入的文字过多,超过了单元格的宽度,会产生两种结果:

① 如果右边相邻的单元格中没有数据,则超出的文字会显示并盖住右边相邻的单元格。

② 如果右边相邻的单元格中含有数据,那么超出单元格的部分不会显示,没有显示的部分在加大列宽或以换行方式格式化该单元格后,就可以看到该单元格中的全部内容。

(4) 如果在一个单元格输入的文字过多,又想将这些文字在此单元格中分行显示,则可以按 Alt+Enter 键实现单元格内的手动换行操作。

2) 数字的输入

Excel 中的数字可以是 0~9,以及+、-、()、/、$、%、E、e 等字符。在默认状态下,系统把单元格中的所有数字设置为右对齐。

(1) 如要在单元格中输入正数可以直接在单元格中输入。

(2) 如要在单元格中输入负数,在数字前加一个负号,或将数字括在括号内,例如输入“-20”和“(20)”都可以在单元格中得到-20。

(3) 如果想在单元格内输入分数,如要输入 1/5,直接在单元格中输入 1/5,系统会将其作为日期类型数据对待,因此需要首先选取单元格,然后输入一个数字 0,再输入一个空格,最后输入 1/5,这样表明输入了分数 1/5,且在编辑栏的编辑区显示 0.2,而在单元格中显示 1/5。

注意:在单元格中输入的整数数值如果超过 12 位数(包含 12 位数),系统自动将其转换为科学记数的方式,即 $a.b_1b_2b_3b_4b_5E\pm x$ 的形式。

3）日期和时间的输入

在输入时间或日期时必须按照规定的输入方式，默认情况下，系统将日期或时间类型以右对齐的方式显示在单元格中。如果Excel没有识别日期或时间，则把它看成文本，并左对齐显示。

（1）输入日期：在Office Excel 2010中日期格式应使用YYYY/MM/DD格式，即先输入年份数字，再输入月份数字，最后输入日数字。如果在输入时省略了年份，则以当前年份作为默认值；年份可输入两位数值。

（2）输入时间：在小时、分、秒之间用冒号分开。如果在输入时间后不输入AM或PM，Excel会认为使用的是24h制。如在单元格中输入3:20，则在编辑栏上显示3:20:00，即上午3:20。如想输入下午3:20PM，则必须在时间3:20和PM之间输入一个空格，此时在编辑栏上显示15:20:00，即下午3:20。

（3）如果想在单元格中插入当前的日期，可以按Ctrl+；键；想在单元格中插入当前的时间，可以按Ctrl+：键。

注意：单元格中日期或时间的默认显示格式是与操作系统中"自定义区域选项"中的"日期"或"时间"的设定格式有关的。用户可通过"控制面板"中的"区域和语言选项"自行设定。

2. 选定单元格

在对单元格操作前必须先选定单元格。可以同时选择不相邻的单元格区域，也可以同时选择相邻的单元格区域，被选定的单元格被称为当前单元格。选定单元格的方法有下面几种。

（1）**选定单个单元格**：单击相应的单元格，或用方向键移动到相应的单元格。

（2）**选中连续单元格区域**：首先选定一个单元格，然后拖曳鼠标，被鼠标拖过的区域将被选中。被选中的区域呈淡蓝色，如果想取消选择，可以单击工作表中其他任意单元格。

（3）**选中工作表中所有单元格**：把鼠标移至工作区的左上方行号1和列号A的交汇点上，当单击交汇点时即可将当前工作表中的全部单元格选中。

（4）**选择不相邻的单元格或单元格区域**：先选定一个单元格或区域，然后按住Ctrl键再选定其他的单元格或区域。

（5）**选择较大的连续单元格区域**：先选定该区域左上角的第一个单元格，然后按住Shift键单击区域中右下角的最后一个单元格。

（6）**选择整行/列**：单击行号或列号。

（7）**选择相邻的行/列**：沿行号/列号拖曳鼠标。

（8）**选择不相邻的行/列**：先选定第一行或列，然后按住Ctrl键再选定其他的行或列。

3. 填充数据

Excel中带有自动填充功能，并内置了一些填充序列，使用该功能可以加快数据的输入，提高编辑工作表的效率。使用填充功能可以填充相同的数据，也可以填充数据序列。

1）填充相同的数据

当需要使相邻的单元格数据相同时，可以快速填充而不必每个单元格都输入，如在工作表的单元格中有文本型的数据"已处理"，可以使用自动填充的功能将该内容快速填充到其他相邻单元格中。具体操作步骤如下。

(1) 光标定位在含有“已处理”数据的单元格,用鼠标指向单元格方框右下角的填充柄,如图 5-13 所示。

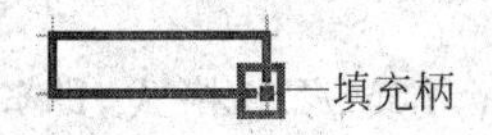

图 5-13　单元格的填充柄

(2) 当鼠标变为黑色十字状时,按住鼠标左键,拖曳鼠标,在拖曳过程中,被拖过的单元格区域外围边框为虚线,并且出现屏幕提示“已处理”的字样。

(3) 放开左键,数据被填充到被鼠标拖过的区域。

在拖曳鼠标填充数据后,在填充数据的右下方出现一个标志,单击该标志将出现一个列表,列表中可选择填充方式。

(1) **复制单元格**:填充的数据将包含原单元格的数据和格式。

(2) **仅填充格式**:只按照原单元格的格式进行填充,不填充原单元格的数据。

(3) **不带格式填充**:只按照原单元格的数据进行填充,不填充原单元格的格式。

默认情况下填充的数据既包含原单元格的数据又包含原单元格的格式。

也可以单击“开始”选项卡|“编辑”组|“填充”命令进行填充数据,此时必须先选定要填充的区域(包含原单元格,且原单元格必须是选定区域的第一个单元格),执行“开始”选项卡|“编辑”组|“填充”命令,弹出子菜单,如图 5-14 所示,在子菜单中可以选择填充的方向,如选择“向上”、“向左”、“向下”或“向右”等操作即可。

2) 填充数据序列

在 Office Excel 2010 中内置了一些可以自动填充的序列,在使用单元格填充柄填充这些数据时,相邻单元格的数据将按预定义的序列递增或递减的方式进行填充。具体操作步骤如下。

(1) 在单元格或单元格区域中输入序列数据的初始值,例如,如图 5-15 所示,在单元格 A1 和 B1 中分别输入“5 月 12 日”和“星期一”。

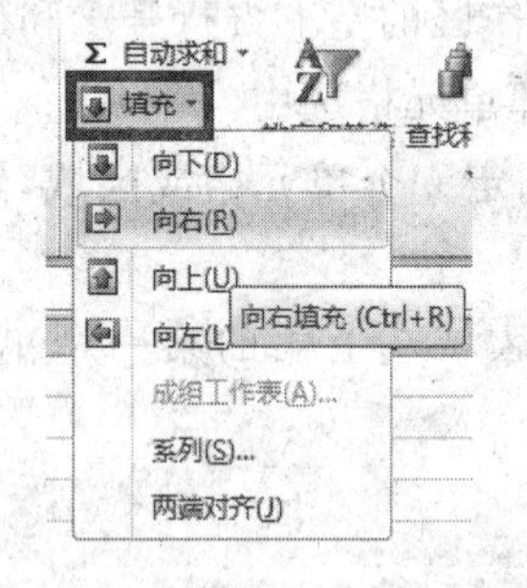

图 5-14　“填充”命令子菜单图

	A	B
1	5月12日	星期一
2	5月13日	星期二
3	5月14日	星期三
4	5月15日	星期四
5	5月16日	星期五
6	5月17日	星期六
7	5月18日	星期日
8	5月19日	星期一
9	5月20日	星期二

图 5-15　自动填充序列

(2) 选中单元格 A1:B1 区域,使其成为当前单元格区域。

(3) 用鼠标指向单元格 A1:B1 区域方框右下角的填充柄,当鼠标变为黑色十字状时按住鼠标左键,并在填充方向上拖曳填充手柄。

(4) 到达目标位置后放开左键,数据的其他值会自动填充到已拖过的区域,填充后的结果如图 5-15 所示。

3) 自定义自动填充序列

有时经常要用到一个序列,但这个序列又不是系统内置的预定义序列,可以把该序列自定义为自动填充序列,供以后填充使用。具体操作步骤如下。

(1) 选中想作为自动填充序列的单元格区域。

(2) 执行"文件"按钮|"选项"命令,弹出"Excel 选项"对话框,选择"高级"选项面板,如图 5-16 所示,滑动对话框右端滑块到最后,然后单击"编辑自定义列表"按钮,弹出"自定义序列"对话框,如图 5-17 所示。

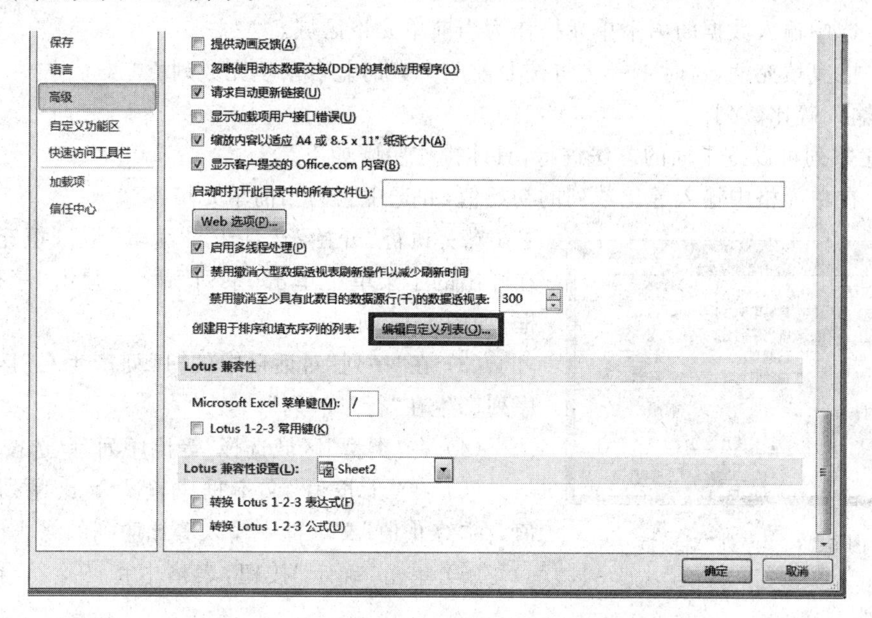

图 5-16　"Excel 选项"对话框的"高级"选项面板

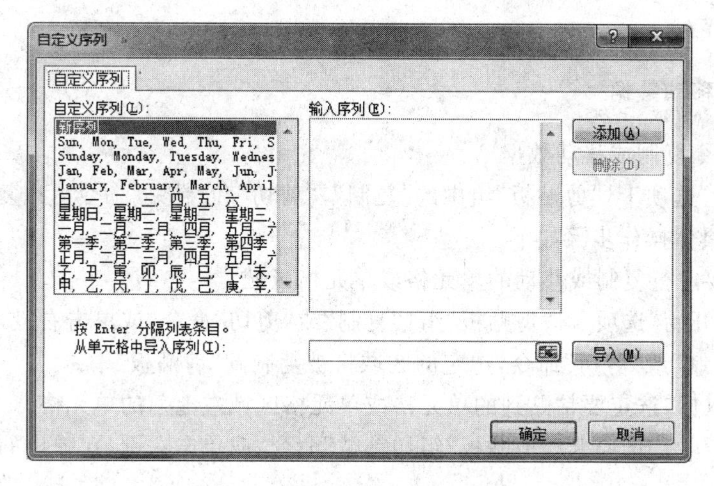

图 5-17　"自定义序列"对话框

(3) 单击"导入"按钮,选中的序列将会被导入到"自定义序列"列表中。

如果需要在"自定义序列"列表中编辑序列,具体操作步骤如下。

(4) 选择"自定义序列"列表中的"新序列",在"输入序列"编辑区,输入新的序列项,输完一项按 Enter 键。

(5) 序列输入完毕,单击"添加"按钮,则输入的序列被添加到"自定义序列"列表中。

也可以删除自定义的序列,在“自定义序列”列表框中选中自定义的序列,单击“删除”按钮,即可将自定义的序列删除,但需要注意,系统已预定义的序列是不可删除的。

4) 输入等差数列

等差数据的填充可以直接在表格上进行,具体操作步骤如下。

(1) 在两个相邻单元格中输入等差数列的前两个数。

(2) 选中输入数据的两个单元格作为当前单元格区域。

(3) 拖曳填充柄,这时 Excel 将按照前两个数的差自动填充数列。

5) 输入等比数列

等比数列可以按下面的方法进行,具体操作步骤如下。

(1) 在单元格中输入等比数列的初始值,并选中它为当前单元格。

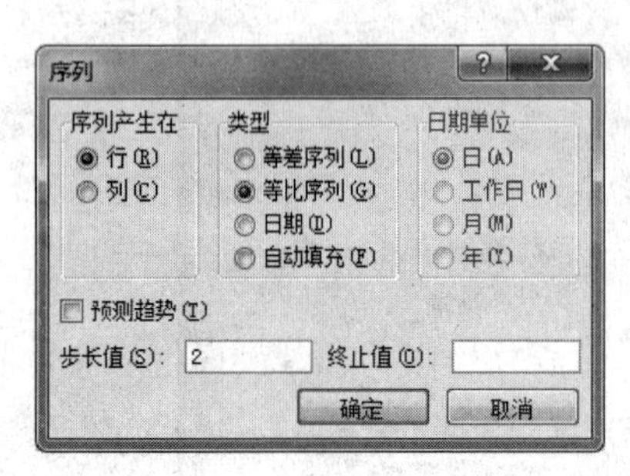

图 5-18 “序列”对话框

(2) 执行“开始”选项卡|“编辑”组|“填充”命令,在弹出的子菜单中单击“系列”命令,弹出“序列”对话框,如图 5-18 所示。

(3) 在“序列”对话框中的“序列产生在”区域选择序列产生在“行”或“列”。

(4) 在“类型”区域选择“等比序列”单选按钮。

(5) 在“步长值”文本框中输入等比序列的增长值,在“终止值”文本框中输入等比序列的终止值。

(6) 单击“确定”按钮,表格中将产生符合要求的等比序列。

注意:如果在“类型”区域选择“等差序列”单选按钮,然后再进行其他项的设置,则可以得到一个等差序列。

4. 复制或移动数据

1) 使用命令复制或移动数据

使用“开始”选项卡|“剪贴板”组中的“复制”、“剪切”和“粘贴”命令可以复制或移动单元格中的数据。具体操作步骤如下。

(1) 选定要进行复制或移动的单元格或单元格区域。

(2) 执行“开始”选项卡|“剪贴板”组|“复制”或“剪切”命令,或单击右键,在弹出的快捷菜单上选择“复制”或“剪切”命令,选定的区域将被复制到“剪贴板”中。

(3) 移动鼠标,选定要粘贴到的单元格或单元格区域左上角的单元格。

(4) 执行“开始”选项卡|“剪贴板”组|“粘贴”命令,或单击右键,在弹出的快捷菜单上选择“粘贴”命令。

在复制或剪切过程中,选定的单元格或单元格区域被一个黑色虚框包围,称为“活动选定框”。可以按 Esc 键,取消选定框。

注意:在粘贴数据时,应注意要选择区域左上角的一个单元格进行粘贴。如果被移动或复制的数据中包含公式,这些公式会自动调整适应新位置。

2) 使用鼠标拖曳复制或移动数据

如果移动或复制的源单元格和目标单元格相距较近,直接使用鼠标拖曳就可以更快地实现复制和移动数据。

用鼠标拖曳的方法移动单元格数据，具体操作步骤如下。

（1）选定要移动的单元格或单元格区域。

（2）将鼠标移动到所选定的单元格或单元格区域的边缘，当鼠标变成带箭头的十字状✥时按住鼠标左键。

（3）拖曳鼠标时，一个与原单元格或单元格区域一样大小的虚框会随着鼠标移动。

（4）移动到达目标位置后释放左键，数据就被移到了新的位置。

注意：如果移动的目标位置已有数据，并想在这些数据前一列或前一行插入移动的数据，则需要在按下左键的同时按住 Shift 键，否则，会弹出是否替换目标单元格内容的对话框。

使用鼠标拖曳的方法复制单元格或单元格区域数据与移动操作相似，在按下左键的同时按住 Ctrl 键，此时在带箭头的鼠标旁边会出现一个加号，表示现在进行的是复制操作而不是移动操作。其他与移动操作相同。

使用鼠标移动或复制数据时也可以按住右键，然后拖曳单元格，那么当释放鼠标时屏幕弹出拖放快捷菜单，如图 5-19 所示。可以在快捷菜单中选择相应的命令进行移动或复制，如在目标单元格中已含有数据，可以选择让目标区域的原有区域中的数据下移或右移，当然也可以选择覆盖原有数据。

3）使用选择性粘贴

对于复杂数据的复制，可以使用“选择性粘贴”有选择地进行数据的复制，具体操作步骤如下。

（1）选中需要复制数据的区域，执行“开始”选项卡|“剪贴板”组|“复制”命令，或单击右键，在弹出的快捷菜单上选择“复制”命令，选定的区域将被复制到“剪贴板”中。

（2）选择目标区域中的左上角单元格，单击“开始”选项卡|“粘贴”命令按钮下的三角号，弹出“粘贴”子菜单，如图 5-20 所示，子菜单中显示了不同的粘贴选项，可单击相应按钮进行粘贴。

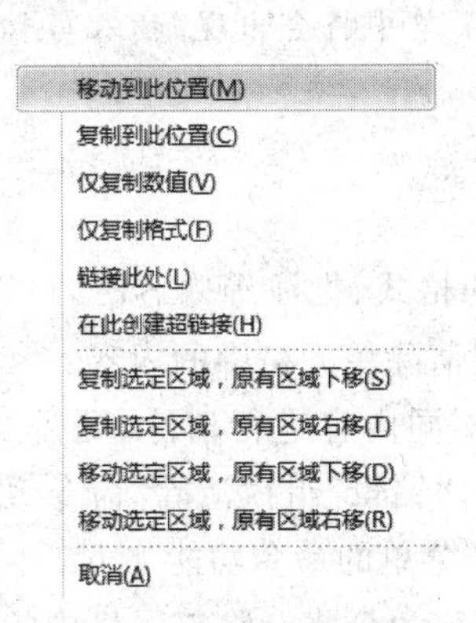

图 5-19　右键拖曳快捷菜单

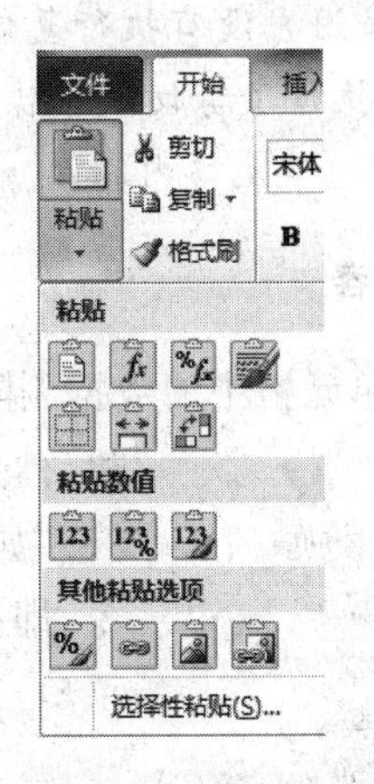

图 5-20　“粘贴”子菜单

（3）也可以在子菜单中单击“选择性粘贴”按钮，在弹出的“选择性粘贴”对话框中选择粘贴方式，如图 5-21 所示。

(4) 最后单击“确定”按钮。

4) 使用插入粘贴

Office Excel 2010 提供了“插入粘贴”的功能，帮助用户在移动或复制数据时不覆盖原有数据。使用“插入粘贴”功能复制数据，具体操作步骤如下。

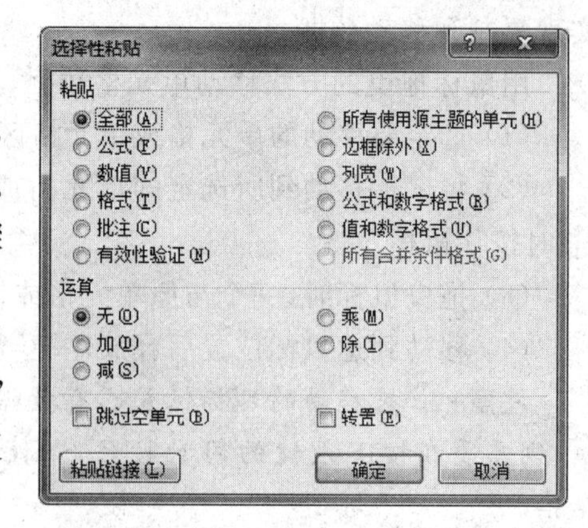

图 5-21 “选择性粘贴”对话框

(1) 选中要复制数据的单元格或单元格区域

(2) 执行“开始”选项卡|“剪贴板”组|“复制”命令，或单击右键，在弹出的快捷菜单上单击“复制”按钮，选定的区域将被复制到“剪贴板”中。

(3) 选中要粘贴数据的目标单元格或目标区域，执行“开始”选项卡|“插入”命令，弹出子菜单，如图 5-22 所示。

(4) 在子菜单中单击“插入复制的单元格”命令，也可以在选中目标区域后单击右键，在右键快捷菜单中选择“插入复制的单元格”命令，都会弹出“插入粘贴”对话框，如图 5-23 所示。

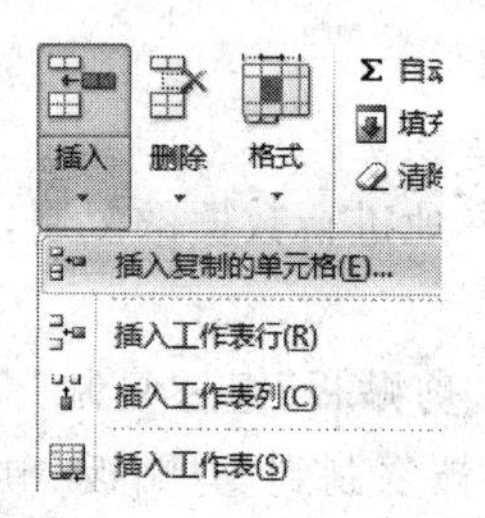

图 5-22 “插入”子菜单

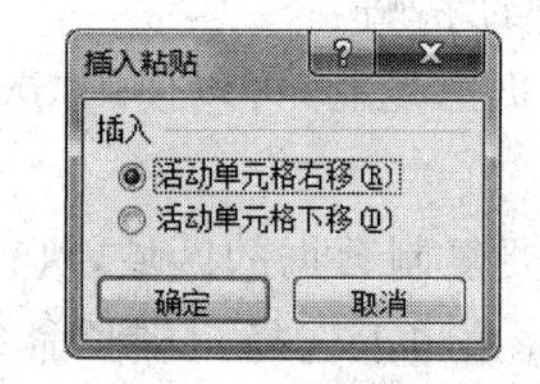

图 5-23 “插入粘贴”对话框

(5) 在对话框中选择目标区域活动单元格的移动方向，然后单击“确定”按钮。

注意：如果用户没有执行复制数据操作，在“插入”子菜单中不会出现“插入复制的单元格”命令；如果执行了剪切数据操作，则在“插入”子菜单中将会出现“插入剪切的单元格”命令，即插入剪切的单元格内容。

5. 清空内容

如果只将单元格中的数据删除掉，保留单元格的格式、批注等内容时，可以选中该单元格，然后直接按 Delete 键清除单元格中的内容。

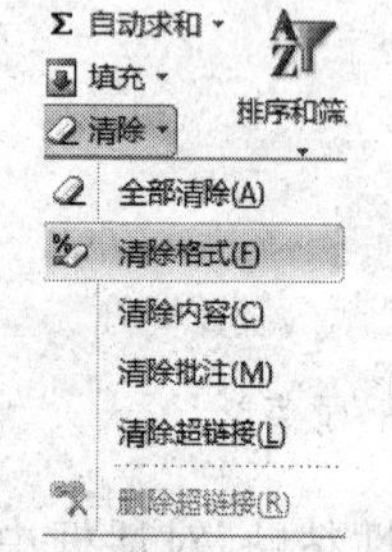

图 5-24 “清除”子菜单

如果对单元格中的不同内容进行清除，则需要使用清除命令，即执行“开始”选项卡|“编辑”组|“清除”命令，出现“清除”子菜单，如图 5-24 所示。子菜单的命令功能如下。

(1) **全部清除**：选择该命令将清除单元格中的所有内容，包括格式、内容、批注等。

(2) **清除格式**：选择该命令可以只清除单元格的格式，单元格中的内容不被清除。

(3) **清除内容**：选择该命令可以只清除单元格的内容，单元格中格式、批注等不被清除。

(4) **清除批注**：选择该命令可以只清除单元格的批注。

(5) **清除超链接**：选择该命令可以清除在单元格中已设置的超链接，但需要注意“清除超链接”和“删除超链接”是不同的，“清除超链接”通常只将超链接取消，但不取消为超链接设置的格式，如蓝色带下划线字体，而“删除超链接”则可将超链接及设置的链接格式全部清除。

【学生同步练习 5-1】

(1) 启动 Office Excel 2010，创建一个与 Office Excel 2003 相兼容的新工作簿 5-1. xls，保存路径为“个人 Office 实训\实训 5”文件夹，保存类型为“Excel 97-2003 工作簿(*. xls)”。

(2) 按照样文 5-1 在 Sheet1 工作表中录入数据(学生入学基本信息)，具体要求请参见样文 5-1 说明的要求。

(3) 将数据录入完成后，保存该工作簿。

【样文 5-1 说明】

(1) 在 A1 单元格中录入“XXX 班学生入学基本信息”。

(2) “序号”列的数值在录入时采用填充方式。

(3) 注意“身份证号”列值的录入。

(4) “出生日期”列为日期类型数据。

(5) 注意以 0 开头的“电话”列值的录入。

【样文 5-1】

	A	B	C	D	E	F	G	H	I	J
1	XXX班学生入学基本信息									
2	序号	姓名	性别	民族	省份	身份证号	出生日期	政治面貌	电话	已交书费
3	1	李想	男	汉族	甘肃	230315198202190001	1982-2-19	共青团员	13109120001	600
4	2	雷飞	男	汉族	贵州	310002198509170002	1985-9-17	群众	13043210002	450
5	3	黎明	男	汉族	海南	250101198307100003	1983-7-10	共青团员	13300430003	300
6	4	王海洋	男	汉族	河北	112301198409010004	1984-9-1	共青团员	13005430004	600
7	5	夏小非	女	汉族	河南	101302198306090005	1983-6-9	共青团员	05338760005	600
8	6	刘畅	男	满族	黑龙江	210400198202240006	1982-2-24	群众	13104330006	450
9	7	陈欣炎	女	回族	山西	120302198311250007	1983-11-25	共青团员	13504310007	600
10	8	李越	女	汉族	湖北	310101198309110008	1983-9-11	共青团员	13507320008	600
11	9	柯丽华	女	达斡尔族	内蒙古	290114198501110009	1985-1-11	群众	13144500009	300
12	10	彭衬	男	汉族	湖南	320131198409230010	1984-9-23	共青团员	13905440010	600
13	11	金惠子	女	朝鲜族	吉林	220127198412030011	1984-12-3	共青团员	04326820011	600

5.5 编辑工作表

1. 格式化单元格

格式化单元格是对单元格的字体、边框、底纹、数据格式、对齐方式等进行设置。

1）设置字体

字体的美观是完善工作表的基础，字体的变化可以使一些内容更加突出。设置字体操作步骤如下。

（1）如果只是对文字字体、字号、字形、颜色等方面进行简单的设置，首先选定要设置单元格或单元格区域，单击“开始”选项卡|“字体”命令组中的各个设置按钮或从列表框中选择所需的字体或字号则更为方便，“开始”选项卡|“字体”命令组上的命令按钮如图5-25所示。

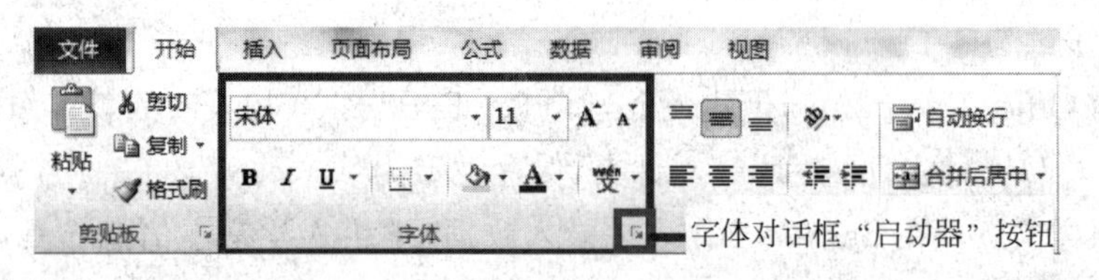

图5-25 “开始”选项卡|“字体”命令组的命令按钮

（2）如需要进行更复杂的设置，需要先选中要设置字体格式的单元格或单元区域，然后单击图5-25中“字体”命令组右下角“字体”对话框“启动器”按钮，弹出“设置单元格格式”对话框的“字体”选项卡，如图5-26所示。

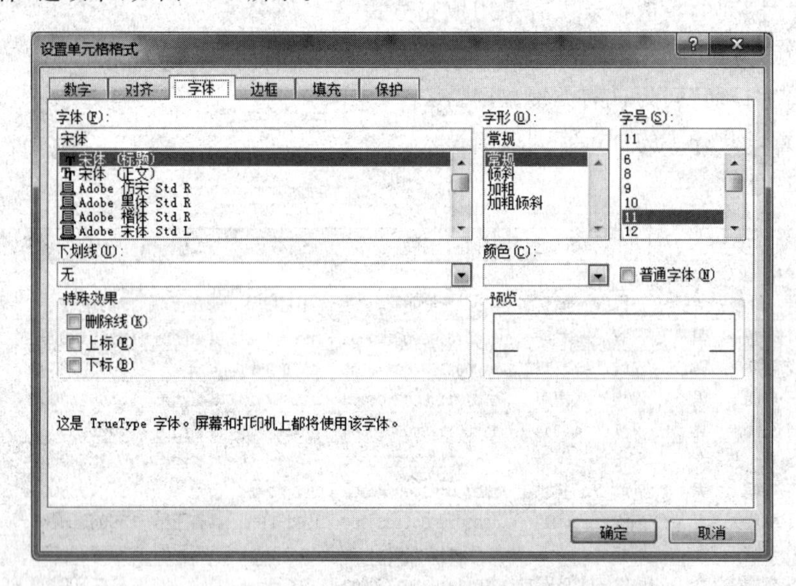

图5-26 “设置单元格格式”对话框的“字体”选项卡

（3）在“字体”选项卡中可以进行以下设置，并可以对设置后的效果预览。

① **字体**：在“字体”列表框中选择所需要的字体，如宋体、楷书等。

② **字形**：在“字形”列表框中选择字体的形状，有常规、倾斜、加粗和加粗倾斜4个选项。

③ **字号**：在“字号”列表框中选择字体的大小。

④ **颜色**：在“颜色”下拉列表中为字体设置颜色。

⑤ **下划线**：在“下划线”下拉列表中为字体设置下划线。

⑥ **特殊效果**：在“特殊效果”区域用户可以选择字体的特殊效果，如删除线、上标或下标。

2）设置单元格边框

当设置单元格格式时，为了使工作表中的数据层次更加清晰明了，区域界限分明，可以为单元格或单元格区域添加边框。一般情况下，在工作表中所看到的单元格都带有浅灰色的边框线，这是系统设置的便于编辑操作的网格线，在打印时这些边线是不显示的。

(1) **使用“边框”下拉列表添加简单边框**。如果给单元格或单元格区域添加简单的边框，可以使用如图 5-25 所示的“边框”按钮进行添加。首先选择想加边框的单元格或单元格区域，单击“开始”选项卡|“字体”命令组|“边框”按钮的下三角按钮，将出现“边框”的下拉列表，如图 5-27 所示。从下拉列表中选择不同的边框类型、绘制的线条颜色、线型等，就可以为选中的单元格或单元格区域的各个边加上不同的边框。

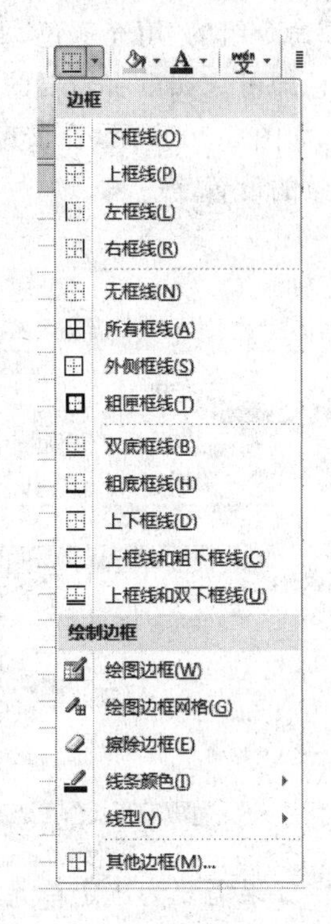

图 5-27　“边框”下拉列表

(2) **使用“设置单元格格式”对话框的“边框”选项卡添加复杂边框**。如果想为单元格或单元格区域添加复杂边框，可单击“边框”下拉列表中的“其他边框”命令，弹出“设置单元格格式”对话框的“边框”选项卡，如图 5-28 所示。选择所需的“线条”样式和颜色，单击预置边框的按钮。也可直接在“边框”区域的预览图中单击要添加的边框线，单击“确定”按钮。

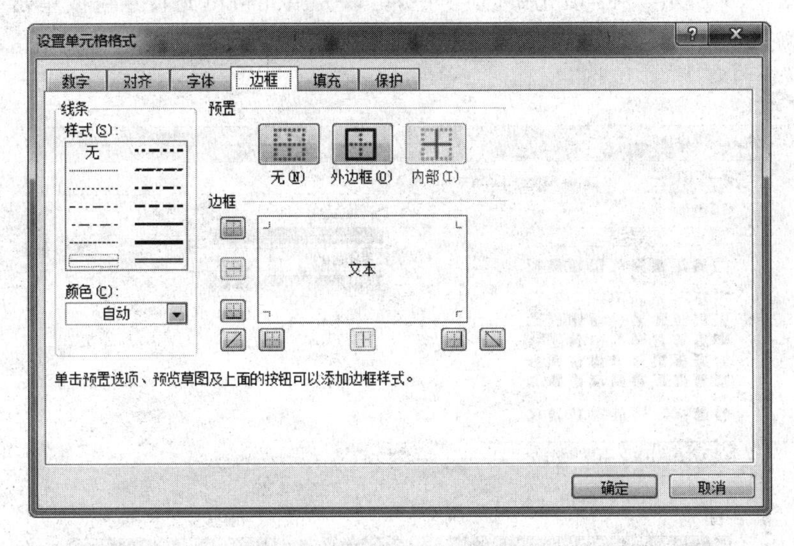

图 5-28　“设置单元格格式”对话框的“边框”选项卡

(3) **手工绘制边框**。对于某些边线，如果需要手工绘制，可以单击“边框”下拉列表中的“线条颜色”命令以选定绘制的线条颜色，单击“线型”命令以选定绘制的线型，然后单击“绘图边框”命令即可手工绘制边框线。

3）为单元格添加底纹和图案

可以为单元格填充颜色或图案来增强单元格的视觉效果，还可以突出需要强调的数据。要为单元格填充颜色，首先选中单元格区域，单击“开始”选项卡，如图 5-29 所示，单击“字体”命令组的“填充颜色”下三角按钮，会显示主题及标准颜色面板，在面板中选择所需要的颜色即可。如没有需要的颜色，也可以单击颜色面板中的“其他颜色”命令，打开“颜色”对话框，如图5-30所示，在该对话框中的“标准”选项卡和“自定义”选项卡中可对填充颜色做更细致的设置。

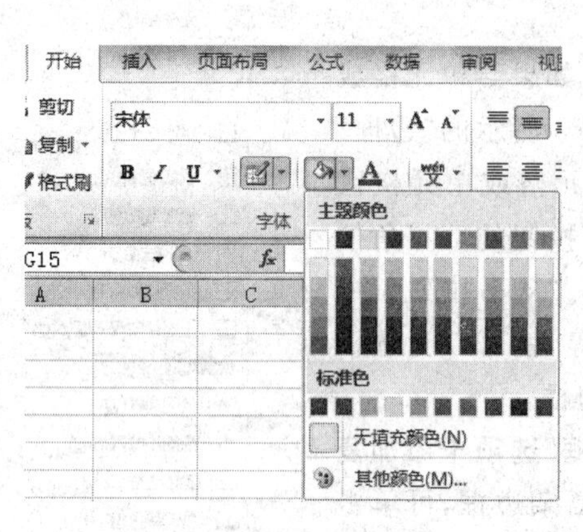

图5-29 “填充颜色”下拉列表

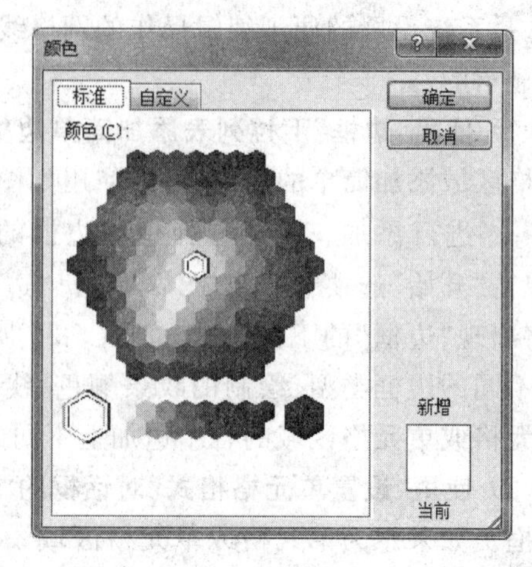

图5-30 “颜色”对话框

如果需要为选定单元格区域填充特殊效果的颜色或图案，可以在“开始”选项卡中单击“字体”命令组的“字体”对话框“启动器”按钮，会弹出“设置单元格格式”对话框，选择“填充”选项卡，如图5-31所示。在“填充”选项卡中，可以为单元格填充背景色或单击“填充效果”按钮，进行填充效果的设置，选择“图案颜色”和“图案样式”可以为选定单元格区域填充相应的图案。

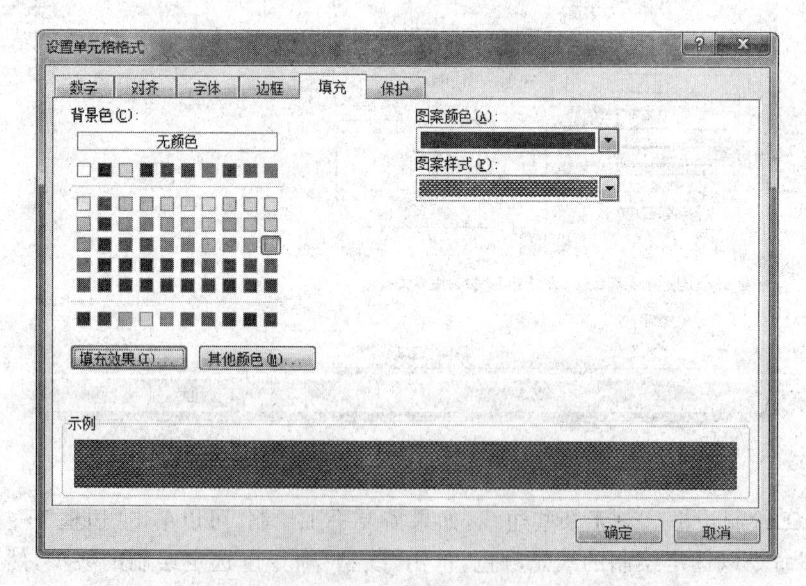

图5-31 “设置单元格格式”对话框的“填充”选项卡

4）设置数字格式

默认情况下，单元格中的数字格式是常规格式，不包含任何特定的数字格式，即以整数、小数、科学记数的方式显示。Excel 还提供了多种数字显示格式，如百分比、货币、日期、时间、分数等。可以根据数字的不同类型设置它们在单元格中的显示格式，具体操作步骤如下。

(1) 选中要设置数据格式的单元格或单元格区域，选择“开始”选项卡，如图 5-32 所示，在“数字”命令组中包含多个数字显示格式的命令按钮，默认状态下输入的数字显示为常规格式，常规单元格格式不包含任何特定的数字格式，单击“数字格式”下拉按钮，可显示如图 5-33 所示的下拉列表，可在列表中选择需要的数字格式。

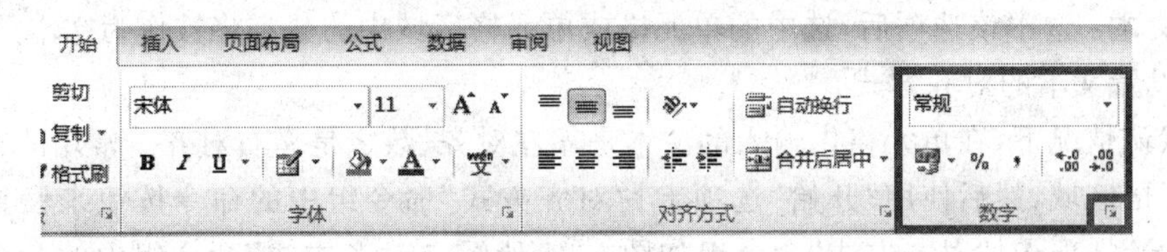

图 5-32 “开始”选项卡|“数字”命令组

(2) 如需要对数字格式进行更详细的设置，可以单击“数字”命令组中“数字”对话框“启动”按钮，弹出“设置单元格格式”对话框的“数字”选项卡，如图 5-34 所示，在对话框中选择一种数字类型，设置完成后单击“确定”按钮，结束设置。可以对单元格中的数据格式进行如下设置。

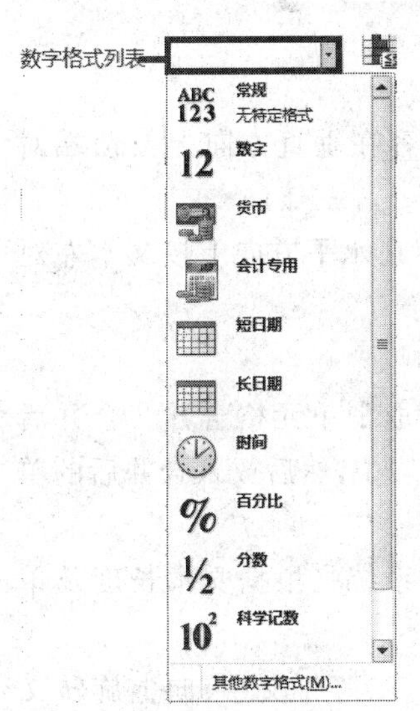

图 5-33 数字格式列表

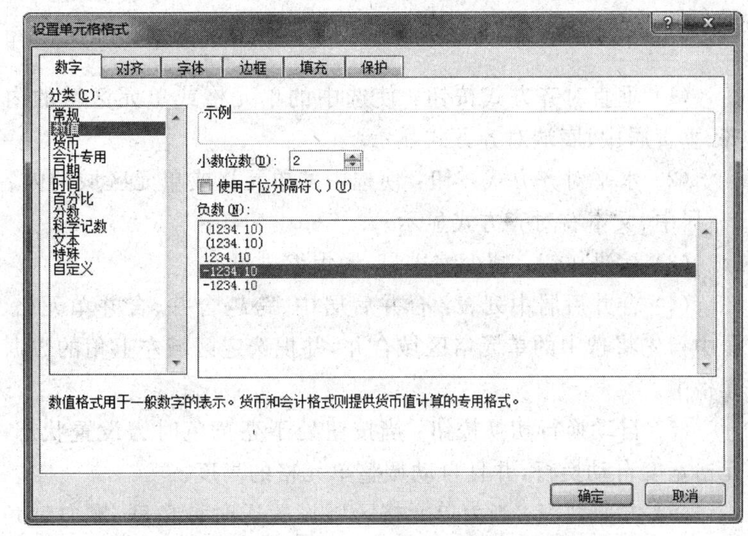

图 5-34 “设置单元格格式”对话框的“数字”选项卡

① **数值**：要把选中单元格的数据类型设置为数值则选择该项，在右边的格式中对单元格中数值的格式进行设置。如可以设置小数的位数、是否使用千位分隔符、负数的显示方式等。

② **货币**：要把选中单元格的数据类型设置为货币则选择该项，在右边的格式中对单元格中货币的格式进行设置。如可设置货币的符号、小数的位数、负数货币的显示方式等。

③ **会计专用**：和货币类似，但没有负数货币的显示方式。

④ **科学记数**：要把选中单元格中的数值以科学记数的方式显示则选择该项，在右边的

格式设置中可以对科学记数的小数位数进行设置。

⑤ **日期/时间**：要把选中单元格的数据类型设置为日期/时间则选择该项，在右边的格式中选择单元格中日期/时间的显示方式。

⑥ **百分比**：要把选中的单元格设置为百分比的形式则选择该项，可以为单元格中的百分比设置小数位数。

⑦ **分数**：要把选中单元格的数据类型设置为分数则选择该项，在右边的类型列表框中选择分数的类型。

⑧ **文本**：选中该选项后，选中的单元格或单元格区域中的数字将被作为文本处理。

5）设置文本的对齐方式

在默认情况下，在单元格内输入的文本是靠左对齐、数字是靠右对齐。常用的方法是先选中单元格区域，然后使用“开始”选项卡|“对齐方式”命令组中的命令按钮来设置对齐方式。“开始”选项卡|“对齐方式”命令组如图 5-35 所示，“对齐方式”命令组中的命令按钮主要包括以下几个。

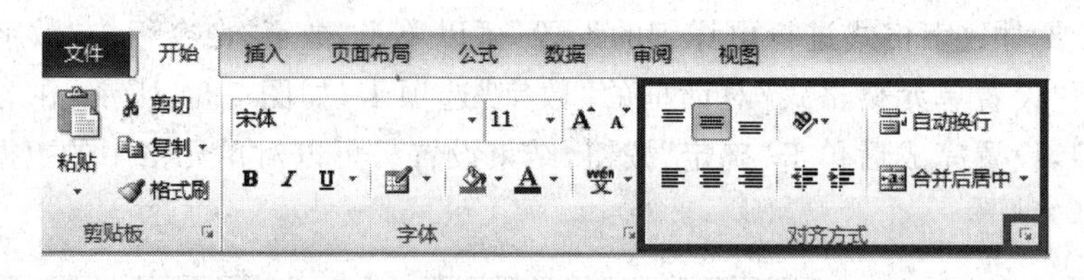

图 5-35 “开始”选项卡|“对齐方式”命令组

(1) 垂直对齐方式按钮：使选中的单元格或单元区域的内容在垂直方向上按顶端对齐、垂直居中、底端对齐方式显示。

(2) 水平对齐方式按钮：使选中的单元格或单元区域的内容在水平方向上按文本左对齐、居中、文本右对齐方式显示。

(3) 缩进按钮：减少缩进量、增大缩进量。

(4) 合并后居中列表：合并后居中、跨越合并、合并单元格、取消单元格合并。合并后居中指先将选中的单元格区域合并，并把选定区域左上角的数据居中，然后放入合并后的单元格中。

(5) 自动换行切换按钮：当按钮处于亮黄色时为设置状态，系统将根据文本长度及单元格宽度自动换行，并且自动调整单元格的高度。

(6) 方向列表：当为单元格区域设置逆时针角度、顺时针角度、竖排文字、向上旋转文字、向下旋转文字等方式时，将改变单元格区域中文本旋转的角度。

有时，为了使工作表更加美观，需要对数据设置其他对齐方式时，可以通过“设置单元格格式”对话框的“对齐”选项卡进行设置。具体操作步骤如下。

(1) 选中要设置数据格式的单元格或单元格区域，单击“对齐方式”命令组右下角的“对齐方式”按钮，弹出“设置单元格格式”对话框的“对齐”选项卡，如图 5-36 所示。

(2) 在“水平对齐”下拉列表框中可以设置单元格文本的水平对齐方式，包括“常规”、“靠左”、“居中”、“靠右”、“填充”、“两端对齐”、“跨列居中”(与“合并居中”不同)、“分散对齐”等选项。默认情况下是“常规”选项，即文本左对齐、数字右对齐、逻辑值和错误值居中对齐。

(3) 在“垂直对齐”下拉列表框中可以设置单元格文本的垂直对齐方式，包括“靠上”、

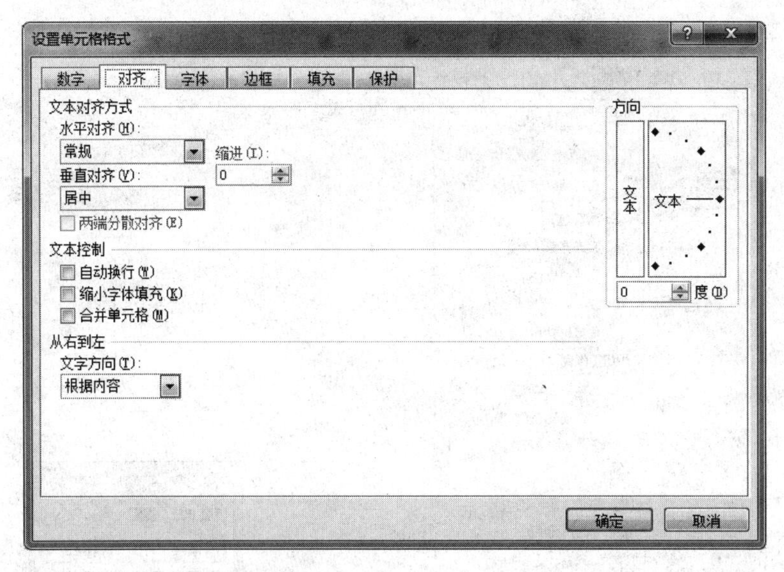

图 5-36 “设置单元格格式”对话框的“对齐”选项卡

“居中”、“靠下”、“两端对齐”和“分散对齐”等选项。默认情况下是居中对齐。

(4) 在“方向”区域可以改变单元格中文本旋转的角度。在“度”中若是正数，文本逆时针方向旋转；若是负数，则文本顺时针方向旋转。

(5) 在“文本控制”区域包括下面三个复选框。

① **自动换行**：设置此项后，系统将根据文本长度及单元格宽度自动换行，并且自动调整单元格的高度，使全部内容都能显示在该单元格上。

② **缩小字体填充**：设置此项后，系统将自动缩减单元格中字符的大小以使数据调整到与列宽一致。如果更改列宽，字符大小可自动调整，但设置的字号保持不变。

③ **合并单元格**：设置此项后，系统将两个或多个单元格合并为一个单元格，合并后的单元格引用为合并前左上角单元格的引用。

2. 调整行和列

在单元格中输入数据时，经常会出现以下情况：有的单元格中的文字只显示其中的一部分，有的单元格中显示的是一串“#”符号，但是在编辑栏中却能看见对应单元格的完整内容。造成这种结果的原因是单元格的高度或宽度不够，此时可以对工作表中的单元格的高度或宽度进行调整。

1) 调整行高

在默认情况下，工作表中任意一行的所有单元格的高度总是相等的，所以要调整某一个单元格的高度，实际上就是调整了该单元格所在行的高度，并且行高会自动随改变的字体而发生变化，调整行高的具体操作步骤如下。

(1) 选中需要调整的单行或多行，执行“开始”选项卡|“单元格”命令组|“格式”命令，弹出如图 5-37 所示的“格式”列表子菜单。

(2) 单击“格式”列表子菜单中的“行高”命令，打开如图 5-38 所示的“行高”对话框。

(3) 在对话框中输入行高的具体数值，单击“确定”按钮。

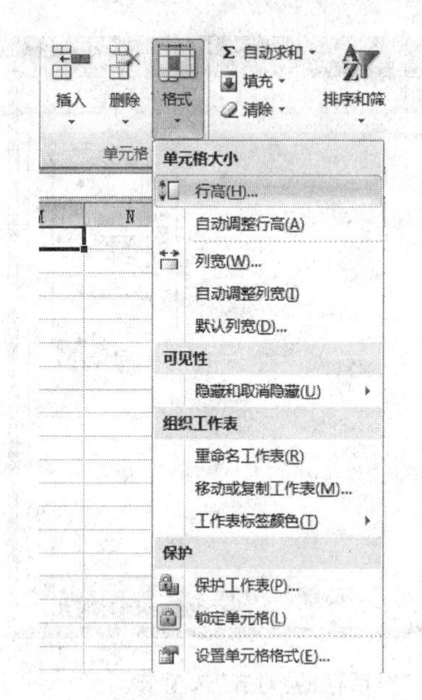

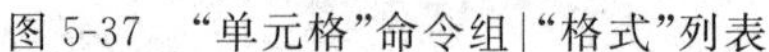

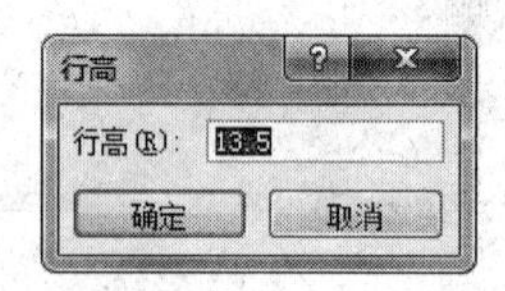

图 5-37 “单元格”命令组|“格式”列表　　　　图 5-38 “行高”对话框

(4) 如果单击“格式”列表子菜单中的“自动调整行高”命令,则系统会根据行中的内容自动调整行高,选中行的行高会以行中单元格高度最高的单元格为标准自动做出调整。

也可以使用鼠标快速地调整行高,把鼠标移到需要调整行的下方交界处,当光标变为 ✚ 时拖曳交界线,此时出现一条黑色的虚线跟随拖曳的鼠标移动,表示调整后行的边界,同时系统会显示行高的数据;也可以把鼠标移到调整行的下方交界处,当光标变为 ✚ 时,双击鼠标,则系统将会自动调整行高,以最适合的行高显示数据。

2) 调整列宽

在工作表中列和行有所不同,工作表默认单元格的宽度为固定值,并不会根据数据的增长而自动调整列宽。当输入单元格的数据超出单元格的宽度时,如果输入的是数值型数据,则会显示为一串“#”符号;如果输入的是字符型数据,单元格右侧相邻的单元格为空时则会利用其空间显示,否则在单元格中只显示当前宽度能容纳的字符。

调整列宽的具体操作步骤如下。

(1) 选中需要调整的单列或多列,执行“开始”选项卡|“单元格”命令组|“格式”命令,弹出如图 5-37 所示的“格式”列表子菜单。

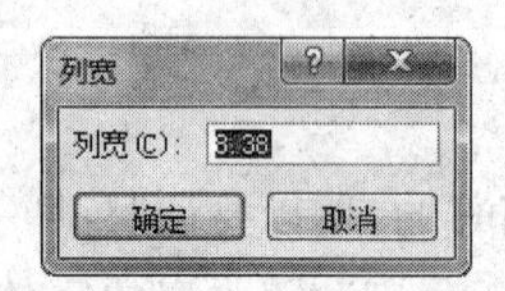

图 5-39 “列宽”对话框

(2) 单击“格式”列表子菜单中的“列宽”命令,弹出“列宽”对话框,如图 5-39 所示。

(3) 在对话框中输入列宽的具体数值,单击“确定”按钮。

(4) 如果单击“格式”列表子菜单中的“自动调整列宽”命令,则系统会根据列中的内容自动调整列宽,选中列的宽度会以列中单元格数值最长的单元格为标准自动做出调整。

也可以使用鼠标快速地调整列宽,把鼠标移到需要调整列的右交界处,当光标变为 ✚ 时拖曳交界线,此时出现一条黑色的虚线跟随拖曳的鼠标移动,表示调整后列的边界,同时系统会显示出列宽的数据;也可以把鼠标移到调整列的右交界处,当光标变为 ✚ 时,双击鼠标，则系统将会自动调整列宽，以最适合的列宽显示数据。

3. 插入单元格

可以在工作表的数据区域插入单元格，以便进行数据的插入。插入单元格具体操作步骤如下。

(1) 在要插入单元格的位置选择与要插入单元格数目相同的单元格。

(2) 执行"开始"选项卡|"单元格"命令组|"插入"命令，弹出如图 5-40 所示的"插入"列表子菜单。

(3) 在"插入"列表子菜单中单击"插入单元格"命令，弹出"插入"对话框，如图 5-41 所示。或者在选择插入单元格位置后单击右键，在弹出的快捷菜单中选择"插入"命令，同样可以打开"插入"对话框。

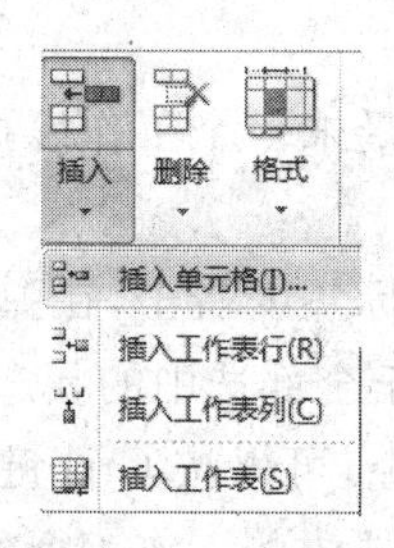

图 5-40　"插入"列表子菜单

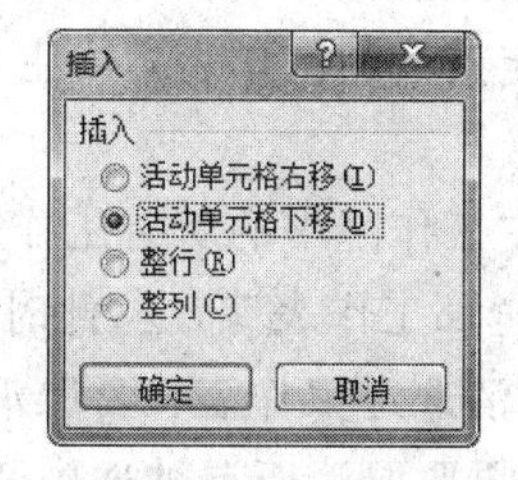

图 5-41　"插入"对话框

(4) "插入"对话框中的选项功能如下。

① **活动单元格右移**：在活动单元格位置插入单元格，活动单元格向右移动。

② **活动单元格左移**：在活动单元格位置插入单元格，活动单元格向左移动。

③ **整行**：在活动单元格的位置插入与所选单元格区域行数相同的行，原区域所在行自动下移。

④ **整列**：在活动单元格的位置插入与所选单元格区域列数相同的列，原区域所在列自动右移。

(5) 在对话框中选定一种插入方式，单击"确定"按钮。

4. 插入行或列

在编辑工作表时可以在数据区插入行或列。插入列的操作步骤如下：

(1) 选中与插入数目相同的列。

(2) 执行"开始"选项卡|"单元格"命令组|"插入"命令，弹出如图 5-40 所示的"插入"列表子菜单。

(3) 在"插入"列表子菜单中单击"插入工作表列"命令。

(4) 也可以在选中与插入数目相同的列后，单击右键，在弹出的快捷菜单中执行"插入"命令。

(5) 此时将会在选中区域位置插入与选中列数目相同的列，选定的列自动右移。

(6) 在新插入的列的旁边出现一个"插入选项"的小刷子，单击小刷子将会出现一个列表。在列表中可以选择新插入列的格式是与左边的相同，还是与右边的相同或清除格式。

在工作表中插入行的方法和列类似，新插入的行将出现在选定行的上方。

5. 工作表操作

使用工作表可以对数据进行组织和分析，可以同时在多张工作表上输入并编辑数据，并且可以对来自不同工作表的数据进行汇总计算等。

1) 选定工作表

工作簿可包含多个工作表，每个工作表下面均有一个工作表标签。标签上标写着每一个工作表的名称，如 Sheet1、Sheet2、……

(1) 选定单个工作表：直接单击工作表标签，即表示选中了该工作表。

(2) 选定多个工作表：选定多个工作表有如下几种方法。

① 选定不连续工作表：按住 Ctrl 键，依次单击各个需用的工作表标签，则被单击的工作表同时被选定。

② 选定连续的工作表：按住 Shift 键，单击第一个和最末一个工作表标签，则选定连续的工作表。

③ 选中工作簿中的所有工作表：可在任意工作表的标签上右击，在弹出的快捷菜单中选择“选定全部工作表”命令，此时，所有工作表的标签处于全部选中的状态。

(3) 取消选定工作表：要取消选定工作表中其中一个，可以按 Ctrl 键同时单击该工作表标签；如果要取消所有被选中的工作表，可以右击某个选中的工作表标签，然后在弹出的快捷菜单中选择“取消组合工作表”命令，或直接单击未选中的工作表标签。

2) 重命名工作表

默认情况下，系统以 Sheet1、Sheet2 等命名工作表。这种命名方式不便于对工作表进行管理，可以对工作表重新命名，用一个可以反映工作表特点又便于记忆的名字，以方便工作表的管理。可以采用以下几种方法进行工作表重命名。

(1) 选中要重命名的工作表，执行“开始”选项卡|“单元格”命令组|“格式”命令，弹出如图 5-37 所示的“格式”列表子菜单，单击“格式”列表子菜单中的“重命名工作表”命令。

(2) 在要重命名的工作表标签上右击，在弹出的快捷菜单中选择“重命名”命令。

(3) 在要重命名的工作表标签上双击，然后对工作表标签进行修改。

执行以上三种操作方式任意之一后，被选中的工作表标签将变成黑底白字的反显模式，这时，可在标签上直接输入工作表的名称，按 Enter 键或单击工作区确定。

3) 插入工作表

启动工作表后，在新打开的界面中含有三张默认的工作表，分别被命名为 Sheet1、Sheet2 和 Sheet3。如果在编辑工作簿时需要更多的工作表，可以插入新的工作表。插入一个工作表可采用如下方法。

(1) 执行“开始”选项卡|“单元格”命令组|“插入”命令，弹出如图 5-40 所示的“插入”列表子菜单，单击“插入”列表子菜单中的“插入工作表”命令，则在当前工作表标签的前面插入一个新的工作表标签。

(2) 右击当前工作表标签，在弹出的快捷菜单中选择“插入”命令，弹出“插入”对话框，如图 5-42 所示。选中“常用”选项卡中的“工作表”图标，单击“确定”按钮，会在当前工作表标签前插入一张新工作表标签。

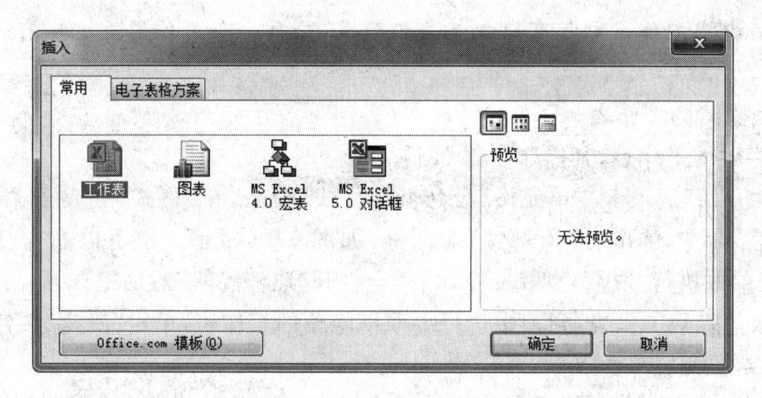

图 5-42 "插入"对话框

4）删除工作表

删除一个工作表可以用以下方法。

(1) 执行"开始"选项卡|"单元格"命令组|"删除"命令，弹出如图 5-43 所示的"删除"列表子菜单，单击"删除"列表子菜单中的"删除工作表"命令可将当前工作表删除。

(2) 右击工作表标签，在快捷菜单中选择"删除"命令也可将当前工作表删除。

注意：如果删除的工作表中含有数据将会出现警告，删除的工作表将不能够再恢复，如果单击"确定"按钮，将永久删除该工作表。

5）隐藏工作表

隐藏工作表可以减少屏幕上显示的窗口和工作表，并避免不必要的改动。当一个工作表被隐藏时，它的标签也同时被隐藏。隐藏的工作表仍处于打开状态，其他文档仍可以利用其中的信息。

(1) 隐藏工作表

选定要隐藏的工作表，执行"开始"选项卡|"单元格"命令组|"格式"命令，弹出如图 5-44 所示的"格式"列表子菜单，在子菜单中执行"隐藏和取消隐蔽"命令|"隐藏工作表"命令，当前工作表被隐藏。也可以直接右击要隐藏的工作表标签，在快捷菜单中执行"隐藏"命令，当前工作表被隐藏。

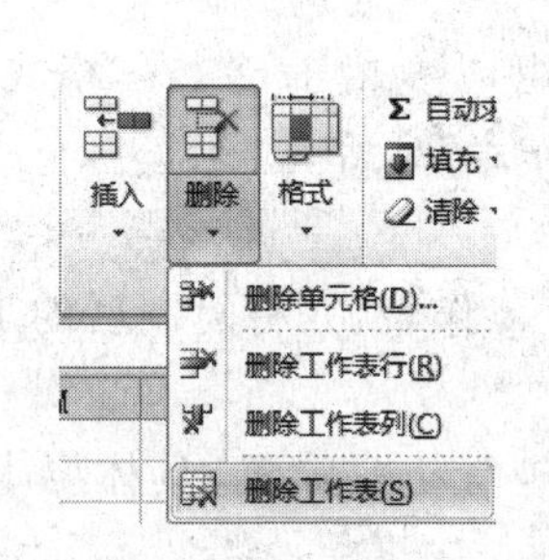

图 5-43 "删除"列表子菜单

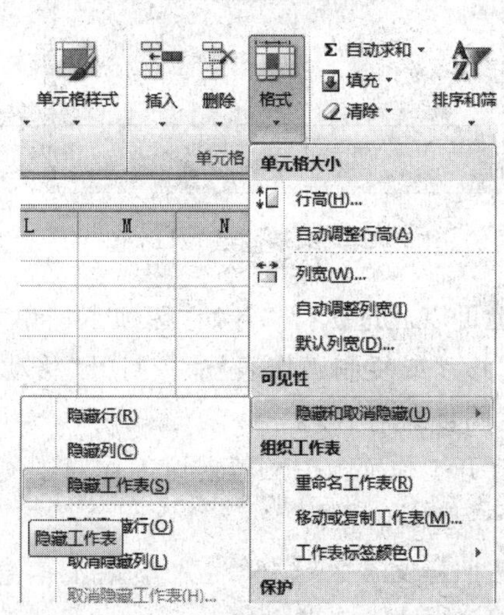

图 5-44 "格式"列表子菜单

注意：不能将工作簿中所有的工作表都隐藏了，每一个工作簿至少应有一个可见的工作表。

(2) 取消隐藏的工作表

要取消隐藏的工作表，其操作步骤如下。

① 执行“开始”选项卡|“单元格”命令组|“格式”命令，在“格式”列表子菜单中执行“取消隐蔽工作表”命令，弹出“取消隐藏”对话框，如图5-45所示。也可以右击任意工作表标签，在快捷菜单中执行“取消隐藏”命令，同样会打开“取消隐藏”对话框。

② 在“取消隐藏工作表”列表中选择要取消隐藏的工作表，单击“确定”按钮。

6) 移动或复制工作表

工作表可以在同一或不同工作簿中移动或复制。将工作表移动或复制到工作簿中指定的位置，具体操作步骤如下。

(1) 在同一工作簿中移动工作表最简单的方法是使用鼠标拖曳。选中一个工作表标签，在该工作表标签上按住鼠标左键，则鼠标所在位置会出现一个“白板”图标，且在该工作表标签的左上方出现一个黑色倒三角标志。按住鼠标左键，在工作表标签间移动鼠标，“白板”和黑色倒三角会随鼠标移动。将鼠标移到工作表所要放置的位置，放开左键，工作表移动到指定位置。如果要复制工作表，则只需要在拖曳鼠标时按住Ctrl键即可。

(2) 如果在不同的工作簿之间移动工作表，首先打开目标工作簿，在源工作簿中选中要移动的工作表，在该工作表标签上右击，在弹出的快捷菜单中选择“移动或复制工作表”命令，弹出“移动或复制工作表”对话框，如图5-46所示。在“工作簿”下拉列表框中选择工作表要移至的工作簿，系统默认的是当前工作簿，在“下列选定工作表之前”的列表中选择工作表要移至的位置，如果需要复制工作表，则需选中“建立副本”复选框，这样才会复制工作表，否则将是移动工作表，设置完成后单击“确定”按钮。

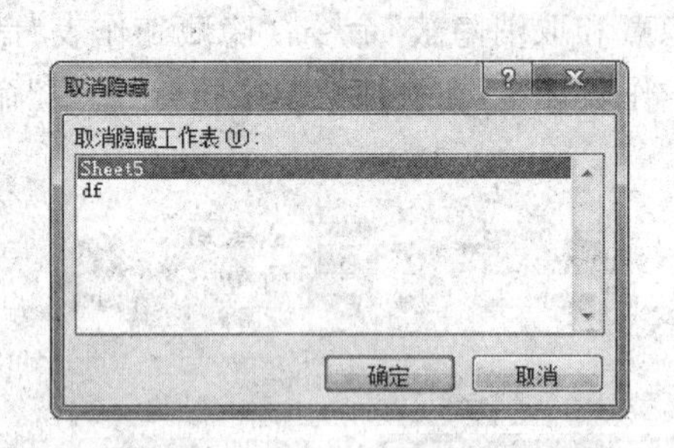

图5-45 “取消隐藏”对话框

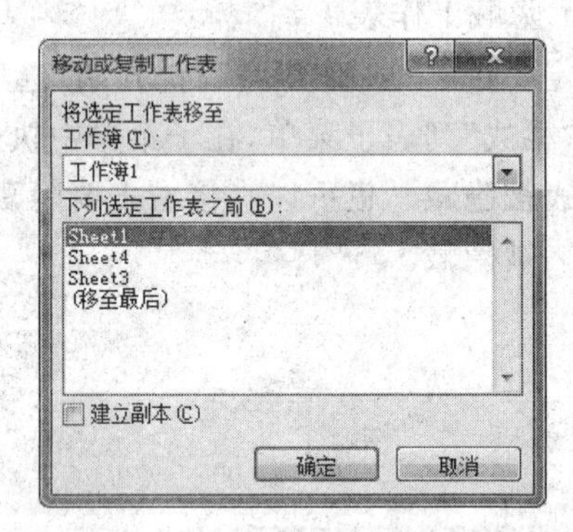

图5-46 “移动或复制工作表”对话框

(3) 也可以通过执行“开始”选项卡|“单元格”命令组|“格式”命令，在“格式”列表子菜单中执行“移动或复制工作表”命令打开“移动或复制工作表”对话框。

【学生同步练习5-2】

(1) 打开工作簿5-1.xls，在该工作簿中复制Sheet1工作表，并将复制后的工作表命名为“学生入学基本信息”。

(2) 按照样文5-2对“学生入学基本信息”工作表进行格式设置，具体要求请参见样文5-2说明的要求。

(3) 设置完成后,保存该工作簿。

【样文 5-2】

	A	B	C	D	E	F	G	H	I	J	K
1	**XXX班学生入学基本信息**										
2	**序号**	**姓名**	**性别**	**民族**	**省份**	**身份证号**	**出生日期**	**政治面貌**	**电话**	**所学专业**	**已交书费**
3	1	李想	男	汉族	甘肃	230315198202190001	1982年2月19日	共青团员	13109120001	网络技术	￥600.00
4	2	雷飞	男	汉族	贵州	310002198509170002	1985年9月17日	群众	13043210002	网络技术	￥450.00
5	3	黎明	男	汉族	海南	250101198307100003	1983年7月10日	共青团员	13300430003	软件技术	￥300.00
6	4	王海洋	男	汉族	河北	112301198409010004	1984年9月1日	共青团员	13005430004	软件技术	￥600.00
7	5	夏小非	女	汉族	河南	101302198306090005	1983年6月9日	共青团员	05338760005	软件技术	￥600.00
8	6	刘畅	男	满族	黑龙江	210400198202240006	1982年2月24日	群众	13104330006	图形图像	￥450.00
9	7	陈欣炎	女	回族	山西	120302198311250007	1983年11月25日	共青团员	13504310007	图形图像	￥600.00
10	8	李越	女	汉族	湖北	310101198309110008	1983年9月11日	共青团员	13507320008	软件技术	￥600.00
11	9	柯丽华	女	达斡尔族	内蒙古	290114198501110009	1985年1月11日	群众	13144500009	商务技术	￥300.00
12	10	彭衬	男	汉族	湖南	320131198409230010	1984年9月23日	共青团员	13905440010	软件技术	￥600.00
13	11	金惠子	女	朝鲜族	吉林	220127198412030011	1984年12月3日	共青团员	04326820011	商务技术	￥600.00

【样文 5-2 说明】

(1) 将 A1:J1 的单元格合并,并使"XXX 班学生入学基本信息"合并居中;设置文字为宋体,16 号字,字形加粗。

(2) 设置标题行:宋体,10 号字,字形加粗;单元格居中。

(3) 在"已交书费"列前插入一列"所学专业",并录入相应数据。

(4) 设置 A3:E13,J3:J13 的单元区域为"居中对齐"方式;F3:F13,HI3:I13 单元区域为"左对齐"方式。

(5) 设置 G3:G13 的单元区域为"右对齐"方式,并设置该区域格式为"XXXX 年 XX 月 XX 日"格式。

(6) 设置 K3:K13 的单元区域为"右对齐"方式,数值格式:货币符号为￥且带有两位小数。

(7) 设置整个表格各单元格的边框为黑色单线,整个表格的外围边框为黑色粗线;设置标题行的下线为双线。

(8) 设置标题行的底纹为浅蓝色。

(9) 对各行宽、列宽进行适当调整。

5.6 打印工作表

1. 页面设置

打印工作表前应先对工作表的页面、页边距、页眉/页脚等进行设置。

选择"页面布局"选项卡,如图 5-47 所示,该选项卡包括"主题"、"页面设置"、"调整为合适大小"、"工作表选项"、"排列"等命令组,各命令组中的命令用于在打印输出前对 Excel 表的页面做各项设置。

1) 设置页面选项

页面选项主要包括纸张的大小、打印方向、缩放比例、起始页码等,通过对这些选项的选择,可以完成纸张大小、起始页码、打印方向等设置工作。

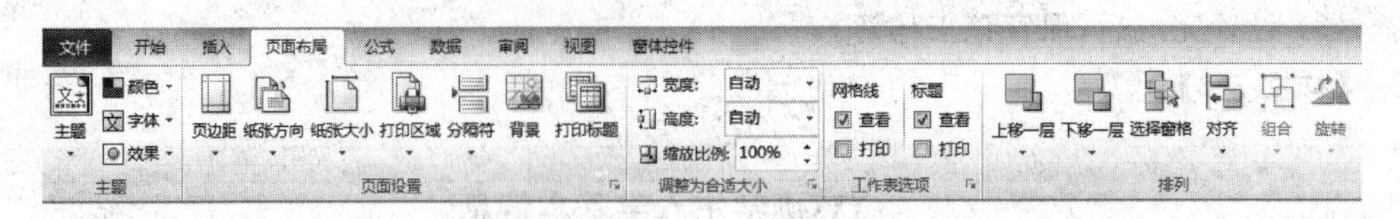

图 5-47 “页面布局”选项卡

在进行页面设置之前,应确保操作系统中已安装了打印机,如未安装打印机,请先添加打印机,否则将无法做页面设置。

设置页面选项的操作步骤如下。

(1) 单击“页面布局”选项卡|“页面设置”启动器,弹出“页面设置”对话框,选择“页面”选项卡,如图 5-48 所示。

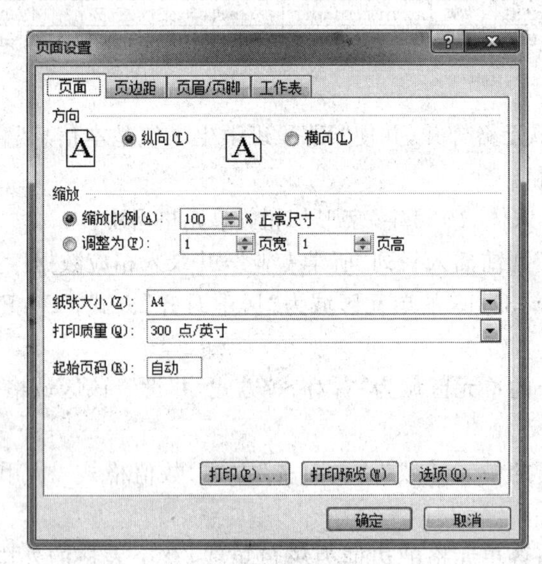

图 5-48 “页面设置”对话框的“页面”选项卡

(2) 对“页面”选项卡可以进行如下设置。

① **方向**:在方向区域可以设置打印纸的方向。“纵向”指打印纸垂直放置,即纸张高度大于宽度;“横向”指打印纸水平放置,即纸张宽度大于高度。一般来说,当需要打印的工作簿有多列时,使用横向打印是最佳的选择。

② **缩放比例**:为了使打印的工作表能更好地适应纸张,可以在此区域调节缩放比例。可以根据实际需要按正常尺寸的百分比进行设置,或设置自动缩放输出内容以便容纳在指定数目的纸张中。

③ **纸张大小**:可以在“纸张大小”下拉列表框中选择所需使用纸张大小。纸张大小的选择取决于实际工作和所用打印机的打印能力。通常默认设置为 A4 打印纸。

④ **打印质量**:可以在“打印质量”列表框中选择所需的打印分辨率,这实际上是改变了打印机的打印分辨率。打印的分辨率越高,打印出来的效果越好,打印的时间越长。打印的分辨率是与打印机的性能有关,当用户所配置的打印机不同时,打印质量的列表框内容是不同的。

⑤ **起始页码**:在“起始页码”文本框中,输入打印所需的工作表开始页的页码,可以改

变开始页的页码。

(3) 以上设置完成后,单击"确定"按钮。

纸张方向的设置也可以通过单击"页面布局"选项卡|"纸张方向"命令来选择"横向"或"纵向";纸张大小的设置可以通过单击"页面布局"选项卡|"纸张大小"命令,在子菜单中选择需要的纸张;缩放比例可以单击"页面布局"标签,在"缩放比例"数字框中输入数值或单击增大缩小按钮设置具体的缩放比例。

2) 设置页边距

页边距指在纸张上打印内容的边界与纸张边沿的距离。利用"页面布局"选项卡|"页边距"命令或"页面设置"对话框的"页边距"选项卡可以对整个纸张的上、下、左、右边距进行设定,还可以设定页眉/页脚距页边的距离。设置页边距的操作步骤如下。

(1) 在如图5-48所示的"页面设置"对话框中选择"页边距"选项卡,如图5-49所示。

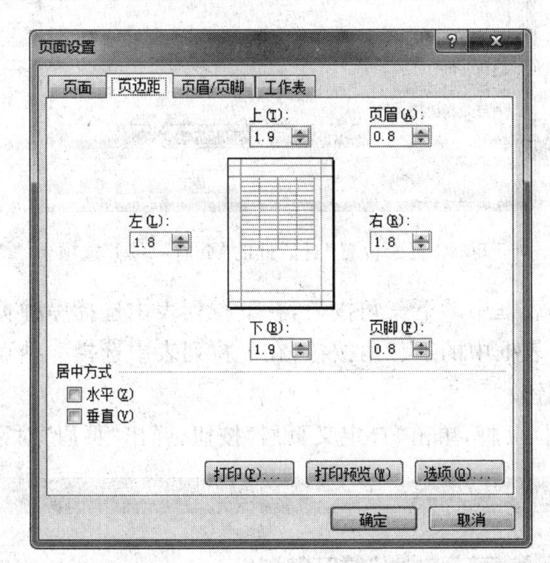

图5-49 "页面设置"对话框的"页边距"选项卡

(2) 在"页边距"选项卡中可以进行如下设置。

① 可以在上、下、左、右各项数据栏中输入数值,确定打印的工作表距页边的距离。在实际工作中当遇到最后一页只包含少量数据时,可以通过调整上、下边距减少一页,以节约纸张。

② 在页眉、页脚栏中输入数值,可以设置页眉和页脚距顶边或底边的距离。

③ 选中"水平居中"复选框可以使数据打印在纸张的左、右边缘之间的中间位置。

④ 选中"垂直居中"复选框可以使数据打印在纸张顶部和底部之间的中间位置。

(3) 以上设置完成后,单击"确定"按钮。

也可以单击"页面布局"选项卡|"页边距"命令,在列表中选择预设好的页边距设置,如没有符合要求的页边距设置,单击列表中的"自定义边距"命令,同样会打开如图5-49所示的"页面设置"对话框中的"页边距"选项卡。

3) 设置页眉/页脚

页眉和页脚分别位于打印页的顶端和底端,用来打印页号、表格名称、作者名称和时间等,设置的页眉页脚不显示在普通视图中,只有在打印预览中可以看到,在打印时能被打印出来。设置页眉/页脚的具体操作步骤如下。

(1) 在“页面设置”对话框中,选择“页眉/页脚”选项卡,如图5-50所示。

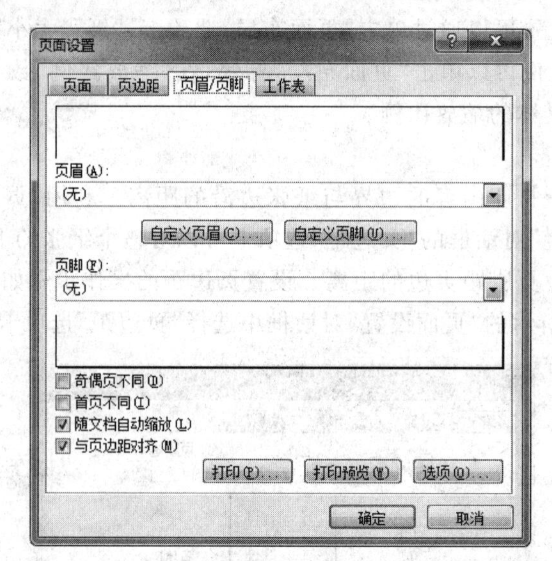

图5-50 “页面设置”对话框的“页眉/页脚”选项卡

(2) 单击“页眉”列表框中的下三角按钮,在下拉列表中选择一种页眉样式。

(3) 单击“页脚”列表框中的下三角按钮,在下拉列表中选择一种页脚样式。

(4) 单击“确定”按钮。

也可以自定义页眉/页脚,单击“自定义页眉”按钮,弹出“页眉”对话框,如图5-51所示。

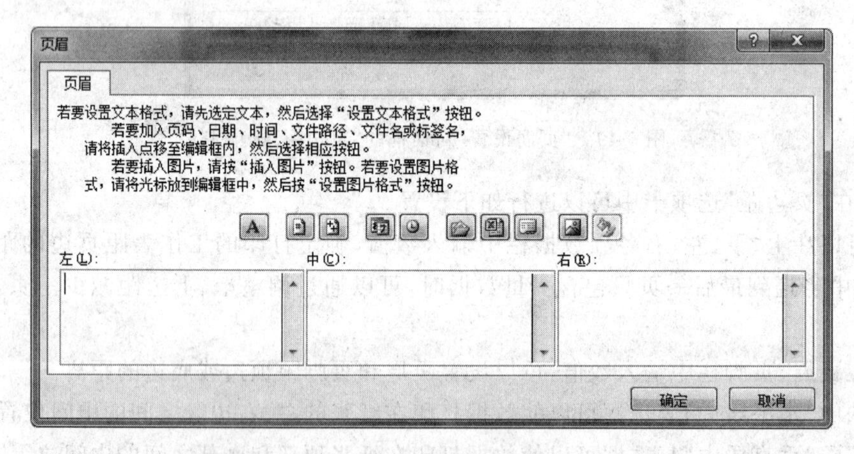

图5-51 “页眉”对话框

“页眉”对话框中各按钮和文本框功能如下。

(1) “左”编辑框:在该编辑框中输入或插入的数据将出现在页眉的左边。

(2) “中”编辑框:在该编辑框中输入或插入的数据将出现在页眉的中间。

(3) “右”编辑框:在该编辑框中输入或插入的数据将出现在页眉的右边。

(4) “字体”按钮 A :单击该按钮将出现“字体”对话框,用于设置页眉的字体格式。

(5)“页码”按钮：单击该按钮在页眉中插入页码。

(6)“总页数”按钮：单击该按钮在页眉中插入总页数。

(7)“日期”按钮：单击该按钮在页眉中插入当前日期。

(8)“时间”按钮：单击该按钮在页眉中插入当前时间。

(9)“路径”按钮：单击该按钮将在页眉中插入当前工作簿的路径和文件名。

(10)“文件名”按钮：单击该按钮在页眉中插入当前工作簿的名称。

(11)“工作表标签名”按钮：单击该按钮在页眉中插入当前工作表标签名称。

(12)“插入图片”按钮：单击该按钮弹出“插入图片”对话框，可以在对话框中选择图片插入到页眉中。

(13)“设置图片格式”按钮：如果在页眉中插入了图片，单击该按钮弹出“设置图片格式”对话框，可以对图片的格式进行设置。

在编辑页眉时，首先将鼠标定位在适当的编辑框中，然后进行文本的输入或单击对话框中的按钮插入相应的内容。自定义页脚的方法和自定义页眉的方法相同，这里就不再介绍。

4）设置工作表选项

“页面设置”对话框的“工作表”选项卡主要包括打印顺序、打印标题行、打印网格线、打印行列标题等选项，通过这些选项可以控制打印的标题行、打印的先后顺序等工作。设置工作表选项卡的具体操作步骤如下。

(1) 在“页面设置”对话框中，选择“工作表”选项卡，如图5-52所示。

图5-52　“页面设置”对话框的“工作表”选项卡

(2) 在“工作表”选项卡中可以对打印工作表进行如下设置。

① **打印区域**：在一般情况下打印区域默认为打印整个工作表，此时“打印区域”文本框内为空。可以通过引用单元格来设置打印作业所要打印的范围。另外，也可以先选定好打印区域，然后单击“页面布局”选项卡|“页面设置”命令组|“打印区域”命令|“设置打印区域”命令预选打印区域。

② **打印标题**：当打印一个较长或较宽的工作表时，常常需要在每一页上都打印标题行

或列标题,这样可以使打印后每一页上都包含行或列标题,可以在“顶端标题行”文本框中进行单元格引用,以确定指定的标题行;还可以在“左端标题列”文本框中进行单元格引用,以确定指定的标题列。

③ **网格线**:设置是否显示描绘每个单元格轮廓的线。

④ **单色打印**:在使用彩色打印机,可以指定在打印中忽略工作表的颜色,以便节约。

⑤ **草稿品质**:一种快速的打印方法,打印过程中不打印网格线、图形和边界。

⑥ **行号列标**:如选择此项,则打印窗口中的行号和列标,通常情况下这些信息是不打印的。

⑦ **批注**:是否对批注进行打印。

⑧ **打印顺序**:如果选择“先列后行”就表示先打印每一页的左边部分,然后再打印右边部分,如果选择“先行后列”就表示在打印下一页的左边部分之前,先打印本页的右边部分。

(3) 设置完成后,单击“确定”按钮。

注意:打印顺序的选择取决于装订打印结果的方式,另外在“工作表”选项卡中进行设置后可以单击“打印预览”按钮,预览设置的情况;还可以单击“打印”按钮直接开始打印工作表。

2. 分页预览

1) 分页预览视图

通常状况下,工作表显示在普通视图下,单击“视图”选项卡|“分页预览”命令后,工作表将处于分页预览视图。分页预览视图是按打印方式显示工作表的编辑视图,可以像在普通视图下一样进行工作,并可以拖曳分页线直接调整各页面的大小。在调整过程中,Excel将会自动按比例调整工作表,使其行、列适合页的大小。

2) 分页符

分页符是为了打印而将一张工作表分为若干单独页的分隔符。通常情况下,Microsoft Excel根据纸张大小、页边距设置、缩放选项和用户插入的任何手动分页符的位置来插入自动分页符。若要以所需的准确页数打印工作表,用户可以在打印该工作表之前调整它里面的分页符。

虽然可以在“普通”视图中对分页符进行处理,但建议使用“分页预览”视图调整分页符,这样就可以看到所做的其他更改(如页面方向和格式设置更改)会如何影响自动分页符。例如,当对行高和列宽做了更改后会对自动分页符的位置产生影响。

若要替代Excel插入的自动分页符,可以插入手动分页符。首先选定需插入分页符的行或列,选择“页面布局”选项卡,单击“页面设置”命令组|“分隔符”命令,在列表子菜单中单击“插入分页符”命令,如图5-53所示。这样在选定的行前或列前将插入一条蓝色实线的手动分页符。

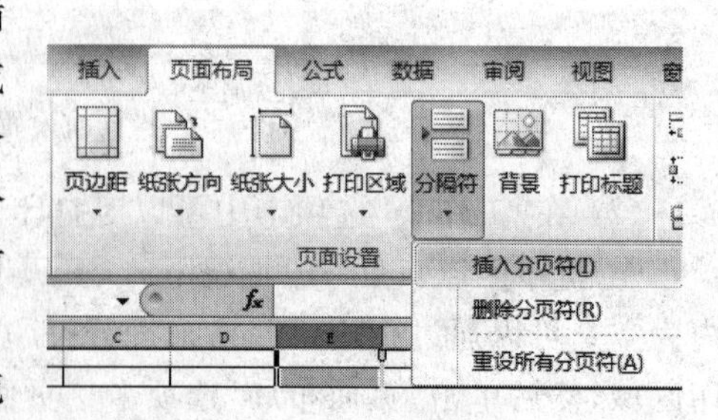

图5-53 “页面布局”选项卡|“分隔符”命令列表

在“分页预览”视图中,手动分页符可通过拖曳进行移动,当拖曳到页面边缘时则会删除手动分页符。在处理完分页符之后,可以返回到“普通"视图。

3）页面布局视图

单击"视图"选项卡|"页面布局"命令，工作表将处于页面布局视图。使用该视图可以看到页面的起始位置和结束位置，并可查看或设置页面上的页眉和页脚。

3. 打印工作表

当设置好页面后，就可进行准备打印。打印前应该进行打印选项设置。

单击"文件"菜单|"打印"命令，显示"打印"选项卡面板，如图 5-54 所示。"打印"选项卡面板的设置与 Word 的打印基本一致，可以在此窗口选择打印的打印机、设置打印份数，也可以在此面板中设置打印的页数、纸张的方向、纸张大小、页边距设置、缩放比例等，如果需要对页面做详细设置，可以单击"页面设置"链接，在"页面设置"对话框中进行相关设置。"打印"选项卡面板的右侧会显示出打印的预览效果，设置完成后，单击"打印"按钮就可以进行打印了。

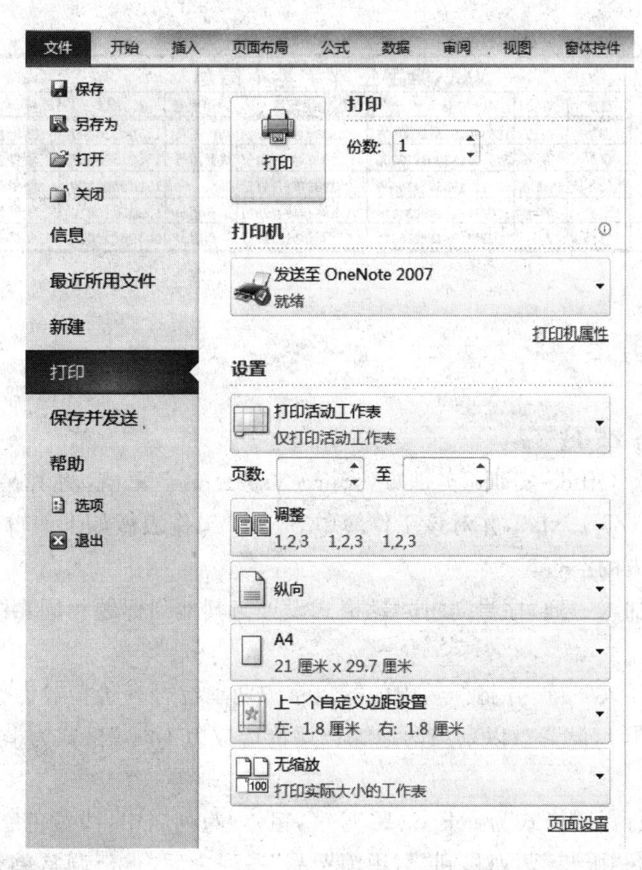

图 5-54 "打印"选项卡面板

【学生同步练习 5-3】

(1) 打开工作簿 5-1. xls，对"学生入学基本信息"工作表进行打印格式设置。

(2) 设置"学生入学基本信息"工作表的打印纸张为 A4，纵向；上下左右边距都为 2.0，页眉页脚边距都为 1.3。

(3) 自定义页眉,页眉内容为:第 &[页码]页 共 &[总页数]页,页眉内容居右。

(4) 在“学生入学基本信息”工作表的“7 陈欣炎”一行之前插入分页线,并设置第 1、2 行为打印标题。

(5) 调整缩放比例,将该工作表打印在两页纸上,预览结果如样文 5-3 所示。

(6) 设置完成后,保存该工作簿。

【样文 5-3】

第1页 共2页

XXX班学生入学基本信息

序号	姓名	性别	民族	省份	身份证号	出生日期	政治面貌	电话	所学专业	已交书费
1	李想	男	汉族	甘肃	230315198202190001	1982年2月19日	共青团员	13109120001	网络技术	¥600.00
2	雷飞	男	汉族	贵州	310002198509170002	1985年9月17日	群众	13043210002	网络技术	¥450.00
3	黎明	男	汉族	海南	250101198307100003	1983年7月10日	共青团员	13300430003	软件技术	¥300.00
4	王海洋	男	汉族	河北	112301198409010004	1984年9月1日	共青团员	13005430004	软件技术	¥600.00
5	夏小非	女	汉族	河南	101302198306090005	1983年6月9日	共青团员	05338760005	软件技术	¥600.00
6	刘畅	男	满族	黑龙江	210400198202240006	1982年2月24日	群众	13104330006	图形图像	¥450.00

第2页 共2页

XXX班学生入学基本信息

序号	姓名	性别	民族	省份	身份证号	出生日期	政治面貌	电话	所学专业	已交书费
7	陈欣炎	女	回族	山西	120302198311250007	1983年11月25日	共青团员	13504310007	图形图像	¥600.00
8	李越	女	汉族	湖北	310101198309110008	1983年9月11日	共青团员	13507320008	软件技术	¥600.00
9	柯丽华	女	达斡尔族	内蒙古	290114198501110009	1985年1月11日	群众	13144500009	商务技术	¥300.00
10	彭衬	男	汉族	湖南	320131198409230010	1984年9月23日	共青团员	13905440010	软件技术	¥600.00
11	金惠子	女	朝鲜族	吉林	220127198412030011	1984年12月3日	共青团员	04326820011	商务技术	¥600.00

独立实训任务 5

【独立实训任务 Z5-1】

打开“学生个人 Office 实训\实训 5\source\s5-1. xls”文档,将其另存为“学生个人 Office 实训\实训 5\Z5-1. xls”,并对该工作簿中 Sheet1 工作表做如下编辑。

(1) 删除表格内的空行。

(2) 在地区前加入一列“序号”,“序号”格式设置与其他列标题相同,并用填充方式设置序号值为“1-10”。

(3) 在标题下插入一行,并将标题中的“(以京沪两地综合评价指数为 100)”移至新插入的行,合并两个标题行,设置“(以京沪两地综合评价指数为 100)”格式为楷体,12 号字,跨列居中,红色字体。

(4) 设置第一行标题格式为:隶书、18 号字,粗体,跨列居中,浅黄色底纹。

(5) 将“食品”和“服装”两列移到“耐用消费品”一列之后,重新调整单元格大小,以适应数据宽度。

(6) 表格中的数据单元格区域设置为数值格式,保留两位小数,右对齐;其他各单元格内容居中。

(7) 为表格设置边框线,格式按样文 Z5-1A 设置。

(8) 将工作表 Sheet1 重命名为“消费调查表”。

(9) 复制消费调查表并命名为"消费调查备份表"。

(10) 在"消费调查备份表"的"石家庄"一行之前插入分页线,并设置标题及表头行(1～3行)为打印标题,在页眉中间设置页眉内容为工作表标签名,设置完成后进行打印预览,具体请参见样文Z5-1B。

【样文 Z5-1A】

	A	B	C	D	E	F	G	H
1	部分城市消费水平抽样调查							
2	(以京沪两地综合评价指数为100)							
3	序号	地区	城市	日常生活用品	耐用消费品	食品	服装	应急支出
4	1	东北	沈阳	91.00	93.30	89.50	97.70	\
5	2	东北	哈尔滨	92.10	95.70	90.20	98.30	99.00
6	3	东北	长春	91.40	93.30	85.20	96.70	\
7	4	华北	天津	89.30	90.10	84.30	93.30	97.00
8	5	华北	唐山	89.20	87.30	82.70	92.30	80.00
9	6	华北	郑州	90.90	90.07	84.40	93.00	71.00
10	7	华北	石家庄	89.10	89.70	82.90	92.70	\
11	8	华东	济南	93.60	90.10	85.00	93.30	85.00
12	9	华东	南京	95.50	93.55	87.35	97.00	85.00
13	10	西北	西安	88.80	89.90	85.50	89.76	80.00

消费调查表 / 消费调查备份表 /

就绪

【样文 Z5-1B】

消费调查备份表

部分城市消费水平抽样调查							
(以京沪两地综合评价指数为100)							
序号	地区	城市	日常生活用品	耐用消费品	食品	服装	应急支出
1	东北	沈阳	91.00	93.30	89.50	97.70	\
2	东北	哈尔滨	92.10	95.70	90.20	98.30	99.00
3	东北	长春	91.40	93.30	85.20	96.70	\
4	华北	天津	89.30	90.10	84.30	93.30	97.00
5	华北	唐山	89.20	87.30	82.70	92.30	80.00
6	华北	郑州	90.90	90.07	84.40	93.00	71.00

消费调查备份表

部分城市消费水平抽样调查							
(以京沪两地综合评价指数为100)							
序号	地区	城市	日常生活用品	耐用消费品	食品	服装	应急支出
7	华北	石家庄	89.10	89.70	82.90	92.70	\
8	华东	济南	93.60	90.10	85.00	93.30	85.00
9	华东	南京	95.50	93.55	87.35	97.00	85.00
10	西北	西安	88.80	89.90	85.50	89.76	80.00

【独立实训任务 Z5-2】

打开"学生个人 Office 实训\实训 5\source\s5-2. xls"文档,将其另存为"学生个人 Office 实训\实训 5\Z5-2. xls",并对该工作簿中 Sheet1 工作表做如下编辑。

(1) 在标题下插入一行,行高为 17.75。

(2) 将"设备"一行移到"通信费"一行之前。

(3) 设置标题"二○○九年预算工作表"格式为:黑体、22 号字,粗体,跨列居中,白色字体;深蓝色底纹。

(4) 设置标题列"账目,项目,…,差额"格式为:粗体,居中。

(5) 表格中的数值单元格区域设置为货币样式,应用货币符号(人民币符号),负值样式为赤字表示,左对齐。

(6) 其他非数值各单元格设置为内容居中。

(7) 设置"－400"单元格:黄色底纹。

(8) 清除"差额"一列中最下方单元格的数据。

(9) 为表格设置边框线,格式按样文 Z5-2 设置。

(10) 将工作表 Sheet1 重命名为"预算表"。

(11) 将预算表移动到工作表 Sheet2 之后。

(12) 在"预算表"的"通信费"一行之前插入分页线,并设置第 1～4 行为打印行标题,在页眉中间设置页眉内容为工作表标签名,设置完成后进行打印预览。

【样文 Z5-2】

	A	B	C	D	E	F	G	H
1			二〇〇九年预算工作表					
2								
3					2008年		2009年	
4			账目	项目	实际支出	预计支出	调配拨款	差额
5			110	薪工	￥164,146.00	￥199,000.00	￥180,000.00	￥19,000.00
6			120	保险	￥58,035.00	￥73,000.00	￥66,000.00	￥7,000.00
7			140	设备	￥4,048.00	￥4,500.00	￥4,250.00	￥250.00
8			311	通信费	￥17,138.00	￥20,500.00	￥18,500.00	￥2,000.00
9			201	差旅费	￥3,319.00	￥3,900.00	￥4,300.00	￥-400.00
10			324	广告	￥902.00	￥1,075.00	￥1,000.00	￥75.00
11			总和		￥247,588.00	￥301,975.00	￥274,050.00	
12								

【独立实训任务 Z5-3】

打开"学生个人 Office 实训\实训 5\source\s5-3. xls"文档,将其另存为"学生个人 Office 实训\实训 5\Z5-3. xls",并对该工作簿中 Sheet1 工作表做如下编辑。

(1) 将表格向右移一列。

(2) 将"纽约"三列与"伦敦"三列互换位置。

(3) 设置标题格式为:仿宋、20 号字,粗体,跨列居中,"(℃)"字号为 14;底纹:图案灰－6.25%。

(4) 表格中的数据单元格区域设置为数值格式,保留一位小数,右对齐;"城市"一行中各城市名分别设置为跨列居中;表格中"取值"一行文字居中。

(5) 将"取值"列的数值依次设置为"一月至十二月";居中。

(6) 设置表格中"城市"一行的底纹为浅黄色,"取值"一行的底纹为浅绿色。

(7) 为表格设置边框线,格式按样文 Z5-3 设置。

(8) 将工作表 Sheet1 重命名为"城市气温表"。

(9) 将城市气温表复制到工作表 Sheet2 中。

(10) 在 Sheet2 的"莫斯科"一列之前插入分页线,在"八月"一行之前插入分页线,并设置第 2～4 行为打印行标题,列 B 为打印列标题,在页眉右边设置页眉内容为工作表标签名,设置完成后进行打印预览。

【样文 Z5-3】

世界城市气温表（℃）

城市	北京			纽约			莫斯科			伦敦		
取值	最高	最低	平均	最高	最低	平均	最高	最低	平均	最高	最低	平均
一月	1.0	-10.0	-4.5	4.0	-3.0	0.5	-9.0	-16.0	-12.5	7.0	2.0	4.5
二月	4.0	-8.0	-2.0	4.0	-2.0	1.0	-5.0	-13.0	-9.0	7.0	2.0	4.5
三月	11.0	-1.0	5.0	9.0	1.0	5.0	0.0	-8.0	-4.0	11.0	9.0	10.0
四月	21.0	7.0	14.0	15.0	6.0	10.5	10.0	1.0	5.5	13.0	4.0	8.5
五月	27.0	13.0	20.0	21.0	12.0	16.5	19.0	8.0	13.5	17.0	7.0	12.0
六月	31.0	15.0	23.0	26.0	17.0	21.5	21.0	10.0	15.5	21.0	11.0	16.0
七月	31.0	21.0	26.0	28.0	20.0	24.0	23.0	13.0	18.0	23.0	13.0	18.0
八月	30.0	20.0	25.0	27.0	19.0	23.0	22.0	12.0	17.0	22.0	12.0	17.0
九月	26.0	14.0	20.0	24.0	16.0	20.0	16.0	7.0	11.5	19.0	11.0	15.0
十月	20.0	6.0	13.0	18.0	10.0	14.0	9.0	3.0	6.0	14.0	8.0	11.0
十一月	9.0	-2.0	3.5	12.0	4.0	8.0	2.0	-3.0	-0.5	9.0	4.0	6.5
十二月	3.0	-8.0	-2.5	5.0	-2.0	1.5	-5.0	-10.0	-7.5	7.0	2.0	4.5

城市气温表 / Sheet2 / Sheet3

就绪

实训6

应用公式和函数

Office Excel 提供了强大的数据计算功能，通过公式和函数可以实现对数据的计算与分析。公式与函数是 Excel 电子表格的核心部分，可以解决许多实际的问题。

(1) 掌握公式的创建、编辑及应用。

(2) 掌握常用函数的应用。

时间安排

教师授课：3 学时，教师采用演练结合方式授课，各部分可以使用授课内容中的案例及"学生同步练习"进行演练。

学生独立实训任务：3 学时，学生完成独立实训任务后教师进行检查评分。

6.1 公式的创建

公式是对工作表中的数值进行计算的等式，公式必须以等号"＝"开始，用于表明其后的字符为公式。紧随其后的是需要运算的元素，各元素之间用运算符分隔。公式可以引用同一工作表中的数据，也可以是同一工作簿中不同工作表的数据，或是其他工作簿的工作表中的数据。使用公式可以进行简单或复杂的计算。

1. 公式运算符

Excel 公式的运算符有以下几类，如表 6-1 所示。

表 6-1 公式中的常用运算符

运算符类型	符 号	含 义
算术运算符	＋，－，*，/，^	加，减，乘，除，乘方
比较运算符	＞，＜，＝＞＝，＜＝，＜＞	大于，小于，等于于等于，小于等于，不等于
文本连接运算符	&	连接字符串

(1) 算术运算符：用于基本的数学运算。

(2) 比较运算符：用来比较两个数值的大小关系，公式返回值为逻辑值 TRUE（真）或 FALSE（假）。

(3) 文本运算符：用来将多个文本连接成组合文本。

2. 公式的创建

创建公式时可以直接在单元格中输入，也可以在编辑栏里面输入，编辑栏输入和单元格输入效果是相同的。下面以计算学生的各科成绩的总分为例，说明在单元格中输入公式的操作步骤。

(1) 首先选择要输入公式的单元格 F2，使用键盘在 F2 单元格或编辑栏中直接输入计算表达式"＝ C2＋D2＋E2"，应注意在输入公式的过程中不能包含空格，如图 6-1 所示。

SUM　=C2+D2+E2

	A	B	C	D	E	F
1	学号	姓名	数学	操作系统	英语	总分
2	0691B001	张三	86	80	85	=C2+D2+E2
3	0691B002	李四	78	82	68	228
4	0691B003	王五	75	68	56	199
5	0691B004	陈天	66	62	60	188
6	0691B005	梁华飞	90	92	88	270
7	0691B006	赵阳阳	67	76	62	205
8	0691B007	刘洋	88	87	83	258

图 6-1　在单元格中输入公式

(2) 按 Enter 键结束，F2 单元格内会显示出计算结果。

输入公式时也可以使用单元格引用的方法输入数据，如打算输入 C2 时可以通过单击 C2 单元格方式实现，此时编辑公式的单元格中将会出现 C2，这表明单元格中的数据已被输入到公式中。

6.2 公式的编辑

1. 公式的修改

建立公式时难免会发生错误，对错误公式的修改操作步骤如下。

(1) 在要修改公式的单元格上双击，此时光标将定位到该单元格中。

(2) 在所选单元格内直接输入新的公式或对原公式进行修改。

(3) 按 Enter 键将完成编辑，按 Esc 键将取消修改。

(4) 通常状况下，公式被修改后可以看到新的计算结果。

2. 公式的移动

可以将已创建好的公式移动到其他的单元格中，从而大大地提高输入效率，具体操作步骤如下。

(1) 选定要移动的公式所在的单元格，把鼠标移动到单元格边框上，当鼠标变为带箭头的十字状时，按住鼠标左键拖曳到目标单元格。

(2) 放开鼠标左键,则原单元格的公式将被移动到目标单元格内。

注意:移动公式时,公式内的单元格引用不会发生改变。

3. 公式的复制

1) 使用选择性粘贴

复制公式的操作方法如下,以 F2 单元格复制公式到 F3 单元格为例。

(1) 单击 F2 单元格使其成为活动单元格,单击"开始"选项卡|"剪贴板"命令组|"复制"按钮,或右击鼠标,在快捷菜单中单击"复制"命令,复制的单元格信息会被送到剪贴板中。

(2) 右击 F3 单元格,在弹出的快捷菜单中的"粘贴选项"区域单击"公式"按钮 或"选择性粘贴"子菜单中的"公式"按钮 ,如图 6-2 所示,则 F2 单元格复制公式到 F3 单元格中,此时 F3 单元格的公式为"=D2+E2+F2"。

(3) 也可以在快捷菜单中单击"选择性粘贴"命令,弹出"选择性粘贴"对话框,如图 6-3 所示。

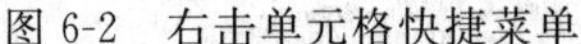
图 6-2 右击单元格快捷菜单

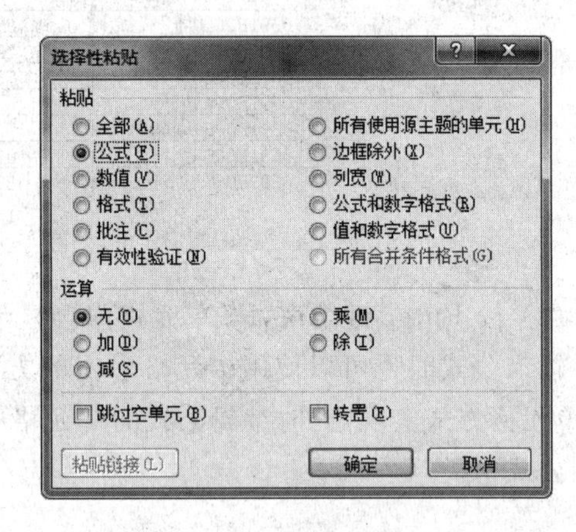

图 6-3 "选择性粘贴"对话框

(4) 在"选择性粘贴"对话框中选中"公式"单选按钮,单击"确定"按钮,完成操作,此时只复制公式而不复制其他内容。

2) 用鼠标填充复制公式

用鼠标填充复制公式,具体操作步骤如下。

(1) 选中含公式的单元格,将鼠标指针指向单元格的右下角填充柄。

(2) 按下鼠标左键并拖曳到目标单元格后放开。此时被鼠标拖过的单元格将会被填充公式,同时计算结果显示出来,显示结果如图 6-4 所示。此时在最后单元格的右下角会显示"自动填充选项"按钮,单击该按钮,会显示"复制单元格"、"仅填充格式"、"不带格式填充"三个选项,默认是"复制单元格",可根据需要进行选择。

注意:当复制公式时,单元格引用将根据所用的引用类型而变化。

3) 公式的选项设置

有时,在公式复制完成后,会出现数据并没有重新计算而导致结果错误的情况,这主要是因为在 Excel 选项中设置的是"手动重算"导致的,发生这种情况时,需要对 Excel 选项中的公式计算选项进行重新设置,操作步骤如下。

F2 =C2+D2+E2

	A	B	C	D	E	F	G	H
1	学号	姓名	数学	操作系统	英语	总分		
2	0691B001	张三	86	80	85	251	416	
3	0691B002	李四	78	82	68	228		
4	0691B003	王五	75	68	56	199		
5	0691B004	陈天	66	62	60	188		
6	0691B005	梁华飞	90	92	88	270		
7	0691B006	赵阳阳	67	76	62	205		
8								
9								
10								
11								
12								

复制单元格(C)
仅填充格式(F)
不带格式填充(O)

图 6-4 公式的复制

(1) 选择“文件”选项卡，然后单击“帮助”下的“选项”命令，打开“Excel 选项”对话框，在对话框中选择“公式”面板，如图 6-5 所示。

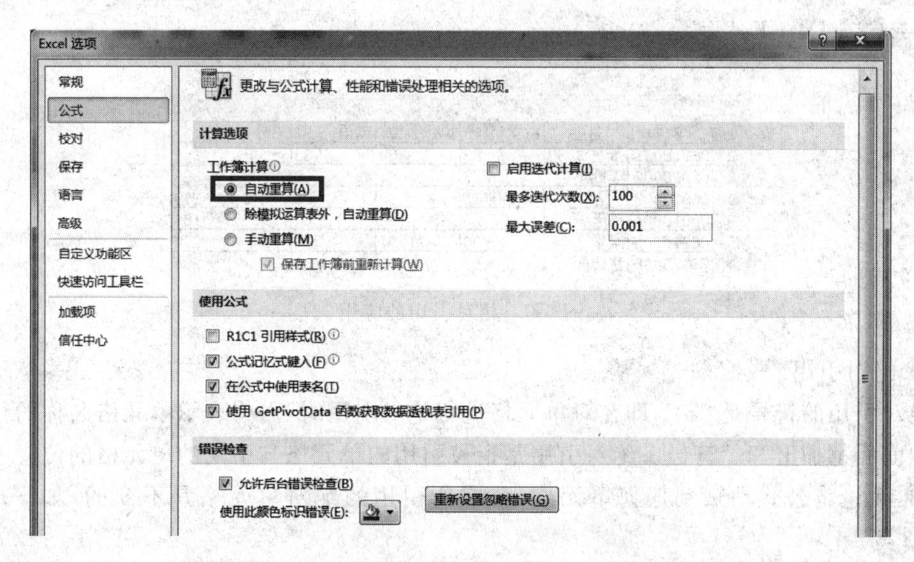

图 6-5 “Excel 选项”对话框的“公式”面板

(2) 在“计算选项”区域选择“自动重算”单选按钮，单击“确定”按钮。这样当公式复制或修改后，系统会进行自动重算。

6.3 公式中的引用

每个单元格都有行、列坐标位置，Excel 将单元格行、列坐标位置称为单元格引用。引用用来标识工作表上的单元格或单元格区域，并指明公式中所使用的数据的位置。

通过引用，可以在公式中使用工作表不同部分的数据，或在多个公式中使用同一个单元格的数值。还可以引用同一个工作簿中不同工作表上的单元格和其他工作簿中的数据。

注意：引用单元格数据以后，公式的运算值将随着被引用的单元格数据变化而变化。当被引用的单元格数据被修改后，公式的运算值将自动修改。

1. 引用的类型

Excel 提供了三种不同的引用类型：相对引用、绝对引用和混合引用。

1）相对引用

相对引用的格式是直接用单元格或单元格区域命名，而不加任何符号，如 A1、D2 等。前边案例中对单元格的引用都是相对引用。使用相对引用后，系统将会记住建立公式的单元格和被引用的单元格的相对位置关系，在粘贴公式时，新的公式单元格和被引用的单元格仍保持这种相对位置。它是基于包含公式和单元格引用的单元格相对位置，如果公式所在单元格的位置改变，引用也随之改变。

例如，在图 6-1 中单元格 F2 使用了相对引用的公式"＝ C2 ＋D2＋E2"，将该公式复制到单元格区域 F3：F7 区域，则被复制公式的单元格数据随着单元格位置的改变而改变，如图 6-6 所示，编辑栏显示的是单元格 F3 的公式"＝ C3＋D3＋E3"，以此类推，单元格 F4 的公式"＝ C4＋D4＋E4"。

F3 fx =C3+D3+E3

	A	B	C	D	E	F
1	学号	姓名	数学	操作系统	英语	总分
2	0691B001	张三	86	80	85	251
3	0691B002	李四	78	82	68	228
4	0691B003	王五	75	68	56	199
5	0691B004	陈天	66	62	60	188
6	0691B005	梁华飞	90	92	88	270
7	0691B006	赵阳阳	67	76	62	205

图 6-6 相对引用的应用

2）绝对引用

绝对引用的符号是"＄"，即在对单元格进行绝对引用时，需将表示单元格名称的行号和列标的前面都加上"＄"符号。绝对引用是指被引用的单元格与引用的单元格的位置关系是绝对的，无论将公式粘贴到任何单元格，公式所引用的绝对单元格是不变的，如＄A＄1、＄D＄2 等。

如图 6-7 所示，要求出每个学生的总评分数，如果在单元格 G2 中依然使用相对引用公式"＝C2＊D2＋E2＊F2"，G2 的结果是正确的，但当将 G2 单元格的公式复制到 G3：G7 区域后，G3 等单元格的值都为 0，显然这是错误的。错误的原因是 G3 单元格的公式为"＝C3＊D3＋E3＊F3"，而 D3 和 F3 是没有值的，因此表达式的值为 0。

G2 fx =C2*D2+E2*F2

	A	B	C	D	E	F	G
1	学号	姓名	平时成绩	平时比例	期末成绩	期末比例	总评分数
2	0691B001	张三	86	0.3	85	0.7	85.3
3	0691B002	李四	78		68		0
4	0691B003	王五	75		56		0
5	0691B004	陈天	66		60		0
6	0691B005	梁华飞	90		88		0
7	0691B006	赵阳阳	67		62		0

图 6-7 错误的相对引用

正确的做法是单元格 G2 中的公式应使用绝对引用公式"＝C2 ＊ ＄D＄2＋E2 ＊ ＄F＄2"，如图 6-8 所示，这样将它复制到单元格 G3：G7 区域时，被复制公式中绝对引用的单元格＄D＄2、＄F＄2的值是不变的，单元格G3中的公式为“＝C3 * ＄D＄2＋E3 * ＄F＄2”，这样才能保证计算结果的正确性。

G2　fx　=C2*$D$2+E2*$F$2

	A	B	C	D	E	F	G
1	学号	姓名	平时成绩	平时比例	期末成绩	期末比例	总评分数
2	0691B001	张三	86		85		85.3
3	0691B002	李四	78		68		71
4	0691B003	王五	75	0.3	56	0.7	61.7
5	0691B004	陈天	66		60		61.8
6	0691B005	梁华飞	90		88		88.6
7	0691B006	赵阳阳	67		62		63.5

图6-8　绝对引用的应用

3）混合引用

若被引用的单元格名称的行号前使用了“＄”符号，而列号前没有使用“＄”符号，则被引用的单元格行的位置是绝对的，而列的位置是相对的，这就是混合引用，如＄E3或E＄3。如果公式所在单元格的位置改变，则相对引用改变，而绝对引用不变。如果是多行多列地复制公式，相对引用自动调整，而绝对引用不做调整。

例如，上例单元格G2中的公式也可被写成混合引用公式“＝C2 * D＄2＋E2 * F＄2”，如图6-9所示，这样将它复制到单元格G3:G7区域时，单元格G3中的公式“＝C3 * D＄2＋E3 * F＄2”，计算结果也是正确的。

G2　fx　=C2*D$2+E2*F$2

	A	B	C	D	E	F	G
1	学号	姓名	平时成绩	平时比例	期末成绩	期末比例	总评分数
2	0691B001	张三	86		85		85.3
3	0691B002	李四	78		68		71
4	0691B003	王五	75	0.3	56	0.7	61.7
5	0691B004	陈天	66		60		61.8
6	0691B005	梁华飞	90		88		88.6
7	0691B006	赵阳阳	67		62		63.5

图6-9　混合引用的应用

2. 同一工作簿其他工作表中单元格的引用

在当前工作簿中可以引用其他工作表的单元格内容。例如，当前工作簿有两个工作表“平时成绩表”和“期末成绩表”，如图6-10所示。

C2　fx

	A	B	C
1	学号	姓名	平时成绩
2	0691B001	张三	86
3	0691B002	李四	78
4	0691B003	王五	75
5	0691B004	陈天	66
6	0691B005	梁华飞	90
7	0691B006	赵阳阳	67

平时成绩表　期末成绩表

D2　fx

	A	B	C	D
1	学号	姓名	期末成绩	总评分数
2	0691B001	张三	85	
3	0691B002	李四	68	
4	0691B003	王五	56	
5	0691B004	陈天	60	
6	0691B005	梁华飞	88	
7	0691B006	赵阳阳	62	

平时成绩表　期末成绩表

图6-10　“平时成绩表”和“期末成绩表”

如果要在“期末成绩表”的D2单元格中引用“平时成绩表”中C2的内容，具体操作步骤如下。

（1）在工作表“期末成绩表”中选择要输入公式的单元格D2。

(2) 输入公式"=平时成绩表!C2＊0.3+期末成绩表!C2＊0.7",如图 6-11 所示。

D2 =平时成绩表!C2*0.3+期末成绩表!C2*0.7

	A	B	C	D	E	F	G
1	学号	姓名	期末成绩	总评分数			
2	0691B001	张三	85	85.3			
3	0691B002	李四	68	71			
4	0691B003	王五	56	61.7			
5	0691B004	陈天	60	61.8			
6	0691B005	梁华飞	88	88.6			
7	0691B006	赵阳阳	62	63.5			

平时成绩表 期末成绩表

图 6-11 引用同一工作簿的其他工作表单元格

(3) 按 Enter 键结束,此时"平时成绩表"中的内容被引用到"期末成绩表"中。使用填充柄进行填充复制公式即可。

注意:工作表名称和感叹号(!)应位于区域引用之前,也可以通过鼠标单击直接选中所要引用工作表中的某个单元格实现引用其他工作表中数据的效果。

3. 不同工作簿中单元格引用

在当前工作表中还可以引用其他工作簿中的单元格或单元格区域的数据,假设现在有两个工作簿:学生平时成绩.xls 和学生期末成绩.xls,分别在这两个工作簿中的 Sheet1 工作表中存放了学生的平时成绩和期末成绩,如图 6-12 所示。

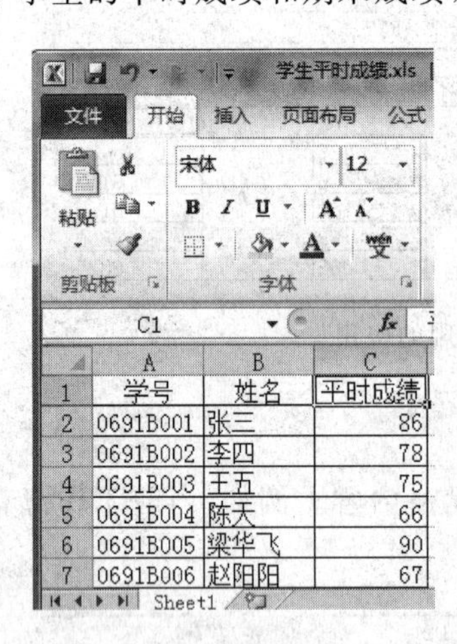

	A	B	C
1	学号	姓名	平时成绩
2	0691B001	张三	86
3	0691B002	李四	78
4	0691B003	王五	75
5	0691B004	陈天	66
6	0691B005	梁华飞	90
7	0691B006	赵阳阳	67

Sheet1

学生期末成绩.xls [兼容模式]

F5

	A	B	C	D
1	学号	姓名	期末成绩	总评分数
2	0691B001	张三	85	
3	0691B002	李四	68	
4	0691B003	王五	56	
5	0691B004	陈天	60	
6	0691B005	梁华飞	88	
7	0691B006	赵阳阳	62	

Sheet1 Sheet2

图 6-12 "学生平时成绩"和"学生期末成绩"工作簿

现要计算出"学生期末成绩"工作簿中 Sheet1 工作表的总评分数,其具体操作步骤如下。

(1) 首先打开"学生期末成绩"和"学生平时成绩"两个工作簿。

(2) 在"学生期末成绩"工作簿的 Sheet1 工作表中选择要进行计算的单元格 D2,在 D2 单元格中输入公式标识符等号"="。

(3) 切换到要被引用的"学生平时成绩"工作簿中的 Sheet1 工作表,单击要引用的单元格 C2,回到"学生期末成绩"工作簿的当前工作表,此时工作表单元格内显示出所引用的内容"=[学生平时成绩.xls]Sheet1!$C$2",然后在编辑栏中输入"＊0.3+",用鼠标选择当前工作表的 C2 单元格在编辑栏中输入“＊0.7”，按 Enter 键。此时在编辑栏中输入的公式为“＝[学生平时成绩.xls]Sheet1！＄C＄2＊0.3＋C2＊0.7”，如图 6-13 所示。

学生期末成绩.xls [兼容模式] - Microsoft Excel

文件　开始　插入　页面布局　公式　数据　审阅　视图　窗体控件

粘贴　宋体　12　常规　样式　插入　删除　格式

剪贴板　字体　对齐方式　数字　单元格

D2　=[学生平时成绩.xls]Sheet1!$C$2*0.3+C2*0.7

	A	B	C	D	E	F	G	H
1	学号	姓名	期末成绩	总评分数				
2	0691B001	张三	85	85.3				
3	0691B002	李四	68					
4	0691B003	王五	56					
5	0691B004	陈天	60					
6	0691B005	梁华飞	88					
7	0691B006	赵阳阳	62					

Sheet1　Sheet2　Sheet3

图 6-13　不同工作簿单元格的引用

注意：对不同工作簿的单元格引用时，默认的是绝对引用。

对本例应对公式进行修改，将绝对引用改为相对引用，即 D2 单元格的公式应改为“＝[学生平时成绩.xls]Sheet1！C2＊0.3＋C2＊0.7”，如图 6-14 所示。最后用填充柄填充复制 D2 单元格的公式即可。

学生期末成绩.xls [兼容模式] - Microsoft Excel

文件　开始　插入　页面布局　公式　数据　审阅　视图　窗体控件

粘贴　宋体　12　常规　样式　插入　删除　格式

剪贴板　字体　对齐方式　数字　单元格

D2　=[学生平时成绩.xls]Sheet1!C2*0.3+C2*0.7

	A	B	C	D	E	F	G
1	学号	姓名	期末成绩	总评分数			
2	0691B001	张三	85	85.3			
3	0691B002	李四	68	71			
4	0691B003	王五	56	61.7			
5	0691B004	陈天	60	61.8			
6	0691B005	梁华飞	88	88.6			
7	0691B006	赵阳阳	62	63.5			

Sheet1　Sheet3

图 6-14　修改后的不同工作簿单元格的引用

【学生同步练习 6-1】

(1) 将“学生个人 Office 实训\实训 6\source\s6-1.xls”复制到“学生个人 Office 实训\实训 6”文件夹下，并将其重命名为 6-1.xls。

(2) 打开 6-1.xls 工作簿，设置 E3:E11 为货币格式，保留两位小数。

(3) 对每本书的库存量和销售额进行计算，其中“库存量＝进货量－销售量”，“销售额＝销售量＊书籍单价”。计算后工作表的样式如样文 6-1 所示。

(4) 计算完成后，保存该工作簿。

【样文 6-1】

	A	B	C	D	E	F	G
1	12月书籍销售信息						
2	序号	书籍名	进货量	销售量	书籍单价	库存量	销售额
3	1	计算机应用基础	1000	830	¥ 32.00	170	¥ 26,560.00
4	2	操作系统原理	500	320	¥ 28.00	180	¥ 8,960.00
5	3	数据库原理	600	480	¥ 23.80	120	¥ 11,424.00
6	4	Office办公软件	1500	1000	¥ 25.00	500	¥ 25,000.00
7	5	英语	500	250	¥ 23.50	250	¥ 5,875.00
8	6	高等数学	400	250	¥ 25.20	150	¥ 6,300.00
9	7	电路基础	300	180	¥ 18.90	120	¥ 3,402.00
10	8	AutoCAD	450	320	¥ 31.00	130	¥ 9,920.00
11	9	Photoshop 8.0	650	460	¥ 33.50	190	¥ 15,410.00

【学生同步练习 6-2】

(1) 将"学生个人 Office 实训\实训 6\source\书籍进货信息.xls"和"书籍销售信息.xls"复制到"学生个人 Office 实训\实训 6"文件夹中。

(2) 打开这两个工作簿,计算出"书籍销售信息"工作簿中的剩余库存量、销售额、销售利润的列值。其中:

"剩余库存量=进货量-销售量"

"销售额=销售量*销售单价"

"销售利润=销售量*(销售单价-进货单价)"

计算后工作表的样式如样文 6-2 所示。

(3) 计算完成后,保存该工作簿。

【样文 6-2】

	A	B	C	D	E	F	G
1	12月书籍销售信息						
2	序号	书籍名	销售量	销售单价	剩余库存量	销售额	销售利润
3	1	计算机应用基础	830	¥ 32.00	170	¥ 26,560.00	¥ 3,071.00
4	2	操作系统原理	320	¥ 28.00	180	¥ 8,960.00	¥ 1,216.00
5	3	数据库原理	480	¥ 23.80	120	¥ 11,424.00	¥ 2,112.00
6	4	OFFICE办公软件	1000	¥ 25.00	500	¥ 25,000.00	¥ 2,700.00
7	5	英语	250	¥ 23.50	250	¥ 5,875.00	¥ 925.00
8	6	高等数学	250	¥ 25.20	150	¥ 6,300.00	¥ 875.00
9	7	电路基础	180	¥ 18.90	120	¥ 3,402.00	¥ 630.00
10	8	AUTOCAD	320	¥ 31.00	130	¥ 9,920.00	¥ 1,184.00
11	9	Photoshop 8.0	460	¥ 33.50	190	¥ 15,410.00	¥ 2,070.00

6.4 常用函数的应用

函数是一些预定义的特殊公式,通过传递参数的特定数值来按特定顺序或结构执行计算,函数的参数是函数进行计算所必需的初始值,使用函数时,把参数传递给函数,而函数按特定的程序对参数进行计算,把计算结果返回给用户。Excel 提供大量的内置函数以供调用,如求最大值函数、求平均值函数、求和函数等。在公式中合理地使用函数,可以大大节省用户的输入时间,简化公式的输入。

1. 函数的分类

Excel 提供的内置函数就其功能来看,分为以下几种类型。

(1) **数据库函数**:用于分析数据清单中的数值是否符合特定条件。

（2）**日期和时间函数**：用于分析和处理日期和时间值，如 NOW()函数等。

（3）**数学和三角函数**：可以处理简单和复杂的数学计算，如 INT()、SUM()函数等。

（4）**文本函数**：用于在公式中处理字符串，如 TEXT()函数等。

（5）**逻辑函数**：使用逻辑函数可以进行真假值判断，如 IF()函数等。

（6）**统计函数**：可以对选定区域的数据进行统计分析，如 average()、max()、min()、count()函数等。

（7）**工程函数**：用于工程分析。

（8）**信息函数**：用于确定存储在单元格中的数据类型。

（9）**财务函数**：可以进行一般的财务计算。

2. 函数的应用

函数是公式表达式的一部分，与使用公式的方法相似，在输入公式前依然要先输入等号“＝”，然后跟着计算公式或函数，函数的名称后要紧跟着一对括号，括号内为一或多个参数，参数之间要用逗号来分隔。如求和函数的表达式为“＝SUM（Al:B10）”，此函数将计算 A1～B10 区域的数值总和，其中 SUM 为“求和”函数的名称，A1:B10 是 SUM 函数的参数。

如果不能确定函数的拼写或参数，可以使用函数向导插入函数。如图 6-15 所示，以求学生的各科成绩总分为例讲解函数的应用方法。

	A	B	C	D	E	F
1	学号	姓名	数学	操作系统	英语	总分
2	0691B001	张三	86	80	85	
3	0691B002	李四	78	82	68	
4	0691B003	王五	75	68	56	
5	0691B004	陈天	66	62	60	
6	0691B005	梁华飞	90	92	88	
7	0691B006	赵阳阳	67	76	62	

图 6-15 学生的各科成绩

使用函数的具体操作步骤如下。

（1）首先选择要插入函数的单元格 F2。

（2）单击编辑栏上的“插入函数”按钮 *fx*，或者单击“开始”选项卡|“编辑”命令组|“自动求和”下三角按钮|“其他函数”命令，弹出“插入函数”对话框，如图 6-16 所示。

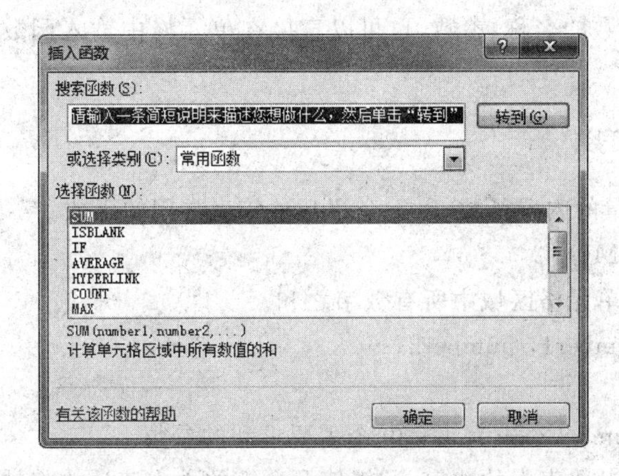

图 6-16 “插入函数”对话框

(3) 在“或选择类别”下拉列表框中选择所需的函数类型,这里选“常用函数”,在“选择函数”列表框中选择要使用的函数,这里选 SUM 求和函数,当选定该函数时,在对话框的下边会显示该函数的格式及功能说明,单击“确定”按钮,弹出“函数参数”对话框,如图 6-17 所示。

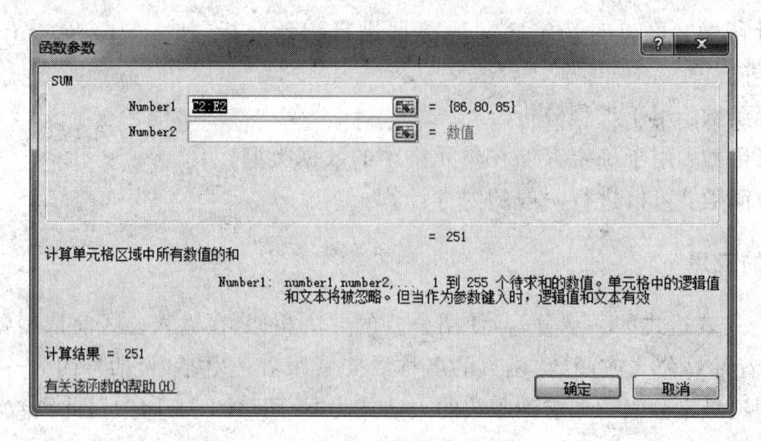

图 6-17 “函数参数”对话框

(4) 单击 Number1 文本框右侧的折叠按钮,使用鼠标选择所需单元格区域 C2:E2,单击折叠按钮返回“函数参数”对话框,单击“确定”按钮,结果显示在 F2 单元格内,如图 6-18 所示,在编辑栏将显示出求和公式“=SUM(C2:E2)”。

F2 fx =SUM(C2:E2)

	A	B	C	D	E	F
1	学号	姓名	数学	操作系统	英语	总分
2	0691B001	张三	86	80	85	251
3	0691B002	李四	78	82	68	228
4	0691B003	王五	75	68	56	199
5	0691B004	陈天	66	62	60	188
6	0691B005	梁华飞	90	92	88	270
7	0691B006	赵阳阳	67	76	62	205

图 6-18 使用函数的计算结果

(5) 最后使用填充柄填充复制该计算公式到 F3:F7 单元区域中即可。

如果能够记住函数的名称、参数,也可以直接在单元格中输入函数,其输入方法与公式的输入相同。

3. 常用的几种函数

Excel 提供了大量的内置函数,以下介绍几种较为常用的函数。

1) 求和函数 SUM()

功能:返回某一单元格区域中所有数字之和。

语法:SUM (number1, number2,…)

说明:

(1) number1,number2,…为 1~30 个需要求和的参数。

(2) 直接输入到参数表中的数字、逻辑值及数字的文本表达式将被计算。

(3) 如果参数为数组或引用,只有其中的数字将被计算,而数组或引用中的空白单元格、逻辑值、文本或错误值将被忽略。

(4) 如果参数为错误值或为不能转换成数字的文本,将会导致错误。

2) 求平均值函数 AVERAGE()

功能:对所有参数求其平均值。

语法:AVERAGE(a1,a2,…)

说明:a1,a2,… 为 1~30 个求平均值的参数。其他基本与 SUM()函数一致。

3) 求最大值函数 MAX()

功能:求所有参数中最大的数值。

语法:MAX (number1, number2,…)

说明:number1, number2,…是要从中找出最大值的 1~30 个的数字参数。

4) 求最小值函数 MIN()

功能:求所有参数中最小的数值。

语法:MIN(number1, number2,…)

说明:number1, number2,…是要从中找出最小值的 1~30 个的数字参数。

5) 取整函数 INT()

功能:将数值向下舍入到最接近的整数。

语法:INT (number)

说明:number 是需要进行向下舍入取整的实数。

6) 条件函数 IF()

功能:执行真假值判断,根据逻辑计算的真假值,返回不同结果。

语法:IF(logical_test,value_if_true,value_if_false)

说明:

(1) logical_test: 关系表达式,表示计算结果为 TRUE 或 FALSE 的任意值或表达式。

(2) value_if_true: 当 logical_test 为 TRUE 时返回的值或其他公式。

(3) value_if_false: 当 logical_test 为 FALSE 时返回的值或其他公式。

(4) IF 函数可以嵌套 7 层,用 value_if_false 及 value_if_true 参数可以构造复杂的检测条件。

7) 条件求和函数 SUMIF()

功能:根据指定条件对若干单元格求和。

语法:SUMIF(range,criteria,sum_range)

说明:

(1) range: 为用于条件判断的单元格区域。

(2) criteria: 为确定哪些单元格将被相加求和的条件,其形式可以为数字、表达式或文本。例如,条件可以表示为 32、"32"、">32" 或 "apples"。

(3) sum_range: 是需要求和的实际单元格。

(4) 只有在区域中相应的单元格符合条件的情况下,sum_range 中的单元格才求和; 如果忽略了 sum_range,则对区域中的单元格求和。

8）条件计数函数 COUNTIF()

功能：计算区域中满足给定条件的单元格的个数。

语法：COUNTIF(range,criteria)

说明：

(1) range：为需要计算其中满足条件的单元格数目的单元格区域。

(2) criteria：为确定哪些单元格将被计算在内的条件，其形式可以为数字、表达式、单元格引用或文本。例如，条件可以表示为 32、"32"、">32" 、"apples" 或 B4。

9）多文本连接函数 CONCATENATE()

功能：将几个文本字符串合并为一个文本字符串。

语法：CONCATENATE (text1,text2,…)

说明：

(1) text1, text2, …：为 1～30 个将要合并成单个文本项的文本项。这些文本项可以为文本字符串、数字或对单个单元格的引用。

(2) 也可以用 &(和号)运算符代替函数 CONCATENATE 实现文本项的合并。

10）数值转换为文本函数 TEXT()

功能：可将数值转换为文本，并可使用户通过使用特殊格式字符串来指定显示格式。需要以可读性更高的格式显示数字或需要合并数字、文本或符号时，此函数很有用。

语法：TEXT(value, format_text)

说明：

(1) value：必需项。数值、计算结果为数值的公式，或对包含数值的单元格的引用。

(2) format_text：必需项。使用双引号括起来作为文本字符串的数字格式，例如，"m/d/yyyy" 或 "#,##0.00"。常用的数值格式准则如下。

① 显示小数位和有效位：若要设置分数或含有小数点的数字的格式，需在 format_text 参数中设置如表 6-2 所示代码。

表 6-2 显示小数位和有效位格式准则表

占位符	说　明
0(零)	如果数字的位数少于格式中零的数量，则显示非有效零。例如，如果输入 8.9，但要将其显示为 8.90，请使用格式 #.00
#	按照与 0(零)相同的规则执行操作。但是，如果输入的数字在小数点任一侧的位数均少于格式中 # 符号的数量，Excel 不会显示多余的零。例如，如果自定义格式为 #.## 且在单元格中输入了 8.9，则会显示数字 8.9
?	按照与 0(零)相同的规则执行操作。但是，对于小数点任一侧的非有效零，Excel 会加上空格，使得小数点在列中对齐。例如，自定义格式 0.0? 会对齐列中数字 8.9 和 88.99 的小数点
.(句点)	在数字中显示小数点

② 日期和时间格式准则：若要将数字显示为日期格式(如日、月和年)或显示时间格式(如小时、分钟和秒钟)等，需在 format_text 参数中设置如表 6-3 所示代码。

表 6-3　日期时间格式准则表

占位符	说　明
m	将月显示为不带前导零的数字
mm	根据需要将月显示为带前导零的数字
mmmm	将月显示为完整名称(January 到 December)
d	将日显示为不带前导零的数字
dd	根据需要将日显示为带前导零的数字
ddd	将日显示为缩写形式(Sun 到 Sat)
dddd	将日显示为完整名称(Sunday 到 Saturday)
yy	将年显示为两位数字
yyyy	将年显示为 4 位数字
h	将小时显示为不带前导零的数字
hh	根据需要将小时显示为带前导零的数字。如果格式含有 AM 或 PM,则基于 12h 制显示小时；否则,基于 24h 制显示小时
m	将分钟显示为不带前导零的数字。 注释：m 或 mm 代码必须紧跟在 h 或 hh 代码之后或紧跟在 ss 代码之前；否则,Excel 会显示月份而不是分钟
mm	根据需要将分钟显示为带前导零的数字。 注释：m 或 mm 代码必须紧跟在 h 或 hh 代码之后或紧跟在 ss 代码之前；否则,Excel 会显示月份而不是分钟
s	将秒显示为不带前导零的数字
ss	根据需要将秒显示为带前导零的数字

4. 函数应用实例

下面用如图 6-19 所示的学生成绩工作表实例形式讲解函数的具体应用。

	A	B	C	D	E	F	G
1	学号	姓名	数学	操作系统	英语	总分	个人平均分
2	0691B001	张三	86	80	85	251	
3	0691B002	李四	78	82	68	228	
4	0691B003	王五	75	68	56	199	
5	0691B004	陈天	66	62	60	188	
6	0691B005	梁华飞	90	92	88	270	
7	0691B006	赵阳阳	67	76	62	205	
8	最高分						
9	最低分						
10	各科平均分						
11	各科总评						

图 6-19　学生成绩工作表

1）利用 MAX 函数求各科最高分

（1）首先选择要插入函数的单元格 C8,单击“插入函数”按钮 fx 。

（2）在“插入函数”对话框中选择“统计”类中的 MAX 函数,单击“确定”按钮,弹出“函数参数”对话框。

（3）单击 Number1 文本框右侧的折叠按钮,弹出“函数参数”对话框,使用鼠标选择所需单元格区域 C2:C7,再单击“函数参数”对话框的折叠按钮,返回“函数参数”对话框。

(4) 单击“确定”按钮,在C8中将会出现计算的结果。

(5) 利用公式的复制方法或填充柄填充复制公式到D8:E8区域,求出其他科目中最大值,计算结果如图6-20所示。

C8 =MAX(C2:C7)

	A	B	C	D	E	F	G
1	学号	姓名	数学	操作系统	英语	总分	个人平均分
2	0691B001	张三	86	80	85	251	84
3	0691B002	李四	78	82	68	228	76
4	0691B003	王五	75	68	56	199	66
5	0691B004	陈天	66	62	60	188	63
6	0691B005	梁华飞	90	92	88	270	90
7	0691B006	赵阳阳	67	76	62	205	68
8	最高分		90	92	88		
9	最低分		66	62	56		
10	各科平均分		77.00	76.67	69.83		
11	各科总评		中	中	及格		
12	各科高于85分的人数		2	1	2		

图6-20 学生成绩工作表的计算结果

2) 利用MIN函数求各科最低分

计算各科最低分使用的函数为MIN(),其计算过程与最高分的计算方法基本一样,在此略述。

3) 利用AVERAGE函数求各科平均分

利用AVERAGE函数求均值,具体操作步骤如下。

(1) 选择要插入函数的单元格C10,单击“插入函数”按钮 fx 。

(2) 在“插入函数”对话框中选择“常用函数”中的AVERAGE命令,单击“确定”按钮,弹出“函数参数”对话框。

(3) 单击Number1文本框右侧的折叠按钮,弹出“函数参数”对话框,使用鼠标选择所需单元格区域C2:C7,再单击“函数参数”对话框的折叠按钮,返回“函数参数”对话框。

(4) 单击“确定”按钮,在C10中将会出现计算的结果。

(5) 利用公式的复制方法或填充柄填充复制公式到D10:E10区域,求出其他科目的平均分值,如图6-20所示。

注意:由于平均分可能带有小数,因此计算后可设置C10:E10区域的格式,在此设置为两位小数。

4) 利用AVERAGE函数求各人平均分并四舍五入取整

图6-20中的个人平均分是使用AVERAGE函数求得平均分后又运用INT函数进行了四舍五入的取整,其中单元格G2的公式为:“=INT(AVERAGE(C2:E2)+0.5)”,即AVERAGE(C2:E2)的计算结果继续作为INT函数的参数。在计算完成后使用填充柄填充复制公式到G3:G7区域,求出其他人的平均分。

5) 利用IF函数求各科总评

对各科总评的计算函数较为复杂,在此使用了IF函数及函数嵌套。假设对各科总评的要求是:如果某科平均分大于等于90,则显示“优”;否则大于等于80,则显示“良”;大于等于70,则显示“中”;大于等于60,则显示“及格”;否则显示“不及格”。

根据以上要求,单元格C11的计算公式为“=IF(C10>=90,"优",IF(C10>=80,

"良",IF(C10>=70,"中",IF(C10>=60,"及格","不及格"))))",计算结果如图 6-21 所示。

C11　=IF(C10>=90,"优",IF(C10>=80,"良",IF(C10>=70,"中",IF(C10>=60,"及格","不及格"))))

	A	B	C	D	E	F	G	H	I	J	K
1	学号	姓名	数学	操作系统	英语	总分	个人平均分				
2	0691B001	张三	86	80	85	251	84				
3	0691B002	李四	78	82	68	228	76				
4	0691B003	王五	75	68	56	199	66				
5	0691B004	陈天	66	62	60	188	63				
6	0691B005	梁华飞	90	92	88	270	90				
7	0691B006	赵阳阳	67	76	62	205	68				
8	最高分		90	92	88						
9	最低分		66	62	56						
10	各科平均分		77.00	76.67	69.83						
11	各科总评		中	中	及格						
12	各科高于85分的人数		2	1	2						

图 6-21　IF 函数的嵌套使用

注意,在输入公式时,括号一定要成对,且各符号只能是英文状态下的符号,否则公式将出错,无法得到正确结果。

6) 利用 COUNTIF 函数求各科大于等于 85 分的人数

根据要求,可以用 COUNTIF()函数求出各科大于等于 85 分的人数,如图 6-22 所示,单元格 C12 的计算公式为"=COUNTIF(C2:C7,">=85")",系统将对 COUNTIF()函数指定的数据区域 C2:C7 的数据逐一判断是否大于等于 85,如果满足条件则计数器加 1,直到对指定区域判断完成。在计算完成后使用填充柄填充复制公式到 D12:E12 区域,可以求出其他两门课高于 85 分的人数。

C12　=COUNTIF(C2:C7,">=85")

	A	B	C	D	E	F	G
1	学号	姓名	数学	操作系统	英语	总分	个人平均分
2	0691B001	张三	86	80	85	251	84
3	0691B002	李四	78	82	68	228	76
4	0691B003	王五	75	68	56	199	66
5	0691B004	陈天	66	62	60	188	63
6	0691B005	梁华飞	90	92	88	270	90
7	0691B006	赵阳阳	67	76	62	205	68
8	最高分		90	92	88		
9	最低分		66	62	56		
10	各科平均分		77.00	76.67	69.83		
11	各科总评		中	中	及格		
12	各科高于85分的人数		2	1	2		

图 6-22　COUNTIF 函数的使用

【学生同步练习 6-3】

(1) 将"学生个人 Office 实训\实训 6\source\s6-3. xls"复制到"学生个人 Office 实训\实训 6"文件夹中,并重命名为 6-3. xls。

(2) 打开这个工作簿,计算出 Sheet1 工作表中的销售额,最高销量/额,最低销量/额,平均销售量/额,销售业绩。其中销售业绩是根据销售量计算出来的,要求销售量高于 500 的业绩为"优秀",销售量在 400～499 的业绩为"良好",销售量在 300～399 的业绩为"中",销售量在 200～299 的业绩为"一般",销售量少于 200 的业绩为"较差"。

(3) 计算出单价在 30 元以上的书籍的总销售量。

(4) 统计出销售业绩分别为"优秀"、"良好"、"中"、"一般"、"较差"各档次的人数。

(5) 计算后的结果如样文 6-3 所示,计算完成后,保存该工作簿。

【样文 6-3】

	A	B	C	D	E	F
1	12月书籍销售信息					
2	序号	书籍名	销售量	销售单价	销售额	销售业绩
3	1	计算机应用基础	830	¥ 32.00	¥ 26,560.00	优秀
4	2	操作系统原理	320	¥ 28.00	¥ 8,960.00	中
5	3	数据库原理	480	¥ 23.80	¥ 11,424.00	良好
6	4	OFFICE办公软件	1000	¥ 25.00	¥ 25,000.00	优秀
7	5	英语	250	¥ 23.50	¥ 5,875.00	一般
8	6	高等数学	250	¥ 25.20	¥ 6,300.00	一般
9	7	电路基础	180	¥ 18.90	¥ 3,402.00	较差
10	8	AUTOCAD	320	¥ 31.00	¥ 9,920.00	中
11	9	Photoshop 8.0	460	¥ 33.50	¥ 15,410.00	良好
12	最高销量/额		1000		¥ 26,560.00	
13	最低销量/额		180		¥ 3,402.00	
14	平均销售量/额		454.44		¥ 12,539.00	
15	单价30元以上书籍的总销售量		1610			
16	销售业绩各档次人数	优秀	2			
17		良好	2			
18		中	2			
19		一般	2			
20		较差	1			

独立实训任务 6

【独立实训任务 Z6-1】

(1) 打开"学生个人 Office 实训\实训 6\source\s6-4. xls"文档，将其另存为"学生个人 Office 实训\实训 6\Z6-1. xls"，并对该工作簿中"课程设置及教学进程表"和"教学活动周数与应修学分统计表"两个工作表分别进行计算。

(2) "教学活动周数与应修学分统计表"计算结果如样文 Z6-1A 所示，相应的计算公式如下。

① "学期教学周数"列的值＝"课程设置及教学进程表"中各学期的周数。

② "课堂教学"列的值＝"学期教学周数"－"考试"周数－"实习与课程设计"周数。

③ "合计"值＝各相应列的和。

(3) "课程设置及教学进程表"计算结果如样文 Z6-1B 所示，相应的计算公式如下：

① "总学时"列的值＝ $\sum$ 各学期周数×课程周学时。

② "小计"值＝各类课程相应列之和。

③ "必修课合计"值＝各类课程"小计"之和。

(4) 计算完成后，保存该工作簿。

【样文 Z6-1A】

教学活动周数与应修学分统计表

学年	学期	学期教学周数	课堂教学	考试	实习与课程设计		
					周	学分	内　　容
I	1	15	11	1	3	3	军训
	2	17	11	2	4	4	Access1周、Office1周、组装组网2周
II	3	18	14	2	2	2	C语言与Access设计2周
	4	17	11	2	4	4	网络综合设计1周、综合程序设计3周
III	5	17	13	2	2	2	Java程序设计2周
	6	16	10	2	4	4	Web程序设计4周
IV	7	15	10	1	4	4	毕业实习5周
	8	17	17				社会实践4周、毕业设计13周
合计		132	97	12	23		

【样文 Z6-1B】

	A	B	C	D	E	F	G	H	I	J	K	L	M
1	课程设置及教学进程表												
2			四年制本科 **软件工程** 专业										
3	课程分类	课程编号	课程名称	总学时	总学分	学期学时分配							
4						1	2	3	4	5	6	7	8
5						15	17	18	17	17	16	15	17
6						周	周	周	周	周	周	周	周
7	公共课	1	思想道德修养	60	3	4							
8		2	法律基础	34	2		2						
9		3	马克思主义哲学原理	54	3			3					
10		4	马克思主义政治经济学原理	51	2.5				3				
11		5	毛泽东思想概论	34	2					2			
12		6	邓小平理论和三个代表	64	4						4		
13		7	体育与健康	200	10	2	2	2	2	2	2		
14		8	英语(A)	90	4.5	6							
15		9	英语(B)	102	6		6						
16		10	英语(C)	72	3.5			4					
17		11	英语(D)	68	3.5				4				
18		12	高等数学(A)	90	4.5	6							
19		13	高等数学(B)	68	4		4						
20		14	工程数学(A)	72	5.5			4					
21		15	工程数学(B)	68	3.5				4				
22		16	大学物理	72	4			4					
23		17	物理实验	36	1			2					
24		18	军事理论	30	2							2	
25			小计	1265	68.5	18	14	19	13	4	6	2	
26	基础课	1	计算机基础	60	3	4							
27		2	C语言程序设计(A)	60	3	4							
28		3	C语言程序设计(B)	51	3		3						
29		4	关系数据库(Access)	68	3.5		4						
30		5	电子技术基础	85	4.5		5						
31			小计	324	17	8	12						
32	专业课	1	网页设计	60	2	4							
33		2	VC++语言程序设计(A)	90	3.5			5					
34		3	VC++语言程序设计(B)	68	3.5				4				
35		4	计算机网络技术	68	3.5				4				
36		5	网络操作系统	51	3				3				
37		6	Java 程序设计	85	4					5			
38		7	Web程序设计	96	5						6		
39		8	UML	68	3.5					4			
40		9	J2EE	90	5							6	
41		10	数据结构	85	4.5					5			
42		11	操作系统原理	85	4.5					5			
43		12	编译原理	48	2.5						3		
44		13	数据库原理	72	5			4					
45		14	SQL Server	68	3				4				
46		15	软件工程	68	3.5					4			
47		16	软件质量管理	48	2.5						3		
48		17	软件测试技术	48	2.5						3		
49		18	XML	48	2.5						3		
50		19	系统分析与设计	68	2.5					4			
51			小计	1314	66	4		9	15	27	18	6	
52			必修课合计	2903	151.5	30	26	28	28	31	24	8	

【独立实训任务 Z6-2】

(1) 在“学生个人 Office 实训\实训 6”文件夹中创建 Z6-2. xls,命名工作表标签名称为“小九九表”。

(2) 在工作表的第一行输入文字“小九九表”,并设置其为宋体,16 号字。

(3) 在工作表的 B2:J2 和 A3:A11 单元格区域输入数字 1～9,在 A2 单元格输入“ * ”

号。设置 B2:J2 和 A3:A11 单元格区域的填充色为黄色，A2 单元格的填充色为淡蓝色。

(4) 在 B3:J11 区域设置计算公式，显示小九九表，结果如样文 Z6-2 所示。

【样文 Z6-2】

	A	B	C	D	E	F	G	H	I	J
1	**小九九表**									
2	*	1	2	3	4	5	6	7	8	9
3	1	1*1=1	2*1=2	3*1=3	4*1=4	5*1=5	6*1=6	7*1=7	8*1=8	9*1=9
4	2	1*2=2	2*2=4	3*2=6	4*2=8	5*2=10	6*2=12	7*2=14	8*2=16	9*2=18
5	3	1*3=3	2*3=6	3*3=9	4*3=12	5*3=15	6*3=18	7*3=21	8*3=24	9*3=27
6	4	1*4=4	2*4=8	3*4=12	4*4=16	5*4=20	6*4=24	7*4=28	8*4=32	9*4=36
7	5	1*5=5	2*5=10	3*5=15	4*5=20	5*5=25	6*5=30	7*5=35	8*5=40	9*5=45
8	6	1*6=6	2*6=12	3*6=18	4*6=24	5*6=30	6*6=36	7*6=42	8*6=48	9*6=54
9	7	1*7=7	2*7=14	3*7=21	4*7=28	5*7=35	6*7=42	7*7=49	8*7=56	9*7=63
10	8	1*8=8	2*8=16	3*8=24	4*8=32	5*8=40	6*8=48	7*8=56	8*8=64	9*8=72
11	9	1*9=9	2*9=18	3*9=27	4*9=36	5*9=45	6*9=54	7*9=63	8*9=72	9*9=81

实训7 数据处理

Excel在管理数据方面提供了强大功能，提供了许多分析和处理数据的有效工具，如排序、筛选、分类汇总、合并计算、数据透视表等，使用这些功能可以很方便地处理、分析数据。

实训要求

(1) 掌握对数据的排序和自定义排序操作。

(2) 掌握对数据的自动筛选和高级筛选操作。

(3) 掌握对数据的分类汇总操作。

(4) 掌握对数据的合并计算操作。

(5) 了解数据透视表的功能及应用。

时间安排

教师授课：3学时，教师采用演练结合方式授课，各部分可以使用授课内容中的教学案例和“学生同步练习”进行演练。

学生独立实训任务：3学时，学生完成独立实训任务后教师进行检查评分。

教师授课内容

7.1 数据的排序

排序指按照指定的顺序重新排列工作表中的行，但是排序并不改变行的内容。通过排序，可以根据某特定列的内容来显示数据清单。

可以对一列或多列中的数据按文本、数字以及日期和时间进行升序或降序排序。还可以按自定义序列或格式(包括单元格颜色、字体颜色或图标集)进行排序。大多数排序操作都是列排序，但是，也可以按行进行排序。

1. 默认的排序方式

Excel可根据数字、字母、日期等顺序排列数据。

在按升序排序时，使用如下次序。

(1) 数字从最小的负数到最大的正数进行排序。

(2) 在按字母先后顺序对文本项进行排序时，Excel从左到右一个字符一个字符地进行排序。

(3) 在逻辑值中，FALSE排在TRUE之前。

(4) 所有错误值的优先级相同。

(5) 空格始终排在最后。

注意：*在按降序排序时，除了空白单元格总是在最后外，其他的排序次序反转。*

2. 按单列进行数据排序

1) 对文本进行排序

(1) 选择单元格区域中的一列字母数字数据，或者确保活动单元格位于包含字母数字数据的表列中。

(2) 在“数据”选项卡的“排序和筛选”组中，执行下列操作之一。

① 若要按字母数字的升序排序，请单击“升序”按钮。

② 若要按字母数字的降序排序，请单击“降序”按钮。

(3) 在文本排序时也可以执行区分大小写的排序，操作如下。

① 在“数据”选项卡的“排序和筛选”组中，单击“排序”命令，如图7-1所示。

② 在弹出的“排序”对话框中，单击“选项”按钮，弹出“排序选项”对话框，如图7-2所示。

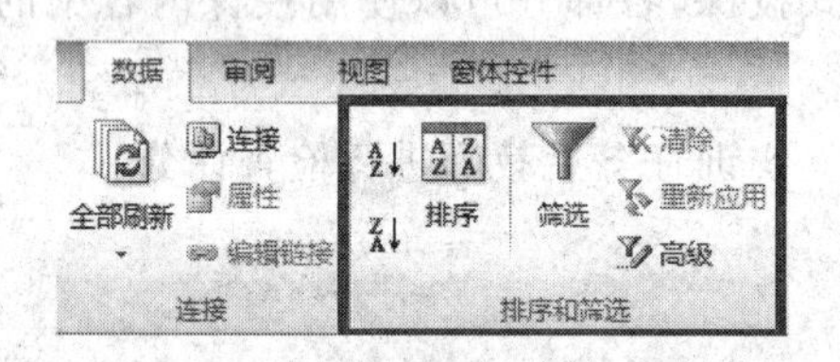

图7-1 “数据”选项卡|“排序和筛选”组

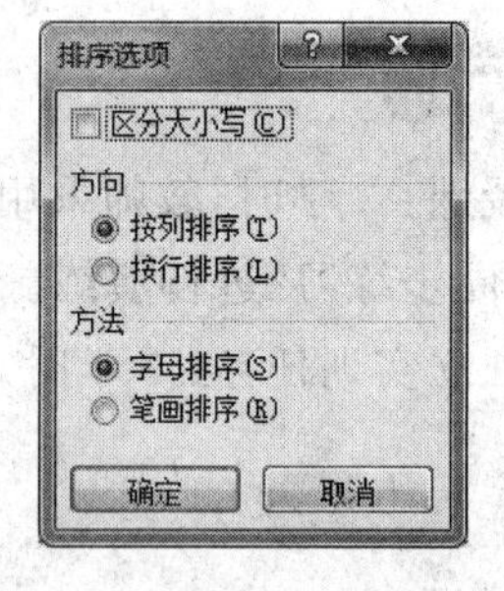

图7-2 “排序选项”对话框

③ 在“排序选项”对话框中选择“区分大小写”复选框，单击“确定”按钮两次。

(4) 在对汉字文本进行排序时，默认的是按字典的字母序进行排序，如果需要按汉字的笔画多少进行排序，则在如图7-2所示的“排序选项”对话框中选择“笔画排序”单选按钮，单击“确定”按钮两次。

(5) 若要在更改数据后重新应用排序，应单击区域或表中的某个单元格，然后在“数据”选项卡上的“排序和筛选”组中单击“重新应用”命令。

2) 对数字或日期/时间进行排序

(1) 选择单元格区域中的一列数值数据或日期/时间数据，或者确保活动单元格位于包含数值数据的表列中。

(2) 在“数据”选项卡的“排序和筛选”组中，执行下列操作之一。

① 若要按从小到大的顺序对数字或日期/时间进行排序，请单击“升序”按钮。

② 若要按从大到小的顺序对数字或日期/时间进行排序，请单击“降序”按钮。

3）利用“排序”对话框进行排序

在“数据”选项卡的“排序和筛选”组中，单击“排序”命令，弹出“排序”对话框，如图 7-3 所示，在对话框中选取需要排序的主关键字及次序，排序依据选择“数值”，单击“确定”按钮。默认情况下，“数据包含标题”复选框是被选中的，即将选定区域的第一行作为标题行，如果取消该复选框，则表示第一行作为普通数据看待，参与排序，以列号为主关键字进行排序。

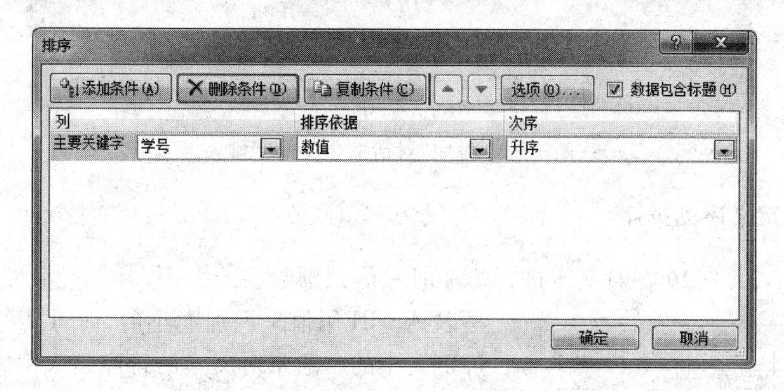

图 7-3 “排序”对话框

4）按单元格颜色、字体颜色或图标进行排序

(1) 如果需要按单元格颜色、字体颜色或单元格图标进行排序，在如图 7-3 所示的“排序”对话框中的“排序依据”下，选择排序类型。执行下列操作之一。

① 若要按单元格颜色排序，请选择“单元格颜色”。

② 若要按字体颜色排序，请选择“字体颜色”。

③ 若要按图标集排序，请选择“单元格图标”。

(2) 单击“次序”下按钮旁边的箭头，根据格式的类型，选择单元格颜色、字体颜色或单元格图标。

(3) 在“次序”下，选择排序方式。

① 若要将单元格颜色、字体颜色或图标移到顶部或左侧，选择“在顶部”(对于列排序)或“在左侧”(对于行排序)。

② 若要将单元格颜色、字体颜色或图标移到底部或右侧，选择“在底部”(对于列排序)或“在右侧”(对于行排序)。

3. 多列数据的排序

在根据单列数据对工作表中的数据进行排序时，如果这一列的某些数据完全相同，则这些行的内容就按原来的顺序排列，此时可以选择多列排序解决这个问题，其操作步骤如下。

(1) 在需要排序的数据清单中，单击任一单元格，在“数据”选项卡的“排序和筛选”组中，单击“排序”命令，弹出“排序”对话框，如图 7-3 所示。

(2) 在弹出的“排序”对话框中，单击“添加条件”按钮，则会添加次要关键字选项，如图 7-4 所示。分别在“主要关键字”、“次要关键字”框中选择需要的字段名和排序次序，单击“确定”按钮，则数据清单先按主要关键字进行排序，在主关键字值相同的情况下再按次要关键字进行排序。

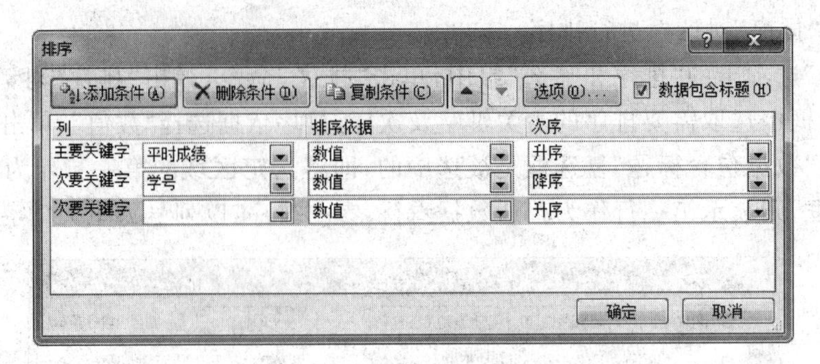

图 7-4 “排序”对话框多关键字排序

4. 按自定义序列排序

Office Excel 2010 在对文本进行排序时只能识别数字的大小,对英文字母、英文符号等是以 ASCII 码值来识别大小的,而对某些文本是无法辨别大小的。通常对文本的排序是采用按“字母排序”或按“笔画排序”,如果有时需要用特定的文本顺序来对数据进行排序,可以先自定义序列,然后使用自定义序列进行排序。下面以图 7-5 中的“章”字段进行排序为例讲解自定义排序的方法。

	A	B	C	D
1	序号	章	节	内容
2	1	第二章	2	aaaaa
3	2	第一章	1	bbbbb
4	3	第一章	2	ccccc
5	4	第四章	1	ddddd
6	5	第六章	2	cdcdcd
7	6	第四章	2	eeeee
8	7	第二章	1	fffff
9	8	第三章	1	ggggg
10	9	第五章	1	ttttt
11	10	第六章	3	efefef
12	11	第三章	2	rrrrr
13	12	第四章	3	ooooo
14	13	第五章	3	ppppp
15	14	第六章	1	ababab
16	15	第一章	3	mmmmm
17	16	第三章	3	nnnnn
18	17	第二章	3	jjjjj

图 7-5 自定义序列排序示例

现想将章以“第一章、第二章、……、第六章”的顺序进行排序,其操作步骤如下。

(1) 首先需要先添加自定义序列,单击“文件”菜单|“选项”命令,打开“Excel 选项”对话框,单击“高级”选项面板,如图 7-6 所示。

(2) 单击“编辑自定义列表”按钮,打开“自定义序列”对话框,如图 7-7 所示。

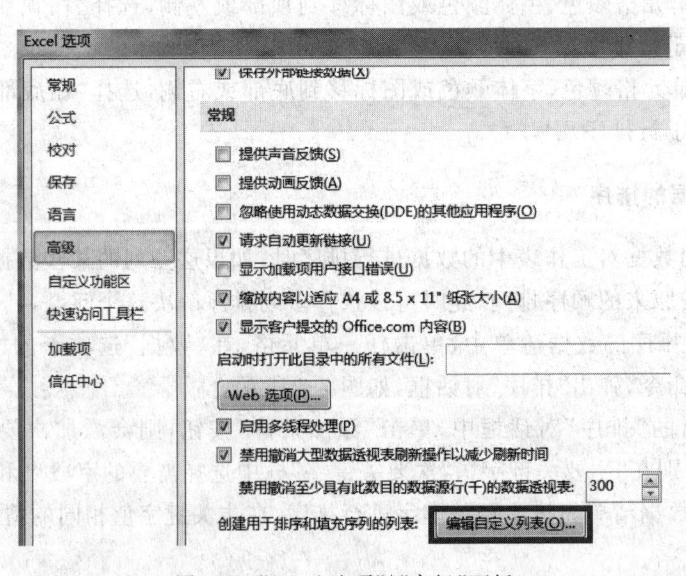

图 7-6 “Excel 选项”|“高级”面板

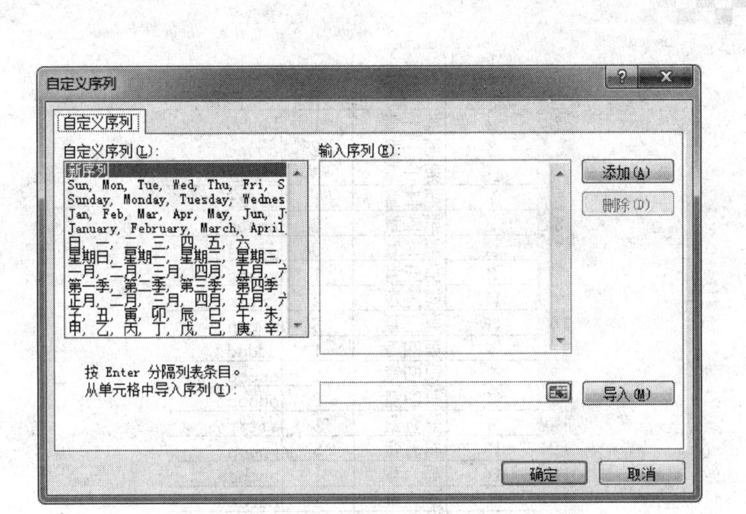

图 7-7 “自定义序列”对话框

(3) 在“自定义序列”列表中选择“新序列”,在“输入序列”文本框中输入自定义序列,如输入“第一章”,按 Enter 键后再输入“第二章”,按 Enter 键,一直输入完“第六章”,按 Enter 键。此时输入的顺序就是序列的升序项。单击“添加”按钮,此时自定义的序列“第一章、第二章、……、第六章”将添加到“自定义序列”列表中。单击“确定”按钮。

(4) 现在按自定义序列进行排序。选定工作表中数据区内的任意单元格。在“数据”选项卡的“排序和筛选”组中,单击“排序”命令,弹出“排序”对话框。

(5) 在对话框中的“主要关键字”处选择“章”,排序依据选择“数值”,次序选择已自定义的序列,如“第一章,第二章,第三章…”,如图 7-8 所示。如果事先没有定义序列,则选择“自定义序列”项,在“自定义序列”对话框中添加序列,单击“确定”按钮,返回“排序”对话框,再选择已自定义的序列。

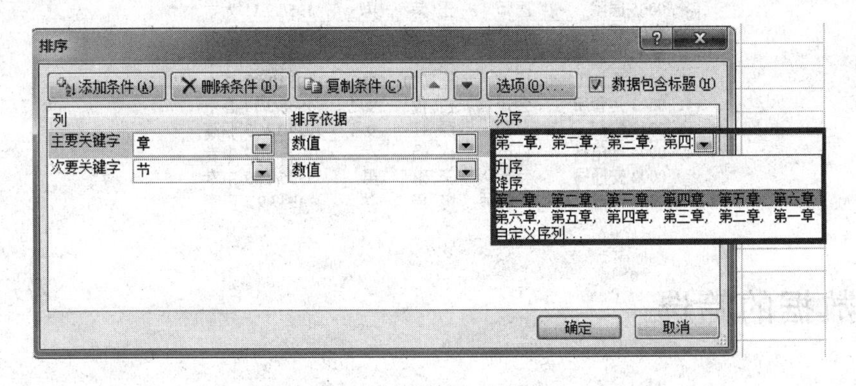

图 7-8 “排序”对话框

(6) 单击“添加条件”按钮,在“次要关键字”处选“节”,排序依据选择“数值”,次序选择“升序”。

(7) 在“排序”对话框中单击“确定”按钮,排序结果如图 7-9 所示。

【学生同步练习 7-1】

(1) 将“学生个人 Office 实训\实训 7\source\s7-1. xls”复制到“学生个人 Office 实训\实训 7”文件夹中,并重命名为 7-1. xls。

	A	B	C	D
1	序号	章	节	内容
2	2	第一章	1	bbbbb
3	3	第一章	2	ccccc
4	15	第一章	3	mmmmm
5	7	第二章	1	fffff
6	1	第二章	2	aaaaa
7	17	第二章	3	jjjjj
8	8	第三章	1	ggggg
9	11	第三章	2	rrrrr
10	16	第三章	3	nnnnn
11	4	第四章	1	ddddd
12	6	第四章	2	eeeee
13	12	第四章	3	ooooo
14	9	第五章	1	ttttt
15	13	第五章	3	ppppp
16	14	第六章	1	ababab
17	5	第六章	2	cdcdcd
18	10	第六章	3	efefef

图 7-9 按自定义序列排序结果

(2) 打开 7-1. xls,对“事业单位职工信息”工作表进行排序,要求先按“文化程度”升序进行排序,文化程度相同的记录再按“出生年月”降序进行排序。排序结果请参见样文 7-1 或“实训 7\sample\样文 7-1. mdi”。

(3) 排序完成后,保存该工作簿。

【样文 7-1】

	A	B	C	D	E	F	G
1	事业单位职工信息						
2	编号	单位	职务	姓名	性别	出生年月	文化程度
3	0010	机加工	经理	高 永	男	1965/7/7	大学
4	0001	机加工	工程师	孙大立	男	1964/12/3	大学
5	0012	民政局	处长	安为军	男	1960/5/15	大学
6	0005	医院	医师	王 薊	男	1956/9/11	大学
7	0007	银行	经理	蔡小琳	女	1963/10/12	大专
8	0009	交通局	局长	江 湖	男	1936/3/27	大专
9	0008	机加工	厂长	王新力	男	1952/1/23	高中
10	0003	运管所	会计	白 俊	女	1938/3/14	高中
11	0011	仓库	保管	颜 红	女	1974/12/23	职高
12	0006	水电科	科员	徐 娟	女	1973/6/27	中专
13	0002	交通局	科员	李 琳	男	1955/11/9	中专
14	0004	汽修厂	工程师	陈 培	女	1943/9/5	中专

7.2 数据的筛选

筛选是用于查找和处理数据清单中符合筛选条件的数据子集的快捷方法。通过筛选工作表中的信息,可以快速查找数值。筛选与排序不同,并不重排数据清单,在筛选数据时,如果一个或多个列中的数值不能满足筛选条件,整行数据都会暂时隐藏起来。可以按数字值或文本值筛选,或按单元格颜色筛选那些设置了背景色或文本颜色的单元格。

Excel 提供了两种筛选清单的命令:自动筛选和高级筛选。但是 Excel 一次只能对工作表中的一个数据清单使用筛选命令。一般来说,无论在排序还是筛选时,工作表中的数据区域必须是独立的,如果与别的数据相连,则应选中排序或筛选的区域。

注意：在执行筛选操作前，在数据清单中必须要有列标题。

1. 自动筛选

自动筛选可以很快地显示出符合条件的数据，隐藏那些不满足条件的数据。下面以学生成绩表为例，说明自动筛选的操作，学生成绩表如图 7-10 所示。

	A	B	C	D	E	F
1	学生一学期成绩信息					
2	学号	姓名	数学	操作系统	英语	总分
3	0691B001	张三	86	80	85	251
4	0691B002	李四	78	82	68	228
5	0691B003	王五	75	68	56	199
6	0691B004	陈天	66	62	60	188
7	0691B005	梁华飞	90	92	88	270
8	0691B006	赵阳阳	67	76	62	205
9	0691B007	刘洋	88	87	83	258
10	0691B008	沈阳	66	62	56	184
11	0691B009	郑天南	90	95	88	273
12	0691B010	孟飞	56	66	60	182
13	0691B011	姚晨	77	82	76	235

图 7-10 学生成绩表

现要筛选出总分在 240 分以上的所有记录，其筛选的操作步骤如下。

(1) 单击工作表中数据区内的任意单元格，执行“开始”选项卡|“编辑”命令组|“排序和筛选”命令|“筛选”命令，如图 7-11 所示，或单击“数据”选项卡|“排序和筛选”命令组|“筛选”命令，如图 7-12 所示。

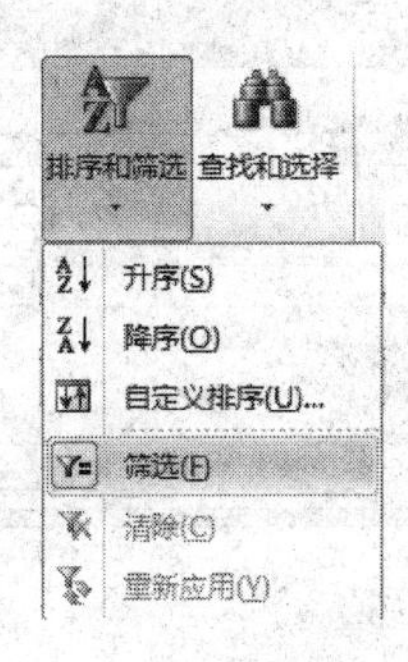

图 7-11 “排序和筛选”列表

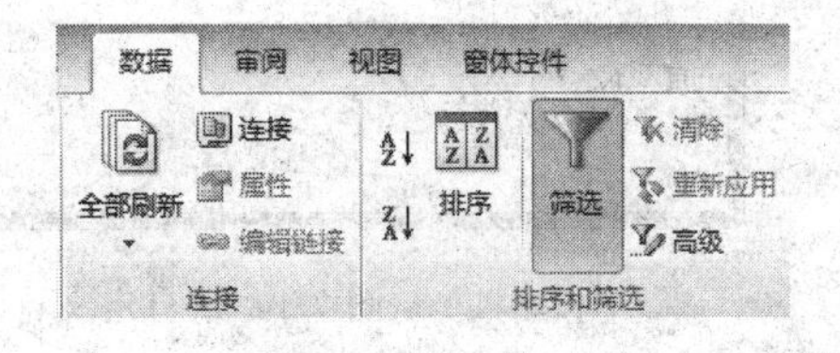

图 7-12 “数据”选项卡|“筛选”命令

(2) 在数据区域的每个字段的右边都出现一个下三角按钮，单击“总分”字段右边的下三角按钮，出现一个列表，如图 7-13 所示。

(3) 如想进行单一筛选，在列表中选择一个数值，如选择 205，将其他数值前的复选框取消，则可筛选出总分为 205 的所有记录。筛选完成后，可以发现使用了筛选的字段，其字段名右边的下三角按钮变成，而行号显现为蓝色。

(4) 现要筛选出总分在 240 分以上的所有记录，则需自定义条件进行筛选，即在图 7-13 中选择“数字筛选”|“大于或等于”命令或选择“自定义筛选”，弹出如图 7-14 所示的“自定义自动筛选方式”对话框。

(5) 在“自定义自动筛选方式”对话框中设置筛选条件，在“总分”区域选择“大于或等于”，然后在右边输入“240”，单击“确定”按钮，筛选结果如图 7-15 所示。如果对该列的筛选条件有多个,可以选择“与”或“或”单选按钮,并在第二行继续设置筛选条件,然后单击“确定”按钮。

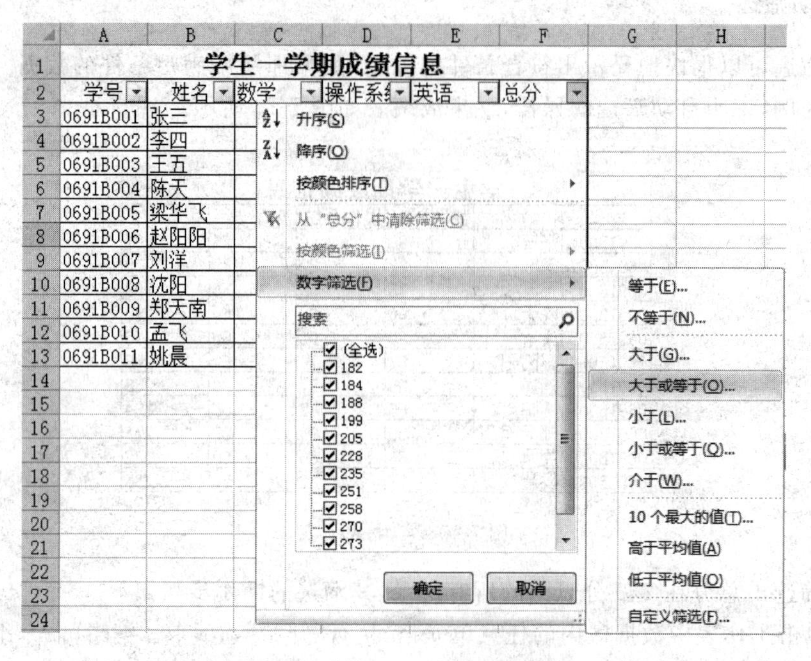

图 7-13 筛选“总分”字段列表

图 7-14 “自定义自动筛选方式”对话框

	A	B	C	D	E	F
1	学生一学期成绩信息					
2	学号	姓名	数学	操作系统	英语	总分
3	0691B001	张三	86	80	85	251
7	0691B005	梁华飞	90	92	88	270
9	0691B007	刘洋	88	87	83	258
11	0691B009	郑天南	90	95	88	273

图 7-15 自动筛选结果

在数据清单中取消对某一列进行的筛选,单击该列首单元格右端的下三角按钮,再选择“从 XX 中清除筛选”命令;在数据清单中取消对所有列进行的筛选,单击“开始”选项卡|“编辑”命令组|“排序和筛选”命令|“清除”命令,或者单击“数据”选项卡|“排序和筛选”命令组|“清除”命令。

2. 高级筛选

使用高级筛选可以对工作表和数据清单进行更复杂的筛选操作。

注意：在进行高级筛选时，必须设置条件区域，并将含有待筛选值的数据列的列标题复制到该条件区域的第一个空行中，同时，建立的条件区域要与数据区域之间空出至少一行的距离。

进行高级筛选的数据清单必须有列标题，这对于简单的工作表和数据清单来说使用高级筛选就太麻烦了，但是对于大型的工作表和数据清单是非常有用的。

例如，利用高级筛选，筛选出如图 7-10 所示的"学生一学期成绩信息"表中数学和操作系统成绩大于等于 85，英语成绩大于等于 80，总分大于等于 250 的所有记录，并将筛选后的结果保存到高级筛选结果区域中。

具体操作步骤如下。

(1) 在"学生一学期成绩信息"表的数据区域的下方建立条件区域，如图 7-16 所示。建立条件区域时要注意，建立的条件区域要与数据区域之间空出至少一行的距离，且条件区域的第一行应与含有筛选条件的列的列标题名称保持一致。

(2) 在"学生一学期成绩信息"表数据区域中选定任意单元格，执行"数据"选项|"排序和筛选"命令组|"高级"命令，弹出"高级筛选"对话框，如图 7-17 所示。

	A	B	C	D	E	F
1	学生一学期成绩信息					
2	学号	姓名	数学	操作系统	英语	总分
3	0691B001	张三	86	80	85	251
4	0691B002	李四	78	82	68	228
5	0691B003	王五	75	68	56	199
6	0691B004	陈天	66	62	60	188
7	0691B005	梁华飞	90	92	88	270
8	0691B006	赵阳阳	67	76	62	205
9	0691B007	刘洋	88	87	83	258
10	0691B008	沈阳	66	85	82	233
11	0691B009	郑天南	90	95	88	273
12	0691B010	孟飞	56	66	60	182
13	0691B011	姚晨	77	82	76	235
14						
15			条件区域			
16			数学	操作系统	英语	总分
17			>=85	>=85	>=80	>=250

图 7-16　高级筛选条件区域的设置

图 7-17　"高级筛选"对话框

(3) "列表区域"文本框中显示的区域是在"学生一学期成绩信息"表中被虚线框定的区域，观察是否正确，如不正确则在"列表区域"文本框中单击折叠按钮，在"学生一学期成绩信息"表中使用鼠标重新选择列表区域，然后单击折叠按钮返回"高级筛选"对话框。

(4) 单击"条件区域"的折叠按钮，在"学生一学期成绩信息"表中选择所创建的条件区域，单击折叠按钮返回"高级筛选"对话框，注意条件区域的第一行应是标题列。

(5) 如单击"在原有区域显示筛选结果"单选按钮，则筛选的结果将在原区域显示，与自动筛选相似。

(6) 在本例中，单击"将筛选结果复制到其他位置"单选按钮，单击"复制到"的折叠按钮,选择将结果复制到的目标位置的最左上角单元格,单击折叠按钮返回“高级筛选”对话框。

(7) 如果需要在筛选后的结果中显示不重复的记录,则需选中“选择不重复的记录”复选框。本例不需选择此复选框。

(8) 最后单击“确定”按钮,筛选结果如图 7-18 所示。

	A	B	C	D	E	F
1	学生一学期成绩信息					
2	学号	姓名	数学	操作系统	英语	总分
3	0691B001	张三	86	80	85	251
4	0691B002	李四	78	82	68	228
5	0691B003	王五	75	68	56	199
6	0691B004	陈天	66	62	60	188
7	0691B005	梁华飞	90	92	88	270
8	0691B006	赵阳阳	67	76	62	205
9	0691B007	刘洋	88	87	83	258
10	0691B008	沈阳	66	85	82	233
11	0691B009	郑天南	90	95	88	273
12	0691B010	孟飞	56	66	60	182
13	0691B011	姚晨	77	82	76	235
14						
15			条件区域			
16			数学	操作系统	英语	总分
17			>=85	>=85	>=80	>=250
18						
19	高级筛选结果					
20	学号	姓名	数学	操作系统	英语	总分
21	0691B005	梁华飞	90	92	88	270
22	0691B007	刘洋	88	87	83	258
23	0691B009	郑天南	90	95	88	273

图 7-18 高级筛选结果

注意:在选择将结果复制到的目标位置区域时,最好是选择筛选结果所在区域中最左上角那个单元格;如果想选择一个区域,则选择区域的列数必须与源数据的列数相同,多几列或少几列都将提示“提取区域中的字段名丢失或非法”的错误提示对话框,如图 7-19 所示。

图 7-19 错误提示对话框

【学生同步练习 7-2】

(1) 将“学生个人 Office 实训\实训 7\source\s7-2.xls”复制到“学生个人 Office 实训\实训 7”文件夹中,并重命名为 7-2.xls。

(2) 打开 7-2.xls 工作簿,对“学生来源信息表 1”工作表进行自动筛选,筛选条件为:筛选出所有性别为“女”的“吉林省”的学生信息。自动筛选结果请参见样文 7-2A 或“实训 7\sample\样文 7-2A.mdi”。

(3) 对“学生来源信息表 2”工作表进行高级筛选,筛选条件为:筛选出专业列值为“计算机网络技术”,省份为“黑龙江”的所有记录,并将筛选出的结果放置到“来源于黑龙江(网络技术专业)学生名单”区域中。高级筛选条件及筛选结果请参见样文 7-2B 或“实训 7\sample\样文 7-2B.mdi”。

(4) 筛选完成后,保存该工作簿。

【样文 7-2A】

	A	B	C	D	E	F	G	H	I	J
1	学生来源信息									
2	序号	姓名	性别	通知书编	考生号	专业	省份	民族	外语语种	政治面貌
72	70	荆萍	女	200510015	05220100650743	计算机网络技术(高职)	吉林	汉族	英语	共青团员
73	71	董立梅	女	200510018	05220100650748	计算机网络技术(高职)	吉林	汉族	英语	共青团员
74	72	张云迪	女	200510041	05220300650106	计算机网络技术(高职)	吉林	满族	英语	共青团员
75	73	阚全杰	女	200510068	05220600650071	计算机网络技术(高职)	吉林	汉族	英语	共青团员
76	74	丰艳爽	女	200510075	05220800650100	计算机网络技术(高职)	吉林	汉族	英语	共青团员
77	75	张春凤	女	200510447	05220122151523	计算机网络技术(高职)	吉林	汉族	英语	群众
78	76	宋玉杰	女	200510543	05220722150403	计算机网络技术(高职)	吉林	汉族	英语	共青团员
79	77	张培玉	女	200510562	05222424150357	计算机网络技术(高职)	吉林	汉族	英语	共青团员
80	78	王倩	女	200510568	05220104111247	计算机网络技术(高职)	吉林	汉族	英语	共青团员
90	88	刘丽	女	200510005	05220100650345	软件技术(高职)	吉林	汉族	英语	共青团员
91	89	许丽娜	女	200510022	05220100650812	软件技术(高职)	吉林	汉族	英语	共青团员
92	90	许俏	女	200510038	05220300650055	软件技术(高职)	吉林	汉族	英语	共青团员
93	91	任丽媛	女	200510072	05220800650056	软件技术(高职)	吉林	汉族	英语	共青团员
94	92	马宏菲	女	200510076	05220800650106	软件技术(高职)	吉林	汉族	英语	共青团员
95	93	周庆慧	女	200510454	05220181150268	软件技术(高职)	吉林	汉族	英语	共青团员
96	94	曲薇	女	200510580	05220202110109	软件技术(高职)	吉林	汉族	英语	共青团员

【样文 7-2B】

	A	B	C	D	E	F	G	H	I	J
100										
101						条件区域				
102						专业	省份			
103						计算机网络技术	黑龙江			
104										
105	来源于黑龙江(网络技术专业)学生名单									
106	序号	姓名	性别	通知书编号	考生号	专业	省份	民族	外语语种	政治面貌
107	5	刘斌	男	200510348	05230128051358	计算机网络技术(高职)	黑龙江	汉族	英语	共青团员
108	6	李阿龙	男	200510361	05230122010146	计算机网络技术(高职)	黑龙江	汉族	英语	共青团员
109	64	陈欣	女	200510371	05234148010032	计算机网络技术(高职)	黑龙江	汉族	英语	共青团员

7.3　数据的分类汇总

分类汇总是对数据清单上的数据按类别进行汇总、统计分析的一种常用方法，Excel 可以使用函数实现分类和汇总值的计算，汇总函数有求和、计数、求平均值等多个。使用分类汇总命令，可以按照自己选择的方式对数据进行汇总。在插入分类汇总时，Excel 会自动在数据清单底部插入一个总计行。运用分类汇总命令，不必手工创建公式，Excel 可以自动地创建公式、插入分类汇总与总计行并且自动分级显示数据。

1. 创建分类汇总

分类汇总是对数据清单中的某个关键字段进行分类，具有相同值的为一类，然后对各类进行汇总计算。

注意：*在进行汇总之前，必须先对数据清单进行排序，并且数据清单的第一行里必须有列标题。在排序后才可进行分类汇总。*

例如，以事业单位职工信息为例，说明分类汇总的操作步骤，事业单位职工信息如图 7-20 所示。

	A	B	C	D	E	F	G
1	编号	单位	职务	姓名	性别	出生年月	文化程度
2	0001	机加工	工程师	孙大立	男	1964.12	大学
3	0002	交通局	科员	李 琳	男	1955.11	中专
4	0003	运管所	会计	白 俊	女	1938.03	高中
5	0004	汽修厂	工程师	陈 培	女	1943.05	中专
6	0005	医院	医师	王 蒴	男	1956.09	大学
7	0006	水电科	科员	徐 娟	女	1973.06	中专
8	0007	银行	经理	蔡小琳	女	1963.10	大专
9	0008	机加工	厂长	王新力	男	1952.01	高中
10	0009	交通局	局长	江 湖	男	1936.03	大专
11	0010	机加工	经理	高 永	男	1965.07	大学
12	0011	仓库	保管	颜 红	女	1974.12	职高
13	0012	民政局	处长	安为军	男	1960.05	大学

图 7-20　事业单位职工信息

现要按职工的文化程度进行汇总，求出各种文化程度的职工人数，其分类汇总的操作步骤如下。

(1) 将数据清单按照“文化程度”字段进行排序，可按升序或降序进行排序。

(2) 排序后，光标定位在数据区域的任意单元，执行“数据”选项卡|“分级显示”命令组|“分类汇总”命令，弹出“分类汇总”对话框，如图 7-21 所示。

(3) 在“分类字段”列表中选择“文化程度”。

(4) 在“汇总方式”列表中选择“计数”。

(5) 在“选定汇总项”列表中选择“编号”或“姓名”等复选框。当“汇总方式”是计数时，汇总项使用字符或数值型的字段其结果都相同。

(6) 单击“确定”按钮，显示分类汇总结果如图 7-22 所示。

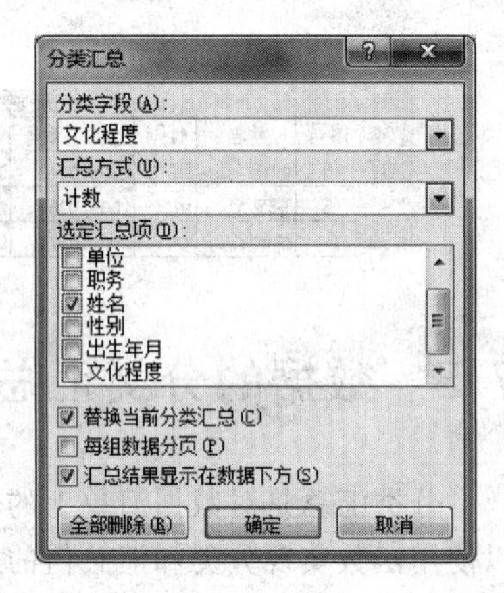

图 7-21　“分类汇总”对话框

注意：

(1) 在“分类汇总”对话框中，复选框“替换当前分类汇总”和“汇总结果显示在数据下方”是默认选定的，如要保留先前对数据清单执行的分类汇总，则必须清除“替换当前分类汇总”复选框。

(2) 如果选中“每组数据分页”复选框，Excel 则把每类数据分页显示，这样更有利于保存和查阅。

(3) 在分类汇总中，要进行分类汇总的数据表必须具有字段名，也就是说每列数据都要有列标题，Excel 是根据列标题来确定如何创建数据组以及如何计算总和的。

2. 分级显示

对数据分类汇总以后，要查看数据清单中的明细数据或单独查看汇总总计，这就要用到分级显示的内容。在图 7-22 汇总结果表中，工作表左上方是分级显示的级别符号 1 2 3，如果要分级显示某个级别的信息，单击该级别的数字。

	A	B	C	D	E	F	G
1	编号	单位	职务	姓名	性别	出生年月	文化程度
2	0001	机加工	工程师	孙大立	男	1964.12	大学
3	0005	医院	医师	王 蒴	男	1956.09	大学
4	0010	机加工	经理	高 永	男	1965.07	大学
5	0012	民政局	处长	安为军	男	1960.05	大学
6				4			**大学 计数**
7	0007	银行	经理	蔡小琳	女	1963.10	大专
8	0009	交通局	局长	江 湖	男	1936.03	大专
9				2			**大专 计数**
10	0003	运管所	会计	白 俊	女	1938.03	高中
11	0008	机加工	厂长	王新力	男	1952.01	高中
12				2			**高中 计数**
13	0011	仓库	保管	颜 红	女	1974.12	职高
14				1			**职高 计数**
15	0002	交通局	科员	李 琳	男	1955.11	中专
16	0004	汽修厂	工程师	陈 培	女	1943.05	中专
17	0006	水电科	科员	徐 娟	女	1973.06	中专
18				3			**中专 计数**
19				12			**总计数**

图 7-22 分类汇总结果

分级显示级别符号下方有显示明细数据符号 + ,单击该符号可以在数据清单中显示出明细数据;同样单击 - 符号,可以隐藏明细数据。

3. 分类汇总的删除

对于不需要或错误的分类汇总,可以将其删除,操作步骤如下。

(1) 在分类汇总数据清单中选择任一个单元格,执行"数据"选项卡|"分级显示"命令组|"分类汇总"命令,弹出"分类汇总"对话框,如图 7-21 所示。

(2) 在"分类汇总"对话框中单击"全部删除"按钮,可删除分类汇总结果。

【学生同步练习 7-3】

(1) 将"学生个人 Office 实训\实训 7\source\s7-3. xls"复制到"学生个人 Office 实训\实训 7"文件夹,并重命名为 7-3. xls。

(2) 打开 7-3. xls 工作簿,对"学生来源信息表 1"工作表进行分类汇总,汇总出各专业的学生人数,如样文 7-3A 所示。详细汇总结果请参见"实训 7\sample\样文 7-3A. mdi"。

(3) 对"学生来源信息表 2"进行分类汇总,汇总出各省的学生入学的平均分,如样文 7-3B 所示。详细汇总结果请参见"实训 7\sample\样文 7-3B. mdi"。

(4) 汇总完成后,保存该工作簿。

【样文 7-3A】

	A	B	C	D	E	F	G	H	I	J
1						**学生来源信息**				
2	序号	姓名	性别	通知书编号	考生号	专业	省份	民族	外语语种	政治面貌
61		58				**计算机网络技术(高职) 计数**				
101		39				**软件技术(高职) 计数**				
102		97				**总计数**				

【样文 7-3B】

	A	B	C	D	E	F	G	H	I	J	K
1						学生来源信息					
2	序号	姓名	性别	通知书编号	考生号	专业	省份	民族	外语语种	政治面貌	入学分数
4							福建 平均值				445
6							甘肃 平均值				438
9							贵州 平均值				424
11							海南 平均值				469
15							河北 平均值				466.3333333
18							河南 平均值				441
25							黑龙江 平均值				438
33							湖北 平均值				442
38							湖南 平均值				442.25
79							吉林 平均值				440.175
82							江苏 平均值				422
86							江西 平均值				411.6666667
90							辽宁 平均值				418
97							内蒙古 平均值				441.3333333
99							青海 平均值				466
107							山东 平均值				435.2857143
111							山西 平均值				420
114							四川 平均值				425
116							浙江 平均值				439
119							重庆 平均值				440
120							总计平均值				438.1649

第 1 页

7.4 数据的合并计算

合并计算指用来汇总一个或多个源区域中数据的方法。在进行合并计算前,首先必须为汇总信息定义一个目标区域,用来显示合并计算的结果信息;另外需要选择要合并计算的数据源,此数据源可以来自单个工作表、多个工作表或多个工作簿中。

注意:*在执行合并计算前鼠标必须定位在结果所在的目标区域,而不能定位在源数据区域中。*

如图 7-23 所示为 1～3 月份的三个书籍销售信息工作表,工作表名称分别为“1 月销售信息”、“2 月销售信息”、“3 月销售信息”。

	A	B	C
1		1月书籍销售信息	
2	序号	书籍名	销售量
3	1	计算机应用基础	200
4	2	操作系统原理	160
5	3	数据库原理	40
6	4	OFFICE办公软件	100
7	5	英语	120
8	6	高等数学	60
9	7	电路基础	80
10	8	AUTOCAD	130
11	9	Photoshop 8.0	200
12	10	大学语文	150
13	11	哲学	180

1月销售信息 / 2月销售信息 / 3月

	A	B	C
1		2月书籍销售信息	
2	序号	书籍名	销售量
3	1	英语	830
4	2	电路基础	320
5	3	AUTOCAD	480
6	4	Photoshop 8.0	1000
7	5	计算机应用基础	250
8	6	高等数学	250
9	7	操作系统原理	180
10	8	数据库原理	320
11	9	OFFICE办公软件	460
12			

1月销售信息 / 2月销售信息 / 3

	A	B	C
1		3月书籍销售信息	
2	序号	书籍名	销售量
3	1	Photoshop 8.0	300
4	2	高等数学	60
5	3	电路基础	70
6	4	数据库原理	130
7	5	操作系统原理	50
8	6	英语	48
9	7	OFFICE办公软件	110
10	8	计算机应用基础	120
11	9	AUTOCAD	21
12			

2月销售信息 / 3月销售信息

图 7-23　1～3 月份书籍销量

如果现在新建一个工作表“一季度销售情况”表,并对前三个月的销售量进行合并计算,计算出每本书一个季度的销量,其操作步骤如下。

(1) 新建工作表命名为“一季度销售情况”,并在新工作表中的第一行输入“一季度销量”。

(2) 在“一季度销售情况”工作表中选定单元格 A2,执行“数据”选项卡|“数据工具”命

令组|“合并计算”命令，弹出“合并计算”对话框，如图 7-24 所示。

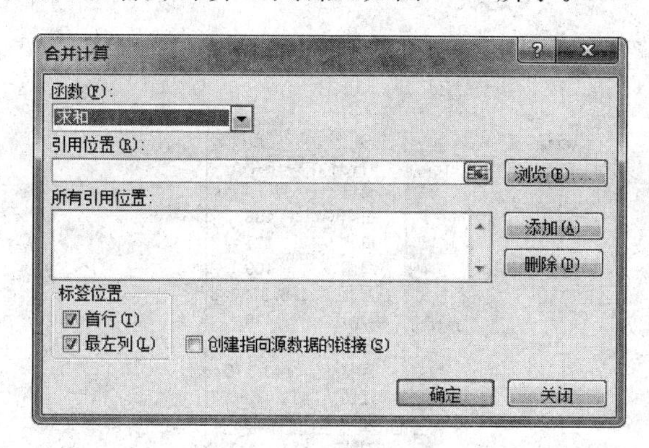

图 7-24 “合并计算”对话框

（3）在“合并计算”对话框中的“函数”下拉列表中选择“求和”函数。

（4）单击“引用位置”文本框右边的折叠按钮，可以直接输入引用位置，也可以在 1 月份书籍销量表中选择区域'1 月销售信息'!＄B＄2：＄C＄13，如图 7-25 所示。

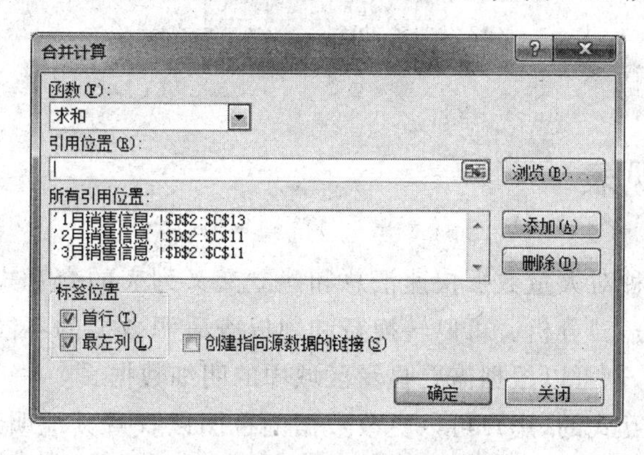

图 7-25 “合并计算”对话框

（5）完成数据区域选择后，单击折叠按钮，返回“合并计算”对话框中，单击“添加”按钮。用同样的方法将 2、3 月份书籍销量两个工作表的数据区域添加到引用位置。

（6）在“标签位置”区域选择“首行”和“最左列”复选框，即用首行作为合并后的标题行，用最左列作为合并后的数据列。

（7）最后单击“确定”按钮，结果如图 7-26 所示。

	A	B
1	一季度销量	
2		销售量
3	计算机应用基础	570
4	操作系统原理	390
5	数据库原理	490
6	OFFICE办公软件	670
7	英语	998
8	高等数学	370
9	电路基础	470
10	AUTOCAD	631
11	Photoshop 8.0	1500
12	大学语文	150
13	哲学	180

图 7-26 合并计算结果（一季度销量）

【学生同步练习 7-4】

（1）将“学生个人 Office 实训\实训 7\source\s7-4. xls”复制到“学生个人 Office 实训\实训 7”文件夹中，并重命名为 7-4. xls。

（2）打开 7-4. xls 工作簿，将“学生来源信息表”工作表的“省份”列移至“入学分数”列之前。

（3）进行合并计算，计算出各省学生的入学平均分，并将合并计算的结果显示在合并计算结果区域，如样文 7-4 所示。详细合并计算结果请参见“实训 7\sample\样文 7-4. mdi”。

(4) 保存该工作簿。

【样文 7-4】

	M	N
3	合并计算结果	
4	省份	入学平均分
5	甘肃	438
6	贵州	424
7	海南	469
8	河北	466.333333
9	黑龙江	438
10	湖南	442.25
11	吉林	440.175
12	江西	411.666667
13	辽宁	418
14	内蒙古	441.333333
15	山东	435.285714
16	四川	425
17	浙江	439
18	重庆	440
19	福建	445
20	河南	441
21	湖北	442
22	江苏	422
23	山西	420
24	青海	466

7.5 数据透视表

数据透视表是一种对大量数据快速汇总和建立交叉列表的交互式表格，能有效地对多列数据进行跨列(或跨表)分析。可以转换行和列以查看源数据的不同汇总结果，可以显示不同页面以筛选数据，也可以根据需要显示区域中的明细数据。

数据透视表是交互式的，用户可以更改数据的视图以查看其他明细数据或计算不同的汇总额。数据透视表的应用是 Excel 的一大精华，是高效办公中分析数据必不可少的工具。

1. 创建数据透视表

如果要创建数据透视表，可使用“创建数据透视表”对话框来查找和指定要分析的源数据并创建报表框架，然后就可以通过“数据透视表”工具选项卡在该报表框架中排列数据。

下面以如图 7-27 所示的“月销售订单表”数据清单为例，说明创建数据透视表的方法。

现要查询出每个月每个部门每个销售人员的订单总额，则需以“月份”为报表筛选字段，“部门”为行分类字段，“销售人员”为列分类字段，创建数据透视表，其操作步骤如下。

(1) 单击数据清单中的任意单元格，然后执行“插入”选项卡|“表格”命令组|“数据透视表”列表|“数据透视表”命令，如图 7-28 所示。弹出“创建数据透视表”对话框，如图 7-29 所示。

(2) 单击对话框中的“选择一个表或区域”中的表/区域右端的折叠按钮，选择数据源区域。

(3) 如果是以存储在外部数据库中或文件中的数据创建数据透视表，则单击“使用外部数据源”单选按钮，并选择数据源链接。

	A	B	C	D	E
1	月销售订单表				
2	订单号	订单金额	销售人员	部门	月份
3	20080701	¥　500,000.00	Jarry	销售1部	7月
4	20080702	¥　450,000.00	Jarry	销售1部	7月
5	20080703	¥　250,000.00	Tom	销售2部	7月
6	20080704	¥　420,000.00	Mike	销售1部	7月
7	20080705	¥　450,000.00	Mike	销售1部	7月
8	20080706	¥　250,000.00	Jarry	销售1部	7月
9	20080707	¥　150,000.00	Helen	销售2部	7月
10	20080708	¥　950,000.00	Jarry	销售1部	7月
11	20080709	¥　100,000.00	Mike	销售1部	7月
12	20080710	¥　500,000.00	Helen	销售2部	7月
13	20080711	¥　258,000.00	Tom	销售2部	7月
14	20080812	¥　320,000.00	Tom	销售2部	8月
15	20080813	¥　700,000.00	Jarry	销售1部	8月
16	20080814	¥　670,000.00	Mike	销售1部	8月
17	20080815	¥　320,000.00	Helen	销售2部	8月
18	20080816	¥　470,171.00	Tom	销售2部	8月
19	20080817	¥　476,534.00	Jarry	销售1部	8月
20	20080818	¥　482,914.00	Tom	销售2部	8月
21	20080819	¥　489,286.00	Mike	销售1部	8月
22	20080820	¥　385,423.00	Mike	销售1部	8月

图 7-27　“月销售订单表”数据清单

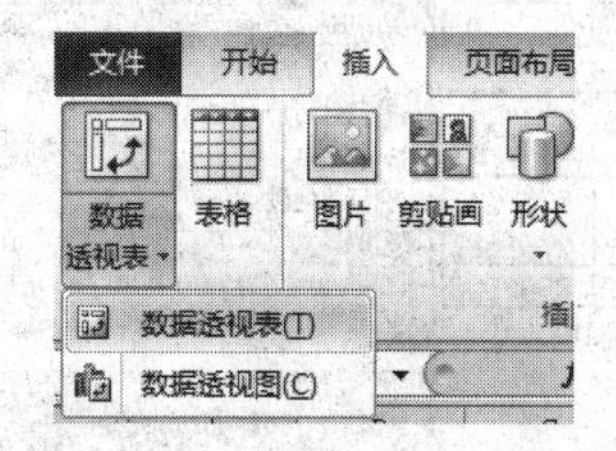

图 7-28　“插入”选项卡|“数据透视表”命令

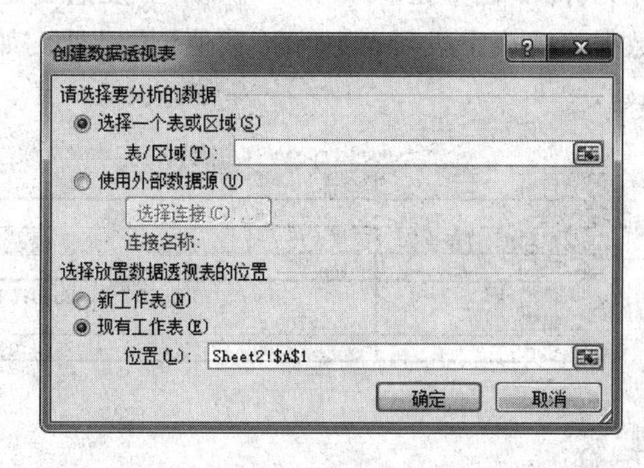

图 7-29　“创建数据透视表”对话框

(4) 在本例中，单击“选择一个表或区域”单选按钮，并选择表/区域值为“月销售订单!＄A＄2：＄E＄22”，在“选择数据透视表所显示的位置”区域选择是创建新工作表还是放置在现有工作表，如放置在现有工作表需要选择放置数据透视表的位置。

(5) 本例选择将数据透视表显示在新建工作表中，单击“新工作表”按钮。单击“确定”按钮，Excel将在“月销售订单”工作表之前添加一个新工作表，并将数据透视表框架置于其中，并同时显示“数据透视表工具”选项卡，如图 7-30 所示。

(6) 在数据透视表的空框架中，一共有 4 个不同的区域，分别是“行字段”区、“列字段”区、“数据项”区以及“报表筛选字段”区。它们都可以包容一个或多个源数据表中的字段信息，但是由于位置不同，所以名称和作用完全不同。无论是哪个区域，操作都是相同的，将“数据透视表字段列表”中的“字段名”拖曳到相应的区域位置即可。各区域的作用如下。

① “行字段”区和“列字段”区的作用是分类。

② “数据项”区的作用是汇总(包括“求和”、“求平均”、“计数”等多种方式)。

④ “报表筛选字段”区的作用主要是分类筛选。

(7) 本例将“数据透视表字段列表”中的“月份”字段拖曳到“将报表筛选字段拖至此处”

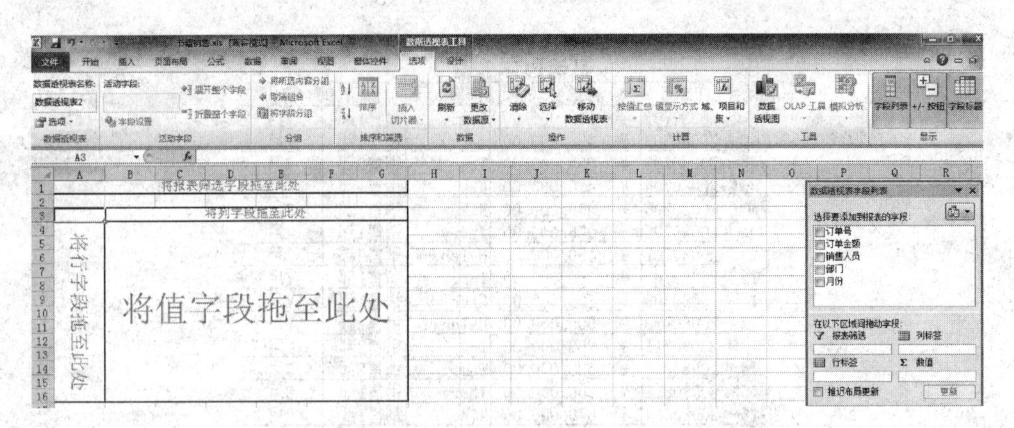

图 7-30　数据透视表框架和“数据透视表工具”选项卡

字样显示处或拖曳到“数据透视表字段列表”中的“报表筛选”位置处；“部门”字段拖曳至“将行字段拖至此处”字样显示处或拖曳到“数据透视表字段列表”中的“行标签”位置处；将“销售人员”字段拖曳至“将列字段拖至此处”字样显示处或拖曳到“数据透视表字段列表”中的“列标签”位置处；将“订单金额”字段拖曳至“将值字段拖至此处”字样显示处或拖曳到“数据透视表字段列表”中的“数值”位置处。如图 7-31 所示，此时已完成对数据透视表的创建。

月份	(全部)				
求和项:订单金额	销售人员				
部门	Helen	Jarry	Mike	Tom	总计
销售1部		3326534	2514709		5841243
销售2部	970000			1781085	2751085
总计	970000	3326534	2514709	1781085	8592328

图 7-31　创建完的数据透视表

2. 按页字段查看汇总数据

在创建完成的数据透视表中，可以通过报表筛选字段查看各月的汇总数据，操作步骤如下。

(1) 在数据透视表中，单击“月份”下三角按钮，将显示下拉列表，如图 7-32 所示。

(2) 在列表中单击“选择多项”复选框，然后单击“8 月”，取消“8 月”选项，只保留“7 月”选项，最后单击“确定”按钮，数据透视表将显示 7 月份各部门每个销售人员的销售总额，结果如图 7-32 所示。用同样的方法可以查看其他月的统计数据。

(3) 同样对“部门”和“销售人员”也可以采用以上的选择方式，可分别显示某些部门或某些销售人员的销售统计数据。

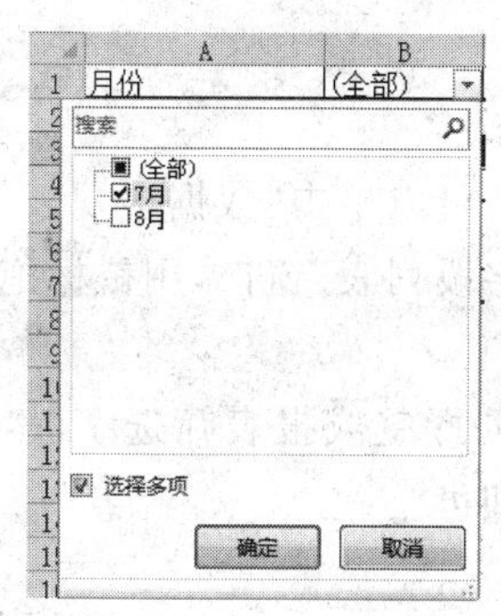

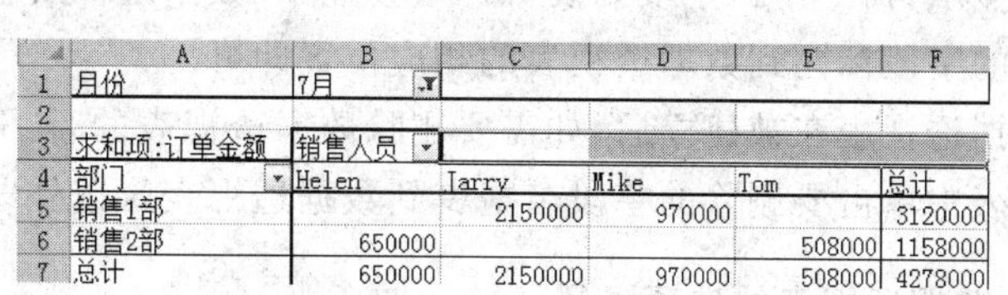

月份	7月				
求和项:订单金额	销售人员				
部门	Helen	Jarry	Mike	Tom	总计
销售1部		2150000	970000		3120000
销售2部	650000			508000	1158000
总计	650000	2150000	970000	508000	4278000

图 7-32　按报表筛选字段显示数据

3. 修改数据透视表的汇总方式

在创建数据透视表时,默认的汇总方式是对数据字段进行求和,如果想改变汇总方式,如求最高值、平均值或计数值等,可采用如下操作步骤。

(1) 将鼠标定位于数据透视表的任意单元格,单击“数据透视表字段列表”对话框中的“数值”区域的下三角按钮,显示“数值”下拉列表,如图 7-33 所示,单击“值字段设置”命令,或者单击“数据透视表工具”选项卡|“活动字段”命令组|“字段设置”命令,弹出“值字段设置”对话框,如图 7-34 所示。

(2) 在对话框中的“值汇总方式”的“计算类型”列表中,选择所需要的汇总方式,最后单击“确定”按钮。

(3) 如果计算值需用百分比、指数或排序等形式显示,则需要单击“值显示方式”标签,如图 7-35 所示,单击“确定”按钮。

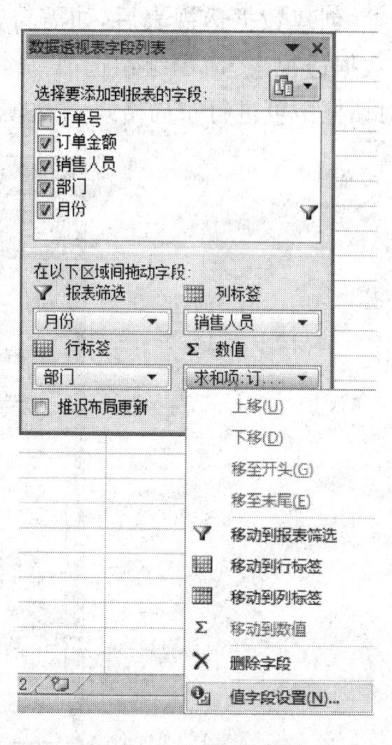

图 7-33　“数值”列表

改变汇总方式也可以单击“数据透视表工具”选项卡|“计算”命令组|“按值汇总”命令,在列表子菜单中选择需要的汇总方式即可;而值显示方式也可以单击“数据透视表工具”选项卡|“计算”命令组|“值显示方式”命令,在列表子菜单中选择需要的值显示方式即可。

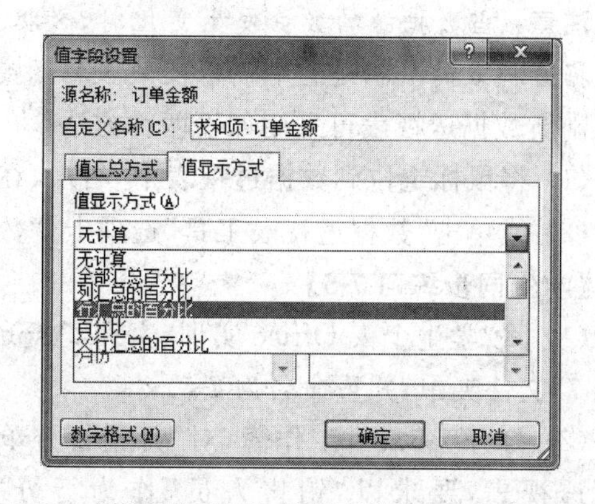

图 7-34　“值字段设置”对话框

图 7-35　“值字段设置”对话框|“值显示方式”选项卡

4. 修改数据透视表版式

数据透视表在被建立后,如需要修改数据透视表的版式,可以单击"数据透视表工具"选项卡|"显示"命令组|"字段列表"命令,会显示"数据透视表字段列表"窗口,用鼠标拖曳字段列表中的字段标题到数据透视表的相应位置即可。

数据透视表在被建立后,如需要删除数据透视表的行、列标签或报表筛选字段,可在数据透视表中单击要删除的字段名拖曳到数据透视表区域外即可。

5. 数据透视表的选项设置

创建数据透视表后,如需对数据表的选项做设置,可在"数据透视表工具"选项卡中单击"数据透视表"命令组|"选项"命令按钮,弹出"数据透视表选项"对话框,如图 7-36 所示。在该对话框中可进行布局格式、汇总筛选、数据、显示等选项设置,设置完成后,单击"确定"按钮。

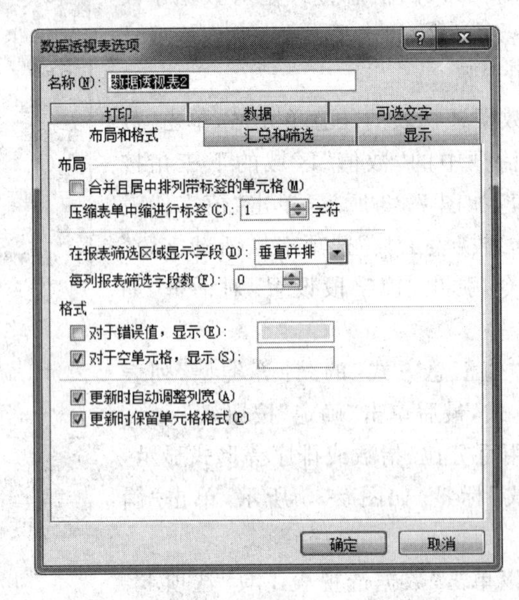

图 7-36　数据透视表的选项设置

6. 刷新数据透视表

注意:当数据源的数据发生变化时,数据透视表的数据并不自动发生变化,此时,需要对数据透视表的数据进行刷新以反映数据的变化。

刷新数据透视表可采用如下两种方法。

(1) 将鼠标定位到数据透视表中,右击,在弹出的快捷菜单中单击"刷新"命令按钮。

(2) 或单击"数据透视表工具"选项卡|"数据"命令组|"刷新"命令按钮。

【学生同步练习 7-5】

(1) 将"学生个人 Office 实训\实训 7\source\s7-5. xls"复制到"学生个人 Office 实训\实训 7"文件夹中,并重命名为 7-5. xls。

(2) 打开 7-5. xls 工作簿,对"月销售订单"工作表建立名为"各销售人员订单总额"的数据透视表,要求以"销售人员"作为行分类字段查询出各销售人员的订单总额,如样文 7-5A 所示。详细结果请参见“实训 7\sample\样文 7-5A. mdi”。

(3) 对“月销售订单”工作表建立名为“各部门各销售人员订单汇总”的数据透视表，要求以“销售人员”为行分类字段，“部门”为列分类字段，查询出各部门每个销售人员的订单总额和订单总数，如样文 7-5B 所示。在数据透视表建立后，进行选项设置，设置对于空格单元，显示为 0。详细汇总结果请参见“实训 7\sample\样文 7-5B. mdi”。

(4) 保存该工作簿。

【样文 7-5A】

	A	B	C
1			
2			
3	求和项:订单金额		
4	销售人员	汇总	
5	Helen	970000	
6	Jarry	3326534	
7	Mike	2514709	
8	Tom	1781085	
9	总计	8592328	
10			

各销售人员订单总额 / 月销售订单

【样文 7-5B】

	A	B	C	D	E
1					
2					
3			部门		
4	销售人	数据	销售1部	销售2部	总计
5	Helen	求和项:订单金额	0	970000	970000
6		计数项:订单号	0	3	3
7	Jarry	求和项:订单金额	3326534	0	3326534
8		计数项:订单号	6	0	6
9	Mike	求和项:订单金额	2514709	0	2514709
10		计数项:订单号	6	0	6
11	Tom	求和项:订单金额	0	1781085	1781085
12		计数项:订单号	0	5	5
13	求和项:订单金额汇总		5841243	2751085	8592328
14	计数项:订单号汇总		12	8	20
15					

各部门各销售人员订单汇总 / 月销售订单

独立实训任务 7

【独立实训任务 Z7-1】

打开“学生个人 Office 实训\实训 7\source\s7-6. xls”文档，将其另存为“学生个人 Office 实训\实训 7\Z7-1. xls”，并对该工作簿中的各工作表分别进行如下操作。

(1) 对 Sheet1 工作表进行排序，要求按月份升序排序(按一月，二月，三月的顺序)，月份相同的按销量降序排序。详细排序结果请参见“实训 7\sample\样文 Z7-1A. mdi”。

(2) 对 Sheet2 工作表进行自动筛选，筛选出月销量在 300～800 之间的所有书籍。自动筛选结果请参见“实训 7\sample\样文 Z7-1B. mdi”。

(3) 对 Sheet3 工作表进行合并计算，在“各月平均销量”位置进行各月均值合并计算。合并计算结果请参见“实训 7\sample\样文 7-1C. mdi”。

(4) 对 Sheet4 工作表进行分类汇总，以月份为分类字段，对“销售量”进行求和汇总。分类汇总结果请参见“实训 7\sample\样文 7-1D. mdi”。

(5) 以Sheet5工作表中的数据作为数据源，求出每本书每个月的销售总量，即以“书籍名”为行分类字段，以“月份”为列分类字段，以“销售量”为求和项，从Sheet6工作表的A1单元格起，建立数据透视表，并将空白处用0填充。数据透视表请参见“实训7\sample\样文7-1E.mdi”

【独立实训任务Z7-2】

打开“学生个人Office实训\实训7\source\s7-7.xls”文档，将其另存为“学生个人Office实训\实训7\Z7-2.xls”，并对该工作簿中的各工作表分别进行如下操作。

(1) 使用Sheet1工作表中的数据，计算“小计”和“总计”的值，结果放在相应的单元格中。计算结果请参见“实训7\sample\样文7-2A.mdi”。

(2) 使用Sheet2工作表中的数据以“计2”为关键字，以递减方式排序。排序结果请参见“实训7\sample\样文7-2B.mdi”。

(3) 使用Sheet3工作表中的数据进行高级筛选，筛选条件为“本科B”大于375人，将筛选出的记录存放在“在校本科生大于375地区”区域中。高级筛选结果请参见“实训7\sample\样文7-2C.mdi”。

(4) 使用Sheet4工作表中的数据，在“某企业费用支出汇总”表中进行“求和”合并计算。合并计算结果请参见“实训7\sample\样文7-2D.mdi”。

(5) 使用Sheet5工作表中的数据，以“专业”为分类字段，将CJ1～CJ8进行“均值”分类汇总。分类汇总结果请参见“实训7\sample\样文7-2E.mdi”。

(6) 使用“数据源”工作表中的数据，求每个工作站每个专业各总号的成绩总和，即以“工作站”为报表筛选字段，以“专业”为行字段，以“总号”为列字段，以CJ1～CJ3为求和项，从Sheet7工作表的A1单元格起，建立数据透视表。数据透视表结果请参见“实训7\sample\样文7-2F.mdi”。

【独立实训任务Z7-3】

打开“学生个人Office实训\实训7\source\s7-8.xls”文档，将其另存为“学生个人Office实训\实训7\Z7-3.xls”，并对该工作簿中的各工作表分别进行如下操作。

(1) 使用Sheet1工作表中的数据进行排序，以“申请专业”字段为关键字进行升序排序，专业相同时按“申请方向”字段降序进行排序，申请方向相同时再按“学号”字段升序进行排序。排序结果请参见“实训7\sample\样文7-3A.mdi”。

(2) 使用Sheet2工作表中的数据进行高级筛选，设置筛选条件为“申请方向”字段值为“Java方向”，并且“学习语言”字段值为“日语”，将筛选出的记录存放在“Java方向(日语)班名单”区域中。高级筛选结果请参见“实训7\sample\样文7-3B.mdi”。

(3) 使用Sheet3工作表中的数据，在“各方向人数”区域进行“计数”合并计算，计算出申请各方向的人数。合并计算结果请参见“实训7\sample\样文7-3C.mdi”。

(4) 使用Sheet4工作表中的数据，以“申请专业”为分类字段，对“学号”进行“计数”分类汇总。分类汇总结果请参见“实训7\sample\样文7-3D.mdi”。

(5) 使用Sheet5工作表中的数据，求出各“申请专业”每个“申请方向”有笔记本和无笔记本的人数，即以“申请专业”为报表筛选字段，以“申请方向”为行字段，以“有无笔记本”为列字段，以“学号”为计数项，从Sheet5工作表的K5单元格起，建立数据透视表。数据透视表结果请参见“实训7\sample\样文7-3E.mdi”。

实训8 图表、数据保护及其他设置

使用 Excel 的图表功能可以直观而且形象地表示数值的大小、不同数值之间的差异以及某一数据的变化趋势等。完美的图表与枯燥的数据相比，可以更迅速、更有力地传递信息。

实训要求

(1) 掌握图表的创建及编辑。

(2) 了解 Excel 中数据的保护设置方法。

(3) 掌握条件格式的运用。

(4) 了解数据有效性的运用。

(5) 掌握导入外部数据的方法。

(6) 了解行、列的冻结及应用。

时间安排

教师授课：4 学时，教师采用演练结合方式授课，各部分可以使用授课内容中的教学案例和“学生同步练习”进行演练。

学生独立实训任务：2 学时，学生完成独立实训任务后教师进行检查评分。

8.1 图表的创建及编辑

图表用于以图形形式显示数值数据系列，使用户更容易理解大量数据以及不同数据系列之间的关系。创建图表时要以工作表中的数据为基础，工作表中转化为图表的一连串数值的集合称作数据系列，因此在创建图表时必须选定数据源。

1. 图表的构成元素

图表中包含许多元素。默认情况下会显示其中一部分元素，而其他元素可以根据需要添加。通过将图表元素移到图表中的其他位置、调整图表元素的大小或者更改格式，可以更改图表元素的显示。还可以删除不希望显示的图表元素。下边以如图 8-1 所示的图形为例说明图表的构成元素。

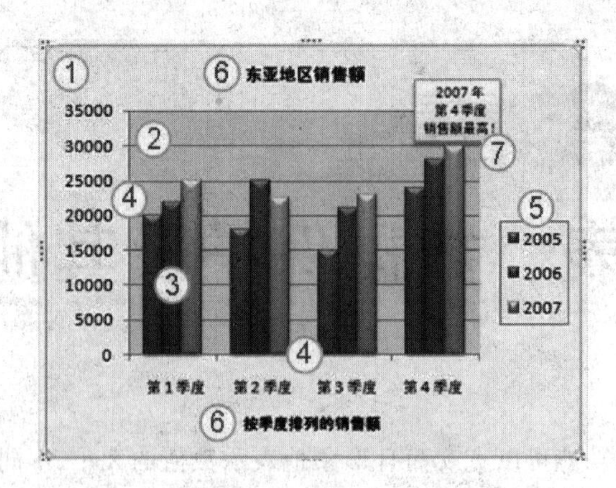

图 8-1 图表的构成元素

(1) 图表区：整个图表及其全部元素都位于图表区内。

(2) 绘图区：在二维图表中，是指通过轴来界定的区域，包括所有数据系列。在三维图表中，同样是通过轴来界定的区域，包括所有数据系列、分类名、刻度线标志和坐标轴标题。

(3) 绘制的数据系列及数据点：数据系列指在图表中绘制的相关数据点，这些数据源自数据表的行或列，图表中的每个数据系列具有唯一的颜色或图案并且在图表的图例中表示，可以在图表中绘制一个或多个数据系列，饼图只有一个数据系列；数据点指在图表中绘制的单个值，这些值由条形、柱形、折线、饼图或圆环图的扇面、圆点和其他被称为数据标记的图形表示，相同颜色的数据标记组成一个数据系列。

(4) 坐标轴：指界定图表绘图区的线条，用作度量的参照框架。y 轴通常为垂直坐标轴并包含数据，x 轴通常为水平轴并包含分类。

(5) 图例：图例是一个方框，用于标识为图表中的数据系列或分类指定的图案或颜色。

(6) 图表标题：图表标题是说明性的文本，可以自动与坐标轴对齐或在图表顶部居中。

(7) 数据标签：是为数据标记提供附加信息的标签，数据标签代表源于数据表单元格的单个数据点或值。

2. 创建基本图表

要创建基本图表，可以通过在"插入"选项卡上的"图表"命令组中单击所需图表类型来创建基本图表，如图 8-2 所示。将鼠标指针停留在任何图表类型或图表子类型上时，屏幕提示都将显示相应图表类型的名称。

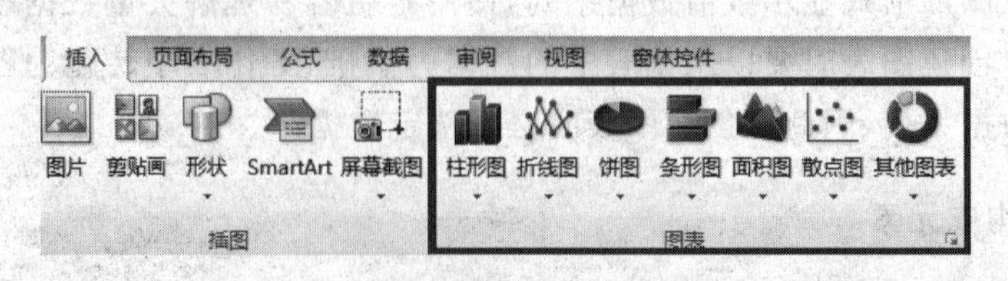

图 8-2 "插入"选项卡|"图表"命令组

若要查看所有可用的图表类型，可以单击"图表启动器"按钮 以启动"插入图表"对话框，如图 8-3 所示，可以单击对话框中相应箭头以滚动浏览图表类型。

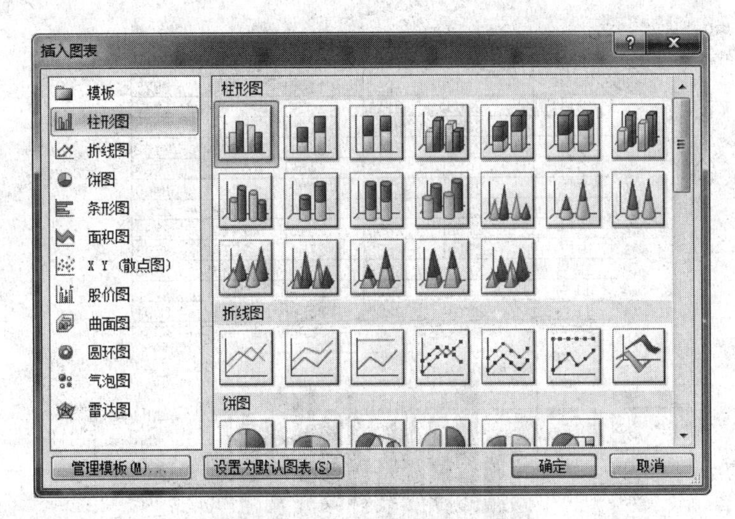

图 8-3　“插入图表”对话框

下面以某公司在各地区每月销售额的数据为例，说明创建图表的方法。某公司在各地区每月销售额的数据如图 8-4 所示。

	A	B	C	D	E	F
1	XXX公司各地区销售额（万元）					
2	月份	华北地区	华南地区	东北地区	西南地区	西北地区
3	1月	1002	1220	1105	1990	1875
4	2月	2003	2111	2054	1997	1940
5	3月	3004	3210	3100	2990	2880
6	4月	2102	2705	2604	2503	2402
7	5月	1973	1892	3457	2022	2587
8	6月	2324	2103	1882	1661	1440
9	7月	2012	2201	2390	2579	2768
10	8月	2755	2650	2545	2440	2335
11	9月	2910	2832	2754	2676	2798
12	10月	3100	2945	2790	2635	2380
13	11月	1989	2354	2719	2484	2149
14	12月	2378	2207	2036	1865	1694

图 8-4　XXX 公司各地区每月销售额

现要创建一个三维簇状柱形图，用于显示每个月每个地区的销售情况，说明创建基本图表的操作步骤。

(1) 在工作表中选择要创建图表的数据区域 A2:F14，单击“插入”选项卡|“图表”命令组|“柱形图”命令，在子菜单中单击“三维柱形图”|“三维簇状柱形图”按钮，默认情况下，图表作为嵌入图表放在工作表上，如图 8-5 所示。

(2) 如果要将图表放在单独的图表工作表中，则可以通过执行下列操作来更改其位置。

① 单击嵌入图表中的任意位置以将其激活，此时将显示“图表工具”选项卡，其上增加了“设计”、“布局”和“格式”选项卡，如图 8-6 所示。

② 单击“设计”选项卡|“位置”命令组|“移动图表”命令弹出“移动图表”对话框，如图 8-7 所示。

③ 在“选择放置图表的位置”下，若要将图表显示在图表工作表中，请单击“新工作表”，如果要替换图表的建议名称，则可以在“新工作表”框中输入新的名称；若要将图表显示为工作表中的嵌入图表，请单击“对象位于”，然后在“对象位于”框中单击工作表。

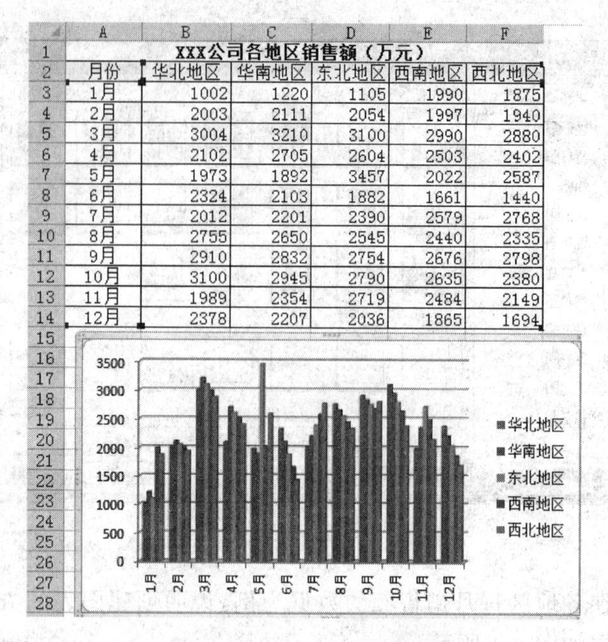

	A	B	C	D	E	F
1	XXX公司各地区销售额（万元）					
2	月份	华北地区	华南地区	东北地区	西南地区	西北地区
3	1月	1002	1220	1105	1990	1875
4	2月	2003	2111	2054	1997	1940
5	3月	3004	3210	3100	2990	2880
6	4月	2102	2705	2604	2503	2402
7	5月	1973	1892	3457	2022	2587
8	6月	2324	2103	1882	1661	1440
9	7月	2012	2201	2390	2579	2768
10	8月	2755	2650	2545	2440	2335
11	9月	2910	2832	2754	2676	2798
12	10月	3100	2945	2790	2635	2380
13	11月	1989	2354	2719	2484	2149
14	12月	2378	2207	2036	1865	1694

图 8-5 XXX公司各地区每月销售额三维簇状柱形图

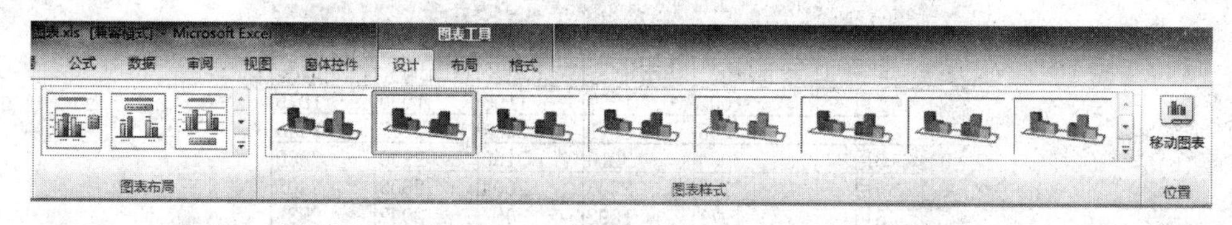

图 8-6 “图表工具”选项卡

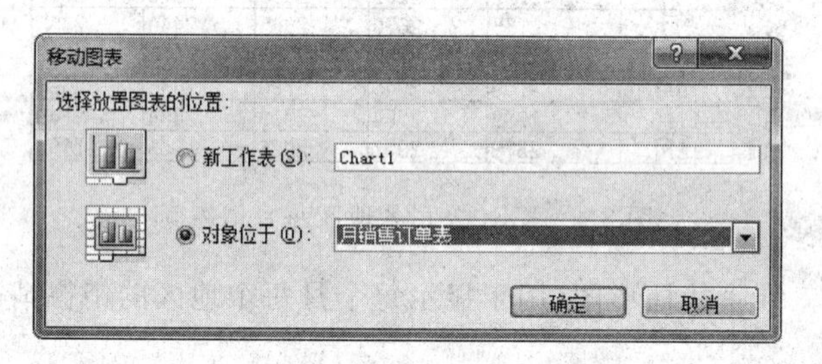

图 8-7 “移动图表”对话框

④ 选择后单击“确定”按钮。

3. 更改图表的布局或样式

1) 应用预定义图表布局

单击图表中的任意位置，此时将显示“图表工具”选项卡，其上增加了“设计”、“布局”和“格式”选项卡。在“设计”选项卡上的“图表布局”命令组中，单击要使用的图表布局按钮，若要查看所有可用的布局，请单击“更多”按钮 ，如图 8-8 所示。注意：当 Excel 窗口的大小缩小时，“图表布局”组中的“快速布局”库中将提供图表布局。

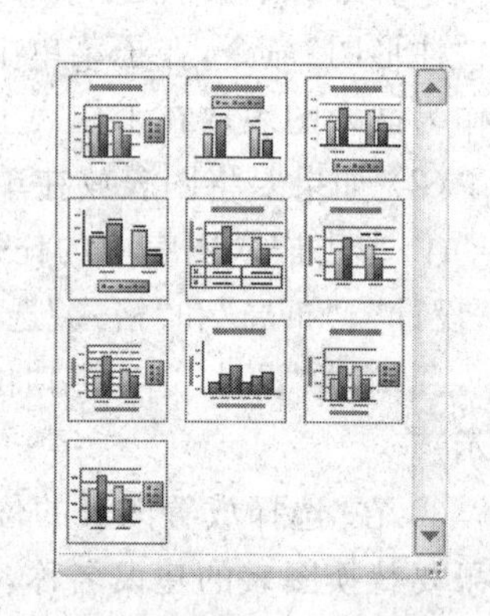

图 8-8 “图表布局”命令组

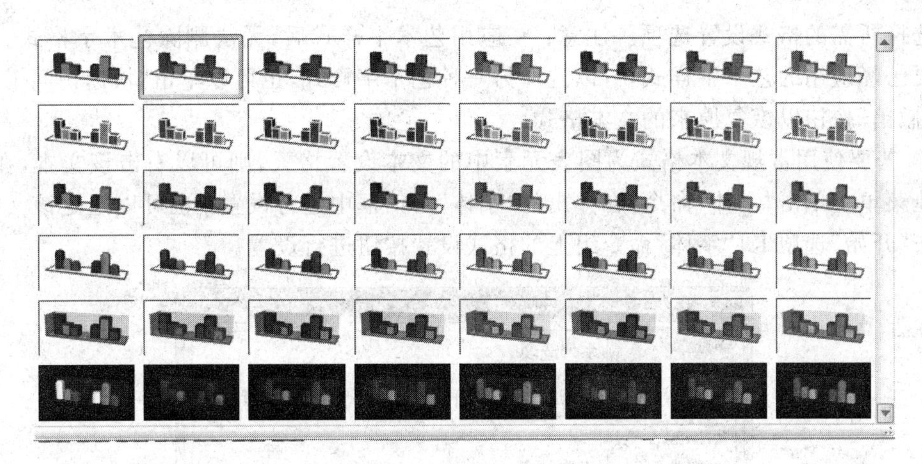

图 8-9　“图表样式”命令组

2）应用预定义图表样式

单击图表中的任意位置，此时将显示“图表工具”选项卡，其上增加了“设计”、“布局”和“格式”选项卡。在“设计”选项卡上的“图表样式”命令组中，单击要使用的图表样式按钮，若要查看所有预定义图表样式，请单击“更多”按钮，如图 8-9 所示。注意：当 Excel 窗口的大小缩小时，“图表样式”组中的“图表快速样式”库中将提供图表样式。

3）手动更改图表元素的布局

（1）单击要更改其布局的图表元素，或者单击图表内的任意位置以显示“图表工具”选项卡，在“格式”选项卡上的“当前所选内容”命令组中，单击“图表元素”框中的箭头，然后单击所需的图表元素。

（2）在“布局”选项卡上的“标签”、“坐标轴”或“背景”组中，单击与所选图表元素相对应的图表元素按钮，然后单击所需的布局选项，即可更改图表元素的布局。注意：选择的布局选项会应用到已经选定的图表元素。例如，如果选定了整个图表，数据标签将应用到所有数据系列。如果选定了单个数据点，则数据标签将只应用于选定的数据系列或数据点。

4）手动更改图表元素的格式

（1）单击要更改其样式的图表元素，或者单击图表内的任意位置以显示“图表工具”选项卡，在“格式”选项卡上的“当前所选内容”命令组中，单击“图表元素”框中的箭头，然后单击所需的图表元素。

（2）在“格式”选项卡上，执行下列一项或多项操作。

① 若要为选择的任意图表元素设置格式，需在“当前所选内容”命令组中单击“设置所选内容格式”命令，弹出“设置 XXX 格式”对话框，然后在对话框中选择所需的格式设置选项。图 8-10 为“设置数据系列格式”对话框。

② 若要为所选图表元素的形状设置格式，需在“形状样式”命令组中单击需要的样式，或者单击“形状填充”、“形状轮廓”或“形状效果”命令按钮，然后在弹出的子菜单中选择需要的格式选项。

③ 若要使用艺术字设置所选图表元素中文本的格式，需在“艺术字样式”命令组中单击相应样式。还可以单击“文本填充”、“文本轮廓”或“文本效果”命令按钮，然后在弹出的子菜

单中选择所需的格式设置选项。注意：在应用艺术字样式后，无法删除艺术字格式。如果不需要已经应用的艺术字样式，可以选择另一种艺术字样式，也可以单击“快速访问工具栏”上的“撤销”按钮以恢复原来的文本格式。

④ 若要使用常规文本格式为图表元素中的文本设置格式，则可以右击该文本，在弹出的快捷菜单上单击“字体”命令，在弹出的“字体”对话框中进行设置；也可以选定该文本，然后单击“开始”选项卡|“字体”命令组上的格式设置按钮进行设置。

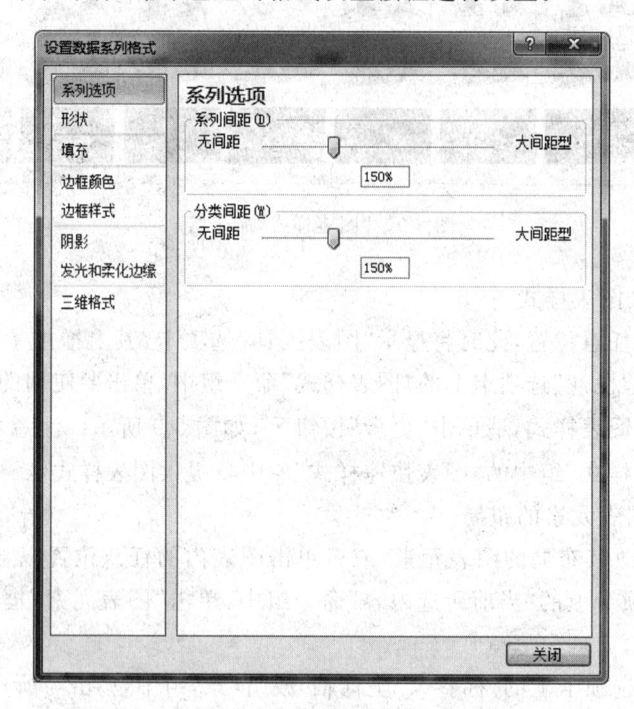

图 8-10 “设置数据系列格式”对话框

4. 添加或删除标题或数据标签

为了使图表更易于理解，可以添加标题，如图表标题和坐标轴标题。坐标轴标题通常可用于能够在图表中显示的所有坐标轴，包括三维图表中的竖(系列)坐标轴。有些图表类型(如雷达图)有坐标轴，但不能显示坐标轴标题。没有坐标轴的图表类型(如饼图和圆环图)也不能显示坐标轴标题。

通过创建对工作表单元格的引用，还可以将图表标题和坐标轴标题链接到这些单元格中的相应文本。在对工作表中相应的文本进行更改时，图表中链接的标题将自动更新。

要快速标识图表中的数据系列，可以向图表的数据点添加数据标签。默认情况下，数据标签链接到工作表中的值，在对这些值进行更改时它们会自动更新。

1) 添加图表标题

单击要添加标题的图表中的任意位置，将显示“图表工具”选项卡，在“布局”选项卡上的“标签”命令组中，单击“图表标题”命令，如图 8-11 所示，在子菜单列表中单击“居中覆盖标题”或“图表上方”命令，在图表中显示的“图表标题”文本框中输入所需的文本即可。注意：若要插入换行符，需单击要换行的位置，将指针置于该位置，然后按 Enter 键。

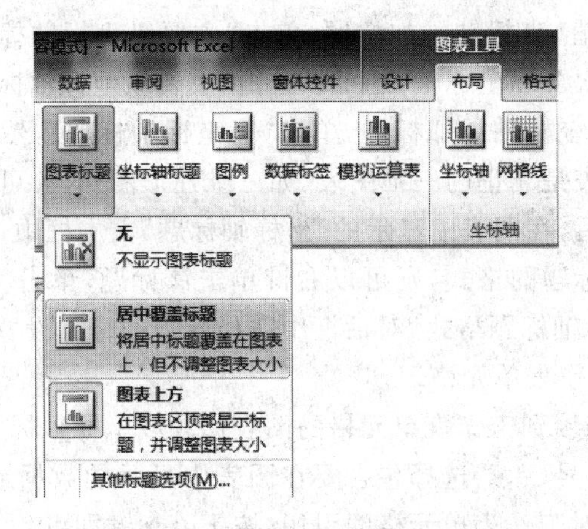

图 8-11 “图表标题”子菜单列表

若要设置整个标题的格式，则可以右键单击该标题，单击“设置图表标题格式”命令，然后在弹出的“设置图表标题格式”对话框中选择所需的格式设置选项。“设置图表标题格式”对话框如图 8-12 所示。

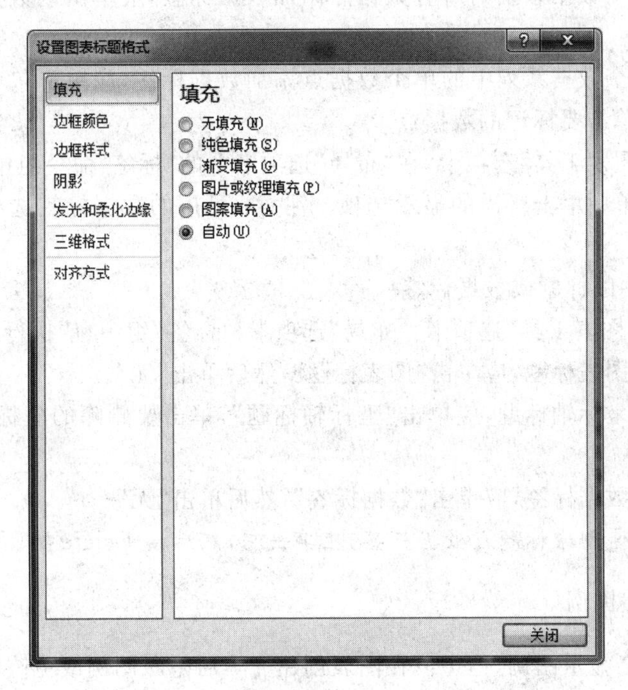

图 8-12 “设置图表标题格式”对话框

2）添加坐标轴标题

(1) 单击要添加坐标轴标题的图表中的任意位置，将显示“图表工具”选项卡，在“布局”选项卡上的“标签”命令组中，单击“坐标轴标题”命令。在弹出的子菜单中执行下列一项或多项操作。

① 若要向主要横(分类)坐标轴添加标题，单击“主要横坐标轴标题”，然后单击所需的选项。注意：如果图表有次要横坐标轴，还可以单击“次要横坐标轴标题”。

② 若要向主要纵(值)坐标轴添加标题,单击"主要纵坐标轴标题",然后单击所需的选项。注意:如果图表有次要纵坐标轴,还可以单击"次要纵坐标轴标题"。

③ 若要向竖(系列)坐标轴添加标题,单击"竖坐标轴标题",然后单击所需的选项。注意:此选项仅在所选图表是真正的三维图表(如三维柱形图)时才可用。

(2) 完成以上操作后,在图表中显示的"坐标轴标题"文本框中,输入所需的文本即可。

(3) 若要设置整个标题的格式,则可以右键单击该标题,单击"设置坐标轴标题格式",然后在弹出的"设置坐标轴标题格式"对话框中选择所需的格式设置选项。

3) 将标题链接到工作表单元格

在图表上,单击要链接到工作表单元格的图表标题或坐标轴标题,在工作表上的编辑栏中单击,然后输入一个等号(=),选择包含要在图表中显示的数据或文本的工作表单元格,也可以在编辑栏中输入对工作表单元格的引用,按 Enter 键即可。

4) 添加数据标签

在图表中,执行下列操作之一:

(1) 若要向所有数据系列的所有数据点添加数据标签,应单击图表区。

(2) 若要向一个数据系列的所有数据点添加数据标签,应单击该数据系列中需要标签的任意位置。

(3) 若要向一个数据系列中的单个数据点添加数据标签,应单击包含要标记的数据点的数据系列,然后单击要标记的数据点。

此时将显示"图表工具"选项卡,在"布局"选项卡上的"标签"命令组中,单击"数据标签"命令,然后在子菜单中单击所需的显示选项。注意:可用的数据标签选项因使用的图表类型而异。

5) 删除图表中的标题或数据标签

单击图表,在"图表工具"选项卡|"布局"选项卡|"标签"组中,请执行下列操作之一。

(1) 若要删除图表标题,应单击"图表标题",然后单击"无"。

(2) 若要删除坐标轴标题,应单击"坐标轴标题",单击要删除的坐标轴标题的类型,然后单击"无"。

(3) 若要删除数据标签,应单击"数据标签",然后单击"无"。

注意:若要快速删除标题或数据标签,应单击它,然后按 Delete 键。

5. 显示或隐藏图例

创建图表时,会显示图例,但可以在图表创建完毕后隐藏图例或更改图例的位置。

单击要显示或隐藏图例的图表,在显示的"图表工具"选项卡|"布局"选项卡|"标签"命令组中,单击"图例"命令。在子菜单中执行下列操作之一。

(1) 若要隐藏图例,单击"无"。要从图表中快速删除某个图例或图例项,也可以选择该图例或图例项,然后按 Delete 键;还可以右键单击该图例或图例项,然后单击"删除"命令。

(2) 若要显示图例,单击所需的显示选项。注意:在单击其中一个显示选项时,该图例会发生移动,而且绘图区会自动调整以便为该图例腾出空间。如果使用鼠标移动图例并设置其大小,则不会自动调整绘图区。

(3) 若要查看其他选项,单击"其他图例选项",然后在"设置图例格式"对话框中选择所需的显示选项。注意:默认情况下,图例不与图表重叠。如果空间有限,则可以通过清除"显示图例,但不与图表重叠"复选框来减小图表的大小。

当图表显示图例时,可以通过编辑工作表上的相应数据来修改各个图例项。若要获得更多编辑选项,或要在不影响工作表数据的情况下修改图例项,可以单击"设计"选项卡|"数据"命令组|"选择数据"命令,在"选择数据源"对话框中对图例项进行更改,"选择数据源"对话框如图 8-13 所示。

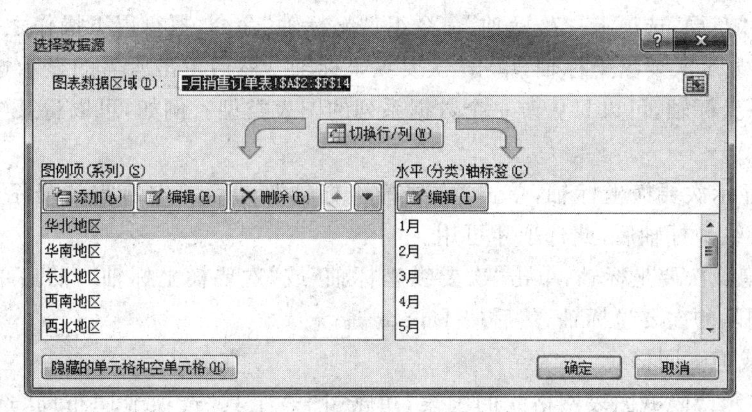

图 8-13 "选择数据源"对话框

6. 显示或隐藏图表坐标轴或网格线

在创建图表时,会为大多数图表类型显示主要坐标轴。可以根据需要启用或禁用主要坐标轴。添加坐标轴时,可以指定想让坐标轴显示的信息的详细程度。创建三维图表时会显示竖坐标轴。

当图表中的值对于不同的数据系列变化很大,或使用混合类型的数据时,可以在次要纵(数值)坐标轴上绘制一个或多个数据系列。次要纵坐标轴的刻度反映相关联数据系列的值。将次要纵坐标轴添加到图表后,还可以添加次要横(分类)坐标轴,该坐标轴在 xy(散点)图或气泡图中很有用。

为了使图表更易于理解,可以在图表的绘图区显示或隐藏从任何横坐标轴和纵坐标轴延伸出的水平和垂直图表网格线。

1) 显示或隐藏主要坐标轴

单击要显示或隐藏坐标轴的图表,单击"图表工具"选项卡|"布局"选项卡|"坐标轴"命令组|"坐标轴",然后执行下列操作之一。

(1) 若要显示坐标轴,单击"主要横坐标轴"、"主要纵坐标轴"或"竖坐标轴"(在三维图表中),然后单击所需的坐标轴显示选项。

(2) 若要隐藏坐标轴,单击"主要横坐标轴"、"主要纵坐标轴"或"竖坐标轴"(在三维图表中),然后单击"无"。

(3) 若要指定详细的坐标轴显示和刻度选项,单击"主要横坐标轴"、"主要纵坐标轴"或"竖坐标轴"(在三维图表中),然后单击"其他主要横坐标轴选项"、"其他主要纵坐标轴选项"或"其他竖坐标轴选项"。

2）显示或隐藏次要坐标轴

(1) 在图表中，单击要沿次要纵坐标轴绘制的数据系列或单击图表，单击“图表工具”选项卡|“格式”选项卡|“当前所选内容”命令组|“图表元素”框中的箭头，单击要沿次要垂直轴绘制的数据系列。

(2) 单击“格式”选项卡|“当前所选内容”命令组|“设置所选内容格式”，弹出“设置数据系列格式”对话框，在对话框中单击“系列选项”(如果未选择)，接着在“系列绘制在”下单击“次坐标轴”，然后单击“关闭”按钮。

(3) 单击“布局”选项卡|“坐标轴”命令组|“坐标轴”命令，执行以下操作之一。

(4) 若要显示次要纵坐标轴，单击“次要纵坐标轴”，然后单击所需的显示选项。为了帮助区分次要纵坐标轴，可以只更改一个数据系列的图表类型。例如，可以将某个数据系列更改为折线图。

① 若要显示次要横坐标轴，单击“次要横坐标轴”，然后单击所需的显示选项。注意：仅在显示次要纵坐标轴后，此选项才可用。

② 若要隐藏次要坐标轴，单击“次要纵坐标轴”或“次要横坐标轴”，然后单击“无”。也可以单击要删除的次要坐标轴，然后按 Delete 键。

3）显示或隐藏网格线

单击要显示或隐藏图表网格线的图表，单击“图表工具”选项卡|“布局”选项卡|“坐标轴”命令组中|“网格线”命令，执行下列操作：

(1) 若要向图表中添加横网格线，指向“主要横网格线”，然后单击所需的选项。如果图表有次要水平轴，还可以单击“次要网格线”。

(2) 要向图表中添加纵网格线，指向“主要纵网格线”，然后单击所需的选项。如果图表有次要垂直轴，还可以单击“次要网格线”。

(3) 要将竖网格线添加到三维图表中，指向“竖网格线”，然后单击所需选项。此选项仅在所选图表是真正的三维图表(如三维柱形图)时才可用。

(4) 要隐藏图表网格线，指向“主要横网格线”、“主要纵网格线”或“竖网格线”(三维图表上)，然后单击“无”。如果图表有次要坐标轴，还可以单击“次要横网格线”或“次要纵网格线”，然后单击“无”。

(5) 若要快速删除图表网格线，先选中它们，然后按 Delete 键。

7. 移动图表或调整图表的大小

可以将图表移动到工作表中的任意位置，或移动到新工作表或现有工作表，也可以将图表更改为更适合的大小。

若要移动图表，先选定工作表，将其拖到所需位置。

若要调整图表的大小，执行下列操作之一。

(1) 单击图表，然后拖动尺寸控点，将其调整为所需大小。

(2) 在“格式”选项卡|“大小”命令组|“形状高度”和“形状宽度”框中输入大小。若要获得更多调整大小选项，在“格式”选项卡|“大小”命令组中，单击“启动器”按钮以启动“设置图表区格式”对话框，如图 8-14 所示。在对话框中的“大小”选项卡上，选择相应选项来调整图表大小、旋转图表或缩放图表。在“属性”选项卡上，可以指定图表与工作表上的单元格一同

移动或调整大小的所需方式。

图 8-14　“设置图表区格式”对话框

【学生同步练习 8-1】

(1) 将“学生个人 Office 实训\实训 8\source\s8-1. xls”文件复制到“学生个人 Office 实训\实训 8”文件夹中，并重命名为 8-1. xls。

(2) 打开 8-1. xls 工作簿，使用 Sheet1 表中的“城市”、“食品”、“服装”三列数据创建一个三维柱形图“销售水平抽样调查”保存在当前工作表中，如样文 8-1 所示。

【样文 8-1】

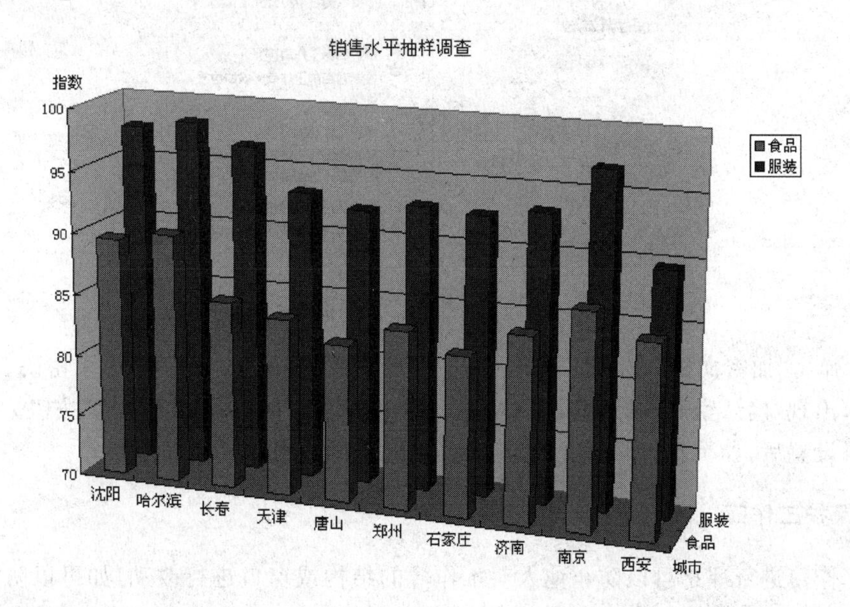

8.2 数据保护

工作簿有多级安全保护机制，最高一层的保护为文件级保护，如果不能访问文件本身，也就不能修改它内部的信息，这部分需在操作系统中完成，如可以在操作系统中设置文件为只读或其他访问权限。也可以根据不同的情况在Excel中对工作簿、工作表和工作表中的单元格进行保护。

1. 设置打开权限

为了防止其他人打开一个含有重要数据的工作簿，可以为这个工作簿指定一个密码，限制他人访问文件，设置打开文档密码的操作步骤如下。

(1) 在打开的电子表格中，单击“文件”菜单，此时将打开Backstage视图，单击“信息”选项面板。

(2) 在“权限”区域中，单击“保护工作簿”，如图8-15所示，单击“用密码进行加密”命令。

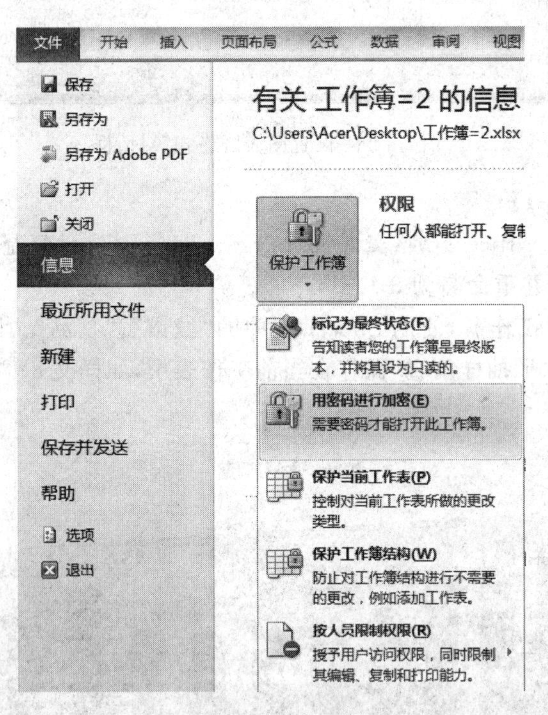

图8-15 “信息”选项面板

(3) 弹出“加密文档”对话框，如图8-16所示。在“密码”文本框中输入密码。单击“确定”按钮，出现“确认密码”对话框，在对话框中再次输入密码，并单击“确定”按钮。

密码设置后，如重新打开该文档，则需要输入正确的密码才能打开。

2. 保护工作簿

对工作簿进行保护可以防止他人对工作簿的结构或窗口进行改动，如可以防止他人对工作表进行移动、重命名、删除等操作。

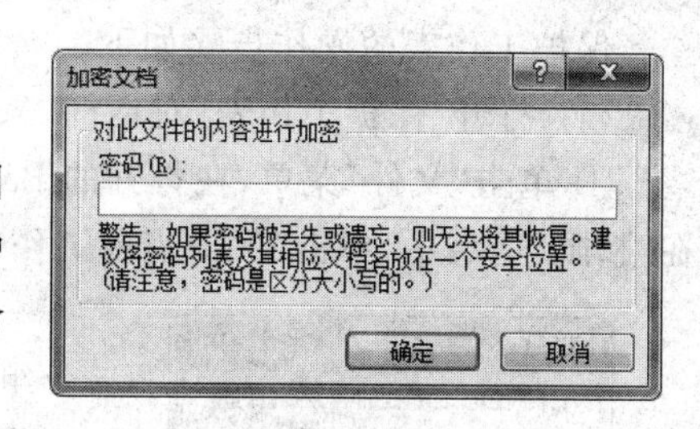

图 8-16 “加密文档”对话框

保护工作簿的操作步骤如下。

(1) 单击“文件”菜单,在打开的 Backstage 视图中单击“信息”选项面板,在“权限”区域中,单击“保护工作簿”,如图 8-15 所示,单击“保护工作簿结构”命令,弹出“保护结构和窗口”对话框,如图 8-18 所示。

(2) 也可以选择“审阅”选项卡,如图 8-17 所示,单击“更改”命令组中的“保护工作簿”命令,也可以打开如图 8-18 所示的“保护结构和窗口”对话框。

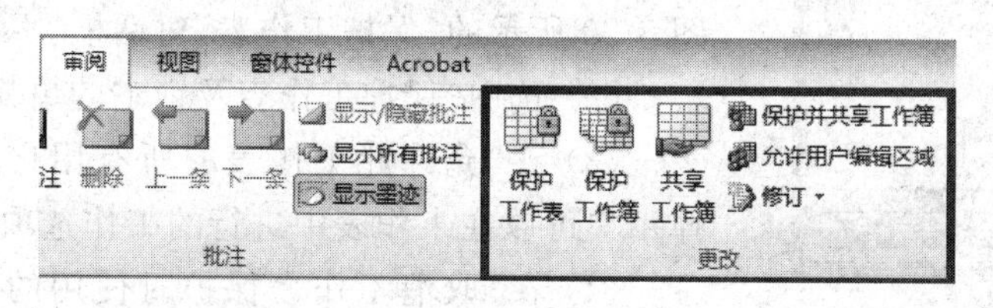

图 8-17 “审阅”选项卡|“更改”命令组

(3) 在“保护工作簿”区域有两个复选框,功能如下。

① **结构**:选择此项,可以防止修改工作簿的结构,如删除、重命名、复制、移动工作表等。

② **窗口**:选择此项,可以防止修改工作簿的窗口,窗口的控制按钮将变为隐藏,并且多数窗口功能如移动、缩放、恢复、最小化、新建、关闭、拆分、冻结窗格等将不起作用。

(4) 密码输入为可选项,如在密码文本框中输入密码,单击“确定”按钮后会弹出“确认密码”对话框,在对话框中再次输入密码。

(5) 单击“确定”按钮,工作簿结构保护成功。

撤销工作簿的保护,依然采用保护工作簿的操作方法,只是此时单击“保护工作簿”命令后,如果之前设置了保护密码,则会弹出“撤销工作簿保护”对话框,如图 8-19 所示,在“密码”文本框中输入密码,单击“确定”按钮。如没有设置过密码,则工作簿结构的保护会直接撤销。

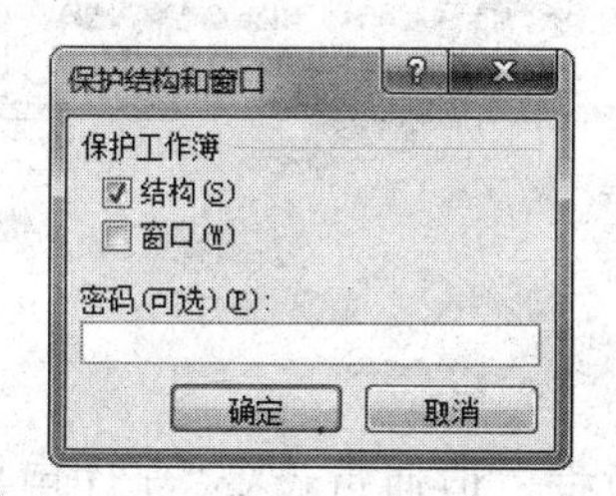

图 8-18 “保护结构和窗口”对话框

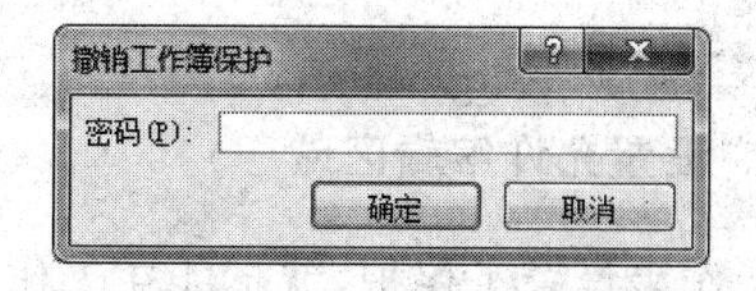

图 8-19 “撤销工作簿保护”对话框

3. 保护工作表

当对工作簿进行保护时,虽然不能对工作表进行删除、移动、重命名等操作,但是在查看工作表时工作表中的数据还是可以被编辑修改的。为了防止他人修改工作表中的数据,可以对工作表进行保护。

保护工作表的操作步骤如下。

(1) 打开“保护工作表”对话框,采用以下三种方式之一。

① 单击“文件”菜单,在打开的 Backstage 视图中单击“信息”选项面板,如图 8-15 所示,在“权限”区域中,单击“保护当前工作表”命令,弹出“保护工作表”对话框,如图 8-20 所示。

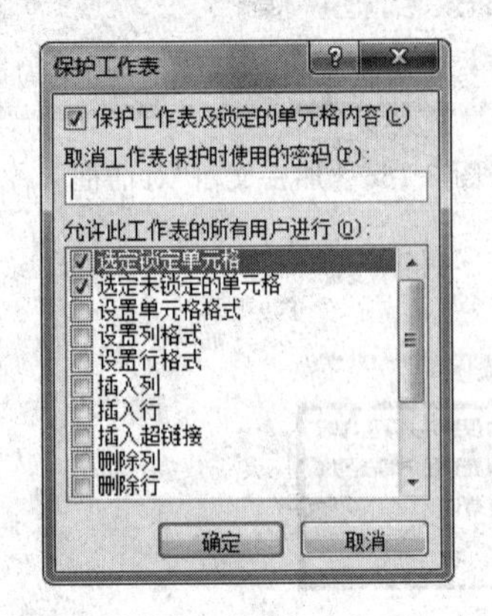

图 8-20 “保护工作表”对话框

② 选择“审阅”选项卡,如图 8-17 所示,单击“更改”命令组中的“保护工作表”命令,打开如图 8-20 所示的“保护工作表”对话框。

③ 选择“开始”选项卡|“单元格”命令组|“格式”命令,在列表中“保护”区域单击 “保护工作表”命令,打开如图 8-20 所示的“保护工作表”对话框。

(2) 选中“保护工作表及锁定的单元格内容”复选框。

(3) 在“允许此工作表的所有用户进行”列表框中选择用户可以在工作表中进行的工作选项。

(4) 在“取消工作表保护时使用的密码”文本框中输入密码,单击“确定”按钮后会弹出“确认密码”对话框。在对话框中的“重新输入密码”文本框中再次输入密码。单击“确定”按钮,工作表保护成功。

工作表受保护后,如对工作表进行不允许的操作,则弹出系统警告对话框,如图 8-21 所示。

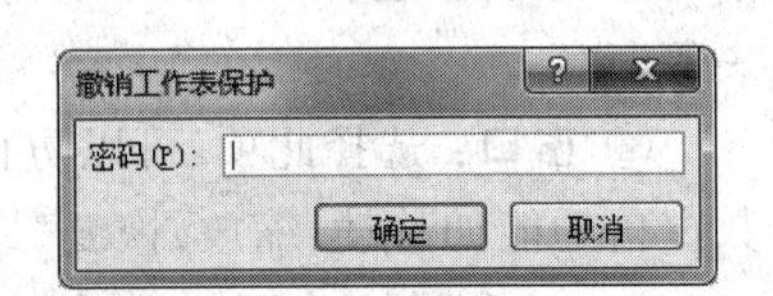

图 8-21 “撤销工作表保护”对话框

如果撤销工作表保护,选择“审阅”选项卡,单击“更改”命令组中的“撤销工作表保护”命令。如果在保护工作表时设置了密码,则会弹出“撤销工作表保护”对话框,如图 8-22 所示,在对话框中输入密码后单击“确定”按钮即可;如果在保护工作表时未设置密码,则单击“撤销工作表保护”命令后工作表保护会被直接撤销。

图 8-22 系统警告对话框

4. 设置允许编辑区域

工作表设置了保护,就不能在工作表中编辑、修改数据。但通过设置“允许用户编辑区域”操作,可以将部分共享数据区域设置为可编辑区域,允许其他用户编辑、修改,而非共享数据区域则保护起来不允许修改。

设置允许用户编辑区域的具体操作步骤如下。

(1) 选择“审阅”选项卡,如图 8-17 所示,单击“更改”命令组中的“允许用户编辑区域表”命令,打开如图 8-23 所示的“允许用户编辑区域”对话框。

（2）在“允许用户编辑区域”对话框中单击“新建”按钮，弹出“新区域”对话框，如图 8-24 所示。在“标题”文本框中输入允许编辑区域的标题；在“引用单元格”文本框中显示了选中的单元格区域。如果不正确，可以单击文本框右边的按钮，重新进行单元格的引用；在“区域密码”文本框中可以设置允许编辑的密码。

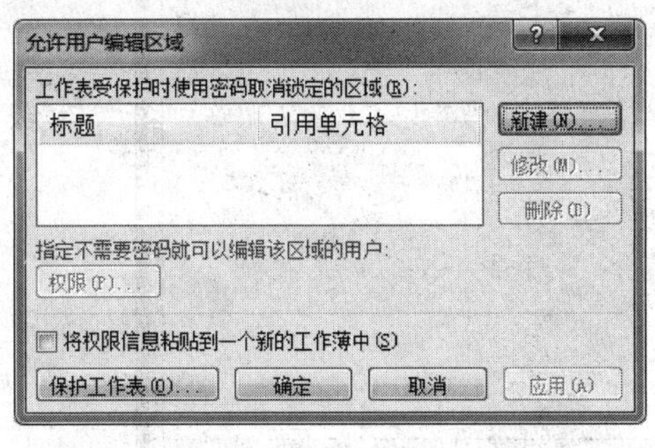

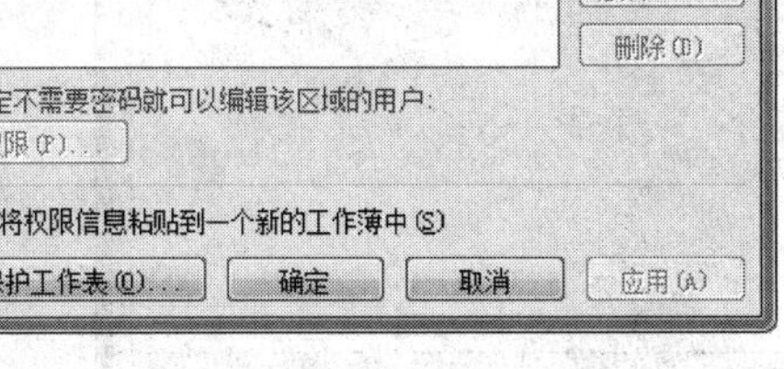

图 8-23 “允许用户编辑区域”对话框

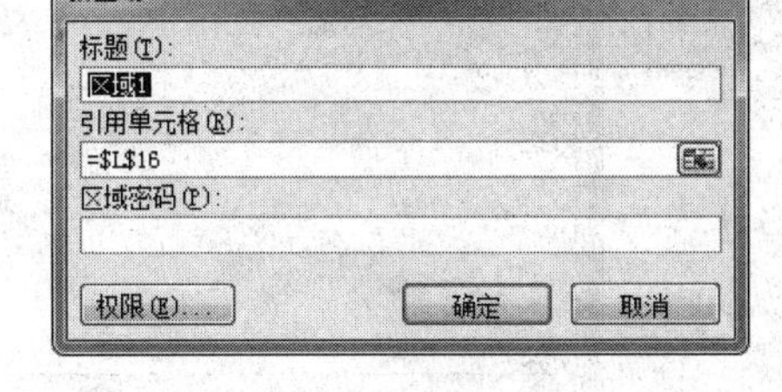

图 8-24 “新区域”对话框

（3）单击“确定”按钮，返回“允许用户编辑区域”对话框，可以发现刚才设定的区域被添加到“标题”列表中。单击“新建”按钮可以继续添加并设置允许编辑的区域；单击“修改”按钮可以对已添加的区域重新设置。

（4）单击“保护工作表”按钮，出现“保护工作表”对话框，在对话框中设置工作表的保护选项，单击“确定”按钮设置成功。

在进行了上述设置后，可以在被设置了“允许编辑区域”的区域进行编辑数据，但不能在其他的区域编辑数据。

5. 保护单元格

如果单元格中的数据是用公式计算出来的，那么当选定该单元格后，在编辑栏上将会显示该数据的公式。假若工作表中的数据比较重要，可以对工作表中单元格中的公式加以保护和隐藏，这样可以防止他人看出该数据是如何计算出来的。

保护单元格操作步骤如下。

（1）选中要保护的单元格或单元格区域，执行“开始”选项卡|“单元格”命令组|“格式”命令，如图 8-25 所示，在列表中单击“锁定单元格”命令即可。若需要做更详细的设置，可在弹出列表中单击“设置单元格格式”命令，弹出“设置单元格格式”对话框，选择“保护”选项卡，如图 8-26 所示。

（2）选择“锁定”复选框，工作表受保护后，单元格不能修改。

（3）选择“隐藏”复选框，工作表受保护后，将隐藏公式。

（4）单击“确定”按钮。

（5）单元格锁定或隐藏公式后，需对工作表设置保护。执行“开始”选项卡|“单元格”命令组|“格式”命令，如图 8-25 所示，单击列表中的“保护工作表”命令，在对工作表保护后，锁定单元格或隐藏单元

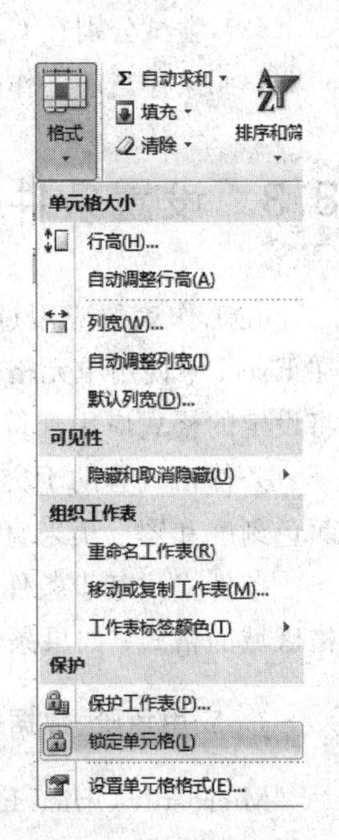

图 8-25 “格式”列表

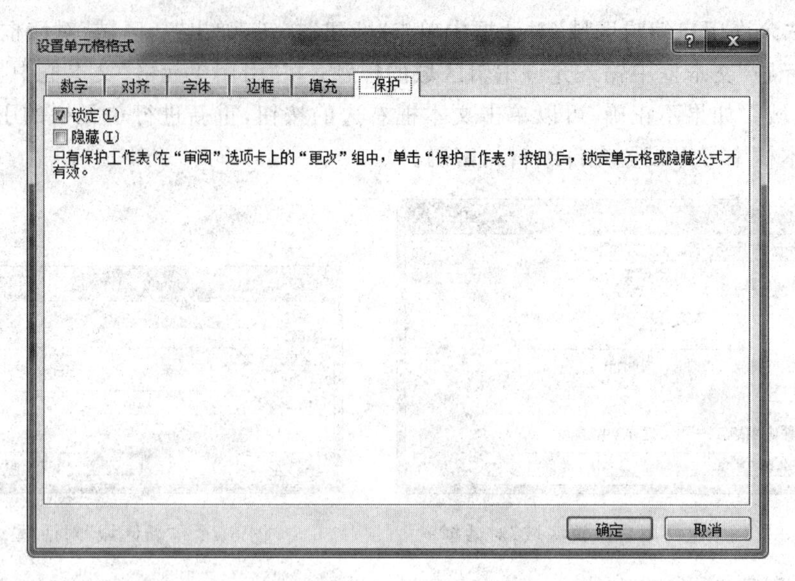

图 8-26 "设置单元格格式"对话框|"保护"选项卡

格公式才会有效。

注意:只有在工作表被保护时,锁定单元格或隐藏公式才有效。

【学生同步练习 8-2】

(1) 将"学生个人 Office 实训\实训 8\source\s8-2. xls"文件复制到"学生个人 Office 实训\实训 8"文件夹中,并重命名为 8-2. xls。

(2) 打开 8-2. xls 工作簿,设置 Sheet1 工作表中单元格区域 E4:F13 为"允许用户编辑区域",并对 Sheet1 工作表进行工作表保护。

(3) 尝试分别在 C4:D13,E4:F13 单元格区域输入数据,观察是否可以修改数据。

(4) 保存当前工作簿。

8.3 设置条件格式

在工作表的应用过程中,可能需要将某些满足条件的单元格以指定的样式进行显示。在 Excel 中使用单元格的条件格式功能,系统会在选定的区域中搜索符合条件的单元格,并将设定的格式应用到符合条件的单元格上。

条件格式有助于突出显示所关注的单元格或单元格区域;强调异常值;使用数据条、颜色刻度和图标集来直观地显示数据。

条件格式基于条件更改单元格区域的外观。如果条件为 True,则基于该条件设置单元格区域的格式;如果条件为 False,则不基于该条件设置单元格区域的格式。

1. 应用色阶、数据条、图标集

Microsoft Office Excel 2010 中提供了数据条、色阶、图标集等预定义好的条件格式,应用这些条件格式,可快速显示数据中存在的差异。

下边以应用色阶为例说明其操作方法，应用数据条或图标集的操作方法与之相似。

在“开始”选项卡上的“样式”组中，单击“条件格式”旁边的箭头，然后单击“色阶”，如图 8-27 所示。将鼠标指针悬停在色阶图标上，可以预览应用了条件格式的数据。

如选择双色刻度，顶部颜色代表较高值，底部颜色代表较低值；如选择三色阶，最上面的颜色代表较高值，中间的颜色代表中间值，最下面的颜色代表较低值。

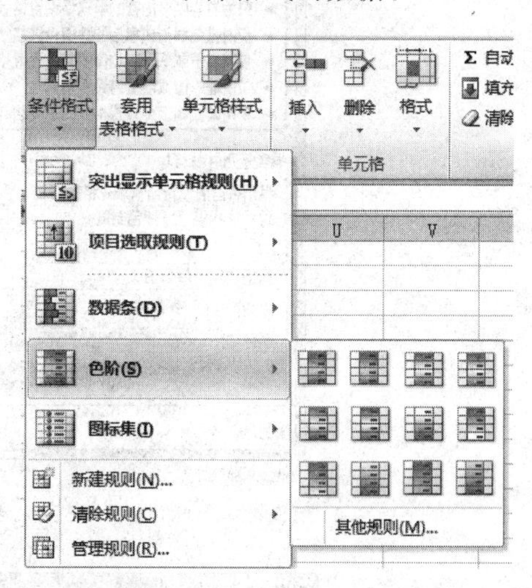

图 8-27　“条件格式”中的“色阶”

2. 高级条件格式设置

有时需要自己设置一些条件格式，用以显示特殊的数据，这时可通过“新建规则”等操作完成条件格式的设置。具体操作步骤如下。

(1) 选择区域、表或数据透视表中的一个或多个单元格，在“开始”选项卡上的“样式”组中，单击“条件格式”旁边的箭头，然后单击“管理规则”，将显示“条件格式规则管理器”对话框，如图 8-28 所示。

图 8-28　“条件格式规则管理器”对话框

(2) 如果要添加条件格式，单击“新建规则”按钮，将显示“新建格式规则”对话框，如图 8-29 所示，在该对话框中进行详细的条件格式设置。

(3) 如果要更改条件格式，在如图 8-28 所示的“条件格式规则管理器”对话框中的“显示其格式规则”列表框中选择相应的工作表、表或数据透视表，选择需修改的规则，然后单击“编辑规则”按钮，将显示“编辑格式规则”对话框，如图 8-30 所示。在“编辑格式规则”对话框中重新修改条件格式即可。

(4) 如果需要删除已设置的条件格式，在“条件格式规则管理器”对话框中选定要删除的条件，然后单击“删除规则”按钮。

下面以学生成绩表(如图 8-31 所示)为例说明条件格式的设置方法，对该表中成绩为 90 分以上的单元格以蓝色底纹、黄色字显示，对成绩为 60 分以下的单元格以红色底纹、黄色字显示。

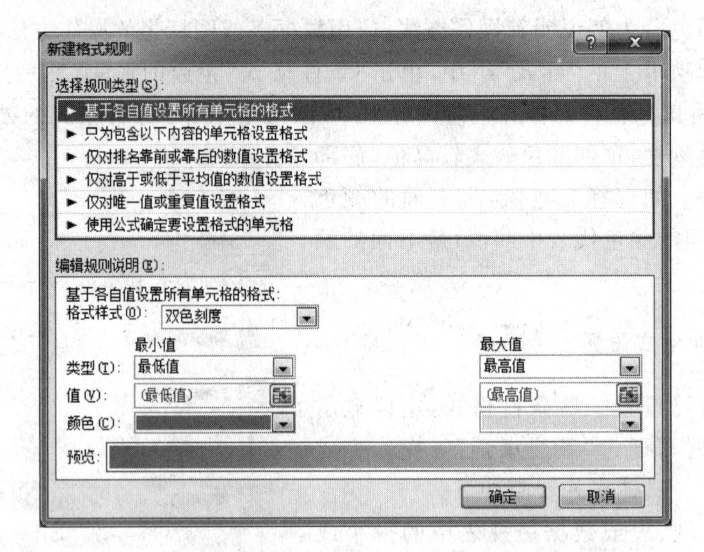

图 8-29 “新建格式规则”对话框

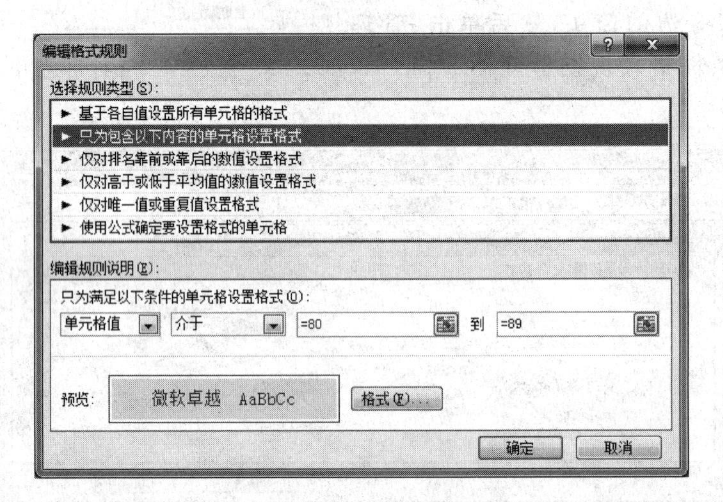

图 8-30 “编辑格式规则”对话框

	A	B	C	D	E	F
1	学生一学期成绩信息					
2	学号	姓名	数学	操作系统	英语	总分
3	0691B001	张三	86	80	85	251
4	0691B002	李四	78	82	68	228
5	0691B003	王五	75	68	56	199
6	0691B004	陈天	66	62	60	188
7	0691B005	梁华飞	90	92	88	270
8	0691B006	赵阳阳	67	76	62	205
9	0691B007	刘洋	88	87	83	258
10	0691B008	沈阳	66	62	56	184
11	0691B009	郑天南	90	95	88	273
12	0691B010	孟飞	56	66	60	182
13	0691B011	姚晨	77	82	76	235

图 8-31 学生成绩表

其设置条件格式的具体操作步骤如下。

(1) 选择表中的C3：E13区域，在"开始"选项卡上的"样式"组中，单击"条件格式"旁边的箭头，然后单击"管理规则"命令，在"条件格式规则管理器"对话框中单击"新建规则"按钮，将显示如图8-29所示的"新建格式规则"对话框。

(2) 在"选择规则类型"区域列表中，单击"只为包含以下内容的单元格设置格式"，如图8-32所示。

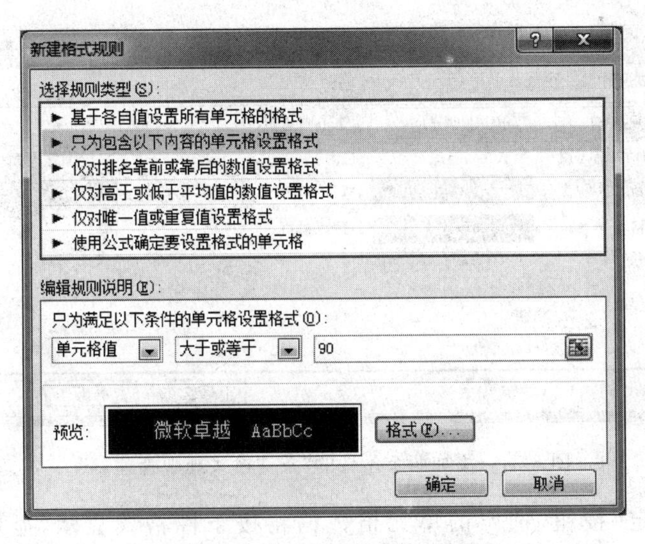

图8-32　"新建格式规则"对话框

(3) 在"编辑规则说明"区域设置单元格条件及格式。本例在第一个下拉列表框中选择"单元格值"，在其后的下拉列表框中选择"大于或等于"，然后在最后的文本框中输入"90"。

(4) 单击"格式"按钮，在出现的"设置单元格格式"对话框中"填充"选项卡中设置背景颜色为亮蓝色；选择"设置单元格格式"对话框中"字体"选项卡，设置字体颜色为"黄色"。单击"确定"按钮，返回"新建格式规则"对话框。单击"确定"按钮，返回"条件格式规则管理器"对话框，如图8-33所示。

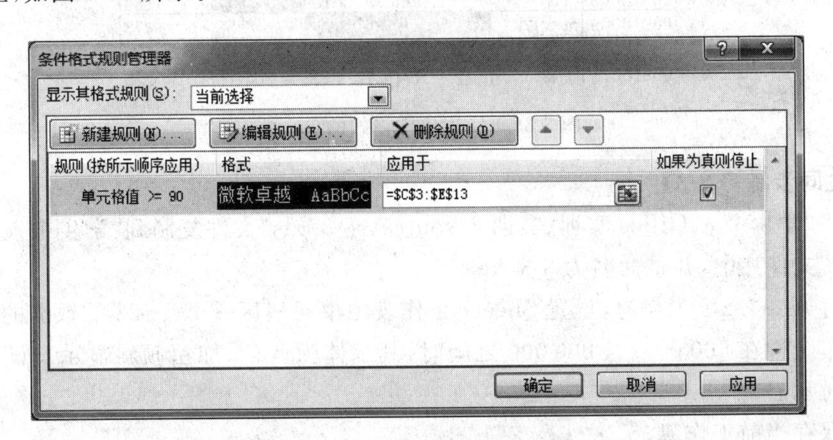

图8-33　添加一个条件的"条件格式规则管理器"

(5) 再次单击“新建规则”按钮,在弹出的“新建格式规则”对话框中,在“选择规则类型”区域列表中,单击“只为包含以下内容的单元格设置格式”。在第一个下拉列表框中选择“单元格值”,在其后的下拉列表框中选择“小于”,然后在最后的文本框中输入“60”。

(6) 单击“格式”按钮,在弹出的“设置单元格格式”对话框中选择“填充”选项卡,设置背景颜色为红色;选择“设置单元格格式”对话框中“字体”选项卡,设置字体颜色为“黄色”。单击两次“确定”按钮,返回“条件格式规则管理器”对话框,如图 8-34 所示。

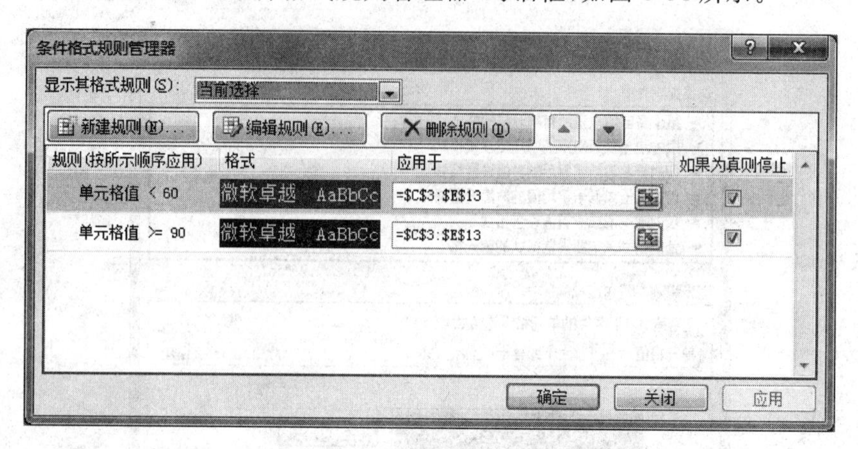

图 8-34　添加两个条件的“条件格式规则管理器”

(7) 单击“确定”按钮,选定的单元格数据将按条件格式显示,显示结果如图 8-35 所示。

	A	B	C	D	E	F
1	学生一学期成绩信息					
2	学号	姓名	数学	操作系统	英语	总分
3	0691B001	张三	86	80	85	251
4	0691B002	李四	78	82	68	228
5	0691B003	王五	75	68	56	199
6	0691B004	陈天	66	62	60	188
7	0691B005	梁华飞	90	92	88	270
8	0691B006	赵阳阳	67	76	62	205
9	0691B007	刘洋	88	87	83	258
10	0691B008	沈阳	66	62	56	184
11	0691B009	郑天南	90	95	88	273
12	0691B010	孟飞	56	66	60	182
13	0691B011	姚晨	77	82	76	235

图 8-35　使用条件格式的单元格

【学生同步练习 8-3】

(1) 将“学生个人 Office 实训\实训 8\source\s8-3.xls”文件复制到“学生个人 Office 实训\实训 8”文件夹中,并重命名为 8-3.xls。

(2) 打开 8-3.xls 工作簿,设置 Sheet1 工作表中单元格区域 B3:B22 的数据的条件格式为:当订单金额在 500 000～1 000 000 之间时,其字体为蓝色、加粗倾斜显示。设置结果如样文 8-3 所示。

(3) 保存当前工作簿。

【样文 8-3】

	A	B	C	D	E
1	月销售订单表				
2	订单号	订单金额	销售人员	部门	月份
3	20080701	¥ 500,000.00	Jarry	销售1部	7月
4	20080702	¥ 450,000.00	Jarry	销售1部	7月
5	20080703	¥ 250,000.00	Tom	销售2部	7月
6	20080704	¥ 420,000.00	Mike	销售1部	7月
7	20080705	¥ 450,000.00	Mike	销售1部	7月
8	20080706	¥ 250,000.00	Jarry	销售1部	7月
9	20080707	¥ 150,000.00	Helen	销售2部	7月
10	20080708	¥ 950,000.00	Jarry	销售1部	7月
11	20080709	¥ 100,000.00	Mike	销售1部	7月
12	20080710	¥ 500,000.00	Helen	销售2部	7月
13	20080711	¥ 258,000.00	Tom	销售2部	7月
14	20080812	¥ 320,000.00	Tom	销售2部	8月
15	20080813	¥ 700,000.00	Jarry	销售1部	8月
16	20080814	¥ 670,000.00	Mike	销售1部	8月
17	20080815	¥ 320,000.00	Helen	销售2部	8月
18	20080816	¥ 470,171.00	Tom	销售2部	8月
19	20080817	¥ 476,534.00	Jarry	销售1部	8月
20	20080818	¥ 482,914.00	Tom	销售2部	8月
21	20080819	¥ 489,286.00	Mike	销售1部	8月
22	20080820	¥ 385,423.00	Mike	销售1部	8月

8.4 设置单元格数据的有效性

在 Excel 中，可以使用“数据有效性”来控制单元格中输入数据的类型及范围，这样可以限制用户不能为单元格输入错误的数据，以避免发生混乱。

1. 设置有效性条件

设置单元格中的各科成绩的数据区域在输入数值时其有效数值在 0～100 之间，其操作步骤如下：

(1) 选定需要限制其有效数据范围的单元格区域 C3:E13，单击“数据”选项卡|“数据工具”命令组|“数据有效性”命令，如图 8-36 所示。

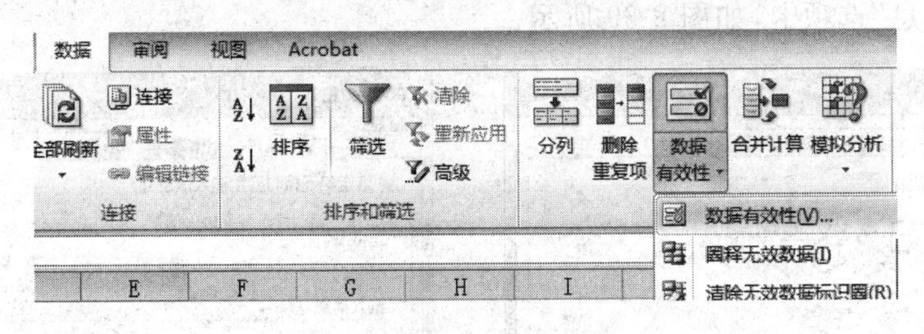

图 8-36 “数据有效性”列表

(2) 在列表中单击“数据有效性”命令，弹出“数据有效性”对话框，选择“设置”选项卡，如图 8-37 所示。

(3) 在“允许”下拉列表框中选择允许输入的数据类型。

① 如果只允许输入数字，可以选择“整数”或“小数”。

② 如果只允许输入日期或时间，可以选择“日期”或“时间”。

③ 如果只允许输入特定的序列，可以选择“序列”。

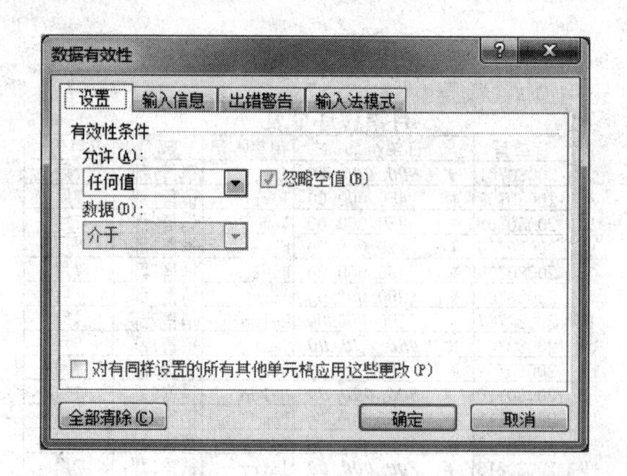

图 8-37 “数据有效性”对话框“设置”选项卡

④ 如果要限制输入字符的长度,可以选择“文本长度”。

(4) 在本例中,在“允许”下拉列表框中选择“整数”。

(5) 在“数据”下拉列表中选择所需的操作符,根据选定的操作符指定数据的限制,如果是序列类型的数据应指定序列的范围。本例在“数据”下拉列表中选择“介于”,并在“最小值”文本框中输入“0”,在“最大值”文本框中输入“100”,如图 8-38 所示。最后单击“确定”按钮。

在设定有效性条件后,如果在具有有效性条件的单元格中输入条件外的值,则会出现错误提示信息对话框,提示用户必须输入正确的数据。

2. 设置输入提示信息

“输入信息”选项卡用于输入提示信息,以解释单元格中应输入何种正确信息,其具体操作步骤如下。

(1) 选中要在输入时显示提示信息的单元格,单击“数据”选项卡|“数据工具”命令组|“数据有效性”命令,在列表中单击“数据有效性”命令,弹出“数据有效性”对话框,在对话框中单击“输入信息”选项卡,如图 8-39 所示。

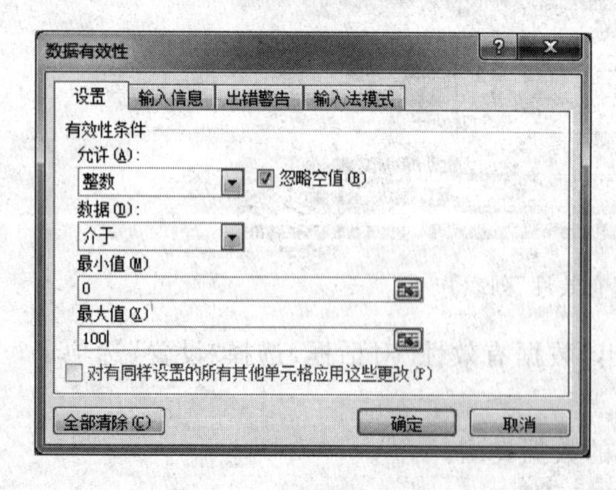

图 8-38 有效性条件设置

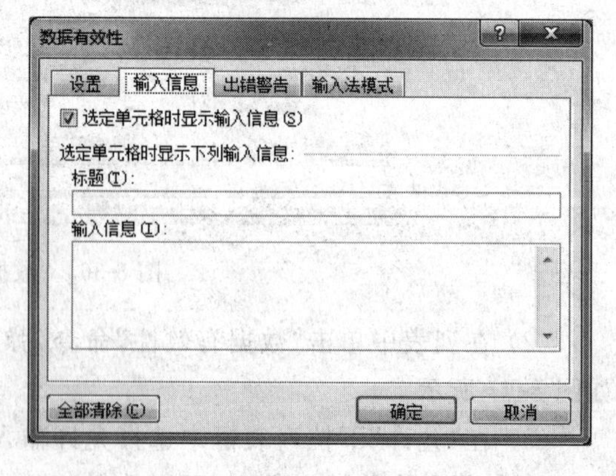

图 8-39 “输入信息”选项卡

(2) 选定“选定单元格时显示输入信息”复选框,然后在“标题”和“输入信息”文本框中输入当选定该单元格时显示的输入信息。单击“确定”按钮。

在设定后，如果选定了设定输入信息提示的单元格，会出现提示信息，以方便用户输入正确的数据。

3. 设置出错警告

如果用户输入的数据无法满足已为该单元格设置的规则，那么可以发出一条出错提示信息，并控制用户响应，具体操作步骤如下。

(1) 选定需要显示错误提示信息的单元格或区域，单击"数据"选项卡|"数据工具"命令组|"数据有效性"命令，在列表中单击"数据有效性"命令，弹出"数据有效性"对话框。

(2) 选择"出错警告"选项卡，如图 8-40 所示。

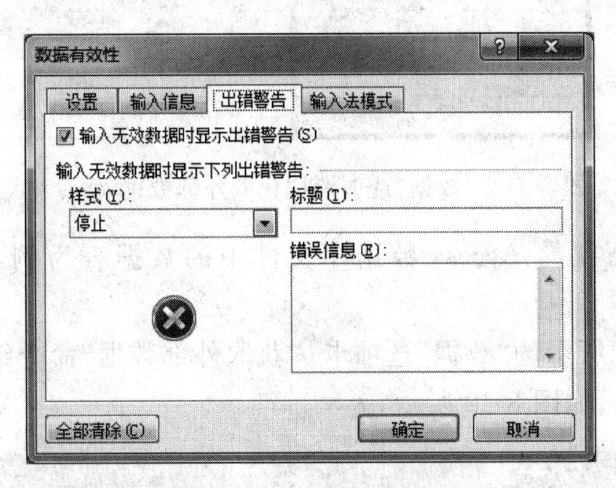

图 8-40　"出错警告"选项卡

(3) 选中"输入无效数据时显示出错警告"复选框，在"样式"下拉列表框中指定所需的信息类型，信息类型有三个选项。

① 信息：如果选择"信息"，将在输入值无效时显示提示信息，它有"确定"和"取消"两个按钮，其中"确定"是默认按钮。

② 警告：如果选择"警告"，将在输入值无效时显示出含有文本"继续吗?"的警告信息，它有"是"、"否"和"取消"三个按钮，其中"否"是默认按钮。

③ 停止：如果选择"停止"，将在输入值无效时显示提示信息，有"重试"和"取消"两个按钮。

(4) 在"标题"和"错误信息"文本框中输入相应的信息，单击"确定"按钮。

在设置了出错警告的单元格，输入有效性范围以外数据时，弹出相应的警告信息。

【学生同步练习 8-4】

(1) 将"学生个人 Office 实训\实训 8\source\s8-4. xls"文件复制到"学生个人 Office 实训\实训 8"文件夹中，并重命名为 8-4. xls。

(2) 打开 8-4. xls 工作簿，设置 Sheet1 工作表中单元格区域 A3:A22 的"数据有效性条件"为文本长度为 8，设置"输入提示信息"为：标题"注意"，输入信息"订单号长度为 8"。

(3) 设置单元格区域 B3:B22 的"数据有效性条件"为 0～1 000 000 之间，设置"出错警告信息"为：标题"错误警告"，错误信息"输入的数据必须在 1～1 000 000 之间"。

(4) 保存当前工作簿。

8.5 导入外部数据

Excel可将许多不同格式的文件中的数据直接转换成Excel能识别的数据。如文本.txt、Access数据库.mdb、网站文件、SQL Server数据库等格式的数据文件。导入外部数据的操作需通过单击“数据”选项卡中的“获取外部数据”命令组中的各个命令来实现,如图8-41所示。

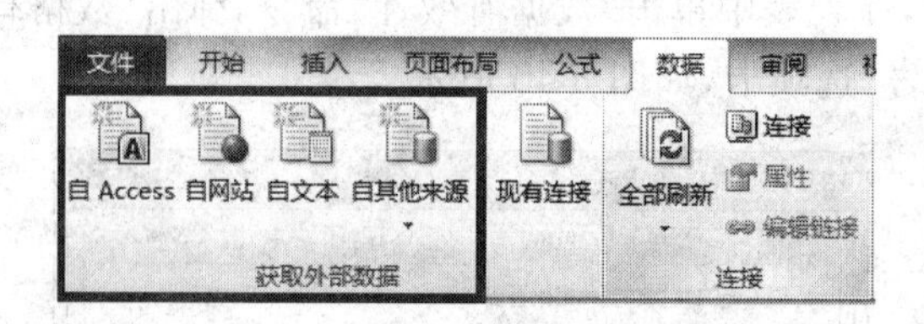

图8-41 “数据”选项卡|“获取外部数据”命令组

本例以导入一个已有的Access数据库文件中的数据表为例,说明导入外部数据的步骤。

(1) 单击如图8-41所示的“数据”选项卡|“获取外部数据”命令组 |“自Access”命令,弹出“选取数据源”对话框,如图8-42所示。

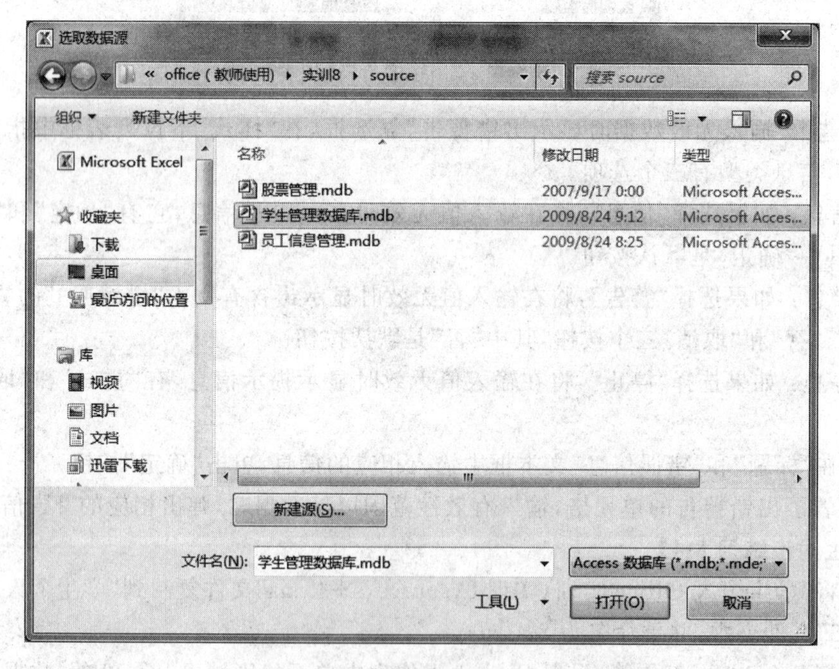

图8-42 “选取数据源”对话框

(2) 在弹出“选取数据源”对话框中的“文件类型”下拉列表中选择数据源的类型,如“所有文件”或“Access数据库”,本例选择“Access数据库”;在对话框的“路径选择”区域中选择数据所存放的位置。单击“打开”按钮。

(3) 如外部文件中有多个数据表,则单击“打开”按钮后会弹出“选择表格”对话框,如

图 8-43 所示。

(4) 选择数据表,单击“确定”按钮,弹出“导入数据”对话框,如图 8-44 所示。

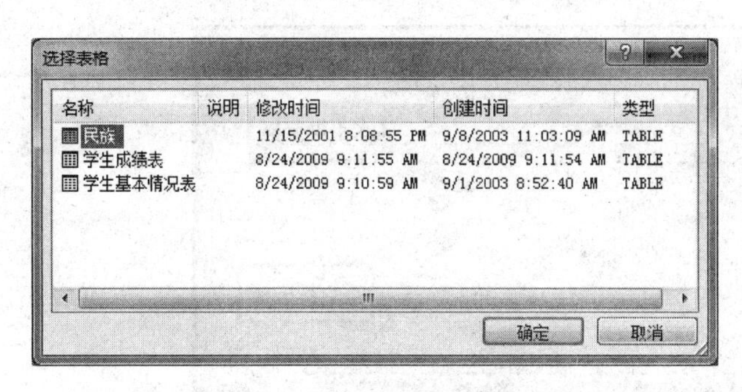

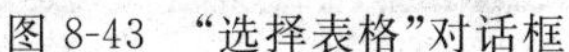
图 8-43　“选择表格”对话框

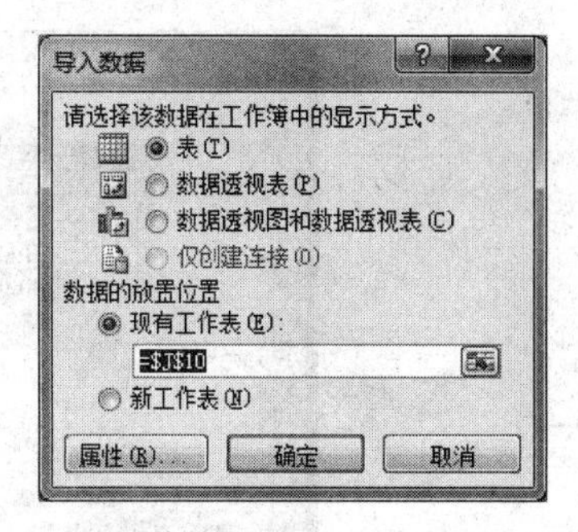

图 8-44　“导入数据”对话框

(5) 在对话框中选择好数据在工作簿中的显示方式,可以是“表”、“数据透视表”、“数据透视图和数据透视表”中的任一种显示方式。本例选择“表”。

(6) 在对话框中选择数据的存放位置,确定存放到“现有工作表”还是“新工作表”,本例选择“现有工作表”,然后设置存放的区域位置,单击“确定”按钮,数据将会直接被导入到工作表中。

【学生同步练习 8-5】

(1) 在“学生个人 Office 实训\实训 8”文件夹下创建一个新工作簿,命名为 8-5. xls。

(2) 将“学生个人 Office 实训\实训 8\source\员工信息管理. mdb”数据库中的“人员信息表”的数据导入到 8-5. xls 工作簿中。

(3) 将“学生个人 Office 实训\实训 8\source\产品表. txt”文本文件中的数据导入到 8-5. xls 工作簿中。导入时要求分隔符为逗号,导入起始行为 2,在 8-5. xls 工作簿中创建新的工作表。

(4) 保存当前工作簿。

8.6　拆分与冻结工作表

如果工作表的行数和列数比较多,在查看对照数据时非常不便,这时可以使用拆分窗口的功能,对表格进行“横向”或“纵向”分割,这样就可以查看表格的不同部分。使用冻结窗格的功能可以把一部分窗口冻结,然后在活动的窗口中查看编辑数据。

1. 拆分工作表

拆分工作表窗口是把工作表的当前活动窗口拆分成若干窗格,并且在每个被拆分的窗格中都可以通过滚动条来显示工作表的每个部分。所以,当一个表格比较大比较长时,可以使用拆分窗口在一个工作表窗口中查看工作表不同部分的内容。

拆分窗口的方法有两种:可以使用“拆分”命令拆分窗口,也可以使用拆分框拆分。

1) 使用拆分框拆分工作表

在垂直滚动条的顶端有个水平拆分框,在水平滚动条右端有个垂直拆分框,如图 8-45

所示。把鼠标移至拆分框上按下左键,拖曳至工作表中要进行拆分的位置,放开左键,即可将窗口拆分为不同的部分。

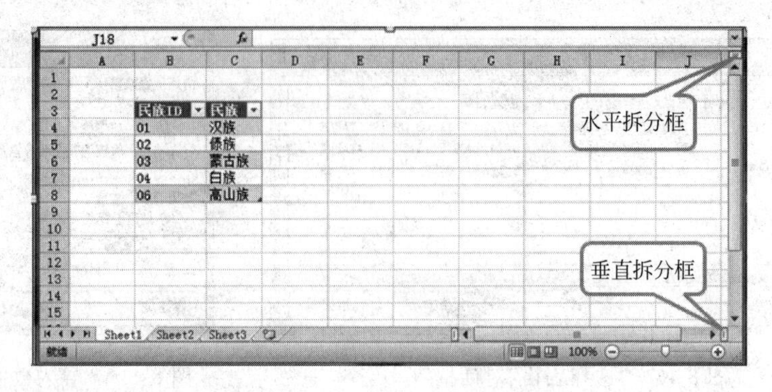

图 8-45 水平和垂直拆分框

2) 使用"拆分"命令拆分工作表

在使用"拆分"命令拆分工作表时,首先在工作表中选中一个单元格,然后单击"视图"选项卡|"窗口"命令组|"拆分"命令,如图 8-46 所示,系统将把选中单元格的左上角当作交点,将窗口分割成 4 个窗口。

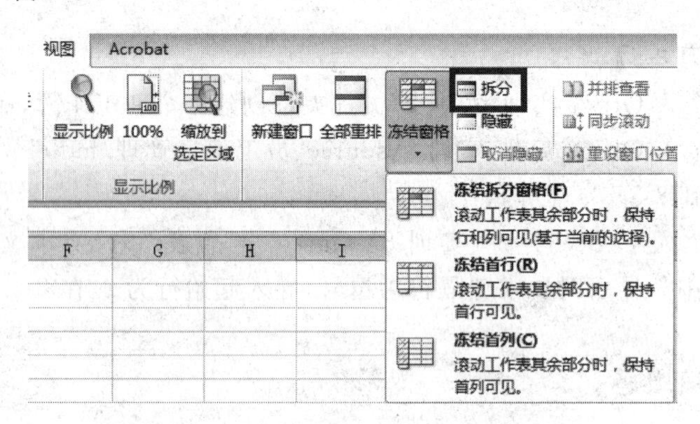

图 8-46 "视图"选项卡|"窗口"命令组

3) 取消拆分窗口

取消拆分窗口有以下两种方法。

(1) 再次单击"视图"选项卡|"窗口"命令组|"拆分"命令。

(2) 在分割条的交点处双击,如果要删除一条分割条,在该分割条上方双击左键。

2. 冻结工作表

冻结工作表窗口实质上也是将当前工作表活动窗口拆分成窗格,不过在冻结工作表窗口时,活动工作表的上窗格、左窗格将被冻结,通常是冻结行标题和列标题,被冻结的区域保持不动,然后通过滚动条来查看工作表的内容,冻结窗口操作步骤如下。

(1) 在工作表中选中一个单元格,单击"视图"选项卡|"窗口"命令组|"冻结窗口"命令,如图 8-40 所示。在列表中有以下三个选择。

① "冻结拆分窗格":系统将以选中单元格左上角为分界线,滚动工作表其余部分,窗

口分割条为细实线。

② “冻结首行”：只冻结工作表中的第一行，其余行可滚动。

③ “冻结首列”：只冻结工作表中的第一列，其余列可滚动。

(2) 本例选择“冻结拆分窗格”，此时水平向右移动工作表中的水平滚动条，可以发现竖直分割线的左边窗格不动，右端数据向左移动。垂直向下移动工作表中的垂直滚动条，水平分割线上边窗格不动。

如果需要取消窗口的冻结，可单击“视图”选项卡|“窗口”命令组|“取消冻结窗格”命令，被冻结的窗口被撤销。

独立实训任务8

【独立实训任务 Z8-1】

打开“学生个人 Office 实训\实训 8\source\s8-5. xls”文档，将其另存为“学生个人 Office 实训\实训 8\Z8-1. xls”，并对该工作簿中的各工作表分别进行如下操作：

(1) 使用 Sheet1 工作表的“调配拨款”一列数据创建一个分离型三维饼图，请参照样文 Z8-1，将图形创建在一个新工作表中。

(2) 将 Sheet2 工作表中“工龄”字段值为 5～8 年的单元格数据设置为蓝色加粗字体。

(3) 在“人员信息表”中设置 GZRQ 的有效性为允许日期介于 1970-1-1 到 2004-12-31 之间，输入无效数据时，将显示警告信息“输入时间无效”，图案样式为“警告”。

(4) 设置保护“人员信息表”，保护工作表中的所有数据不能被修改。

(5) 将 Access 数据库“学生管理数据库. mdb”中的“学生基本信息”表导出保存为 Excel 工作簿，保存位置为“学生个人 Office 实训\实训 8”文件夹中。

(6) 在 Excel 中使用导入数据功能，将 Access 数据库中“学生管理数据库. mdb”的“学生成绩表”导入到 Excel 中，工作表名称为“学生成绩表”。

【样文 Z8-1】

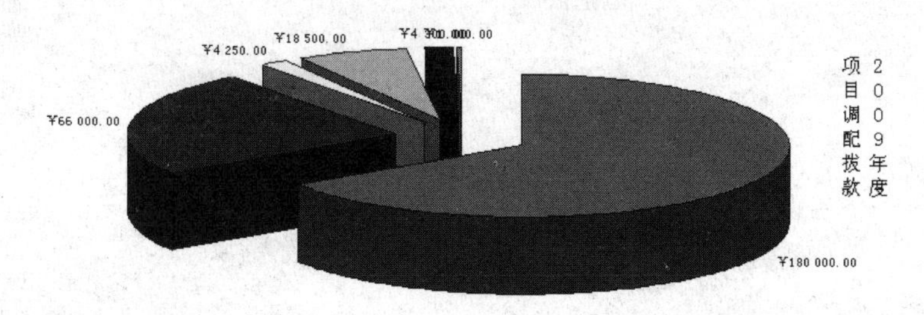

【独立实训任务 Z8-2】

打开“学生个人 Office 实训\实训 8\source\s8-6. xls”文档，将其另存为“学生个人 Office 实训\实训 8\Z8-2. xls”，并对该工作簿中的各工作表分别进行如下操作。

(1) 使用 Sheet1 工作表 4 个城市平均气温的数据创建一个三维簇状柱形图，请参见样文 Z8-2，将三维簇状柱形图创建到当前工作表中。

(2) 计算出“报考分数”工作表中“总分数”字段值，并设置总分数小于 35 的单元格数据字体为红色，底纹为黄色。

(3) 将“报考分数”工作表的标题行和“省份”列进行冻结。

(4) 在“报考分数”工作表中设置“分数1”和“分数2”的有效性为允许值介于0～50之间，输入无效数据时，将显示警告信息“输入无效”，图案样式为“停止”。

(5) 设置保护“报考分数”工作表，保护工作表中的所有数据不能被修改。

(6) 将Access数据库“股票管理.mdb”中的“股票买进卖出金额查询”导出保存为Excel工作簿，命名为“股票买进卖出金额查询”，保存位置为“学生个人Office实训\实训8”文件夹中。

(7) 在Excel中使用导入功能，将Access数据库中的“股票交易数据”和“股票类型”导入到Excel中并分别命名为“股票交易数据表”表和“股票类型表”。

【样文Z8-2】

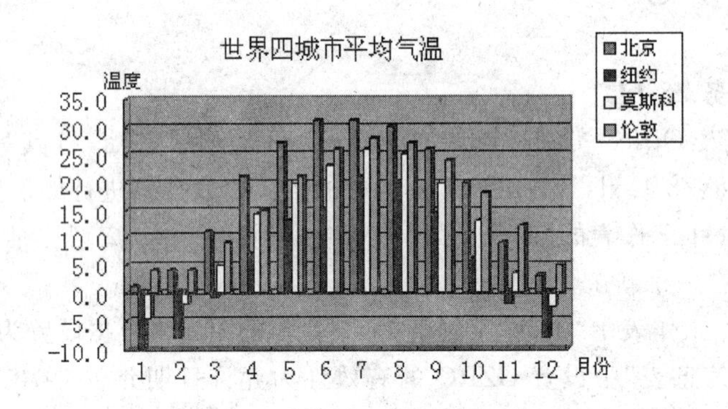

第3部分

文稿演示软件 PowerPoint的使用

Office PowerPoint 2010是创作演示文稿的软件，能够把所要表达的信息组织在一组图文并茂的画面中，可以使用文本、图形、图像、声音、视频以及动画等多种元素来设计具有视觉震撼力的演示文稿。在演示文稿制作完成后，可以在计算机上进行放映演示，也可以打印出来，或制成标准的幻灯片，在投影仪上显示出来。本部分主要由两个实训构成，在完成实训后，学生应能独立进行演示文稿的编辑、设计及播放工作。

实训9 文稿的编辑设计

PowerPoint 中对文档的创建、保存操作以及常用的对象如文本、图形、图像、图表等的使用方式与 Word 中的使用方式基本一致，在此不再赘述。本部分重点介绍模板的应用、设计，母版的设计与应用，配色方案、动画方案的应用等编辑设计操作。

实训要求

（1）了解 PowerPoint 窗口的结构。

（2）掌握内置主题、自定义主题的应用。

（3）掌握文本及其他对象（图形、图像、图表）的编辑与应用。

（4）掌握超链接及动作设置的应用。

（5）了解母版的设计与应用。

时间安排

教师授课：3 学时，教师采用演练结合方式授课，各部分可以使用"学生同步练习"进行演练。

学生独立实训任务：3 学时，学生完成独立实训任务后教师进行检查评分。

教师授课内容

9.1 PowerPoint 窗口的结构

启动 PowerPoint 2010 后弹出工作界面，如图 9-1 所示。主界面包含两个不同的窗口：一个是 PowerPoint 程序窗口，另一个是演示文稿窗口。演示文稿窗口位于 PowerPoint 主界面之内，刚打开时处于最大化状态，所以几乎占满整个 PowerPoint 窗口。

默认情况下，当打开 Office PowerPoint 2010 时，进入演示文稿窗口的"普通"视图，如图 9-1 所示。在该视图中，演示文稿窗口包含三个工作区："大纲"/"幻灯片"选项卡区、备注区和幻灯片编辑区。除了这三个工作区外，演示文稿窗口还包括标题栏、滚动条、视图方式切换按钮、显示比例区域等。

1. 大纲选项卡

选择"大纲"选项卡显示大纲区，在该区显示幻灯片的标题和主要的文本信息，是以大纲形式显示幻灯片文本。大纲文本是由每张幻灯片的标题和正文组成的,每张幻灯片的标题都出现在数字编号和图标的旁边,每一级标题都是左对齐,下一级标题自动缩进,正文内容可以根据需要展开或折叠,只需要右击大纲区,在快捷菜单中选择“展开”或“折叠”操作即可。在大纲区比较适合组织和创建演示文稿的文本内容。

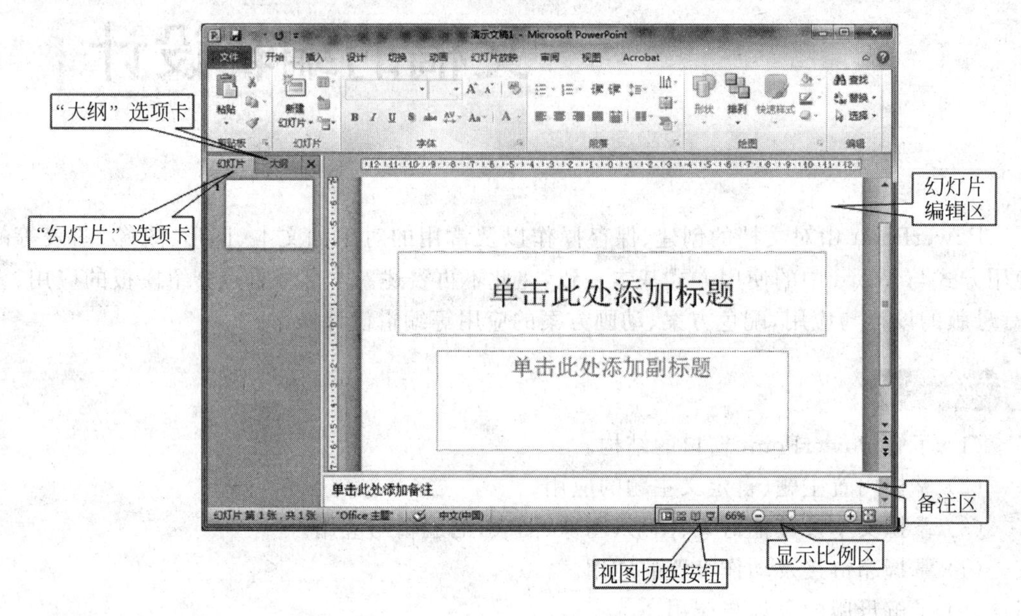

图 9-1 PowerPoint 的工作界面

2. 幻灯片选项卡

选择“幻灯片”选项卡会显示所有幻灯片的缩略图,单击某一缩略图,在右侧的幻灯片编辑区会显示相应的幻灯片,使用缩略图能方便地遍历演示文稿,并观看任何设计更改的效果。如果需要增加一个幻灯片,可以先选定某幻灯片,右击,在弹出的快捷菜单中选择“新建幻灯片”命令,则在选定的幻灯片后会插入一张新的幻灯片。在这里还可以轻松地重新排列、添加或删除幻灯片。

3. 幻灯片编辑区

在 PowerPoint 窗口的“幻灯片编辑区”显示当前幻灯片的大视图。在此视图中显示当前幻灯片时,可以添加文本,插入图片、表格、SmartArt 图形、图表、图形对象、文本框、电影、声音、超链接和动画等。可以一次对一张幻灯片进行编辑修改,幻灯片是演示文稿的核心部分,描述了演示文稿的主要内容。可以在幻灯片编辑区域对幻灯片进行详细的设置。

4. 视图切换按钮区

1)“普通视图”切换按钮

单击状态栏上的“普通视图”切换按钮或“视图”选项卡|“演示文稿视图”组|“普通视图”命令将会切换到幻灯片的普通视图,该视图是 PowerPoint 默认的视图方式。普通视图主要用于幻灯片的编辑工作,在幻灯片编辑区可以对幻灯片进行详细的编辑,在大纲区可以

对幻灯片的大纲进行修改。

2）"幻灯片浏览"视图切换按钮

单击状态栏上的"幻灯片浏览"视图切换按钮或"视图"选项卡|"演示文稿视图"组|"幻灯片浏览"命令将会切换到幻灯片的浏览视图。在幻灯片浏览视图中，可以看到整个演示文稿的内容，不仅可以了解整个演示文稿的大致外观，还可以轻松地按顺序组织幻灯片，插入、删除或移动幻灯片，设置幻灯片放映方式，设置动画特效，以及设置排练时间等。

3）"阅读视图"切换按钮

如果不想使用全屏的幻灯片放映视图，而是使用一个设有简单控件方便审阅的窗口中查看演示文稿，可以使用阅读视图。单击状态栏上的"阅读视图"切换按钮或"视图"选项卡|"演示文稿视图"组|"阅读视图"命令将会切换到幻灯片的阅读视图。如果要更改演示文稿，可随时从阅读视图切换至某个其他视图。

4）"幻灯片放映"视图切换按钮

单击状态栏上的"幻灯片放映"视图切换按钮或按 Shift＋F5 键可从当前幻灯片开始播放，进入放映状态。在对幻灯片进行播放时，默认情况下，单击左键可继续播放下一操作；如需要结束幻灯片放映，则可以右击幻灯片，在弹出的快捷菜单中选择"结束放映"命令或按 Esc 键退出放映状态。

5. 备注区

"备注"区位于"幻灯片"编辑区下方。可以在此区域输入要应用于当前幻灯片的备注，这样以后就可以将备注打印出来并在放映演示文稿时进行参考。如果要以整页格式查看和使用备注，单击"视图"选项卡|"演示文稿视图"组|"备注页"命令即可。

9.2 保存演示文稿

新建的演示文稿，当需要保存时，可单击快速访问工具栏中的"保存"按钮，或单击"文件"菜单中的"保存"命令，或按 Ctrl＋S 键，若演示文稿已命名且设置过存储路径，则该操作会将更新内容保存到磁盘中；若该演示文稿是第一次保存，将弹出"另存为"对话框，如图 9-2 所示，通过此对话框来设置文档保存的位置、名称及保存类型。在该对话框中选择需要保存演示文稿的位置，在"文件名"文本框中输入演示文稿的名称，在"保存类型"列表中选择演示文稿的类型，单击"保存"按钮即可。

在"保存类型"列表中有许多类型，Microsoft PowerPoint 2010 对演示文稿默认的保存类型为"PowerPoint 演示文稿（*.pptx）"，该类型文件可以使用 Microsoft PowerPoint 2007 或 2010 打开，但不能使用 Microsoft PowerPoint 2003 打开该类型文件，因此，如果需要保存的文件兼容 Microsoft PowerPoint 2003，在保存文件时应在"保存类型"列表中选择"PowerPoint 97-2003 演示文稿（*.ppt）"。另一种比较常用的保存类型为放映格式，以该种格式保存的演示文稿当双击打开时直接进入幻灯片放映状态，而非编辑状态，该种格式多用在演示文稿已编辑完成后，Microsoft PowerPoint 2010 演示文稿的放映格式扩展名为 *.ppsx，可在"保存类型"列表中选择"PowerPoint 放映（*.ppsx）"；如果需要与 Microsoft

PowerPoint 2003 相兼容,应在“保存类型”列表中选择“PowerPoint97-2003 放映(*.pps)”。

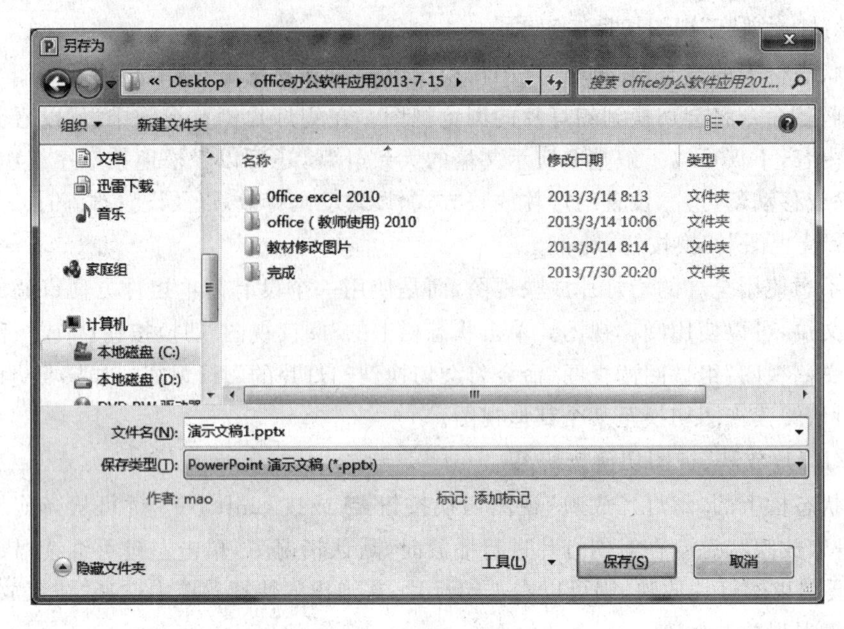

图 9-2 “另存为”对话框

9.3 应用主题

使用主题可以简化专业设计师水准的演示文稿的创建过程。主题是主题颜色、主题字体和主题效果三者的组合。主题可以作为一套独立的选择方案应用于文件中。在 Microsoft Office PowerPoint 2010 中,可以使用系统内置的主题,也可以自定义主题。

1. 使用内置主题

在应用系统内置主题时,系统会自动对当前幻灯片或全部幻灯片应用主题中所包含的各种版式、文字样式、背景等外观,但不会更改应用文件的文字内容。内置主题可在主题库中进行选择。应用内置主题的方法如下。

(1) 选择“设计”选项卡,在“主题”组中显示了内置主题快速样式库,如图 9-3 所示。

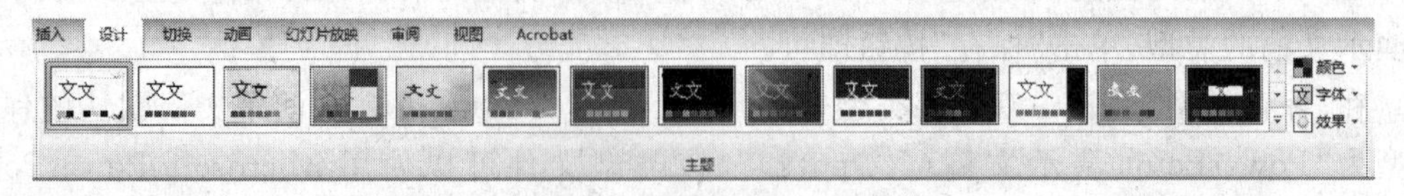

图 9-3 “设计”选项卡|“主题”组

(2) 若要尝试不同的主题,可以将指针停留在快速样式库中的相应缩略图上,并注意文档将如何变化。

(3) 应用新的主题会更改文档的主要详细信息。在 PowerPoint 中,甚至可以通过变换不同的主题来使幻灯片的版式和背景发生显著变化。当将某个主题应用于演示文稿时,如果喜欢该主题呈现的外观,则应在所需主题上右击,在快捷菜单中单击“应用于所有幻灯片”命令;如只需要将主题应用于选定的幻灯片而不是所有幻灯片,应在弹出的快捷菜单中单击“应用于选定幻灯片”命令。

(4) 如系统提供的内置主题不能满足需求,可以在“设计”选项卡上的“主题”组中,单击“更多”按钮 ,弹出“所有主题”列表,在列表中单击“浏览主题”命令,弹出“选择主题或主题文档”对话框,如图 9-4 所示。在对话框中选择相应的主题文档或 PPT 模板,单击“应用”按钮,则该主题会应用到选型幻灯片中。

图 9-4 “选择主题或主题文档”对话框

2. 自定义主题

可以通过修改主题的颜色、字体或效果来自定义主题,并保存自定义主题。

1) 新建主题颜色

主题颜色是在文件中使用的颜色的集合。修改主题颜色对演示文稿的更改效果最为显著。单击“设计”选项卡|“主题”组|“颜色”命令,显示如图 9-5 所示的“颜色”列表,可根据需要右击内置的某个主题颜色,在弹出的快捷菜单中单击“应用于所有幻灯片”命令,则该主题颜色设置会应用于所有幻灯片;如果在快捷菜单中单击“应用于选定幻灯片”命令,则该主题颜色设置只会应用于选定的幻灯片。

如果内置的主题颜色不符合要求,可以单击图 9-5 中的“新建主题颜色”命令,弹出“新建主题颜色”对话框,如图 9-6 所示。主题颜色包含 12 种颜色槽,前 4 种颜色用于文本和背景。用浅色创建的文本总是在深色中清晰可见,而用深色创建的文本总是在浅色中清晰可见。接下来的 6 种强调文字颜色,它们总是在 4 种潜在背景色中可见。最后两种颜色为超链接和已访问的超链接保留。根据需要对文字、背景、超链接等颜色进行设置,并在“名称”文本框中输入自定义的名称,单击“保存”按钮,在图 9-5 的“颜色”列表中就会显示自定义的主题颜色,右击该主题颜色,选择“应用于所有幻灯片”或“应用于选定幻灯片”命令即可。

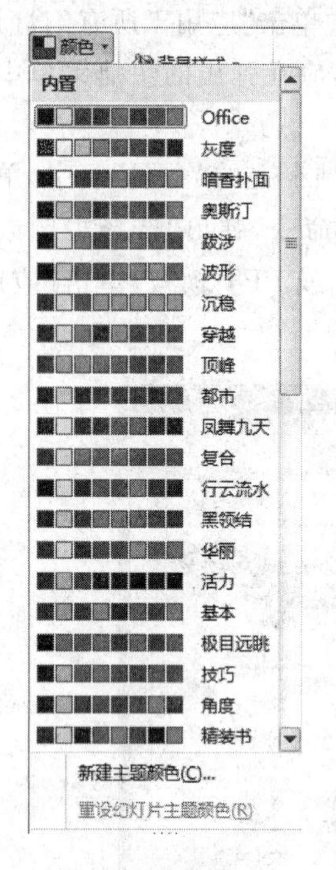

图 9-5 “颜色”列表

图 9-6 “新建主题颜色”对话框

内置的主题颜色是不能被编辑的,但自定义的主题颜色可以被重新编辑,单击“设计”选项卡|“主题”组|“颜色”命令,在自定义的主题颜色上右击,在弹出的快捷菜单中选择“编辑”命令,弹出“编辑主题颜色”对话框,可在此对话框中重新编辑自定义的主题颜色。

2) 修改主题字体

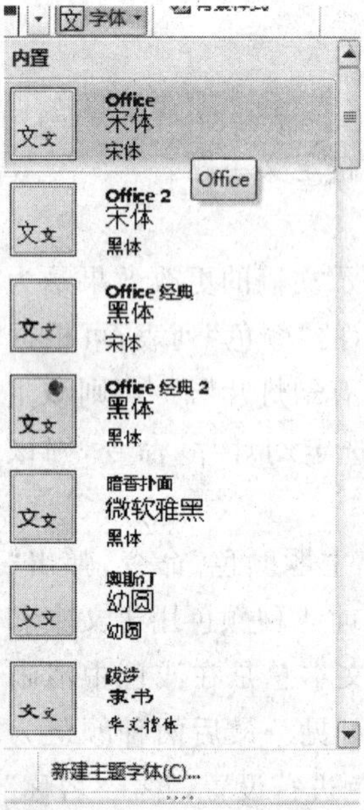

主题字体指应用于文件中的主要字体和次要字体的集合。每个 Office 主题均定义了两种字体:一种用于标题,另一种用于正文文本。二者可以是相同的字体,也可以是不同的字体。PowerPoint 使用这些字体构造自动文本样式。此外,用于文本和艺术字的快速样式库也会使用这些主题字体。

更改主题字体将对演示文稿中的所有标题和项目符号文本进行更新。当单击“主题”组中的“字体”时,用于每种主题字体的标题字体和正文文本字体的名称将显示在相应的主题名称下,如图 9-7 所示。每种内置主题字体的第一行为主题字体名称,第二行为标题采用的字体,第三行为正文文本采用的字体。如果内置的主题字体都不符合要求,可以自定义主题字体,单击图 9-7 中的“新建主题字体”命令,打开“新建主题字体”对话框,如图 9-8 所示,对西文和中文可以分别设置标题字体和正文字体,然后在“名称”文本框中输入自定义的主题字体名称,单击“保存”按钮,幻灯片的标题及正文文本字体将以自定义的主题字体显示。

图 9-7 “主题字体”列表

3）修改主题效果

主题效果指应用于文件中元素的视觉属性的集合。主题效果能够指定如何将效果应用于图表、SmartArt 图形、形状、图片、表格、艺术字和文本，通过使用主题效果库，可以替换不同的效果集以快速更改这些对象的外观。可以通过主题效果库选择所需的内置主题效果，但不能自定义主题效果。

单击“设计”选项卡|“主题”组|“效果”命令，可显示“主题效果”库，如图 9-9 所示，这里内置了许多主题效果，可以根据需要选择对应的主题效果。

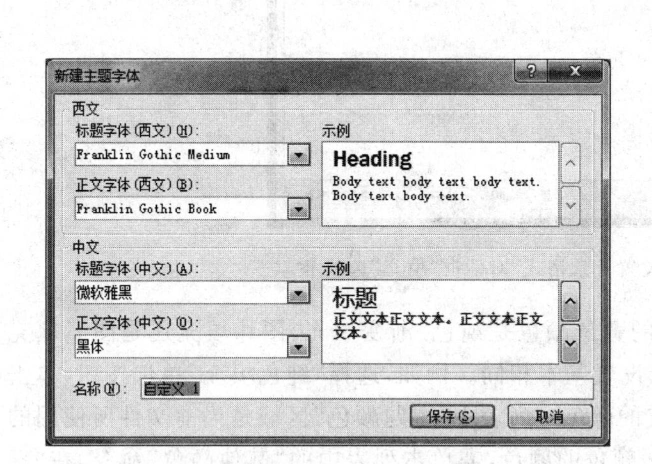

图 9-8 “新建主题字体”对话框

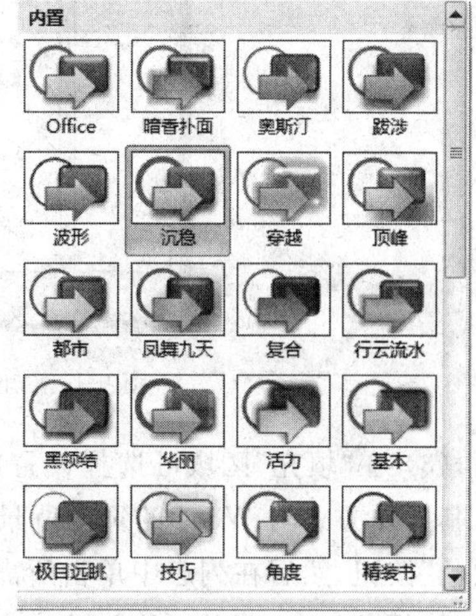

图 9-9 “主题效果”库

每个主题中都包含一个用于生成主题效果的效果矩阵。此效果矩阵包含三种样式级别的线条、填充和特殊效果(如阴影效果和三维效果)。每个主题都具有不同的效果矩阵以获得不同的外观。例如，一个主题可能具有金属外观，另一个主题的外观可能看起来像磨砂玻璃。

9.4 背景样式

在制作幻灯片时，可以将图片、剪贴画、某种颜色等作为幻灯片的背景，也可以将水印(通常用于信函和名片的半透明图像)作为幻灯片的背景。幻灯片的背景可以使 PowerPoint 演示文稿独具特色。

1. 使用颜色作为幻灯片背景

将某种颜色作为幻灯片背景的操作步骤如下。

(1) 单击要为其添加背景色的幻灯片，如需选择多个幻灯片，单击某个幻灯片后按住 Ctrl 键再单击其他幻灯片。

(2) 单击“设计”选项卡|“背景”组|“背景样式”命令，弹出背景样式列表，可选择系统内置的背景样式，如系统样式不符合要求，可单击列表中的“设置背景格式”命令，弹出“设置背景格式”对话框，如图 9-10 所示。

图 9-10 “设置背景格式”对话框“填充”选项卡

(3) 在“填充”区域可选择设置的背景颜色是纯色、渐变填充、图片填充还是图案填充等,其操作方式与 Word 的页面背景设置基本相同。例如,选择“纯色填充”单选按钮,单击“颜色”按钮,然后在列表中单击所需的颜色。列表中“主题颜色”区域是当前文件所使用的主题的颜色集合,若要更改为非主题颜色的颜色,需单击列表中的“其他颜色”命令,在“颜色”对话框中的“标准”选项卡上单击所需的颜色,或在“自定义”选项卡上混合自己的颜色即可。

(4) 透明度指定义能够穿过对象像素的光线数量的特征。如果对象是百分之百透明的,光线将能够完全穿过它,造成无法看见对象,也就是说可以穿过对象看到后面的东西。调节颜色的透明度可以移动“透明度”滑块,透明度百分比可以从 0(完全不透明,默认设置)变化到 100%(完全透明)。

(5) 设置好背景颜色后,如对所选幻灯片应用颜色,可以单击“关闭”按钮;如对演示文稿中的所有幻灯片应用颜色,需单击“全部应用”按钮。

2. 使用图片作为幻灯片背景

如果要将图片或剪贴画作为幻灯片的背景,其操作步骤如下。

(1) 选择幻灯片,单击“设计”选项卡|“背景”组|“背景样式”命令,选择列表中的“设置背景格式…”命令,弹出如图 9-10 所示的“设置背景格式”对话框。

(2) 单击“填充”选项卡,选择“图片或纹理填充”单选按钮,“设置背景格式”对话框变为如图 9-11 所示。

(3) 若要插入来自文件的图片,可以单击“文件”按钮,然后在弹出的“插入图片”对话框中找到并双击要插入的图片。

(4) 若要使用粘贴复制的图片,可以单击“剪贴板”按钮。

(5) 若要使用剪贴画作为背景图片,可以单击“剪贴画”按钮,弹出“选择图片”对话框,如图 9-12 所示，在“搜索文字”框中输入描述剪辑的字词或短语，如果要在搜索中包含 Microsoft Office.com 上可用的剪贴画，可以选中“包含来自 Office.com 的内容”复选框，单击“搜索”按钮，选择相应剪辑，然后单击“确定”按钮。

图 9-11　“设置背景格式”对话框“图片或纹理填充”选项

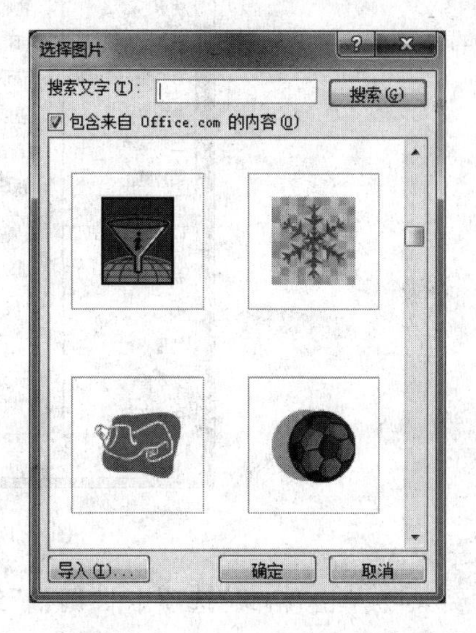

图 9-12　“选择图片”对话框

3. 制作水印

水印是一种半透明图像，通常可用于信函和名片中，如将纸币对着光时即可看到货币中的水印。使用水印不会对幻灯片的内容产生干扰。一般可使用淡化的图片、剪贴画或颜色制作水印，也可以使用文本框或艺术字制作文字水印。

由于水印常用于整个幻灯片中，所以水印制作一般应在幻灯片母版视图中进行，有关幻灯片母版视图的具体使用方法将在后边详细介绍，这里只介绍制作水印时使用的部分幻灯片母版功能。制作水印的操作步骤如下。

(1) 单击“视图”选项卡|“母版视图”组|“幻灯片母版”命令，进入幻灯片母版视图。

(2) 插入要作为水印的图片、剪贴画等，并调整其大小及位置。单击水印图片，显示“图片工具”选项卡，如图 9-13 所示。

图 9-13　“图片工具”选项卡

(3) 单击“格式”选项卡|“调整”组|“颜色”命令，弹出列表中包含“颜色饱和度”、“色调”、“重新着色”等区域，在“重新着色”下单击所需的颜色渐变。也可以单击列表中的“图片颜色选项”命令，打开“设置图片格式”对话框，如图 9-14 所示，在“图片颜色”选项卡的“重新着色”区域可进行预设选择。

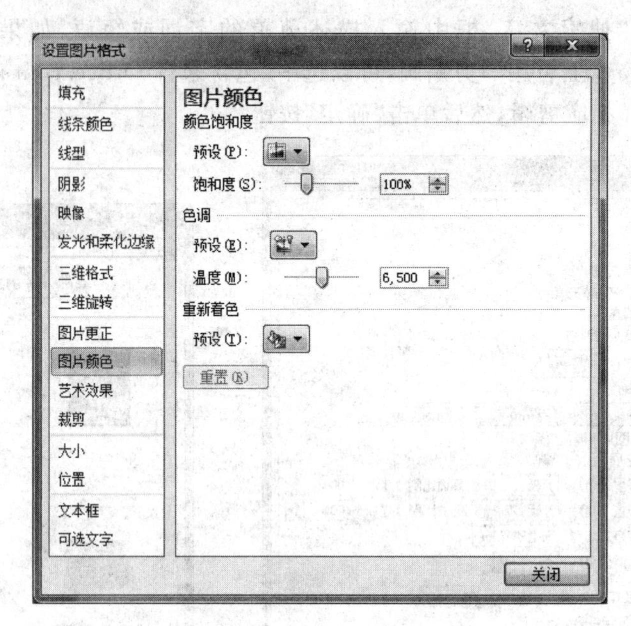

图 9-14 “设置图片格式”对话框

(4) 单击“格式”选项卡|“调整”组|“更正”命令,分别在“锐化和柔化”与“亮度和对比度”下选择所需项,也可以选择图 9-14 中的“图片更正”选项卡,分别对“锐化和柔化”与“亮度和对比度”进行百分比设置。

(5) 完成对水印的编辑和定位并且对其外观感到满意时,要将水印置于幻灯片的底层,单击“格式”选项卡|“排列”组中|“下移一层”旁边的箭头,然后单击“置于底层”命令。

【学生同步练习 9-1】

(1) 在“学生个人 Office 实训\实训 9”文件夹下创建一个新演示文稿,将其保存为兼容 PowerPoint 97-2003 演示文稿格式,并命名为 9-1. ppt。

(2) 在该演示文稿中使用内置主题“聚合”,应用于所有幻灯片中。

(3) 修改主题颜色为内置主题颜色“都市”,然后在此基础上创建一个新的主题颜色“总结”,设置超链接颜色为“蓝色”,已访问过的超链接颜色为“深绿”。将主题颜色“总结”应用于所有幻灯片中。

(4) 修改主题字体为内置主题字体“暗香扑面”,应用于所有幻灯片中。

(5) 保存当前演示文稿。

9.5 插入新幻灯片

在设置完幻灯片的标题页后,需要新建幻灯片,新的幻灯片总是创建在选定幻灯片之后。新建幻灯片的操作可通过“开始”选项卡|“幻灯片”组中的命令实现,如图 9-15 所示。

可以单击图 9-15 中的“新建幻灯片”命令,弹出幻灯片的版式列表,可根据需要选择相应的幻灯片版式,按选定布局的新幻灯片会插入到选定幻灯片之后;也可以在选定幻灯片上右击,在弹出的快捷菜单中单击“新建幻灯片”命令,则与选定幻灯片相同布局的新幻灯片会插入到选定幻灯片之后。

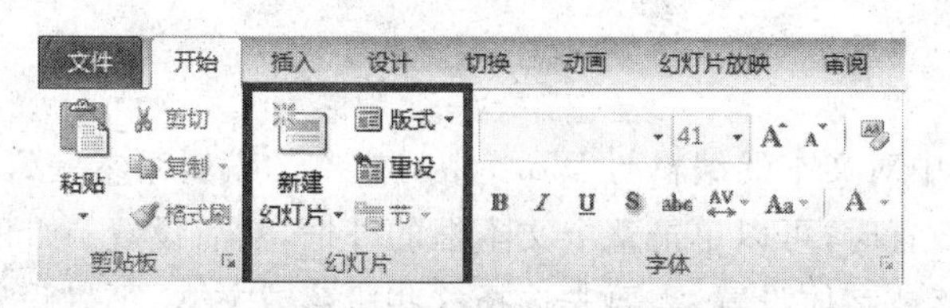

图 9-15 “开始”选项卡|“幻灯片”组

插入的幻灯片如需改变布局,可先选定该幻灯片,单击图 9-15 中的“版式”命令,在弹出的幻灯片版式列表中选择相应的幻灯片版式即可。

9.6 编辑文本

幻灯片内容是由一定数量的文本、图形等对象组成,其中,文本对象是幻灯片的基本组成部分,也是演示文稿中最重要的部分。合理地组织文本对象可以使幻灯片更好传达信息,设置好文本对象的格式会使幻灯片更具吸引效果。

1. 添加文本

在幻灯片文本占位符上可以直接输入文本,如果要在占位符以外的地方输入文本必须在文本框中输入,可以先在幻灯片中插入文本框,然后在文本框中输入文本。

1) 在占位符中输入文本

占位符是幻灯片设计模板的主要组成元素,在占位符中添加文本和其他对象可以方便地建立规整美观的演示文稿。在插入一个版式的幻灯片后可以发现,在版式中使用了许多占位符,占位符指创建新幻灯片时出现的虚线方框,这些方框代表一些待确定的对象,在占位符中有关于该占位符待确定对象的说明,如“单击此处添加标题”、“单击此处添加文本”等提示说明,如需在占位符中输入文本,单击占位符中的任意位置,此时虚线边框被一个斜线边框所代替,在占位符上显示的原始示例文本也消失,同时在占位符内出现一个闪烁的插入点,表明可以在此输入文本。输入完毕后,单击占位符外的空白区域即可。如需要插入表格、图片等对象,只需要将鼠标指向虚线方框内的图片稍作停留,在鼠标右下角就会显示插入对象的信息,单击该对象会打开插入对象的对话框,选择对象插入即可。

2) 在文本框中输入文本

如果在幻灯片中的其他位置插入文本时,必须在文本框中输入。可以先插入文本框,然后在插入的文本框中添加文本。单击“插入”选项卡|“文本”组|“文本框”命令,选择“横排文本框”或“垂直文本框”,此时有两种方法可以插入文本框。

(1) 在幻灯片中直接单击要添加文本的位置,这种方式插入的文本框在输入文本时将自动适应输入文字的长度,不作自动换行。如果按 Enter 键可以开始输入新的文本行,文本框将随着输入文本行数的增加自动扩大。

(2) 在幻灯片上拖曳鼠标绘制出文本框,这种方式插入的文本框在输入文本时,如果输入的文本超出文本框的宽度会自动将超出文本框的部分转到下一行,如果按 Enter 键将开始输入新的文本行,文本框将随着输入文本行数的增加自动扩大。

2. 编辑文本

在 PowerPoint 中对文本的编辑与 Word 中对文本的编辑基本一致，当需要对整个文本框做字体或段落等设置时，可以单击整个文本框的外框，然后设置；如只需对文本框内的某行或某些文本做段落或字体设置，需要先选择这些段落或文本，再做设置；图形、图像、图表等的使用方法与 Word 中的使用方式基本一致，在此不再赘述。

【学生同步练习 9-2】

(1) 打开“学生个人 Office 实训\实训 9”文件夹下的演示文稿 9-1. ppt。

(2) 打开“学生个人 Office 实训\实训 9\source”文件夹下的 Word 文档 s9-1. doc，该文档提供了制作幻灯片的源材料。

(3) 为幻灯片 9-1. ppt 的第一页(标题页)添加主标题“2009 年中国互联网市场年度总结”，并设置字体大小为 44；添加副标题“——iResearch 艾瑞咨询网络调查”，并设置该文本格式为“加粗”、“倾斜”。

(4) 在标题页后添加两个“新幻灯片”，并设置这两个幻灯片的版式为“标题和内容”。

(5) 为第二页幻灯片添加标题及相应文本，文本内容来自 Word 文档 s9-1. doc 中相应第二页的文字，并对正文文本进行如下设置。

① 设置该段文字字体为“楷体_GB2312”，字号为 22。

② 取消该段文字前的项目符号，并用标尺调整该段文字的左边界，首行缩进为 2。

③ 设置各行行距为单倍行距，段前段后 0 行。

(6) 为第三页幻灯片添加标题及文本，文本内容来自 Word 文档 s9-1. doc 中相应第三页的文字。调节文本框大小，并取消文本内容前的项目编号。设置各行行距为 1.5 倍行距。

(7) 文档的编辑样文请参见“学生个人 Office 实训\实训 9\实训 9 样文\实训 9 样文. swf”文件，设置完成后保存幻灯片文档。

9.7 幻灯片切换

幻灯片的切换效果指播放幻灯片时加在连续的幻灯片之间的特殊过渡效果。在幻灯片放映的过程中，可用多种不同的过渡效果将一张幻灯片切换到下一张幻灯片并显示到屏幕上。

为幻灯片添加切换效果可以在普通视图或幻灯片浏览视图中进行，但最好是使用幻灯片浏览视图，因为在浏览视图中可以看到演示文稿中所有的幻灯片，并且能非常方便地选择要添加切换效果的幻灯片。

添加或修改幻灯片切换效果的操作步骤如下。

(1) 在幻灯片浏览视图中，选择“切换”选项卡，显示“切换”选项卡的功能区，如图 9-16 所示。

图 9-16 “切换”选项卡功能区

(2) 选择要添加切换效果的幻灯片(一张或多张),在“切换到此幻灯片”组的切换效果快速样式库中选择适合的切换效果。当单击该效果时,所选幻灯片将会预览其切换效果。

(3) 如需要对选定的切换效果做方向上的改变,可单击“切换到此幻灯片”组的“效果选项”命令,在弹出的下拉列表中选择一个适合的选项,则所选幻灯片将会预览改变后的切换效果。

(4) 若要设置上一张幻灯片与当前幻灯片之间的切换效果的持续时间,在“切换”选项卡上“计时”组中的“持续时间”框中,可以输入或选择所需的持续时间(单位为秒),单击“预览”按钮,可预览设置后的效果。

(5) 幻灯片的切换方式有两种,若想要单击鼠标时切换幻灯片,可以在“切换”选项卡的“计时”组中,选择“单击鼠标时”复选框;若要在经过指定时间后才切换幻灯片,可以在“切换”选项卡的“计时”组中,选择“设置自动换片时间”复选框,然后在其后的文本框中输入所需的秒数。

(6) 如果想在幻灯片切换时添加声音效果,可以在“切换”选项卡的“计时”组中,单击“声音”旁的箭头。若要添加列表中已预置的声音,请选择所需的声音;若要添加列表中没有的声音,应选择“其他声音”命令,弹出“添加音频”对话框,如图 9-17 所示,在对话框中选择路径,找到要添加的声音文件,然后单击“确定”按钮。

图 9-17 “添加音频”对话框

注意:这里使用的声音只允许为.wav 格式的声音文件,且此声音文件将被嵌入到幻灯片中;如果要求在幻灯片演示的过程中始终使用此声音效果,则选择列表中的“播放下一段声音之前一直循环”复选框。

(7) 以上操作如果想让所有的幻灯片应用相同的切换效果、切换方式等,可在“切换”选项卡的“计时”组中,单击“全部应用”命令。

【学生同步练习 9-3】

(1) 复制“学生个人 Office 实训\实训 9\9-1. ppt”文档,并将其重命名为 9-2. ppt。

(2) 打开“学生个人 Office 实训\实训 9\9-2. ppt”文档,在该文档中做如下设置。

① 设置首页的幻灯片切换方式为“横向棋盘式”,持续时间 1s,声音“风铃”,换片方式为每隔 10s 时间换片。

② 设置第三页幻灯片的切换方式为“时钟”,效果选项设为“楔入”,持续时间 1s,单击鼠标时换片。

③ 从头播放幻灯片浏览其切换效果。

(3) 设置完成后保存该文档。

9.8 超链接

PowerPoint 中的超链接功能能够让幻灯片播放不受顺序限制,可以随时打开其他文件、网页或跳转到其他幻灯片,使幻灯片拥有交互链接功能。可以为幻灯片中的所有对象,如文本、图片、图形等对象设置超链接,其设置方法相同。

1. 插入超链接

为所选对象设置超链接的操作方法如下。

(1) 先选定要设置超链接的对象,如文本或图片等,单击“插入”选项卡|“链接”组|“超链接”命令,或右击选定对象,在弹出的快捷菜单中选择“超链接”命令,或直接按 Ctrl+K 键,都会弹出“插入超链接”对话框,如图 9-18 所示。

图 9-18 “插入超链接”对话框

(2) 在“插入超链接”对话框的“链接到”区域有以下 4 个选项。

① **现有文件或网页**:选择该选项,可用于链接其他类型的文件或网页中的文件,可在“地址”列表中选择文件或直接输入链接地址。

② **本文档中的位置**:选择该选项,可用于链接本文档中的任意幻灯片。

③ **新建文档**:选择该选项,可用于链接一个新建的文档,并可编辑这个新文档。

④ **电子邮件地址**:选择该选项,可用于链接某个电子邮件地址。

(3) 设置完成后单击“确定”按钮即可完成超链接的设置。

2. 编辑超链接

如果需要对超链接进行修改,应先选定该对象,单击"插入"选项卡|"链接"组|"超链接"命令,或右击选定对象,在弹出的快捷菜单中选择"编辑超链接"命令,弹出"编辑超链接"对话框,如图 9-19 所示。该对话框的操作与"插入超链接"对话框的操作基本相同。

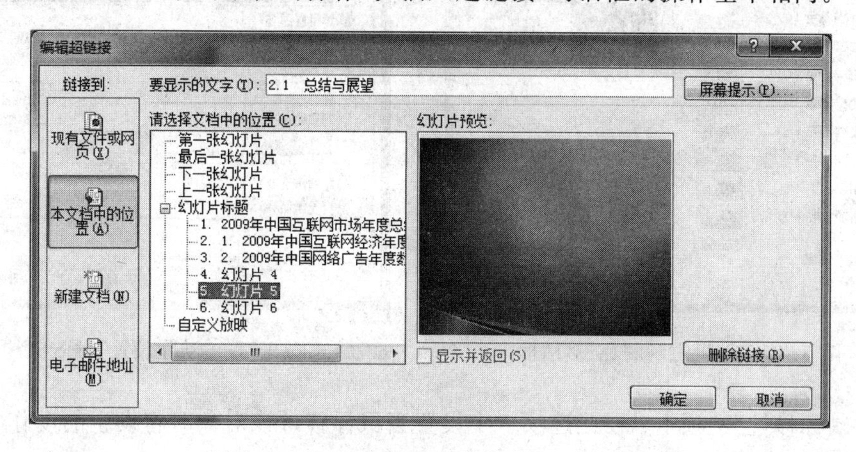

图 9-19 "编辑超链接"对话框

3. 删除超链接

如果需要取消超链接,则应先选定该对象,右击,在弹出的快捷菜单中选择"取消超链接"命令,或在如图 9-19 所示的"编辑超链接"对话框中单击"删除链接"按钮即可。

4. 修改超链接的颜色

在默认情况下,当对文字插入超链接后,超链接文字的颜色变成应用主题所设置的链接颜色,同时超链接文字带有下划线并且不能修改。有时,幻灯片背景颜色与超链接的颜色相同或相近,使得默认情况下的超链接不易辨认,可以通过"新建主题颜色"来改变"超链接"和"已访问的链接"颜色来改变幻灯片中超链接的颜色。

如果已应用的是自定义的主题颜色,可单击"设计"选项卡|"主题"组|"颜色"命令,在自定义的主题颜色上右击,在弹出的快捷菜单中选择"编辑"命令,弹出"编辑主题颜色"对话框,如图 9-20 所示,在此对话框中修改主题颜色中的"超链接"和"已访问的超链接"颜色,单击"保存"按钮。

5. 利用"动作设置"创建超链接

当为文本、图片等对象设置超链接时,除了前述介绍的插入超链接的方法,还可以使用"动作设置"实现超链接,其操作步骤如下。

(1) 用鼠标选定用于创建超链接的对象,单击"插入"选项卡|"链接"组|"动作"命令,弹出"动作设置"对话框,如图 9-21 所示。

(2) 在"动作设置"对话框中有两个选项卡。

① "单击鼠标"选项卡:通常"单击鼠标"选项卡是默认的选项卡,在此选项卡中设置当鼠标单击该对象时将发生的动作。

图 9-20 “编辑主题颜色”对话框

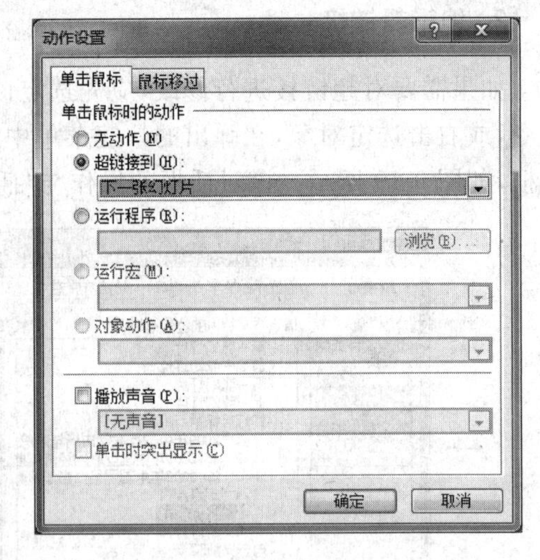

图 9-21 “动作设置”对话框

② “鼠标移过”选项卡：在此选项卡中设置当鼠标移过该对象时将发生的动作。

(3) 上述两个选项卡中都有如下单选按钮。

① **超链接到**：选择该选项，可设置该对象超链接的内容，可以打开“超链接到”下拉列表，根据实际情况选择其一。若要将超链接的范围扩大到其他演示文稿或 PowerPoint 以外的文件中去，只需要在列表中选择“其他 PowerPoint 演示文稿”或“其他文件”选项即可。

② **运行程序**：选择该选项，单击“浏览”按钮，弹出“选择一个要运行的程序”对话框，如图 9-22 所示。可以选择程序(.exe)，所有文件(*.*)等各种类型文件，这样在单击或移过该对象时就可以运行这个文件了。

图 9-22 “选择一个要运行的程序”对话框

③ **运行宏**：如果在幻灯片中定义了宏对象，则选择此选项后可以在列表中选择定义的宏，这样，当鼠标单击或移过该对象时可以执行这个宏对象。

④ **对象动作**：当幻灯片中插入了声音或影片，且设置为“单击时播放”时，该选项被激活，选择该选项，可设置单击或移过对象时播放声音或影片。

(4) 上述两个选项卡中都有如下两个复选按钮。

① **播放声音**：选择该选项，可在单击或移过对象时播放声音。

② **单击(鼠标移过)时突出显示**：选择该选项，当单击或移过对象时，该对象会突出显示(通常显示为其他颜色)。

【学生同步练习 9-4】

(1) 打开“学生个人 Office 实训\实训 9\9-2.ppt”文档，在该文档中做如下设置。

① 在幻灯片后添加 5 张新幻灯片，其中新幻灯片第 4～7 页的标题及内容来源于“学生个人 Office 实训\实训 9\source\ s9-1.doc”文档中的第 4～7 页内容。

② 设置第 4～7 页幻灯片的切换效果为“擦除”，效果选项“自顶部”，持续时间 1 秒，换片方式为“单击鼠标时”。

③ 对第 3 页幻灯片的文本内容依次设置超链接，分别链接到本文档中新添加的相应的幻灯片。

④ 在第 4～7 页幻灯片中分别插入“返回”按钮图片，图片位置“学生个人 Office 实训\实训 9\source\return.png”，调节图片大小，调整位置到幻灯片右下角，为该图片设置其形状效果为“阴影：内部左上角”。

⑤ 为第 4～7 页幻灯片的“返回”按钮图片设置超链接，超链接到本文档的第 3 页幻灯片。

⑥ 在第 7 页后插入新幻灯片，设置第 8 页幻灯片的文本内容为“谢谢!”，文本字体“楷体”，文本大小为 80，调节文本位置在幻灯片中间。

⑦ 在第 8 页幻灯片中插入“返回主页”图片，图片位置“学生个人 Office 实训\实训 9\source\ home.png”，调节图片大小，调整位置到幻灯片右下角；为该图片进行动作设置，设置单击该图片时链接到第 1 页幻灯片。

⑧ 从头播放幻灯片浏览其效果并测试超链接是否正确。

(2) 文档的编辑样文请参见“学生个人 Office 实训\实训 9\实训 9 样文\实训 9 样文.swf”文件，设置完成后保存该文档。

9.9 设计母版

母版可以对演示文稿的外观进行控制，包括对幻灯片中使用的图形、图片、背景颜色以及所输入的标题和文本的格式、颜色、放置位置等进行预设置，在母版上进行的设置将应用到基于它的所有幻灯片。但是改动母版的文本内容不会影响基于该母版的幻灯片的相应文本内容，只是影响其外观和格式而已。

最好在开始构建各张幻灯片之前先创建母版，而不要在构建了幻灯片之后再创建母版。如果先创建了幻灯片母版，则添加到演示文稿中的所有幻灯片都会基于该幻灯片母版和相关联的版式。如果在构建了各张幻灯片之后再创建幻灯片母版，则幻灯片上的某些项目可能不符合幻灯片母版的设计风格。

母版分为三种：幻灯片母版、讲义母版、备注母版。母版的编辑都是通过如图 9-23 所示的“视图”选项卡|“母版视图”组中的命令实现的。

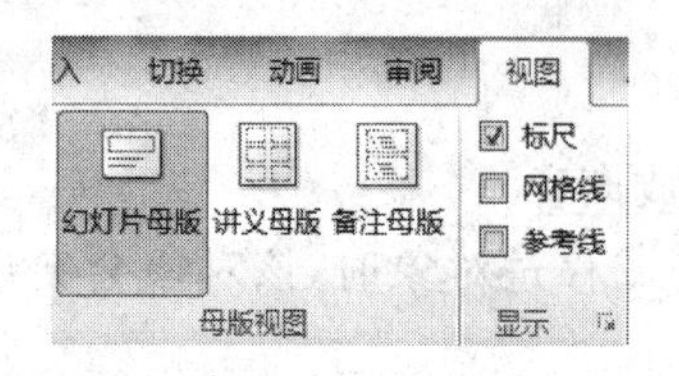

图 9-23 “视图”选项卡|“母版视图”组

1. 幻灯片母版

幻灯片母版是幻灯片层次结构中的顶层幻灯片，用于存储有关演示文稿的主题和幻灯片版式的信息，包括背景、颜色、字体、效果、占位符大小和位置。在母版中可以编辑母版的背景样式、主题颜色、主题字体、切换效果等，与前述的幻灯片的操作基本相同。

每个演示文稿至少包含一个幻灯片母版。修改和使用幻灯片母版的主要优点是可以对演示文稿中的每张幻灯片(包括以后添加到演示文稿中的幻灯片)进行统一的样式更改。使用幻灯片母版时，由于无须在多张幻灯片上输入相同的信息，因此节省了时间。如果演示文稿非常长，其中包含大量幻灯片，则使用幻灯片母版特别方便。

幻灯片母版将影响整个演示文稿的外观，因此在创建和编辑幻灯片母版或相应版式时，应在“幻灯片母版”视图下操作，可以单击“视图”选项卡|“母版视图”组|“幻灯片母版”命令，进入幻灯片母版视图，如图 9-24 所示。在幻灯片缩略图窗格中，幻灯片母版是那张较大的幻灯片，并且在幻灯片母版下方是一组与其相关的各种版式。在制作幻灯片时可能不会使用提供的所有版式，而是从可用版式中选择最适合的版式。

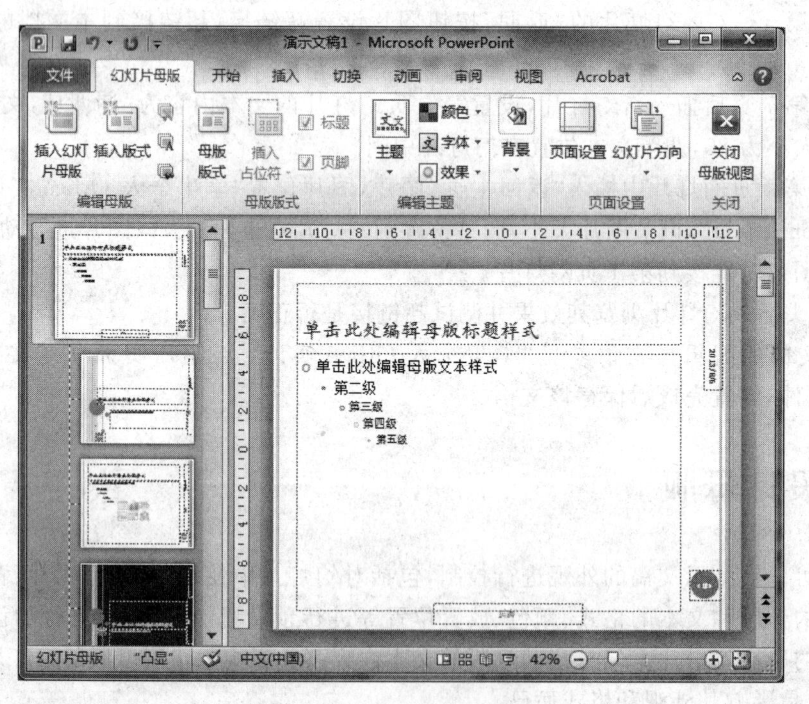

图 9-24 幻灯片母版视图

1) 母版版式

幻灯片母版版式中有 5 个占位符：标题区、文本区、日期区、页脚区、幻灯片编号区，修改后可以影响所有基于该母版的幻灯片。

① **标题区**：用于幻灯片标题的格式化，可以改变幻灯片标题的字体效果。

② **文本区**：用于所有幻灯片主题文本的格式化，可以改变文本的字体效果以及项目符号和编号等。

③ **日期区**：用于页眉/页脚上日期的添加、定位、大小和格式化。

④ **页脚区**：用于页眉/页脚上说明性文字的添加、定位、大小和格式化。

⑤ **幻灯片编号区**：用于页眉/页脚上自动页面编号的添加、定位、大小和格式化。

母版版式中的5种占位符可根据需要取消或显示，如当不需要"页脚"占位符时，可选中"页脚"占位符，然后按Delete键删除即可。如果需要将删除的"页脚"占位符显示在幻灯片母版中，可以单击"母版版式"组|"母版版式"命令，弹出"母版版式"对话框，如图9-25所示，在对话框中选择"页脚"复选框，单击"确定"按钮。

注意：对幻灯片母版的修改会反映在其派生出的每个幻灯片上。要让图形或文本出现在每个幻灯片上，最快捷的方式是将其置于母版上，母版上的对象会出现在每个演示页的相同位置上，即母版及其派生的每个幻灯片之间有一种继承关系，但一旦单独设置某一幻灯片的格式就会与母版脱离这种关系，在将这一幻灯片格式改回与母版相同时就会重新建立这种关系。

2）自定义版式

如果幻灯片母版中默认设置的版式都不符合需要，可以自定义幻灯片版式。单击"编辑母版"组|"插入版式"命令，会在幻灯片缩略图窗格中的最后一页插入一个自定义的版式，该版式中只有"标题"、"页脚"、"日期"、"幻灯片编号"4个占位符，可根据需要调整其位置。如需要插入图片、表格、媒体等占位符，可单击"母版版式"组|"插入占位符"命令，在弹出的列表中选择相应选项，如图片，此时鼠标变为十字花型，在幻灯片中相应位置按住鼠标拖曳出一个矩形，在该位置会插入一个图片占位符。在列表中的"内容"占位符有两种（横排和竖排），该占位符包含文本、图表、图片、视频等所有占位符，因此应用"内容"占位符更为方便。

新插入的版式默认名称为"自定义版式"，可为该版式重新命名。选择该版式，单击"编辑母版"组|"重命名"命令，弹出"重命名版式"对话框，如图9-26所示。在"版式名称"文本框中输入名称，单击"重命名"按钮，自定义的版式被添加到母版中，在幻灯片设计中就可以使用该版式了。

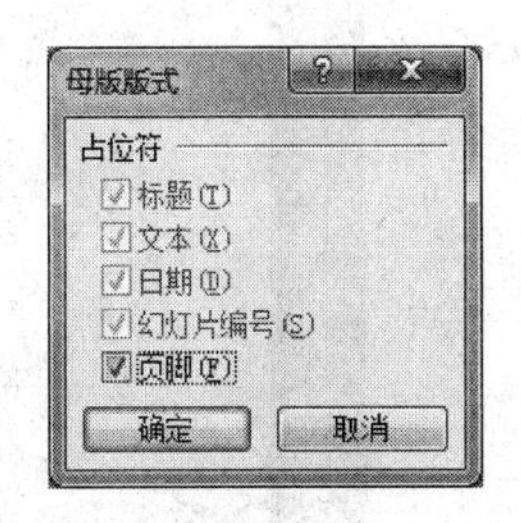

图9-25 "母版版式"对话框

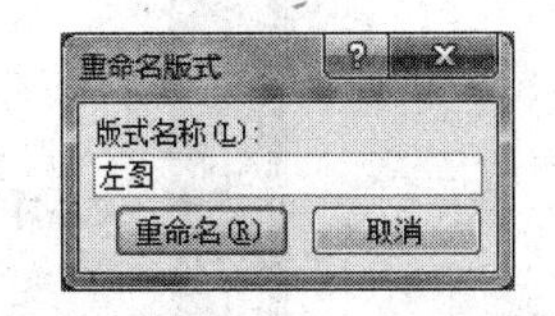

图9-26 "重命名版式"对话框

3）在单个演示文稿中使用多个主题

若要使演示文稿中包含两个或更多个不同的样式或主题，单击"编辑主题"组|"主题"命令，在弹出的列表中选择要插入的主题，在幻灯片缩略图窗格中就插入了该主题的幻灯片母

版，其下是一组与该主题相关的各种版式。单击“关闭母版视图”命令，回到幻灯片的编辑窗口，如想在幻灯片中使用母版中的某个版式，可以单击“开始”选项卡|“幻灯片”组|“新建幻灯片”命令，在弹出的列表中会显示母版中定义的多个主题版式，可根据需要进行选择。

4）插入自定义幻灯片母版

有时需要使用自定义的幻灯片母版，可以单击“编辑母版”组|“插入幻灯片母版”命令，可以在幻灯片缩略图窗格中插入一个新的幻灯片母版，其下方依然是一组与其相关的各种版式。可以为幻灯片母版及各种版式设置背景样式、插入图片、插入占位符、重命名等，其操作基本与幻灯片操作相同。

5）删除母版

若在幻灯片母版中使用了两个以上的母版，可将不需要的母版删除。首先选定要删除的幻灯片母版，单击“编辑母版”组|“删除”命令，或右击幻灯片母版，在弹出的快捷菜单中选择“删除母版”命令，则该幻灯片母版及其版式都会被一起删除。注意：若鼠标选定的是版式页而不是幻灯片母版，在执行上述操作时只删除选定的版式页，对幻灯片母版页没有影响。

2. 讲义母版

讲义母版用于格式化讲义，单击“视图”选项卡|“母版视图”组|“讲义母版”命令，会显示讲义母版视图，如图 9-27 所示。

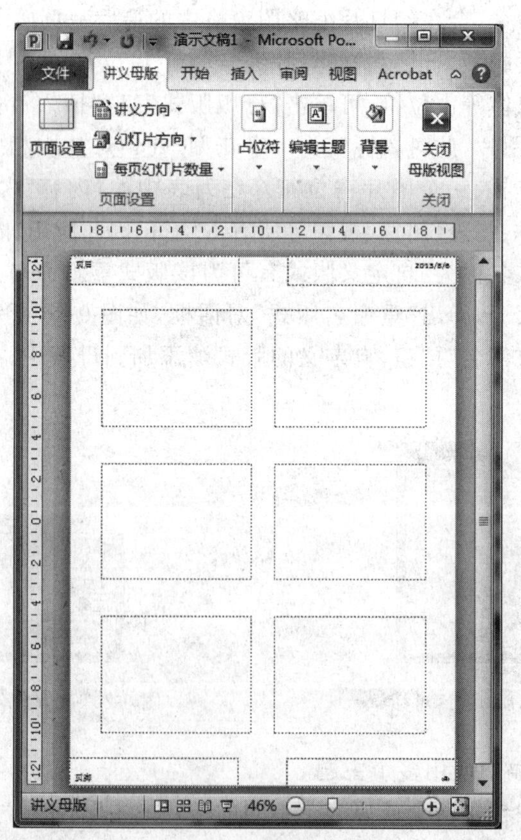

图 9-27　讲义母版视图

在“讲义母版视图”中可通过“页面设置”组|“讲义方向”命令设置讲义的方向(纵向或横向),“幻灯片方向”命令设置讲义的幻灯片方向(纵向或横向),不能移动也不能调整幻灯片区的大小,只能单击“每页幻灯片数量”命令来设置每页放置幻灯片的数量。在讲义母版视图中可以编辑 4 个占位符:页眉、日期、页脚、页码。可通过“占位符”组的复选框选择或取消占位符。

3. 备注母版

备注母版用于格式化演讲者的备注页面,单击“视图”选项卡|“母版视图”组|“备注母版”命令,会显示备注母版视图,如图 9-28 所示。

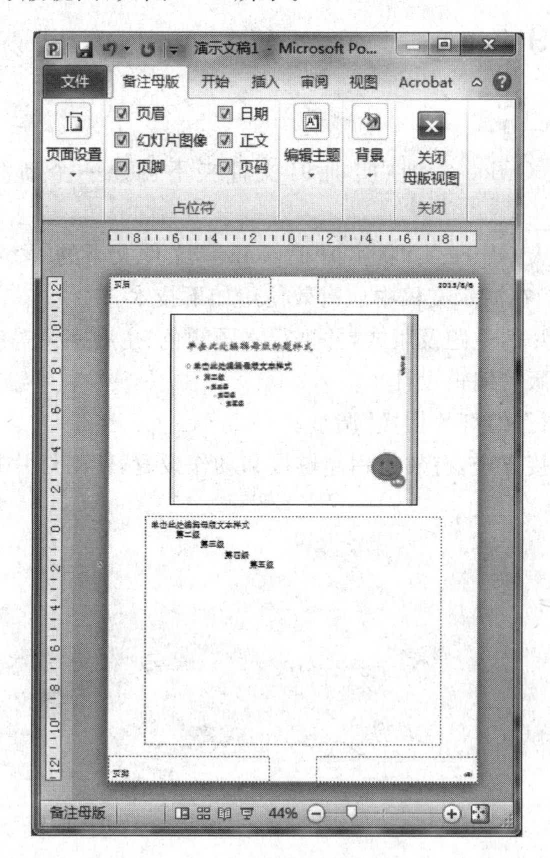

图 9-28　备注母版视图

在备注母版中可以添加图形项目和文字,可以调整幻灯片区域的大小。可通过“页面设置”组|“备注页方向”命令设置备注页的方向(纵向或横向),“幻灯片方向”命令设置讲义的幻灯片方向(纵向或横向),备注母版包括的占位符有:页眉、日期、页脚、页码、正文、备注文本,可以对它们进行编辑,可通过“占位符”组的复选框选择或取消占位符。编辑的效果将影响由其衍生的所有备注页。

【学生同步练习 9-5】

(1) 将“学生个人 Office 实训\实训 9”文件夹下的演示文稿 9-2. ppt 进行复制,并重命名为 9-3. ppt。

(2) 打开"学生个人 Office 实训\实训 9\9-3. ppt"文档,并对该文档的幻灯片母版做如下设置。

① 设置幻灯片母版的母版标题为 36 号字,左对齐。

② 在幻灯片母版的右上角插入艾瑞咨询网站的 LOGO,图片来源于"学生个人 Office 实训\实训 9\source\ ir_logo. gif",插入图片后调整好图片的位置。

③ 关闭母版视图,观察对母版修改后的效果。

(3) 以上操作结果请参见"学生个人 Office 实训\实训 9\实训 9 样文\实训 9 样文. swf"文件,设置完成后保存该文档。

独立实训任务 9

【独立实训任务 Z9-1】

(1) 在"学生个人 Office 实训\实训 9"文件夹下创建一个新演示文稿,命名为 Z9-1. ppt。

(2) 根据"学生个人 Office 实训\实训 9\source"文件夹下的 Word 文档 s9-2. doc 的内容制作一个演示文稿。在演示文稿中应有效使用如下技术。

① 适当使用幻灯片的主题及版式,并进行主题颜色、主题字体等编辑。

② 进行幻灯片母版的编辑设计。

③ 各幻灯片间进行"幻灯片切换"调整。

④ 各幻灯片间链接齐全,有效使用超链接和动作设置,使幻灯片具有较好的链接功能。

动画设计及放映

在 PowerPoint 中，不但可以对文本进行编辑，还可以对文本、图像、音频、视频等多媒体对象进行动画设计，在播放幻灯片时达到美妙的动画效果，增强幻灯片的观赏性和实用性。

（1）掌握并应用动画设计方法。

（2）掌握插入音频和视频的方法。

（3）了解幻灯片的自定义放映方式及放映设置。

（4）掌握演示文稿的打包。

教师授课：3 学时，教师采用演练结合方式授课，各部分可以使用“学生同步练习”进行演练。

学生独立实训任务：3 学时，学生完成独立实训任务后教师进行检查评分。

10.1 自定义动画

为了丰富幻灯片的演示效果，可以将演示文稿中的文本、图片、形状、表格、SmartArt 图形、音频和视频等对象制作成动画，赋予它们进入、退出、大小或颜色变化甚至移动等视觉效果，也可以设置各元素动画效果的先后顺序以及为每个对象设置多个播放效果。

1. 动画效果

动画设计是通过“动画”选项卡中的相关命令完成的，“动画”选项卡如图 10-1 所示，各种动画的添加可通过“动画快速样式库”中的动画效果完成，也可通过“添加动画”命令完成。

PowerPoint 2010 中提供以下 4 种不同类型的动画效果：

（1）**“进入”效果**：用来设定各对象在播放时进入幻灯片的动画效果。例如，可以使对象逐渐淡入焦点、从边缘飞入幻灯片或者跳入视图中等。

（2）**“退出”效果**：用来设定各对象在播放时离开或退出幻灯片时的动画效果，这些效果包括使对象飞出幻灯片、从视图中消失或者从幻灯片旋出等。

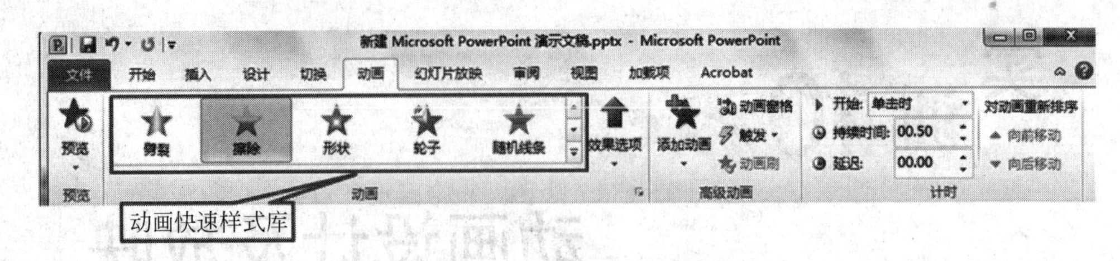

图 10-1 “动画”选项卡

(3) **“强调”效果**：用来设定各对象在播放幻灯片时进行强调的动画效果，这些效果包括使对象缩小或放大、更改颜色或沿着其中心旋转等。

(4) **动作路径**：动作路径是指指定对象或文本行进的路线，它是幻灯片动画序列的一部分。使用动作路径效果可以使对象上下移动、左右移动或者沿着星形或圆形图案移动。可以使用内置的动作路径，也可以自定义动作路径。

① **设置内置动作路径**：当为对象添加了内置的动作路径效果时，在幻灯片的编辑区会添加上一个虚线形式的路径，路径的起始处是绿色的三角号标记，结束处是红色的三角号标记，代表对象由绿色三角号标记处沿虚线移动到红色三角号标记处。如需要对路径移动或调整，可先选定路径，当鼠标变为十字花方向形状时，按住鼠标可移动路径；鼠标指向绿色圆点按住鼠标移动，可对路径进行方向性调整；拖曳路径对象框周围的 8 个空心圆点可放大或缩小动作路径。

② **自定义动作路径**：当内置的动作路径不符合需求时，可在动作路径中选择“自定义路径”，此时鼠标指针变成十字，在动作开始的位置按下鼠标拖曳，鼠标指针变为画笔，按需要画出动作路径，在路径结束时双击鼠标，自定义路径被添加到幻灯片编辑区，其移动、调整等操作与上述内置动作路径相同。

在设计动画时，可以单独使用任何一种动画，也可以将多种效果组合在一起。例如，可以对一行文本应用“飞入”进入效果及“放大/缩小”强调效果，使它在从左侧飞入的同时逐渐放大。

2. 为对象设置动画效果

为幻灯片上的对象设置动画效果，操作步骤如下。

(1) 单击“动画”选项卡|“高级动画”组|“动画窗格”命令，打开“动画窗格”任务窗格，如图 10-2 所示。该任务窗格中能够显示添加完的动画序列，并能显示有关动画效果的重要信息，如效果的类型、多个动画效果之间的相对顺序、受影响对象的名称以及效果的持续时间等。图中标记①是动画编号，它表示动画效果的播放顺序。该任务窗格中的编号与幻灯片上显示的不可打印的编号标记相对应；标记②是时间线，代表着效果的持续时间；标记③是图标，代表着动画效果的类型；标记④是选择列表，单击后会看到相应的菜单图标，可在其中选择操作。

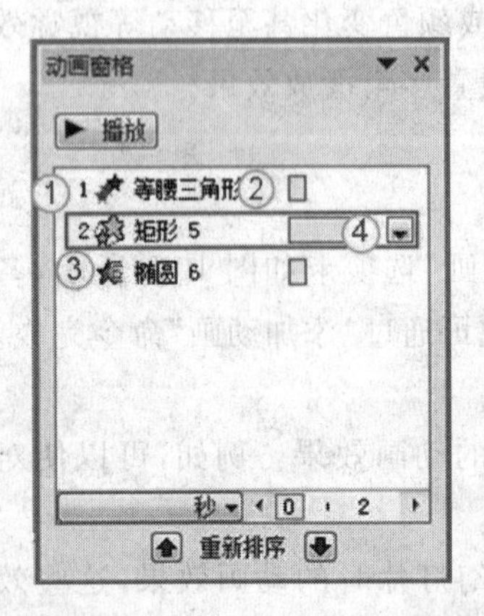

图 10-2 动画窗格

(2) 在幻灯片中选定一个对象，把鼠标指向“动画快速样式库”中的动画效果，可以预览其效果，单击“其他”按钮，然后选择所需的动画效果。如果没有看到所需的进入、退出、强调或动作路径动画效果，可以单击“更多”按钮 或“高级动画”组的“添加动画”命令，在弹出的列表中根据需要选择“更多进入效果”、“更多强调效果”、“更多退出效果”或“其他动作路径”命令，如选择“更多进入效果”命令后，会弹出“更改进入效果”对话框，如图 10-3 所示，选择一个适合的进入效果，单击“确定”按钮，该动画效果会被添加。

(3) 在将动画应用于对象或文本后，幻灯片上已制作成动画的项目会标上不可打印的编号标记，该标记显示在文本或对象旁边。仅当选择“动画”选项卡或“动画”任务窗格可见时，才会在“普通”视图中显示该标记。在“动画窗格”中的所有动画效果列表将按照时间顺序排列并有标号，在左边幻灯片视图中则有对应的标号与之对应，标号位置在该效果所作用的对象的左上方。通过效果列表和效果标号都可以选定效果项，在选中效果项后，再单击“动画快速样式库”中的动画效果执行的是更改动画效果操作。

(4) 在“动画窗格”中选择该动画，单击“动画”选项卡|“动画”组|“效果选项”命令，可以在此列表中选择该动画产生动画效果的方向或形状等。“效果选项”命令列表中的内容根据选择的动画效果不同而发生改变。

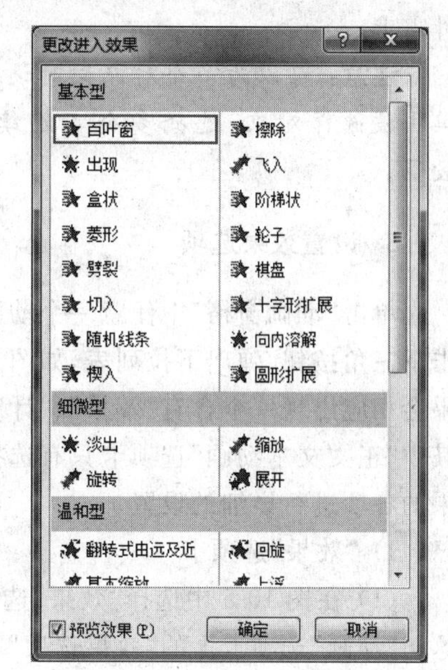

图 10-3　“更改进入效果”对话框

(5) 单击“动画”窗格中动画右侧的下三角按钮，在列表中显示了三种动画效果的开始方式，其表示的图标有以下几种。

① **“单击开始”**：用鼠标图标表示，只有单击鼠标时才开始动画效果。

② **“从上一项开始”**：无图标表示，动画效果开始播放的时间与列表中上一个效果的时间相同。此设置在同一时间能够组合多个效果。

③ **“从上一项之后开始”**：用时钟图标表示，动画效果在列表中的上一个效果完成播放后立即开始。

以上操作也可以通过单击“动画”选项卡|“计时”组|“开始”命令完成。

动画效果的编号是以设置开始列表“单击开始”选项时的动画效果为界限的。如果在幻灯片中设置了多个“单击时开始”的动画效果，则会根据设置的先后顺序进行编号，如 1、2 等编号，并且编号后显示图标 ；如果在某一动画效果后设置了“从上一项之后开始”的动画效果，其编号将和上一编号相同，并且图标显示为 ；如果某一动画效果设置了“从上一项开始”的动画效果，其编号也将和上一编号相同，并且编号的位置无图标显示。

注意：*在一张幻灯片中如果设置了多个动画效果为“从上一项开始”，则这些动画效果在下一效果之前同时开始展示；如果设置了多个动画效果为“从上一项之后开始”，则这些动画效果根据设置的顺序依次展示。*

(6) 若要对列表中的动画重新排序，可在“动画窗格”中选择要重新排序的动画，然后单击“动画”选项卡“计时”组|“对动画重新排序”|“向前移动”命令，使动画在列表中另一动画之前发生，或者选择“向后移动”命令使动画在列表中另一动画之后发生。也可以直接用鼠标拖曳动画以调整其位置。

(7) 若要为同一对象应用多个动画效果,应先选择要添加多个动画效果的文本或对象,单击“动画”选项卡|“高级动画”组|“添加动画”命令来完成,不要用“动画快速样式库”操作,它只起到修改动画的作用。

(8) 单击“播放”按钮,则可自动播放当前幻灯片,可观察其设置的动画效果是否符合设计需求。

注意:可以为多个对象同时设置一个动画效果,选择多个连续对象时可按下 Shift 键单击被选择对象,选择多个不连续对象可按下 Ctrl 键单击被选择对象,然后进行动画设置。

3. 设置效果选项

单击“动画窗格”中任意一个动画效果时,在该效果的右端将会出现一个下三角按钮,单击下三角按钮,弹出下拉列表,如图 10-4 所示。在列表中选择“效果选项”命令,根据动画效果会相应出现一个含有“效果”、“计时”、“正文文本动画”选项卡的对话框,如图 10-5 所示,其中“正文文本动画”选项卡只有选择的对象为文本框对象时才有效。在对话框中可以对效果的各项进行详细的设置。

1)“效果”选项卡

(1) 在图 10-5 中选择“效果”选项卡,在“设置”区域可以对动画效果的方向进行设置,这与“动画”选项卡上的“效果选项”下拉列表中的具体设置是对应的。设置区域的内容随着选择的动画效果不同而不同。

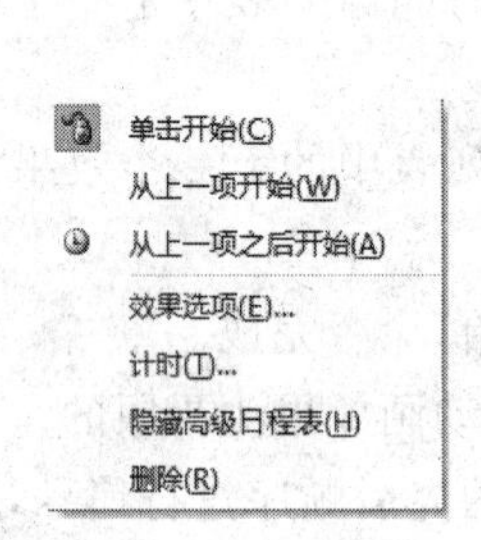

图 10-4 效果项设置列表

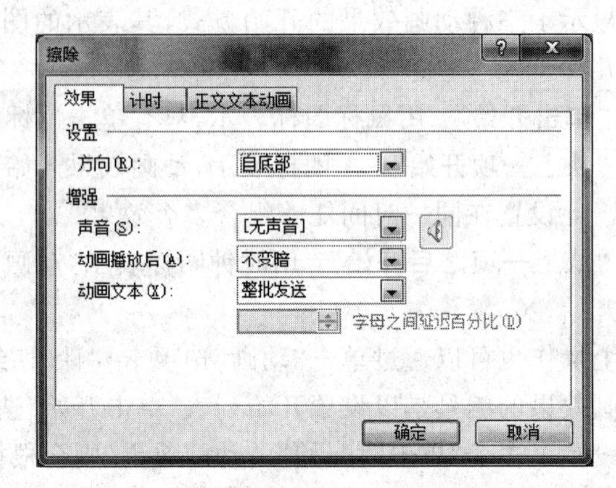

图 10-5 “效果”选项卡

(2) 在“增强”区域,单击“声音”列表框右侧的下三角按钮,在下拉列表中可以为动画效果选择一种系统内置的声音,单击列表右侧的小喇叭按钮可调整音量大小;如希望使用用户自定义的声音,在下拉表中单击“其他声音”,打开“添加音频”对话框,需注意声音的格式必须采用标准的波形文件(*.wav)格式。当声音设置完成后,该声音将伴随对象的动画进行播放。

(3) 单击“动画播放后”列表框右侧的下三角按钮,在下拉列表中可以选择一种效果,该效果将在动画播放后对该对象生效,如在列表中选择了“播放动画后隐藏”则动画效果播放完毕后该对象将自动隐藏。

(4) 单击“动画文本”列表框右侧的下三角按钮，在下拉列表中有三种选择。

① **整批发送**：选择的文本对象将以段落作为一个整体出现。

② **按字词**：如果选择的文本对象是英文，则按单个单词飞入；如果是中文，则按字或词飞入。此时可设置各字或词之间的延迟百分比。

③ **按字母**：如果选择的文本对象是英文，则按字母飞入；如果是中文则按字飞入。此时可设置各字母或字之间的延迟百分比。

2）“计时”选项卡

选择“计时”选项卡，如图 10-6 所示，可在该选项卡中对动画的开始方式、延迟时间和动画持续时间(期间)、重复次数等进行设置。其中“开始”下拉列表中的选项与“动画”选项卡中“计时”组的“开始”命令中的选项相同；“延迟”文本框用来设置动画的延迟时间；“期间”文本框用来设置对象动画的持续时间或速度，可选择系统中预设的时间，也可以在文本框中直接输入数值，单位为秒；“重复”下拉列表设置该动画重复的次数。

单击“触发器”按钮，可展开触发器区域，在此区域可以把某些动画效果设置为触发器，如当单击某个对象时才启动该动画效果。选中“单击下列对象时启动效果”单选按钮，从右侧的下拉列表框中选择用来触发该效果的对象，设置后在放映幻灯片时，只有单击设置的对象，动画才会放映出来。如果单击了该对象外的地方，那么将跳过该动画效果的播放，这一项功能可以用来让演讲者在放映时决定是否放映某一对象。

3）“正文文本动画”选项卡

当是为文本框对象设置动画时，在效果选项设置时会显示“正文文本动画”选项卡，如图 10-7 所示，在此选项卡中可以对文本框中的组合文本进行设置。

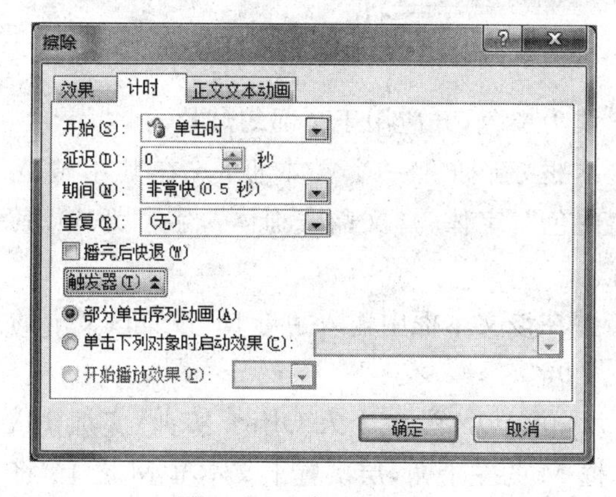

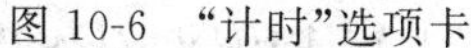

图 10-6 “计时”选项卡

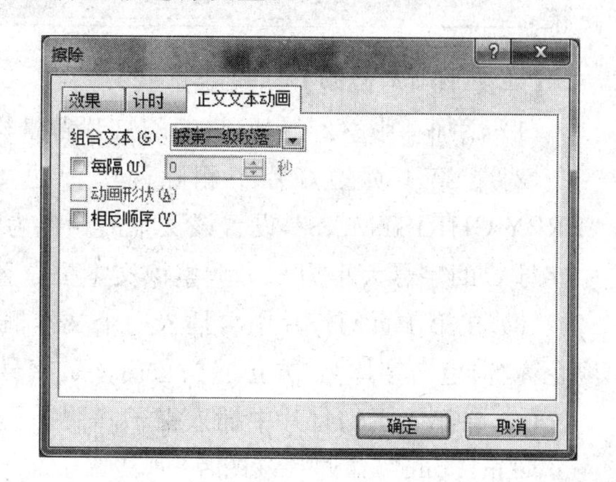

图 10-7 “正文文本动画”选项卡

如果文本框中的文本分为不同的大纲级别，在“组合文本”下拉列表框中可以选择文本框中文本出现的段落级别。例如，选择“按第一级段落”则在播放时第一级段落中的文本和第一级下所有级别的文本将同时出现；如果选择“按第二级段落”则在播放时第一级段落中的文本首先出现，然后第二级文本和第二级下所有级别的文本同时出现；选择“每隔 XX 秒”复选框，则文本框中的各段落文本每隔 XX 秒完成动画；选中“相反顺序”复选框可以让段落按照从后向前的顺序播放。

【学生同步练习 10-1】

(1) 在"学生个人 Office 实训\实训 10"文件夹下创建一个新的演示文稿 10-1.pptx。

(2) 打开演示文稿 10-1.pptx,此幻灯片中所用的素材皆来源于"学生个人 Office 实训\实训 10\source"文件夹;此幻灯片的制作步骤请参见样文 10-1A 说明、样文 10-1B 说明、样文 10-1C 说明,制作结果请参见样文 10-1A、样文 10-1B、样文 10-1C。

(3) 进行字体安装,将"学生个人 Office 实训\实训 10\source"文件夹下的扩展名为.TTF 的所有文件复制到"控制面板"中的"字体"项中,以便在演示文稿中使用该字体。

【样文 10-1A】

【样文 10-1A 说明】

(1) 添加一张空幻灯片,设置幻灯片背景样式为黑色,并应用于全部幻灯片。

(2) 在第 1 页幻灯片中删除两个标题文本框,新插入一个文本框,并在其中输入"ERRY CHRISTMAS",设置该文本的颜色为"白色",字体为"文鼎贱狗体",字号为 60,其中字母 C 的字号大小为 88;调整该文本框位置。

(3) 在第 1 页幻灯片中再插入一个文本框,并在该文本框中输入字母 M,设置该文本的颜色为"白色",字体为"方正胖头鱼简体",字号为 96。

(4) 在第 1 页幻灯片中插入帽子睁眼睛图片,位置为"学生个人 Office 实训\实训 10\source\m1.png",并调整该图片,使其置于文本框 M 的左上角,层次置于文本框 M 之上,将文本框 M 和该图片进行组合,并将组合后的图片移动到文本框 ERRY CHRISTMAS 前,并调整好位置。

(5) 为文本框 ERRY CHRISTMAS 进行动画设置,添加进入效果→螺旋飞入,并设置该动画效果的开始时间为"从上项开始",设置动画"效果选项"中的动画文本方式为"按字母"发送,字母发送延迟为 10%。

(6) 为组合图形进行动画设置,添加进入效果→弹跳,并设置该动画效果的开始时间为"从上项之后开始",持续时间为"2 秒";设置该动画的伴随声音为"鼓声"。

(7) 在第 1 页幻灯片中插入帽子眨眼睛图片,位置为"学生个人 Office 实训\实训 10\

source\m2. png”,并调整该图片到组合图片上(注意对图片微调),设置该图片置于顶层。

(8) 为 m2. png 图片添加进入效果→淡出,并设置该动画效果的开始时间为“从上项之后开始”,持续时间为“0.5 秒”；再为该图片添加退出效果→淡出,并设置该动画效果的开始时间为“从上项之后开始”,持续时间为“0.5 秒”；再重复一次步骤(8)的操作,可以实现帽子两次眨眼睛的动画效果。如需多次眨眼睛,请多重复此步骤几次即可。

(9) 在第 1 页幻灯片中插入帽子笑眼睛图片,位置为“学生个人 Office 实训\实训 10\source\m3. png”,并调整该图片到 m2. png 图片上(注意对图片微调),设置该图片置于顶层。

(10) 为 m3. png 图片添加进入效果→淡出,并设置该动画效果的开始时间为“从上项之后开始”,持续时间为“1 秒”。

(11) 保存该文档,预览第 1 页幻灯片的动画效果,其动画效果请参见“学生个人 Office 实训\实训 10\sample\样文 10-1. ppsx”文件。

【样文 10-1B】

【样文 10-1B 说明】

(1) 将第 1 页幻灯片进行复制并粘贴,形成第 2 页幻灯片。

(2) 在第 2 页幻灯片中删除所有的自定义动画设置。

(3) 将第 2 页幻灯片中的所有对象重新进行组合成一个对象。

(4) 为重新组合的对象添加退出动画效果→淡出。并设置该动画效果的开始时间为“从上项之后开始”,持续时间为“2 秒”。

(5) 设置所有幻灯片的切换为“无切换”,切换方式为“每隔 00:00 秒时间进行切换”,即该片播放完成后进行切换,切换方式设置应用于所有幻灯片。

(6) 保存文档,从第 1 页预览幻灯片的动画效果,其动画效果请参见“学生个人 Office 实训\实训 10\sample\样文 10-1. ppsx”文件。

【样文 10-1C】

【样文 10-1C 说明】

(1) 在第 2 页幻灯片后新建一个幻灯片,并删除所有文本框占位符。

(2) 设置第 3 页幻灯片的背景样式为图片填充,图片为"学生个人 Office 实训\实训 10\source\bj. emf",并且只应用于该幻灯片。

(3) 在第 3 页幻灯片中插入雪人图片,图片来源于"学生个人 Office 实训\实训 10\source"文件夹下的 snow_head1. png 和 snow_child. png,移动两个图片组成雪人,将这两个图片组合成一个图片。

(4) 为组合图片雪人添加动画→动作路径→自定义路径→自绘曲线;并设置该动画效果的开始时间为"从上项之后开始",持续时间为"10 秒"。

(5) 在第 3 页幻灯片中插入雪橇图片,图片来源于"学生个人 Office 实训\实训 10\source"文件夹下的 car. emf,调整图片位置到幻灯片右下角(置放于幻灯片显示区外)。

(6) 为雪橇图片添加动画→动作路径→直线,调整路径直线由右下角开始到左上角结束;并设置该动画效果的开始时间为"从上项开始",持续时间为"5 秒";为雪橇图片添加动画效果→强调→放大和缩小,并设置该动画效果的开始时间为"从上项开始",缩放尺寸50%,持续时间为"5 秒"。

(7) 在第 3 页幻灯片中插入雪花儿图片,图片来源于"学生个人 Office 实训\实训 10\source"文件夹下的 snow1. png 和 snow2. png,对这两个图片进行多次复制粘贴,并分别调整各图片大小,将图片置放于幻灯片顶端。为这些雪花图片分别设置下落的动作路径,并设置其下落持续时间,设置各雪花的下落延时(应间隔开,建议间隔 0.2～0.5s),重复这一下落动作直至下一次单击。

(8) 设置幻灯片切换效果为"时钟",持续时间为"2 秒",切换方式为"单击鼠标时",即该片播放完成后单击鼠标才进行切换,切换方式只应用于当前幻灯片。

(9) 保存文档,从第 1 页预览幻灯片的动画效果,其动画效果请参见"学生个人 Office 实训\实训 10\sample\样文 10-1. ppsx"文件。

10.2 音频视频对象

有时,需要在演示文稿中插入声音或影片,以提高幻灯片的观赏性和实用性。

在 PowerPoint 中,音频或视频文件在被插入到幻灯片后以两种形式存在。

(1) **嵌入对象**:包含在源文件中并且插入目标文件中的信息(对象)。一旦嵌入,该对象将成为目标文件的一部分。对嵌入对象所做的更改只反映在目标文件中。

(2) **链接对象**:该对象在源文件中创建,然后被插入到目标文件中,并且维持两个文件之间的链接关系。更新源文件时,目标文件中的链接对象也可以得到更新。

1. 插入音频

插入音频的操作步骤如下。

(1) 单击"插入"选项卡|"媒体"组|"音频"命令,显示如图 10-8 所示的子菜单。

图 10-8 "音频"子菜单

(2) 在"音频"子菜单中选择插入音频是来自文件、剪贴画音频或自己录制音频,通常都是插入来自文件的音频,即用户已准备好的音频。

(3) 现在以插入文件中的音频为例说明其操作过程。单击"音频"子菜单的"文件中的音频"命令,弹出"插入音频"对话框,如图 10-9 所示。

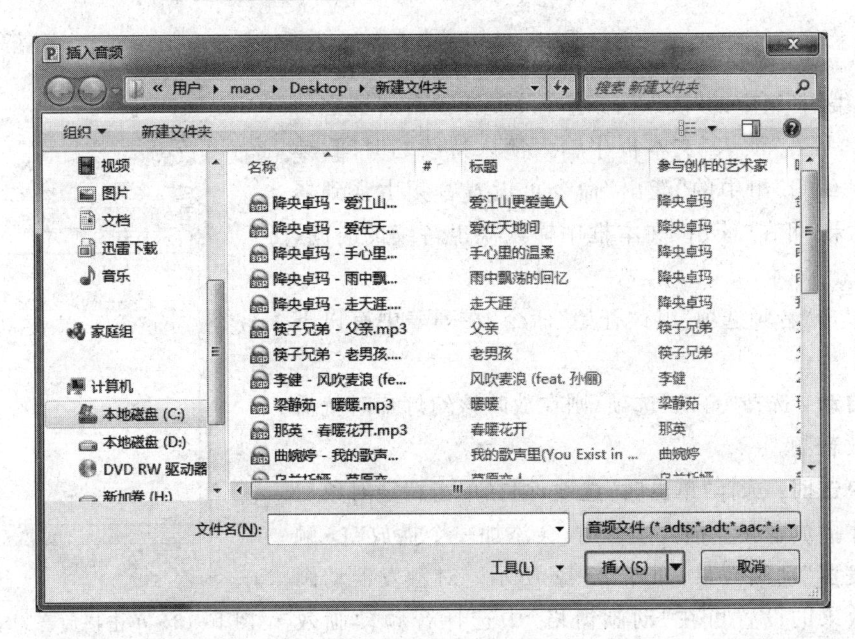

图 10-9 "插入音频"对话框

(4) 在“插入音频”对话框中选择音频文件所在的位置及文件名,单击“插入”按钮,会在选定幻灯片中插入小喇叭的音频图标以及控制声音播放的工具栏,音频会以嵌入方式插入幻灯片中;如果单击“插入”按钮右侧的下三角按钮,在菜单中选择“链接到文件”命令,则音频会以链接方式链接到幻灯片中。

(5) 单击幻灯片中的声音图标时,会显示“音频工具”选项卡,如图 10-10 所示。“音频工具”选项卡中又包含“格式”和“播放”两个子选项卡。

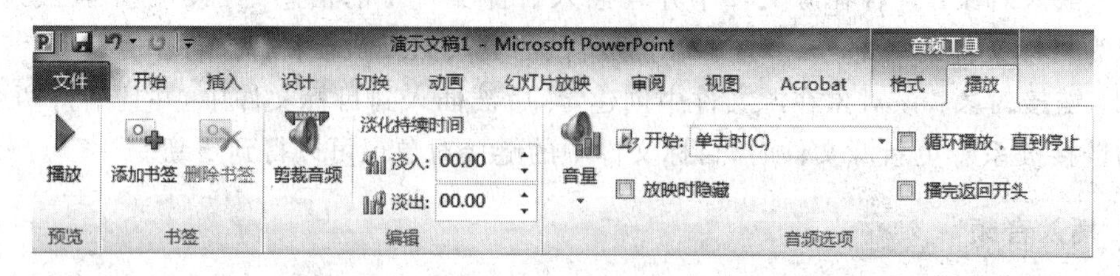

图 10-10 “音频工具”选项卡|“播放”子选项卡

(6) “播放”子选项卡用于编辑音频、设置音量、设置音频播放的时机等。

① 单击“预览”组|“播放”命令,可试听音乐。

② 单击“编辑”组|“剪裁音频”命令,弹出“剪裁音频”对话框,如图 10-11 所示。该对话框可设置幻灯片使用音频的开始时间和结束时间,设置好后,可单击“播放”按钮试听,如符合需要,单击“确定”按钮。

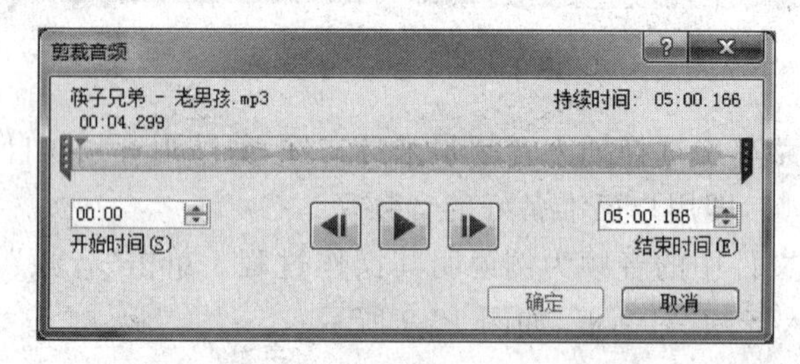

图 10-11 “剪裁音频”对话框

③ “编辑”组中的“淡入”命令可设置音频由弱到强的进入效果,可在“淡入”文本框中输入淡入持续的时间,单位为秒;“编辑”组中的“淡出”命令可设置音频由强到弱的离开效果,可在“淡出”文本框中输入淡出持续的时间,单位为秒。

④ 单击“音频选项”组|“开始”命令,在列表中有以下三个选项。

- **自动**:选择“自动”选项,则在放映该幻灯片时就播放音频。
- **单击时**:选择“单击时”选项,则在单击特定对象后才播放音频。插入声音时,会添加一个播放“▷触发器”动画效果,如图 10-12 所示。对触发器动画效果的设置可在“动画窗格”中选择音频动画效

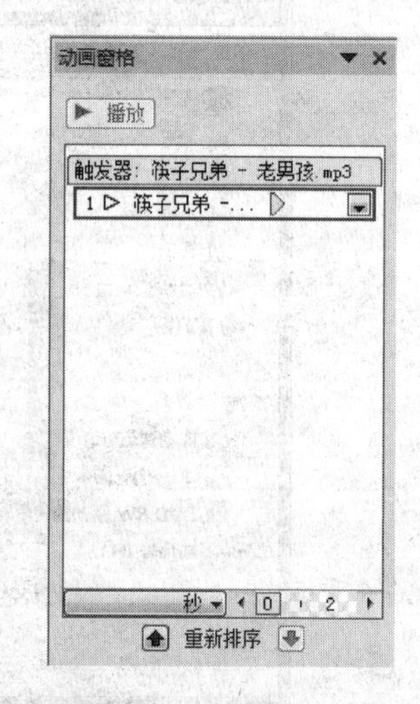

图 10-12 单击播放音频动画效果

果，单击其右侧下三角号按钮，在弹出的列表中选择“计时”命令，弹出“播放音频”对话框，如图10-13所示，在“计时”选项卡中选择“单击下列对象时启动效果”下拉列表中的对象，则在播放幻灯片时，单击该对象即可播放插入的音频。

- **跨幻灯片播放**：选择“跨幻灯片播放”选项，在播放演示文稿时音频会在所有幻灯片中持续播放。

⑤ 选择“音频选项”组|“循环播放，直到停止”复选框，则会连续循环播放音频直至演示结束。

⑥ 选择“音频选项”组|“放映时隐藏”复选框，则播放时会隐藏幻灯片上的音频图标。只有将音频剪辑设置为自动播放，或者创建了其他类型的控件（单击该控件可播放剪辑，如触发器）时，才可使用该选项。

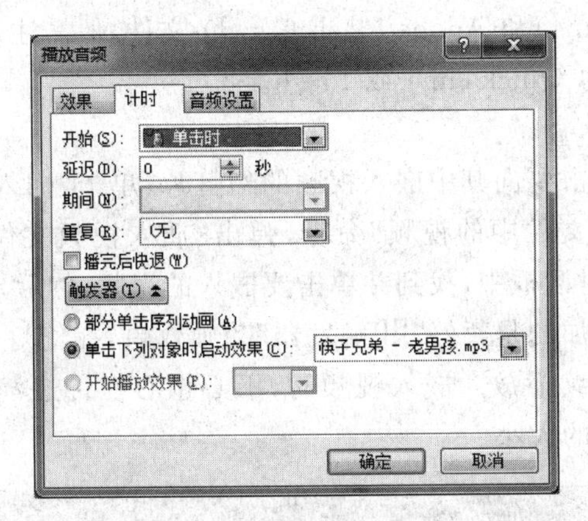

图10-13　音频的触发器设置

2. 在多张幻灯片中播放音频

有时可能希望音频从当前位置开始连续在数张幻灯片中播放，即需要指定音频应何时停止播放，其操作步骤如下。

(1) 在“动画窗格”中选择音频播放效果的行（带三角形的行），单击下三角按钮，然后单击“效果选项”，弹出“播放音频”对话框，如图10-14所示。

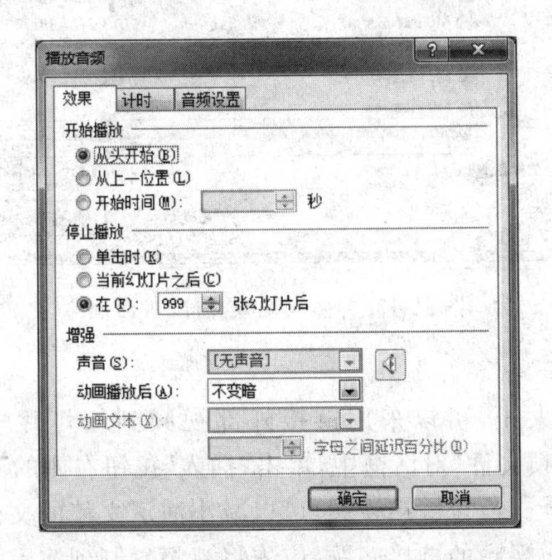

图10-14　“播放音频”对话框|“效果”选项卡

(2) 在“效果”选项卡的“停止播放”区域下,选择“在 n 张幻灯片后”选项,这样可以设置该文件持续在多少张幻灯片中播放。

(3) 上述过程只在该文件长度内播放一次声音或影片,不会循环播放音频,如需要重复播放声音或影片,则应选择“计时”选项卡,如图 10-13 所示。在该选项卡的“重复”下拉列表中选择需要重复的次数,或选择“直到下一次单击”或“直到幻灯片末尾”。

3. 插入视频

使用 Microsoft PowerPoint 2010 可以将来自文件的视频直接插入到演示文稿中,也可以插入.gif 动画文件,如果安装了 QuickTime 和 Adobe Flash 播放器,则 PowerPoint 将支持 QuickTime(.mov、.mp4)和 Adobe Flash (.swf) 文件,但需注意,Microsoft PowerPoint 2010 不支持 64 位版本的 QuickTime 或 Flash。

1) 嵌入视频

在“普通”视图下,单击要向其中嵌入视频的幻灯片,单击“插入”选项卡|“媒体”组|“视频”命令,在列表中选择“文件中的视频”命令,弹出“插入视频文件”对话框,如图 10-15 所示。在“插入视频文件”对话框中,找到并单击要嵌入的视频,然后单击“插入”按钮。在插入影片时,“动画窗格”中添加的是暂停“□□触发器”动画效果,在幻灯片放映中,单击影片框可暂停播放,再次单击可继续播放。嵌入视频时,不必担心在传递演示文稿时会丢失视频文件,但会增大幻灯片文件的大小。

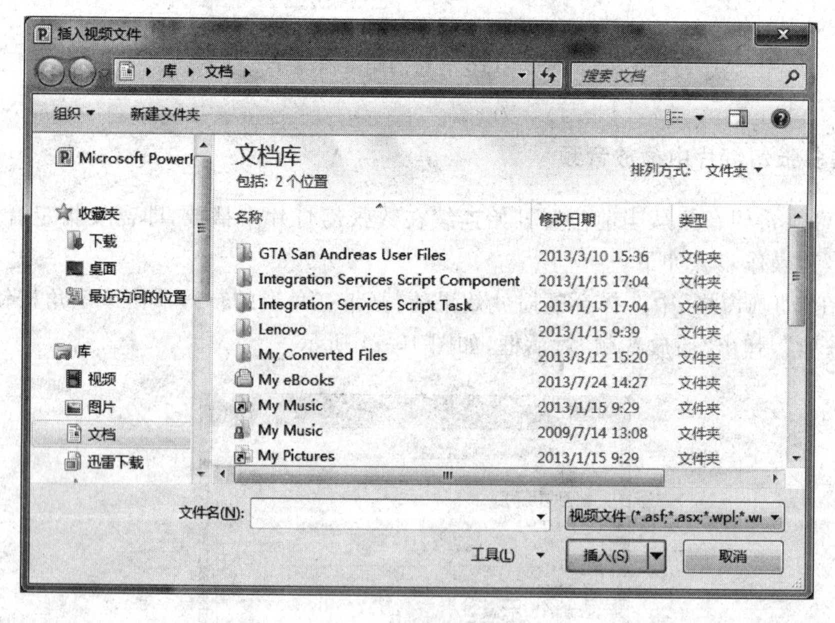

图 10-15 “插入视频文件”对话框

2) 链接视频

为了减少幻灯片的大小,可以采用链接外部视频到幻灯片中。其操作方法是在如图 10-15 所示的“插入视频文件”对话框中,单击“插入”按钮右侧的下三角号,在弹出的列表中选择“链接到文件”命令。通过链接视频,可以减小演示文稿的文件大小,但为了防止移植幻灯片时可能出现断开与视频的链接问题,应先将视频复制到演示文稿所在的文件夹中,然后再链接到视频。

4. 全屏播放视频

单击插入的视频，会显示“视频工具”选项卡，它也包含“格式”和“播放”两个子选项卡，选择“播放”子选项卡，如图 10-16 所示。该选项卡的内容基本与“音频工具”选项卡中的内容相似。

图 10-16 “视频工具”选项卡|“播放”子选项卡

如果希望在播放影片时能全屏播放影片，让它看上去不像是在幻灯片上播放，而是像看电影一样，可以选择“播放”子选项卡|“视频选项”组|“全屏播放”复选框。这样在单击影片播放时将全屏显示影片。

5. 格式化视频

如需要对插入的视频进行格式化处理，可选择“视频工具”选项卡的“格式”子选项卡，如图 10-17 所示。在该子选项卡中可使用“视频样式库”中预设的样式来设置视频外观样式，也可以通过“视频形状”、“视频边框”、“视频效果”等命令来自定义设置视频的外观样式；可以单击“调整”组中的“更正”、“颜色”命令来调整视频的亮度和对比度、着色等。

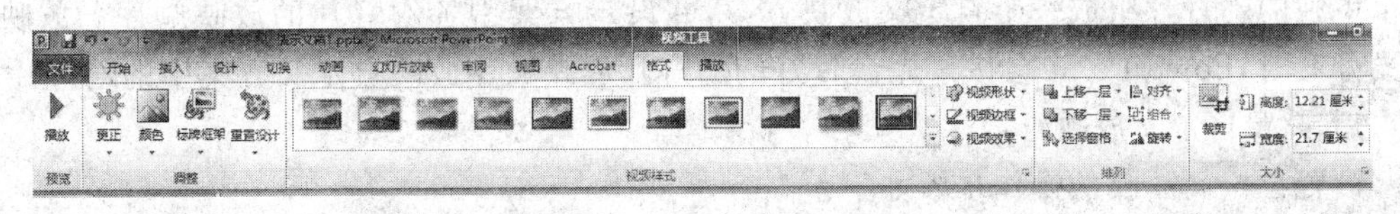

图 10-17 “视频工具”选项卡|“格式”子选项卡

【学生同步练习 10-2】

(1) 打开“学生个人 Office 实训\实训 10\10-1. pptx”演示文稿，在该文档的第 3 页幻灯片中插入一个音频文件，文件来源于“学生个人 Office 实训\实训 10\source\铃儿响叮当. mp3”，并设置为“自动播放”。

(2) 修改第 3 页幻灯片的自定义动画：

① 将声音对象“铃儿响叮当. mp3”的动画效果项移动到所有其他动画效果之前，设置其开始时间为“从上项开始”。

② 设置组合图形(雪人)的开始时间为“从上项开始”。

③ 设置幻灯片放映时隐藏声音图标。

(3) 设置效果可参见样文 10-2 及“学生个人 Office 实训\实训 10\sample\样文 10-1. ppsx”文件。

(4) 保存该文档，并放映幻灯片，浏览放映效果。

【样文 10-2】

10.3 幻灯片放映

1. 创建自定义放映

放映演示文稿,可以根据需要创建一个或多个自定义放映方案。可以选择演示文稿中多个单独的幻灯片组成一个自定义放映方案,并设定方案中各幻灯片的放映顺序。放映自定义方案时,PowerPoint 会按事先设置好的幻灯片放映顺序放映自定义方案中的幻灯片。

1) 设置自定义放映

设置自定义放映的操作步骤如下。

(1) 执行"幻灯片放映"选项卡|"开始放映幻灯片"组|"自定义幻灯片放映"|"自定义放映"命令,弹出"自定义放映"对话框,如图 10-18 所示。

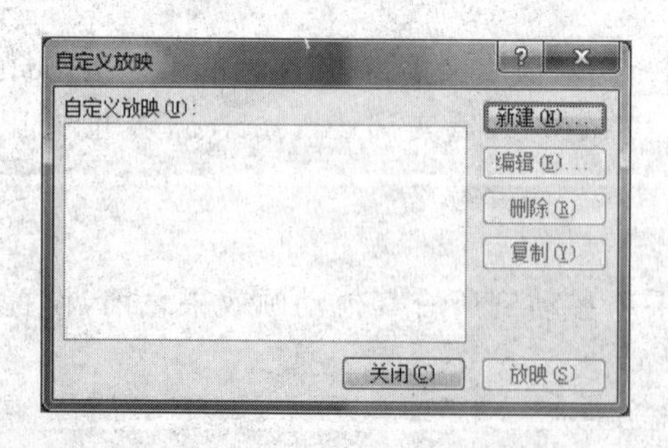

图 10-18 "自定义放映"对话框

(2) 如果以前没有建立过自定义放映,窗口中是空白的,只有"新建"和"关闭"两个按钮可用。

(3) 单击"新建"按钮,弹出"定义自定义放映"对话框,如图 10-19 所示。

(4) 在"定义自定义放映"对话框中,先在"幻灯片放映名称"文本框中输入自定义放映文件的名称。

(5) "在演示文稿中的幻灯片"列表框中选择要添加到自定义放映的幻灯片,并单击"添加"按钮。按此方法依次添加幻灯片到自定义幻灯片列表中。

(6) 设置好后单击"确定"按钮,返回"自定义放映"对话框,在"自定义放映"列表中显示了刚才创建的自定义名称。

(7) 如果添加幻灯片时添加错了次序，可以在“定义自定义放映”对话框中的幻灯片列表里选中要移动的幻灯片，然后再单击向上、向下箭头改变位置；如果添加了多余的幻灯片，在“定义自定义放映”对话框中的幻灯片列表里选中要删除的幻灯片，然后单击“删除”按钮。

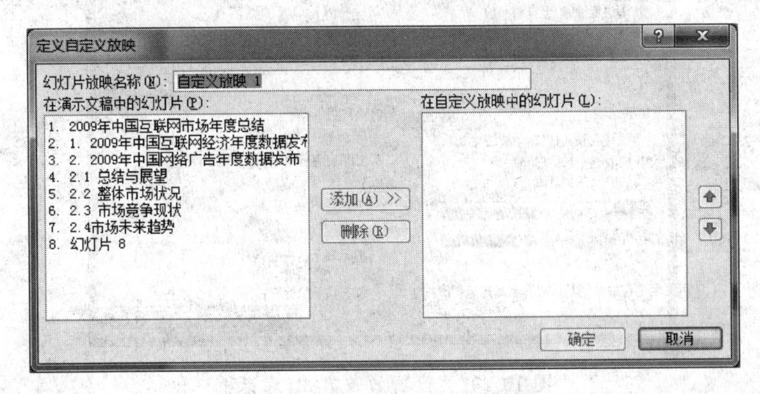

图 10-19　“定义自定义放映”对话框

2) 编辑自定义放映

编辑自定义放映的操作步骤如下：

(1) 执行“幻灯片放映”选项卡|“开始放映幻灯片”组|“自定义幻灯片放映”|“自定义放映”命令，弹出“自定义放映”对话框，如图 10-18 所示。

(2) 在“自定义放映”列表中选择已自定义的名称，单击“删除”按钮，则自定义的放映方式将被删除，但其使用的幻灯片仍保留在演示文稿中。

(3) 在“自定义放映”列表中选择自定义的名称，单击“复制”按钮，这时会复制一个相同的自定义放映方式，其名称前面出现“(复件)”字样，可以单击“编辑”按钮，对其进行重命名或增删幻灯片的操作。

(4) 在“自定义放映”列表中选择自定义的名称，单击“编辑”按钮，会出现“定义自定义放映”对话框，如图 10-19 所示，在此对话框中允许添加或删除任意幻灯片。

(5) 自定义放映编辑完毕，单击“关闭”按钮，则关闭“自定义放映”对话框。

2. 设置放映方式

PowerPoint 提供放映幻灯片的几种不同的方法，以满足不同环境、不同对象的需要。执行“幻灯片放映”选项卡|“设置”组|“设置幻灯片放映”命令，弹出“设置放映方式”对话框，如图 10-20 所示。

(1) 在“设置放映方式”对话框的“放映类型”区域中可以设置不同的放映方式。

① **演讲者放映**：演讲者放映方式可运行全屏显示的演示文稿，通常用于演讲者亲自播放演示文稿。使用这种方式，演讲者具有完整的控制权，演讲者可以将演示文稿暂停，添加会议细节或即席反应，可以在放映过程中录下旁白，还可以使用画笔。

② **观众自行浏览**：观众自行浏览放映方式是以一种较小的规模运行放映，以这种方式放映演示文稿时，该演示文稿会出现在小型窗口内，并提供相应的操作命令，可以在放映时

移动、编辑、复制和打印幻灯片。在这种方式中，可以使用滚动条从一张幻灯片移到另一张幻灯片，同时可以打开其他程序，也可以显示 Web 工具栏，以便浏览其他的演示文稿和 Office 文档。

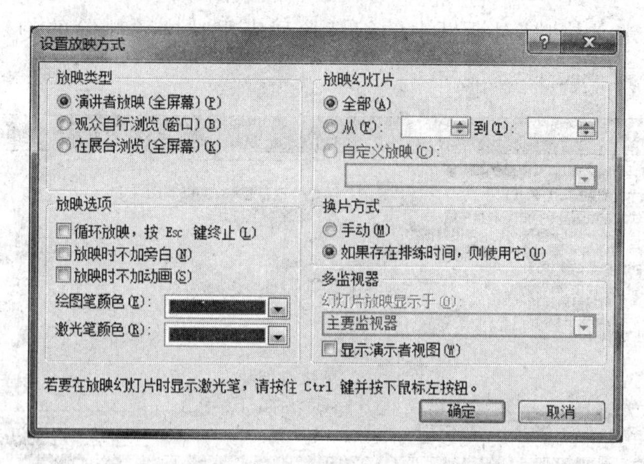

图 10-20 “设置放映方式”对话框

③ **在展台浏览**：展台浏览放映方式可以自动运行演示文稿，主要用在无人管理幻灯片放映的情况下，运行时大多数的菜单和命令都不可用，并且在每次放映完毕后会重新开始。在这种放映方式中无论是单击还是右击鼠标，鼠标都几乎变得不可用。

注意：在“在展台浏览”放映方式中，如果设置的是手动换片方式放映，那么将无法执行换片的操作；如果设置了“排练计时”，会严格地按照“排练计时”时设置的时间放映。按 Esc 键可退出此种放映方式。

(2) 在“放映幻灯片”区域可以为各种放映方式设置放映的幻灯片。选择“全部”单选按钮，将在放映时放映演示文稿中全部的幻灯片；如果设置了自定义放映，可以选择“自定义放映”单选按钮，然后在下拉列表中选择自定义放映的名称；还可以在“从…到…”文本框中设置幻灯片放映的具体数目。

(3) 在“换片方式”区域可以为各种放映方式设置换片的方式。如果设置了放映计时，并单击“如果存在排练时间，则使用它”单选按钮，可以使用排练计时方式进行播放；如果没有设置放映计时，可以选择“手动”换片方式，但这种方式对“在展台浏览”放映方式是不起作用的。

注意：如果在该对话框中不选择“如果存在排练时间，则使用它”单选按钮，即使设置了放映计时，在放映幻灯片时也不能使用放映计时。

(4) 在“放映选项”区域如选择“循环放映，按 Esc 键终止”复选框，可对幻灯片进行循环播放，直到按下 Esc 键才终止播放；如放映时不需要使用定义的动画效果，可选择“放映时不加动画”复选框；如放映时不需要播放录制的旁白，可选择“放映时不加旁白”复选框。在“绘图笔颜色”列表中可调整绘图笔的颜色。

(5) 在播放幻灯片时如想强调要点，可将鼠标指针变成激光笔，在“幻灯片放映”视图中，只需按住 Ctrl 键，单击鼠标左键，即可开始标记。激光笔的颜色可通过如图 10-20 所示的“激光笔颜色”列表进行调整。

3. 控制演讲者放映

当制作演示文稿的全部工作完成以后，就可以进行幻灯片的放映了。用以下几种方法可以启动幻灯片的放映。

(1) 单击演示文稿窗口左下角的“幻灯片放映”按钮，或按 Shift＋F5 键，或单击“幻灯片放映”选项卡|“开始放映幻灯片”组|“从当前幻灯片开始”命令，可以从当前幻灯片开始放映。

(2) 执行“幻灯片放映”选项卡|“开始放映幻灯片”组|“从头开始”命令，或按 F5 键，幻灯片将从第一张开始放映。

默认情况下，幻灯片执行的是“演讲者放映”方式，在该方式下演讲者可以对幻灯片进行自由的控制，例如可以在放映幻灯片时随时定位幻灯片，可以使用画笔等。

1) 定位幻灯片

使用定位功能可以在放映幻灯片时快速地切换到想要显示的幻灯片上，而且可以显示隐藏的幻灯片。在幻灯片放映时右击，弹出快捷菜单，如图 10-21 所示。

(1) 在菜单中如果选择“下一张”或“上一张”命令将会放映下一张或上一张幻灯片。

(2) 在快捷菜单上选择“定位至幻灯片”将显示其子菜单，在子菜单中列出了该演示文稿中所有的幻灯片，在子菜单中带括号的标题为隐藏的幻灯片。选择一个幻灯片系统将会播放此幻灯片，如果选择的是隐藏的幻灯片也能被放映。

(3) 如果设置了自定义放映方式，则在快捷菜单上选择“自定义放映”选项，将显示已自定义放映的名称，选择其中一项即可按自定义放映的顺序进行播放幻灯片。

2) 使用画笔

在放映时，有时需要在幻灯片中重要的地方画一画，以突出某些幻灯片上的某些部分，此时可使用“画笔”功能。在放映的幻灯片上右击，在弹出的快捷菜单上选择“指针选项”命令，可弹出子菜单如图 10-22 所示。

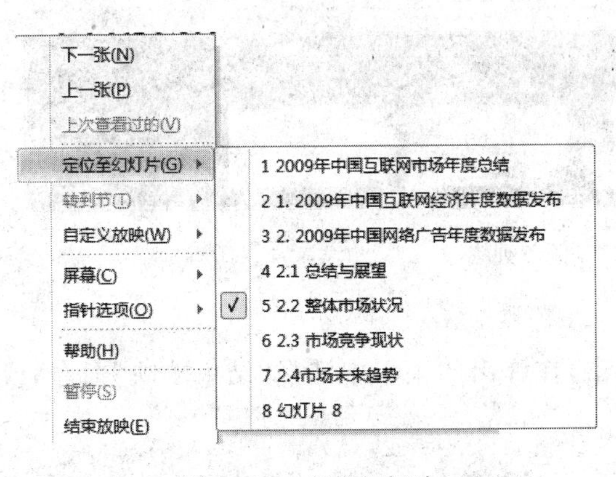

图 10-21　定位幻灯片

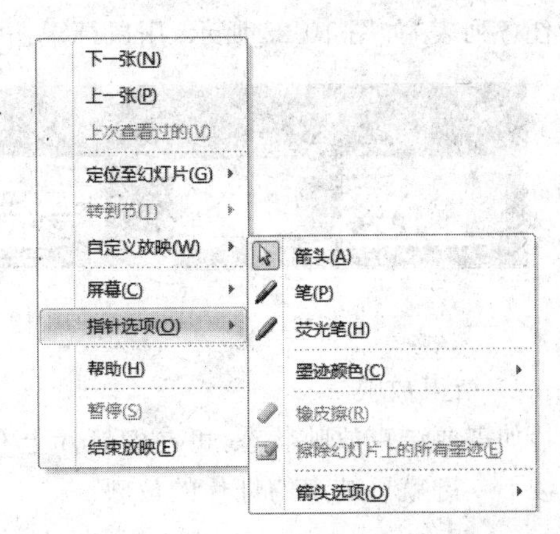

图 10-22　“指针选项”列表

(1) 在菜单中选择“笔”或“荧光笔”命令，此时鼠标将会变为所选画笔的形状，可以在演示画面上进行画写，且画写时不会影响演示文稿的内容。

(2) 由于幻灯片的背景颜色不同，可以根据需要选择不同的画笔颜色，在“墨迹颜色”子

菜单下的颜色列表中可以选择画笔的颜色。

(3) 当需要擦除个别的画笔时可以选择“橡皮擦”命令,此时鼠标变为橡皮状,拖曳鼠标可以擦除画笔的痕迹。如果要一次性擦除所有画笔颜色,则可以选择“擦除幻灯片上的所有墨迹”命令,则幻灯片上的所有墨迹被擦除干净。当没有完全擦除幻灯片上的墨迹就退出幻灯片的放映时,弹出如图 10-23 所示的警告,选择“保留”则墨迹将会保留在幻灯片中,选择“放弃”则墨迹将自动清除。

3) 屏幕选项

选择图 10-22 中的“屏幕”命令,可弹出如图 10-24 所示的子菜单。

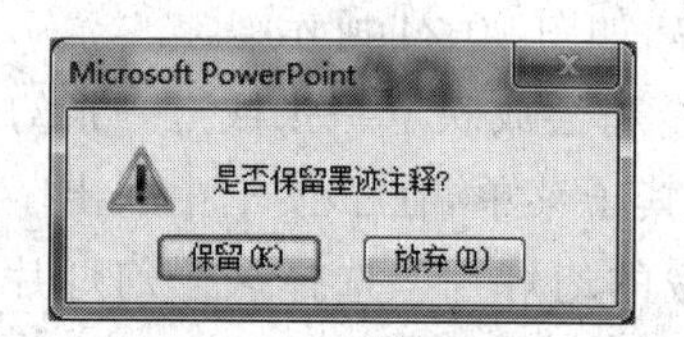

图 10-23 系统警告对话框

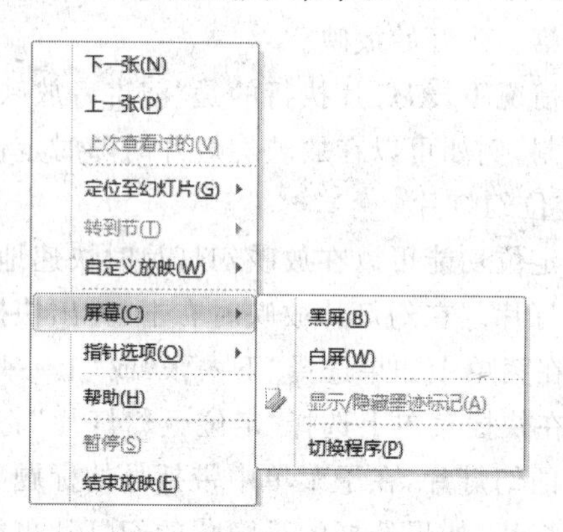

图 10-24 “屏幕”子菜单

(1) **黑屏/白屏**:在放映演示文稿时,操作者如希望和观众进行交流,可将屏幕设置为黑屏/白屏,使听众的焦点集中到操作者,并且操作者还可以使用画笔工具在黑屏/白屏上进行画写。

(2) **切换程序**:如在演示过程中需要切换程序,则选择“切换程序”命令,此时将显示出任务栏,在任务栏中可以单击进行切换的程序。或按住 Alt 键,然后按 Tab 键,在屏幕上显示任务列表,如图 10-25 所示,用鼠标单击需切换的程序图标即可。

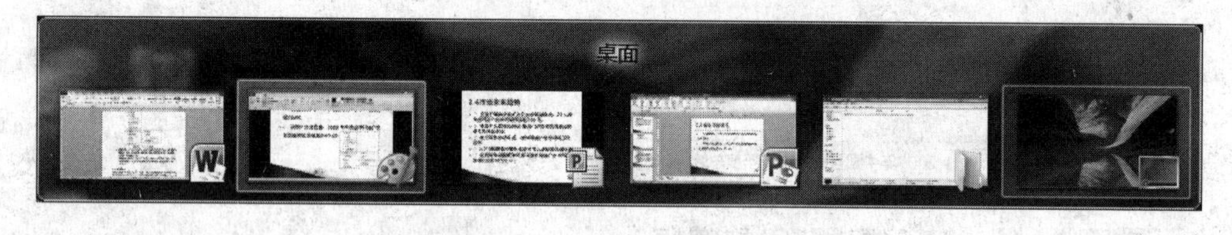

图 10-25 任务列表

4) 结束放映

如需要结束放映状态,可在幻灯片上右击,在弹出的菜单中选择“结束放映”命令,或直接按 Esc 键就可结束幻灯片的放映。

10.4 打包成 CD

使用“打包成 CD”功能,可以将一个或多个演示文稿连同支持文件一起复制到 CD 盘中。默认情况下,Microsoft Office PowerPoint 的播放器包含在 CD 上,即使其他某台计算

机上未安装 PowerPoint，它也可在该计算机上运行打包的演示文稿。

"打包成 CD"的操作步骤如下。

（1）单击"文件"菜单|"保存并发送"选项卡|"将演示文稿打包成 CD"|"打包成 CD"命令，弹出"打包成 CD"对话框，如图 10-26 所示。

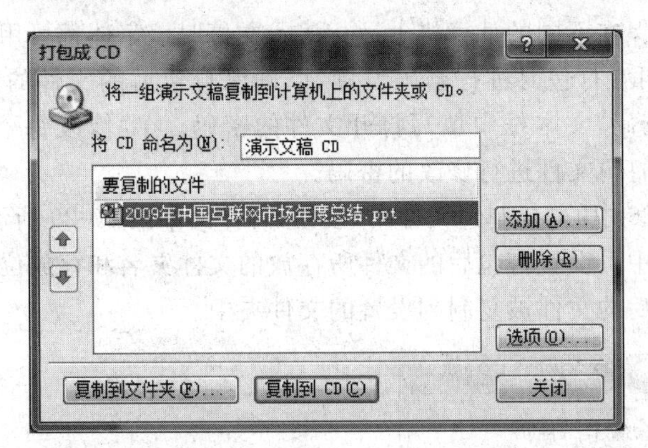

图 10-26 "打包成 CD" 对话框

（2）默认情况下，系统会将当前文件作为打包的文件，如果需要添加其他演示文稿文件，则单击"添加"按钮，弹出"添加文件"对话框，如图 10-27 所示，可在此对话框中选择要添加打包的文件。

图 10-27 "添加文件"对话框

（3）默认情况下，在打包时会包含演示文稿链接的文件，如外置的音频文件、视频文件、链接的图片文件等，如果想修改此设置，可单击"选项"按钮，弹出如图 10-28 所示"选项"对话框。

① **"链接的文件"选项**：设置在打包时是否连同链接文件一起打包，建议选择此项，便

于演示文稿的移植。有时,在将演示文稿复制到其他机器上时,某些链接对象无法打开,出现错误提示,原因是由于这些链接文件没有一同被移植,因此建议在打包时连同链接文件一起打包。

② **“嵌入的 TrueType 字体”选项**:如果想使用 TrueType 字体,也可将其嵌入到演示文稿中,嵌入字体可确保在不同的计算机上运行演示文稿时该字体都可用。

③ **密码设置**:可在打包时进行密码设置,以确保打包后的文件的安全性。在“打开每个演示文稿时所用密码”文本框中填写打开文件的密码;在“修改每个演示文稿时所用密码”文本框中填写对打包文件进行修改的密码。

(4) 单击图 10-26 中的“复制到文件夹”按钮,可弹出如图 10-29 所示的“复制到文件夹”对话框,在此对话框中可设置打包后的文件所存放的文件夹名和存放位置,设置完成后单击“确定”按钮,则打包后的文件被复制到设置的文件夹中。

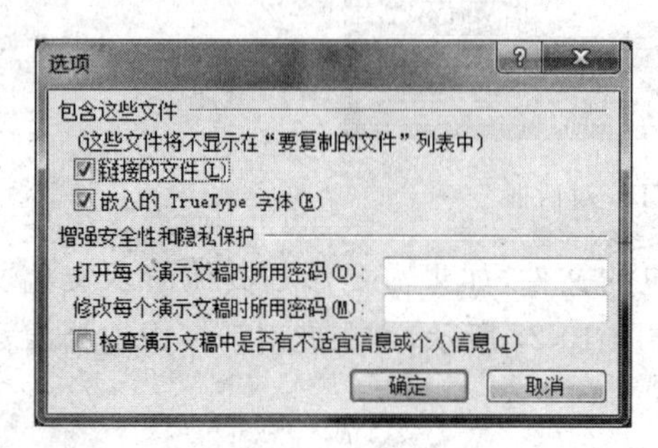

图 10-28 “选项”对话框

图 10-29 “复制到文件夹”对话框

10.5 将演示文稿保存为视频

将演示文稿转换为视频是分发和传递演示文稿的另一种方法。如果希望为他人提供演示文稿的高保真版本,也可以将其保存为视频文件。在 PowerPoint 2010 中,可以将演示文稿另存为 Windows Media 视频(.wmv)文件,这样可以确保演示文稿中的动画、旁白和多媒体内容可以顺畅播放,分发时可更加放心。

将演示文稿保存为视频文件的操作方法如下。

(1) 单击“文件”菜单|“保存并发送”选项卡|“创建视频”命令,显示“创建视频”操作区,如图 10-30 所示。

(2) 若要显示所有视频质量和大小选项,单击“创建视频”区域下的“计算机和 HD 显示”右侧下三角按钮,若要创建质量很高的视频(文件会比较大),可单击“计算机和 HD 显示”选项;若要创建具有中等文件大小和中等质量的视频,可单击“Internet 和 DVD”选项;若要创建文件最小的视频(质量低),可单击“便携式设备”选项。

(3) 在“不要使用录制的计时和旁白”列表中,如果没有录制语音旁白和激光笔运动轨迹并对其进行计时,可单击“不要使用录制的计时和旁白”选项;如果录制了旁白和激光笔运动轨迹并对其进行了计时,可单击“使用录制的计时和旁白”选项。

(4) 每张幻灯片的放映时间默认设置为 5s。若要更改此值,可在“放映每张幻灯片的秒数”右侧,单击上箭头来增加秒数或单击下箭头来减少秒数。

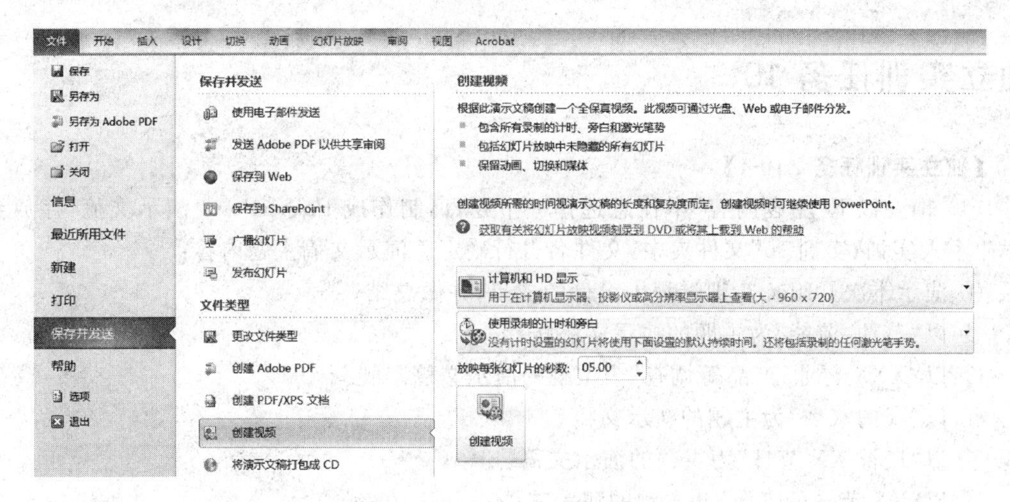

图 10-30　“创建视频”操作

(5) 单击“创建视频”按钮，弹出“另存为”对话框，如图 10-31 所示，可以将演示文稿另存为 Windows Media 视频（.wmv）文件。在“文件名”框中，为该视频输入一个文件名，通过浏览找到将保存此文件的文件夹，然后单击“保存”按钮。可以通过查看屏幕底部的状态栏来跟踪视频创建过程。创建视频可能需要几个小时，具体取决于视频长度和演示文稿的复杂程度。

图 10-31　“另存为”对话框

【学生同步练习 10-3】

将制作完成的“学生个人 Office 实训\实训 10\10-1.pptx”打包输出，打包时包含 PowerPoint 播放器和链接文件并嵌入 TureTpye 字体，复制到“学生个人 Office 实训\实训 10\圣诞动画”文件夹下。

独立实训任务 10

【独立实训任务 Z10-1】

(1) 请在以下"主题内容"中任意选择一个题目,制作成 PowerPoint 演示文稿,存放到"学生个人实训\实训 10"文件夹中,文件名自行确定。演示文稿主题内容:

① 演示本次 Office 实训过程中设计的成果,并做总结。

② 以"节约、节能"为主题的演示文稿。

③ 以"XXX 行业|产品等调查"为主题的演示文稿。

④ 以"我的家乡"为主题的演示文稿。

⑤ 以"庆祝 XX 节日"为主题的演示文稿。

⑥ 以"XX 节日的来源"为主题的演示文稿。

⑦ 以"和谐……"为主题的演示文稿。

⑧ 以"我喜爱的……"为主题的演示文稿。

⑨ 以"奉献……"为主题的演示文稿。

⑩ 可自选主题,需经过老师审核同意。

(2) 演示文稿主要要求如下:

① 主题要积极、健康、蓬勃向上。

② 内容完整,风格统一,图文并茂,有效运用实训中所学知识和多媒体手段展现主题思想。

③ 各幻灯片间链接完整。

④ 完成后的演示文稿要求进行打包,以便移植到其他计算机中。

⑤ 文稿的演示及演讲大约在 5min 左右。